2026

소방설비기사
전기편
[필기] 빈출 1000제

이추연

2026

소방설비기사 전기편
[필기] 빈출 1000제

인쇄일 2026년 1월 1일 2판 1쇄 인쇄		**발행처** 시스컴 출판사	
발행일 2026년 1월 5일 2판 1쇄 발행		**발행인** 송인식	
등 록 제17-269호		**지은이** 이추연	
판 권 시스컴2026			

ISBN 979-11-6941-819-5 13530
정 가 20,000원

주소 서울시 금천구 가산디지털1로 225, 514호(가산포휴) | **홈페이지** www.nadoogong.com
E-mail siscombooks@naver.com | **전화** 02)866-9311 | **Fax** 02)866-9312

소방설비기사(전기분야)는 소방시설(전기)의 설계, 공사, 감리 및 점검업체 등에서 설계 도서류를 작성하거나, 소방설비 도서류를 바탕으로 공사 관련 업무를 수행하고, 완공 된 소방설비의 점검 및 유지관리업무와 소방계획수립을 통해 소화, 화재통보 및 피난 등의 훈련을 실시하는 소방안전관리자로서의 주요사항을 수행하는 기술인력입니다.

산업구조의 대형화 및 다양화로 소방대상물(건축물·시설물)이 고층·심층화되고, 고 압가스나 위험물을 이용한 에너지 소비량의 증가 등으로 재해발생 위험요소가 많아지 면서 소방과 관련한 인력수요가 늘고 있으며, 소방설비 관련 주요 업무 중 하나인 화 재관련 건수와 그로 인한 재산피해액도 당연히 증가할 수밖에 없어 소방관련 인력에 대한 수요는 증가할 것으로 전망됩니다.

이 책의 특징을 정리하면 다음과 같습니다.

첫째, 문제은행식 출제유형에 맞추어 문제를 출제하였습니다.

둘째, 자주 출제되는 빈출문제들로 반복 학습하도록 하였습니다.

셋째, 각 과목별로 빠짐없이 문제를 수록하였습니다.

넷째, 문제마다 꼼꼼한 해설을 수록하여 풀면서 익히도록 하였습니다.

본 교재는 자격증을 준비하며 어려움을 느끼는 수험생분들께 조금이나마 도움을 드리 고자 필기시험에서 빈출되는 문제들을 중심으로 교재를 집필하였습니다. 지난 기출문 제를 취합·분석하여 출제경향에 맞춰 구성하였기에 본서에 수록된 과목별 예상문제 와 빈출 모의고사 5회분을 반복하여 학습한다면 충분히 합격하실 수 있을 것입니다.

예비 소방설비기사님들의 꿈과 목표를 위한 아낌없는 도전을 응원하며, 시스컴 출판사 는 앞으로도 좋은 교재를 집필할 수 있도록 더욱 노력할 것입니다. 모든 수험생 여러 분들의 합격을 진심으로 기원합니다.

소방설비기사 시험안내

개요

건물이 점차 대형화, 고층화, 밀집화되어감에 따라 화재발생 시 진화보다는 화재의 예방과 초기
진압에 중점을 둠으로써 국민의 생명, 신체 및 재산을 보호하는 방법이 더 효과적인 방법이다. 이
에 따라 소방설비에 대한 전문인력을 양성하기 위하여 소방설비기사 자격제도를 제정하였다.

수행직무

소방시설공사 또는 정비업체 등에서 소방시설공사의 설계도면을 작성하거나 소방시설공사를 시
공 · 관리하며, 소방시설의 점검 · 정비와 화기의 사용 및 취급 등 방화안전관리에 대한 감독, 소방
계획에 의한 소화, 통보 및 피난 등의 훈련을 실시하는 방화관리자의 직무를 수행한다.

실시기관명

한국산업인력공단

실시기관 홈페이지

http://www.q-net.or.kr

진로 및 전망

- 소방공사, 대한주택공사, 전기공사 등 정부투자기관, 각종 건설회사, 소방전문업체 및 학계, 연구소
  등으로 진출할 수 있다.
- 산업구조의 대형화 및 다양화로 소방대상물(건축물 · 시설물)이 고층 · 심층화되고, 고압가스나 위
  험물을 이용한 에너지 소비량의 증가 등으로 재해발생 위험요소가 많아지면서 소방과 관련한 인
  력수요가 늘고 있다. 소방설비 관련 주요 업무 중 하나인 화재관련 건수와 그로 인한 재산피해액도
  당연히 증가할 수밖에 없어 소방관련 인력에 대한 수요는 증가할 것으로 전망된다.

🔍 응시 절차

필기원서 접수
① Q-net을 통한 인터넷 원서접수 ② 사진(6개월 이내에 촬영한 3.5cm*4.5cm, 120*160픽셀 사진파일(JPG)) 수수료 전자결제

⋮

필기시험
수험표, 신분증, 필기구(흑색 싸인펜등) 지참

⋮

합격자 발표
① Q-net을 통한 합격확인(마이페이지 등) ② 응시자격 제한종목은 응시자격 서류제출 기간 이내에 반드시 응시자격 서류를 제출하여야 함

⋮

실기원서 접수
① 실기접수기간내 수험원서 인터넷(www.Q-net.or.kr) 제출 ② 사진(6개월 이내에 촬영한 3.5cm*4.5cm픽셀 사진파일JPG), 수수료(정액)

⋮

실기시험
수험표, 신분증, 필기구 지참

⋮

최종합격자 발표
Q-net을 통한 합격확인(마이페이지 등)

⋮

자격증 발급
① (인터넷)공인인증 등을 통한 발급. 택배가능 ② (방문수령)사진(6개월 이내에 촬영한 3.5cm*4.5cm 사진) 및 신분확인서류

소방설비기사 시험안내

🔍 관련학과

대학 및 전문대학의 소방학, 건축설비공학, 기계설비학, 가스냉동학, 공조냉동학 관련학과

🔍 시험과목 및 수수료

구분	시험과목	수수료
필기	1과목 : 소방원론(20문항) 2과목 : 소방전기일반(20문항) 3과목 : 소방관계법규(20문항) 4과목 : 소방전기시설의 구조 및 원리(20문항)	19,400원
실기	소방전기시설 설계 및 시공실무	22,600원

🔍 출제문항수

구분	검정방법	시험시간	문제수
필기	객관식 4지 택일형	120분(과목당 30분)	80문제
실기	필답형	3시간 100점	

🔍 합격기준

필기	실기
100점을 만점으로 하여 과목당 40점 이상 전 과목 평균 60점 이상	100점을 만점으로 하여 60점 이상

🔍 종목별 검정현황

2025년 합격률은 도서 발행 전에 집계되지 않았습니다.

연도	필기			실기		
	응시	합격	합격률(%)	응시	합격	합격률(%)
2024	30,163	14,028	46.5%	24,518	10,134	41.3%
2023	32,202	15,919	49.4%	20,843	8,679	41.6%
2022	36,517	11,902	44.9%	21,427	9,075	42.4%
2021	27,083	12,483	46.1%	19,311	6,687	34.6%
2020	21,749	11,711	53.8%	19,248	8,991	46.7%

🔍 필기시험 출제기준

(2024.1.1.~2026.12.31. 출제기준)

필기과목명	문제수	주요항목	세부항목	세세항목
소방원론	20	1. 연소이론	1. 연소 및 연소현상	① 연소의 원리와 성상 ② 연소생성물과 특성 ③ 열 및 연기의 유동의 특징 ④ 열에너지원과 특성 ⑤ 연소물질의 성상 ⑥ LPG, LNG의 성상과 특성
		2. 화재현상	1. 화재 및 화재현상	① 화재의 정의, 화재의 원인과 영향 ② 화재의 종류, 유형 및 특성 ③ 화재 진행의 제요소와 과정
			2. 건축물의 화재현상	① 건축물의 종류 및 화재현상 ② 건축물의 내화성상 ③ 건축구조와 건축내장재의 연소 특성 ④ 방화구획 ⑤ 피난공간 및 동선계획 ⑥ 연기확산과 대책

소방설비기사 시험안내

필기과목명	문제수	주요항목	세부항목	세세항목
		3. 위험물	1. 위험물 안전관리	① 위험물의 종류 및 성상 ② 위험물의 연소특성 ③ 위험물의 방호계획
		4. 소방안전	1. 소방안전관리	① 가연물ㆍ위험물의 안전관리 ② 화재시 소방 및 피난계획 ③ 소방시설물의 관리유지 ④ 소방안전관리계획 ⑤ 소방시설물 관리
			2. 소화론	① 소화원리 및 방식 ② 소화부산물의 특성과 영향 ③ 소화설비의 작동원리 및 점검
			3. 소화약제	① 소화약제이론 ② 소화약제 종류와 특성 및 적응성 ③ 약제유지관리
소방전기 일반	20	1. 전기회로	1. 직류회로	① 전압과 전류 ② 전력과 열량 ③ 전기저항 ④ 전류의 열작용과 화학작용
			2. 정전용량과 자기회로	① 콘덴서와 정전용량 ② 전계와 자계 ③ 자기회로 ④ 전자력과 전자유도 ⑤ 전자파
			3. 교류회로	① 단상 교류회로 ② 3상 교류회로
		2. 전기기기	1. 전기기기	① 직류기 ② 변압기 ③ 유도기 ④ 동기기 ⑤ 소형교류전동기, 교류정류기 ⑥ 전력용 반도체에 의한 전기기기 제어

필기과목명	문제수	주요항목	세부항목	세세항목
			2. 전기계측	① 전기계측기기의 구조 및 원리 ② 전기요소의 측정
		3. 제어회로	1. 자동제어의 기초	① 자동제어의 개요 ② 제어계의 요소 및 구성 ③ 블록선도 ④ 전달함수
			2. 시퀀스 제어회로	① 불대수의 기본정리 및 응용 ② 무 접점논리회로 ③ 유 접점회로
			3. 제어기기 및 응용	① 제어기기의 구성요소 ② 제어의 종류 및 특성
		4. 전자회로	1. 전자회로	① 전자현상 및 전자소자 ② 정전압 전원회로 및 정류회로 ③ 증폭회로 및 발진회로 ④ 전자회로의 응용
소방관계 법규	20	1. 소방기본법	1. 소방기본법, 시행령, 시행규칙	① 소방기본법 ② 소방기본법 시행령 ③ 소방기본법 시행규칙
		2. 화재의 예방 및 안전관리에 관한 법	1. 화재의 예방 및 안전관리에 관한 법, 시행령, 시행규칙	① 화재의 예방 및 안전관리에 관한 법률 ② 화재의 예방 및 안전관리에 관한 시행령 ③ 화재의 예방 및 안전관리에 관한 시행규칙
		3. 소방시설 설치 및 관리에 관한 법	1. 소방시설 설치 및 관리에 관한법, 시행령, 시행규칙	① 소방시설 설치 및 관리에 관한 법률 ② 소방시설 설치 및 관리에 관한 시행령 ③ 소방시설 설치 및 관리에 관한 시행규칙

소방설비기사 시험안내

필기과목명	문제수	주요항목	세부항목	세세항목
		4. 소방시설 공사업법	1. 소방시설공사업법, 시행령, 시행규칙	① 소방시설공사업법 ② 소방시설공사업법 시행령 ③ 소방시설공사업법 시행규칙
		5. 위험물안전관리법	1. 위험물안전관리법, 시행령, 시행규칙	① 위험물안전관리법 ② 위험물안전관리법 시행령 ③ 위험물안전관리법 시행규칙
소방전기시설의 구조 및 원리	20	1. 소방전기시설 및 화재안전성능기준·화재안전기술기준	1. 비상경보설비 및 단독 경보형감지기	① 설치대상과 기준, 종류, 특징, 동작원리, 배선 ② 화재안전성능기준·화재안전 기술기준 등 기타 관련사항
			2. 비상방송설비	① 설치대상과 기준, 구성, 기능, 동작원리, 배선 ② 화재안전성능기준·화재안전 기술기준 등 기타 관련사항
			3. 자동화재탐지설비 및 시각경보장치	① 설치대상, 경계구역, 비화재보 원인과 대책, 화재안전성능기준·화재안전기술기준 ② 각 구성기기의 종류 및 특징, 화재안전성능기준·화재안전기술기준 등 기타 관련사항
			4. 자동화재속보설비	① 설치대상과 기준, 구성과 종류 ② 화재안전성능기준·화재안전기술기준 등 기타 관련사항
			5. 누전경보기	① 설치대상과 기준, 종류, 구성, 특징, 동작원리, 변류기 설치와 결선 ② 화재안전성능기준·화재안전 기술기준 등 기타 관련사항
			6. 유도등 및 유도표지	① 설치대상과 기준, 구성, 기능, 동작원리, 전원, 배선 시험 ② 화재안전성능기준·화재안전기술기준 등 기타 관련사항

필기과목명	문제수	주요항목	세부항목	세세항목
			7. 비상조명등	① 설치대상과 기준, 구성, 전원, 배선, 시험 ② 화재안전성능기준·화재안전기술기준 등 기타 관련사항
			8. 비상콘센트	① 설치대상과 기준, 구조, 기능, 비상콘센트설비의 전원 및 보호함, 배선 ② 화재안전성능기준·화재안전기술기준 등 기타 관련사항
			9. 무선통신보조설비	① 설치대상과 기준, 구조, 기능, 사용방법, 누설동축케이블 ② 화재안전성능기준·화재안전기술지준 등 기타 관련사항
			10. 기타 소방전기시설	① 화재안전성능기준·화재안전기술기준 등 기타 관련사항

구성 및 특징

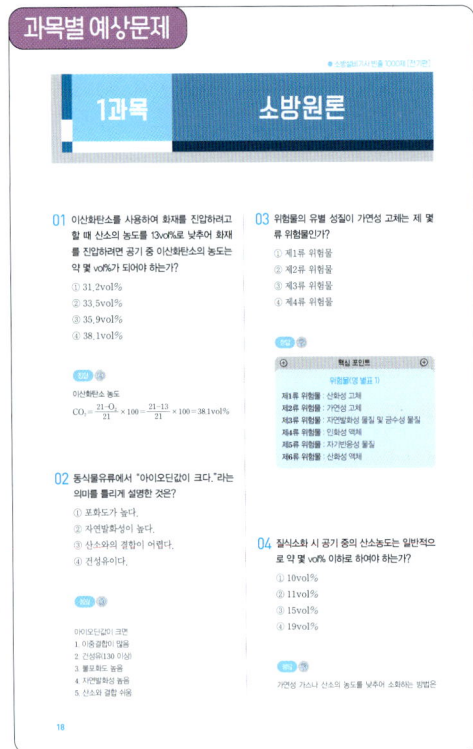

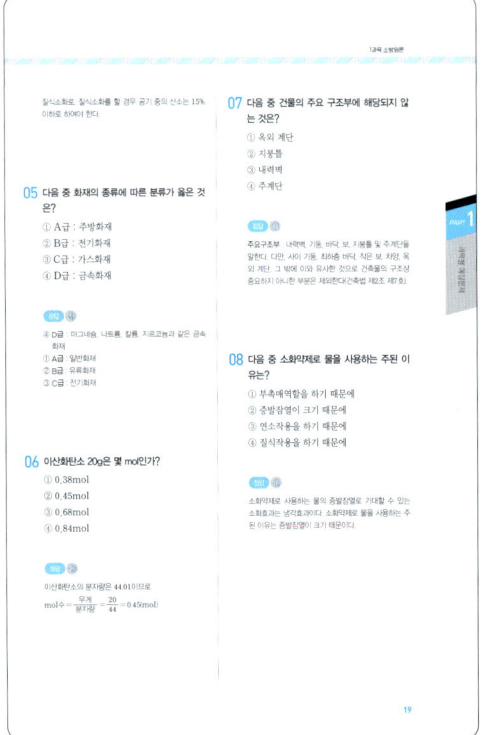

수험생 여러분이 다양한 문제 형식을 접했으면 하는 마음으로 과목별 예상문제를 준비하였습니다. 핵심이론과 관련된 문제들을 수록하였습니다.

과목별 빈출 개념을 모아서 시험 전 꼭 보고 들어가야 할 과목별 150문제를 수록하였습니다. 동일 페이지에서 정답을 바로 확인할 수 있도록 하단에 답안과 해설을 배치하였습니다.

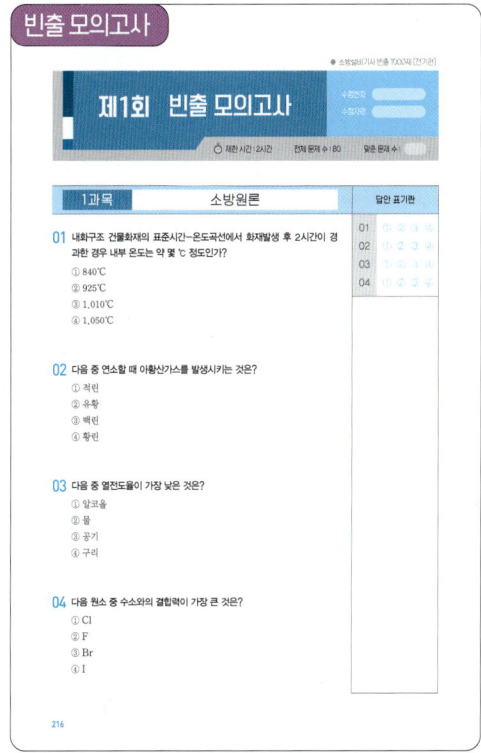

실제 필기시험과 유사한 형태의 빈출 모의고사를 통해 실제로 시험을 마주하더라도 문제없이 시험에 응시할 수 있도록 5회분을 실었습니다.

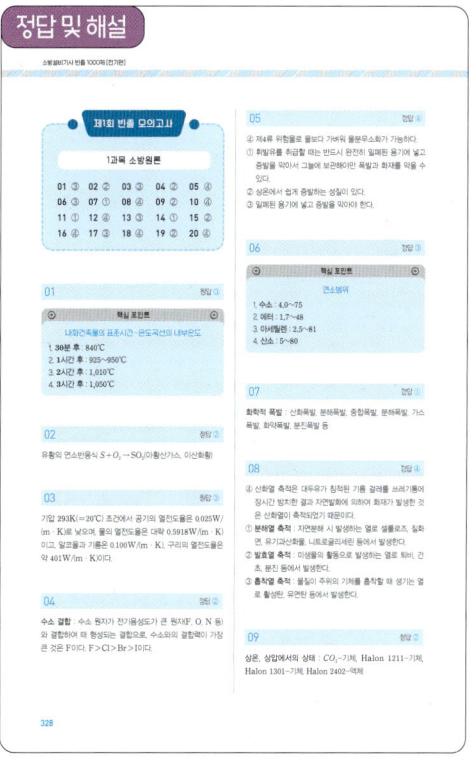

빠른 정답 찾기로 문제를 빠르게 채점할 수 있고, 각 문제의 해설을 상세하게 풀어내어 문제 개념을 이해하기 쉽도록 하였습니다.

목 차

PART 3 정답 및 해설

Study Plan

	영역	학습일	학습시간	정답 수
과목별 예상문제	소방원론			/150
	소방전기일반			/150
	소방관계법규			/150
	소방전기시설의 구조 및 원리			/150
빈출 모의고사	1회			/80
	2회			/80
	3회			/80
	4회			/80
	5회			/80

PART 1

ENGINNER
FIRE FIGHTING
FACILITIES
[ELECTRICAL]

과목별
예상문제

1과목 소방원론

2과목 소방전기일반

3과목 소방관계법규

4과목 소방전기시설의 구조 및 원리

1과목

소방원론

01 이산화탄소를 사용하여 화재를 진압하려고 할 때 산소의 농도를 13vol%로 낮추어 화재를 진압하려면 공기 중 이산화탄소의 농도는 약 몇 vol%가 되어야 하는가?

① 31.2vol%

② 33.5vol%

③ 35.9vol%

④ 38.1vol%

 ④

이산화탄소 농도

$$CO_2 = \frac{21 - O_2}{21} \times 100 = \frac{21 - 13}{21} \times 100 = 38.1 vol\%$$

02 동식물유류에서 "아이오딘값이 크다."라는 의미를 틀리게 설명한 것은?

① 포화도가 높다.

② 자연발화성이 높다.

③ 산소와의 결합이 어렵다.

④ 건성유이다.

 ③

아이오딘값이 크면
1. 이중결합이 많음
2. 건성유(130 이상)
3. 불포화도 높음
4. 자연발화성 높음
5. 산소와 결합 쉬움

03 위험물의 유별 성질이 가연성 고체는 제 몇 류 위험물인가?

① 제1류 위험물

② 제2류 위험물

③ 제3류 위험물

④ 제4류 위험물

 ②

⊕	핵심 포인트	⊕
	위험물(영 별표 1)	

제1류 위험물 : 산화성 고체
제2류 위험물 : 가연성 고체
제3류 위험물 : 자연발화성 물질 및 금수성 물질
제4류 위험물 : 인화성 액체
제5류 위험물 : 자기반응성 물질
제6류 위험물 : 산화성 액체

04 질식소화 시 공기 중의 산소농도는 일반적으로 약 몇 vol% 이하로 하여야 하는가?

① 10vol%

② 11vol%

③ 15vol%

④ 19vol%

 ③

가연성 가스나 산소의 농도를 낮추어 소화하는 방법은

질식소화로, 질식소화를 할 경우 공기 중의 산소는 15% 이하로 하여야 한다.

05 다음 중 화재의 종류에 따른 분류가 옳은 것은?

① A급 : 주방화재
② B급 : 전기화재
③ C급 : 가스화재
④ D급 : 금속화재

 정답 ④

④ D급 : 마그네슘, 나트륨, 칼륨, 지르코늄과 같은 금속화재
① A급 : 일반화재
② B급 : 유류화재
③ C급 : 전기화재

06 이산화탄소 20g은 몇 mol인가?

① 0.38mol
② 0.45mol
③ 0.68mol
④ 0.84mol

 정답 ②

이산화탄소의 분자량은 44.01이므로

$$\text{mol수} = \frac{\text{무게}}{\text{분자량}} = \frac{20}{44} = 0.45(\text{mol})$$

07 다음 중 건물의 주요 구조부에 해당되지 않는 것은?

① 옥외 계단
② 지붕틀
③ 내력벽
④ 주계단

 정답 ①

주요구조부 : 내력벽, 기둥, 바닥, 보, 지붕틀 및 주계단을 말한다. 다만, 사이 기둥, 최하층 바닥, 작은 보, 차양, 옥외 계단, 그 밖에 이와 유사한 것으로 건축물의 구조상 중요하지 아니한 부분은 제외한다(건축법 제2조 제7호).

08 다음 중 소화약제로 물을 사용하는 주된 이유는?

① 부촉매역할을 하기 때문에
② 증발잠열이 크기 때문에
③ 연소작용을 하기 때문에
④ 질식작용을 하기 때문에

 정답 ②

소화약제로 사용하는 물의 증발잠열로 기대할 수 있는 소화효과는 냉각효과이다. 소화약제로 물을 사용하는 주된 이유는 증발잠열이 크기 때문이다.

PART 1

과목별 예상문제

09 0℃, 1atm 상태에서 뷰테인(C_4H_{10}) 1mol을 완전 연소시키기 위해 필요한 산소의 mol수는?

① 3.5mol

② 4.5mol

③ 5.5mol

④ 6.5mol

정답 ④

핵심 포인트

뷰테인 반응식

$$C_4H_{10} + 6.5O_2 \rightarrow 4CO_2 + 5H_2O$$

10 1기압 상태에서 100℃ 물 1g이 모두 기체로 변할 때 필요한 열량은 몇 cal인가?

① 519cal

② 529cal

③ 539cal

④ 549cal

정답 ③

물의 기화열은 약 40.65kJ/mol, 2,260kJ/kg 또는 약 539cal/g이다. 물의 온도를 0℃에서 100℃까지 올리는 데에 필요한 에너지가 100cal/g이므로, 기화열은 이 열량의 5배가 넘는 에너지이다.

11 다음의 소화약제 중 오존 파괴 지수(ODP)가 가장 큰 것은?

① 할론 104

② 할론 1301

③ 할론 1211

④ 할론 2402

정답 ②

② 할론 1301-10

③ 할론 1211-3

④ 할론 2402-6

CFC 계통은 오존파괴지수가 0.6~1.0이고, 할론 계통은 3~10으로 높은 편이며, 수소염화불화탄소(HCFCs) 계통은 0.001~0.52로 낮은 편이다.

12 다음 중 조연성 가스에 해당되는 것은?

① 일산화탄소

② 아르곤

③ 산소

④ 아세틸렌

정답 ③

조연성 가스 : 자기 자신은 타지 않고 연소를 도와주는 가스로 산소, 공기, 오존, 불소, 염소 등이 이에 해당한다.

13 다음 중 물과 반응하여 발생되는 가스의 종류가 다른 것은?

① 칼륨
② 인화아연
③ 탄화알루미늄
④ 산화칼슘

 정답 ④

가연성 가스에는 수소, 메테인, 에탄, 프로테인, 포스핀 등이 대표적이다.
④ 산화칼슘 $CaO + H_2O \rightarrow Ca(OH)_2 + 발열$
① 칼륨 $2K + 2H_2O \rightarrow 2K(OH) + H_2 \uparrow (수소)$
② 인화아연 $Zn_3P_2 + 2H_2O \rightarrow 3Zn(OH)_2 + 2PH_3 \uparrow (포스핀)$
④ 탄화알루미늄 $Al_4C_3 + 12H_2O \rightarrow 4Al(OH)_3 + 3OH_4 \uparrow (메테인)$

14 다음 중 포소화약제의 적응성이 있는 것은?

① 가솔린 화재
② 알킬리튬 화재
③ 인화알루미늄 화재
④ 칼륨 화재

 정답 ①

포소화약제는 제4류 위험물 중 가솔린 화재에 적합하고, 칼륨, 알킬리튬, 인화알루미늄은 물과 반응하여 가연성 가스를 발생시킨다.

15 할론계 소화약제의 주된 소화효과 및 방법에 대한 설명으로 옳은 것은?

① 소화약제의 증발잠열에 의한 소화방법이다.
② 산소의 농도를 15% 이하로 낮게 하는 소화방법이다.
③ 전기화재, 유류화재에 주로 사용된다.
④ 자유활성기(free radical)의 생성을 억제하는 소화방법이다.

 정답 ④

할론 소화약제와 할로겐화합물 소화약제는 자유활성기(free radical)의 생성을 억제하여 소화한다.

16 소방시설 설치 및 안전관리에 관한 법령에 따른 개구부의 기준으로 틀린 것은?

① 해당 층의 바닥면으로부터 개구부 밑부분까지의 높이가 1.2m 이내일 것
② 크기는 지름 30cm 이상의 원이 통과할 수 있을 것
③ 화재 시 건축물로부터 쉽게 피난할 수 있도록 창살이나 그 밖의 장애물이 설치되지 않을 것
④ 내부 또는 외부에서 쉽게 부수거나 열 수 있을 것

 정답 ②

무창층 : 지상층 중 다음의 요건을 모두 갖춘 개구부(건축물에서 채광 · 환기 · 통풍 또는 출입 등을 위하여 만든 창 · 출입구, 그 밖에 이와 비슷한 것을 말한다.)의 면적의 합계가 해당 층의 바닥면적(산정된 면적을 말한다.)의 30분의 1 이하가 되는 층을 말한다(법 제2조 제1호).
1. 크기는 지름 50cm 이상의 원이 통과할 수 있을 것

2. 해당 층의 바닥면으로부터 개구부 밑부분까지의 높이가 1.2m 이내일 것
3. 도로 또는 차량이 진입할 수 있는 빈터를 향할 것
4. 화재 시 건축물로부터 쉽게 피난할 수 있도록 창살이나 그 밖의 장애물이 설치되지 않을 것
5. 내부 또는 외부에서 쉽게 부수거나 열 수 있을 것

리성의 제1인산암모늄($NH_4H_2PO_4$, 중탄산칼륨과 중탄산나트륨은 산성염)이며 약제는 담홍색으로 착색되어 있다.

---

17 어떤 유기화합물을 원소 분석한 결과 중량 백분율이 C : 39.9%, H : 6.7%, O : 53.4%인 경우 이 화합물의 분자식은? (단, 원자량은 C=12, O=16, H=1이다.)

① $C_2H_4O_2$
② $C_3H_8O_2$
③ C_2H_4O
④ $C_2H_6O_2$

 정답 ①

실험식 C:H:O=$\dfrac{39.9}{12}:\dfrac{6.7}{1}:\dfrac{53.4}{16}$
$=3.325:6.7:3.3375=1:2:1=CH_2O$
분자식=실험식$\times n=CH_2O\times 2=C_2H_4O_2$

---

18 다음의 분말소화약제 중 A급, B급, C급 화재에 모두 사용할 수 있는 것은?

① Na_2CO_3
② $NH_4H_2PO_4$
③ $KHCO_3$
④ $NaHCO_3$

 정답 ②

A급, B급, C급의 어떤 화재에도 사용할 수 있기 때문에 일명 ABC 분말 소화약제라고도 부른다. 주성분은 알칼

---

19 다음 중 공기와 접촉되었을 때 위험도(H)가 가장 큰 것은?

① 에터
② 수소
③ 에틸렌
④ 뷰테인

 정답 ①

연소범위는 에터 1.7~48.0, 수소 4.0~75.0, 에틸렌 2.7~36.0, 뷰테인 1.8~8.4이다.

위험도 H$=\dfrac{U-L}{L}=\dfrac{\text{폭발상한값}-\text{폭발하한값}}{\text{폭발하한값}}$

① 에터 H$=\dfrac{48.0-1.7}{1.7}=27.24$
② 수소 H$=\dfrac{75.0-4.0}{4.0}=17.75$
③ 에틸렌 H$=\dfrac{36.0-2.7}{2.7}=12.33$
④ 뷰테인 H$=\dfrac{8.4-1.8}{1.8}=3.67$

---

20 다음 중 화재와 관련된 국제적인 규정을 제정하는 단체는?

① IMO(International Maritime Organization)
② IPCC(Intergovernmental Panel on Climate Change)
③ IATA(International Air Transport Association)

④ ISO(International Organization for Standardization) TC 92

 ④

ISO(International Organization for Standardization) TC 92 : ISO 산하 화재안전 기술위원회

---

21 다음 중 목조건축물의 화재 진행상황에 관한 설명으로 옳은 것은?

① 화원 → 발연착화 → 무염착화 → 출화 → 최성기 → 소화

② 화원 → 무염착화 → 발염착화 → 소화 → 연소낙하

③ 화원 → 무염착화 → 발염착화 → 출화 → 최성기 → 소화

④ 화원 → 출화 → 최성기 → 무염착화 → 발염착화 → 소화

 ③

목조건축물의 화재 진행상황 : 화원 → 무염착화 → 발염착화 → 출화 → (플래시오버) → 최성기 → 소화

---

22 연면적이 1,000m² 이상인 건축물에 설치하는 방화벽이 갖추어야 할 기준으로 틀린 것은?

① 내화구조로서 홀로 설 수 있는 구조일 것

② 방화벽이 양쪽 끝과 위쪽 끝을 건축물의 외벽면 및 지붕면으로부터 0.5m 이상 튀어 나오게 할 것

③ 방화벽에 설치하는 출입문의 너비는 2.5m 이하로 할 것

④ 방화벽에 설치하는 출입문의 높이는 2.0m 이하로 할 것

 ④

방화벽의 구조(건축물의 피난·방화구조 등의 기준에 관한 규칙 제21조 제1항)
1. 내화구조로서 홀로 설 수 있는 구조일 것
2. 방화벽의 양쪽 끝과 윗쪽 끝을 건축물의 외벽면 및 지붕면으로부터 0.5m 이상 튀어 나오게 할 것
3. 방화벽에 설치하는 출입문의 너비 및 높이는 각각 2.5m 이하로 하고, 해당 출입문에는 60＋방화문 또는 60분방화문을 설치할 것

---

23 다음 중 화재의 일반적 특성으로 틀린 것은?

① 성장성
② 정형성
③ 우발성
④ 불안정성

 ②

화재의 일반적 특성 : 확대성, 불안정성, 우발성, 성장성

24

공기의 부피 비율이 질소 79%, 산소 21%인 전기실에 화재가 발생하여 이산화탄소 소화약제를 방출하여 소화하였다. 이때 산소의 부피농도가 14%이었다면 이 혼합 공기의 분자량은 약 얼마인가? (단, 화재시 발생한 연소가스는 무시한다.)

① 31.9

② 32.9

③ 33.9

④ 34.9

정답 ③

- 이산화탄소량 $=\dfrac{21-O_2}{21}\times 100=\dfrac{21-14}{21}\times 100$
  $≒33.3\%$
- 질소량 $=100-O_2-CO_2=100-14-33.3=52.7\%$
- 분자량 : 질소 28, 산소 32, 이산화탄소 44
- 혼합공기의 분자량 $M=(28\times 0.527)+(32\times 0.14)+(44\times 0.333)≒33.89$

25

다음은 방화벽의 구조기준에 관한 설명이다. ( ) 안에 알맞은 것은?

- 방화벽의 양쪽 끝과 윗쪽 끝을 건축물의 외벽면 및 지붕면으로부터 (㉠)m 이상 튀어 나오게 할 것
- 방화벽에 설치하는 출입문의 너비 및 높이는 각각 (㉡)m 이하로 하고, 해당 출입문에는 60＋방화문 또는 60분방화문을 설치할 것

① ㉠ 0.1, ㉡ 1.5

② ㉠ 0.5, ㉡ 2.5

③ ㉠ 0.7, ㉡ 3.5

④ ㉠ 0.9, ㉡ 4.5

정답 ②

방화벽의 구조(건축물의 피난ㆍ방화구조 등의 기준에 관한 규칙 제21조 제1항)
1. 내화구조로서 홀로 설 수 있는 구조일 것
2. 방화벽의 양쪽 끝과 윗쪽 끝을 건축물의 외벽면 및 지붕면으로부터 0.5m 이상 튀어 나오게 할 것
3. 방화벽에 설치하는 출입문의 너비 및 높이는 각각 2.5m 이하로 하고, 해당 출입문에는 60＋방화문 또는 60분방화문을 설치할 것

26

다음 중 이산화탄소에 대한 설명으로 틀린 것은?

① 임계온도는 97.5℃이다.

② 물에 녹아 약한 산성을 띠는 탄산을 생성한다.

③ 불연성가스로 공기보다 무겁다.

④ 드라이아이스와 분자식이 동일하다.

정답 ①

① 임계온도는 31.0℃이며, 임계 압력은 72.80atm이다.
② 상온에서 무색 기체로 존재하며 약간 신 맛이 있다.
③ 불연성가스로 공기보다 무겁고 무색, 무취이다.
④ 분자의 형태는 직선형이며, 고체는 분자성 결정의 형태로 존재한다.

27 다음 중 고체 가연물이 덩어리보다 가루일 때 연소되기 쉬운 이유로 가장 적합한 것은?

① 연쇄반응을 일으키기 어렵기 때문이다.
② 공기와 접촉면이 커지기 때문이다.
③ 산소와 화학적으로 친화력이 작아지기 때문이다.
④ 활성에너지가 커지기 때문이다.

 정답 ②

덩어리보다 가루일 때 가연물의 접촉면이 넓어 연소가 쉬워진다.

⊕ 핵심 포인트 ⊕

가연물이 연소가 잘 되기 위한 구비조건

1. 산소와 화학적으로 친화력이 클 것
2. 연쇄반응을 일으킬 수 있을 것
3. 활성화 에너지가 작을 것
4. 열전도율이 적을 것
5. 발열량이 클 것
6. 표면적이 클 것

---

28 다음에 해당하는 피난대책의 일반 원칙은?

> 피난 시 하나의 수단이 고장 등으로 사용이 불가능하더라도 다른 수단 및 방법을 통해서 피난할 수 있도록 하는 것으로 2방향 이상의 피난통로를 확보하는 피난대책

① Risk-down 원칙
② Feed-back 원칙
③ Fool-proof 원칙
④ Fail-safe 원칙

  정답 ④

Fail-safe 원칙 : 피난 시 하나의 수단이 고장 등으로 사용이 불가능하더라도 다른 수단 및 방법을 통해서 피난할 수 있도록 피난통로를 확보하는 원칙이다.

29 건축법령상 내력벽, 기둥, 바닥, 보, 지붕틀 및 주계단을 무엇이라 하는가?

① 건축구조부
② 건축설계부
③ 주요구조부
④ 건축설비부

 정답 ③

주요구조부 : 내력벽, 기둥, 바닥, 보, 지붕틀 및 주계단을 말한다. 다만, 사이 기둥, 최하층 바닥, 작은 보, 차양, 옥외 계단, 그 밖에 이와 유사한 것으로 건축물의 구조상 중요하지 아니한 부분은 제외한다(제2조 제1항 제7호).

30 다음 중 화재발생 시 피난기구로 직접 활용할 수 없는 것은?

① 피난로프
② 무선통신보조설비
③ 피난사다리
④ 피난용 트랩

 정답 ②

피난기구 : 피난사다리, 피난용 트랩, 미끄럼대, 피난로프, 완강기, 구조대, 피난교 등

31 다음 중 피난자의 집중으로 패닉현상이 일어날 우려가 가장 큰 형태는?

① T형
② X형
③ Z형
④ CO형

정답 ④

④ H형, CO형 피난 형태는 피난자들의 집중으로 패닉현상이 일어날 수 있다.
① T형 피난 형태는 피난자에게 피난경로를 확실히 알려주는 형태이다.
② X형 피난 형태는 확실한 피난통로가 보장되어 신속한 피난이 가능하다.
③ Z형 피난 형태는 중앙복도형 건축물의 피난경로로 코어식 중 가장 안전한 형태이다.

32 가연성 기체 1몰이 완전 연소하는데 필요한 이론공기량으로 틀린 것은? (단, 체적비로 계산하며 공기 중 산소의 농도를 21vol%로 한다.)

① 수소 – 약 1.42몰
② 메탄 – 약 9.52몰
③ 아세틸렌 – 약 11.90몰
④ 프로판 – 약 23.81몰

정답 ①

이론공기량은 연료를 완전 연소하는 데 이론상 필요한 최소한의 공기량이다.
① 수소 $H_2+\frac{1}{2}O_2\rightarrow H_2O$, 이론공기량 $=\frac{0.5}{0.21}=2.38\text{mol}$
② 메테인 $CH_4+2O_2\rightarrow CO_2+2H_2O$, 이론공기량 $=\frac{2}{0.21}=9.52\text{mol}$

③ 아세틸렌 $C_2H_2+2.5O_2\rightarrow 2CO_2+H_2O$, 이론공기량 $=\frac{2.5}{0.21}=11.90\text{mol}$
④ 프로페인 $C_3H_8+5O_2\rightarrow 3CO_2+4H_2O$, 이론공기량 $=\frac{5}{0.21}=23.81\text{mol}$

33 물의 소화력을 증대시키기 위하여 첨가하는 첨가제 중 물의 유실을 방지하고 건물, 임야 등의 입체 면에 오랫동안 잔류하게 하기 위한 것은?

① 강화액
② 증점제
③ 침투제
④ 유화제

정답 ②

② 증점제 : 점도를 증가시키는 물질로 물의 유실을 방지하고 건물, 임야 등의 입체 면에 오랫동안 잔류하게 하기 위한 것이다.
① 강화액 : 탄산칼륨 등의 수용액을 주성분으로 강알칼리성 수용액을 말한다.
③ 침투제 : 아주 조그마한 구멍에도 잘 들어갈 수 있는 독특한 성질의 액체이다.
④ 유화제 : 유화액의 역학적 안정성을 향상시키는 물질을 말한다.

34 물질의 화재 위험성에 대한 다음 설명 중 틀린 것은?

① 인화점 및 착화점이 낮을수록 위험하다.
② 연소속도, 증기압, 연소열이 클수록 위험하다.
③ 비점 및 융점이 낮을수록 위험하다.
④ 연소범위가 좁을수록 위험하다.

착되어 가연물과 산소와의 접촉을 차단시켜 주기 때문에 일반화재에 적합하다.

 ④

35 다음 중 발화점이 가장 낮은 물질은?

① 황린
② 에틸에터
③ 가솔린
④ 황화인

 ①

발화점(℃) : 황린 30~50, 황화인 100, 가솔린 300, 에틸에터 180

36 열분해에 의해 가연물 표면에 유리상의 메타인산 피막을 형성하여 연소에 필요한 산소의 유입을 차단하는 분말약제는?

① 이산화탄소
② 중탄산칼륨
③ 제1인산암모늄
④ 탄산수소나트륨

 ③

제1인산암모늄은 제3종 분말소화제로, 제1인산암모늄의 열분해 시 생성된 메타인산이 가연물의 표면에 점

37 다음 중 이산화탄소의 물리적 특성으로 옳은 것은?

① 임계온도 : 30.35℃, 증기비중 : 0.517
② 임계온도 : 31.35℃, 증기비중 : 1.517
③ 임계온도 : 33.35℃, 증기비중 : 2.517
④ 임계온도 : 35.35℃, 증기비중 : 3.517

 ②

이산화탄소의 물리적 특성 : 상온에서 무색 기체로 밀도는 0℃, 1atm에서 1.976g/L이고, 삼중점은 −56.6℃/5.11atm으로 상온 상압에서 승화하며, 승화점은 −78.50℃이다. 임계 온도는 31.35℃이며, 임계 압력은 72.80atm이다. 증기비중은 $\dfrac{\text{분자량}}{\text{공기의 평균분자량}}$ $=\dfrac{44}{29}=1.517$이다.

38 다음의 소화약제 중 HFC-125의 화학식으로 옳은 것은?

① CF_3I
② CHF_3
③ CF_3CHFCF_3
④ CHF_2CF_3

 ④

④ HFC-125는 오존층 파괴지수가 0으로 하론 1301의 완벽 대체 친환경 소화약제이다. 화학적으로 매우 안정하고 비독성이며 불연성 액화가스이다. 화학식은 CHF_2CF_3이다.

① CF_3I : FIC-1311
② CHF_3 : HFC-23
③ CF_3CHFCF_3 : HFC-236fa

③ 다른 물질보다 증발잠열이 크다.
④ 효과적인 소화방법은 물을 분무하는 방법이다.

정답

물의 융해잠열(고체→액체로 상변화시 필요한 열량)은 80Kcal/kg로 다른 물질보다 융해잠열이 크다.

39 연기감지기가 작동할 정도이고 가시거리가 20~30m에 해당하는 감광계수는 얼마인가?

① 0.1m^{-1}
② 0.3m^{-1}
③ 1.0m^{-1}
④ 10m^{-1}

정답

⊕ 핵심 포인트 ⊕

감광계수(m^{-1})와 가시거리

감광계수 (m^{-1})	가시거리 (D)	상황
0.1/m	20~30m	연기감지기 작동 농도
0.3/m	5m	건물 내 숙지자의 피난한계 농도
1.0/m	1~2m	거의 앞이 보이지 않을 정도의 농도
10/m	0.2~0.5m	화재최성기 때의 연기 농도

41 다음 중 화재현상을 설명한 것으로 가장 옳지 않은 것은?

① roth over : 물이 뜨거운 기름표면 아래에서 끓을 때 화재를 수반하지 않고 over flow 되는 현상
② slop over : 물이 연소유의 뜨거운 표면에 들어갈 때 발생되는 over flow 현상
③ boil over : 탱크 바닥에 물과 기름의 에멀션이 섞여있을 때 물의 비등으로 인하여 급격하게 over flow 되는 현상
④ oil over : 탱크 주위 화재로 탱크 내 인화성 액체가 비등하고 가스부분의 압력이 상승하여 탱크가 파괴되고 폭발을 일으키는 현상

정답

탱크 주위 화재로 탱크 내 인화성 액체가 비등하고 가스부분의 압력이 상승하여 탱크가 파괴되고 폭발을 일으키는 현상은 bleve이다.
oil over : 저장탱크에 저장된 유류저장량의 내용적의 50% 이하로 충전되었을 때 화재로 인하여 탱크가 폭발하는 현상

40 다음 물의 소화능력에 관한 설명으로 틀린 것은?

① 물은 증발하면서 가장 열을 많이 흡수하는데 이는 봉상주수보다 무상주수가 더욱 효과적이다.
② 다른 물질보다 융해잠열이 작다.

42 다음 중 연소범위를 근거로 계산한 위험도 값이 가장 큰 물질은?

① 이황화탄소

② 메테인

③ 수소

④ 일산화탄소

 ①

연소범위(%) : 이황화탄소 1.0~50.0, 메테인 5.0~15.0, 수소 4.0~75.0, 일산화탄소 12.5~74.0

위험도 $H = \dfrac{U-L}{L} = \dfrac{\text{폭발상한값} - \text{폭발하한값}}{\text{폭발하한값}}$

① 이황화탄소 $H = \dfrac{50-1}{1} = 49$

② 메테인 $H = \dfrac{15-5}{5} = 2$

③ 수소 $H = \dfrac{75-4}{4} = 17.75$

④ 일산화탄소 $H = \dfrac{74-12.5}{12.5} = 4.92$

43 다음 중 화재하중의 단위로 옳은 것은?

① ℃/m²

② kg/m²

③ kg · L/m³

④ ℃ · l/m³

 ②

화재하중은 단위면적당 가연물의 질량으로 단위는 kg/m²이다.

44 공기 중의 산소의 농도는 약 몇 vol%인가?

① 15vol%

② 18vol%

③ 21vol%

④ 78vol%

 ③

공기 중 농도 : 질소 78%, 산소 21%, 아르곤 0.09%, 이산화탄소 0.03%, 기타 네온, 헬륨, 크립톤, 크세논, 오존 등

45 다음 중 소화약제로 사용하는 물의 증발잠열로 기대할 수 있는 소화효과는?

① 냉각소화

② 질식소화

③ 희석소화

④ 부촉매소화

 ①

물의 증발잠열은 539kcal/kg이므로 타고 있는 물체가 냉각되어 가연증기가 연소하한계 이하로 농도가 떨어지면 호염은 소화된다.

PART 1

과목별 예상문제

46 위험물안전관리법령상 제6류 위험물을 수납하는 운반용기의 외부에 주의사항을 표시하여야 할 경우, 어떤 내용을 표시하여야 하는가?

① 가연물접촉주의
② 공기접촉금지
③ 화기주의 · 충격주의
④ 물기엄금

정답 ①

┌─────────────────────────────────────┐
│ ⊕   **핵심 포인트**   ⊕ │
│   │
│ **위험물을 수납하는 운반용기의 외부에 주의사항 표시** │
│ **제1류 위험물** : 가연물접촉주의, 화기주의 · 충격 │
│ 주의, 알칼리금속의 과산화물-물기엄금   │
│ **제2류 위험물** : 화기주의, 인화성고체-화기엄금 │
│ **제3류 위험물** : 금수성물질-물기엄금, 자연발화성 │
│ 물질-화기엄금, 공기접촉금지   │
│ **제4류 위험물** : 화기엄금   │
│ **제5류 위험물** : 충격주의   │
│ **제6류 위험물** : 가연물접촉주의   │
└─────────────────────────────────────┘

47 소화에 필요한 CO_2의 이론소화농도가 공기 중에서 37vol%일 때, 한계산소농도는 약 몇 vol%인가?

① 10.2vol%
② 11.2vol%
③ 12.2vol%
④ 13.2vol%

정답 ④

한계산소농도 $O_2 = \dfrac{2,100 - (CO_2 \times 21)}{100}$

$= \dfrac{2,100 - (37 \times 21)}{100} = 13.23(vol\%)$

48 화재실의 연기를 옥외로 배출시키는 제연방식으로 효과가 가장 적은 것은?

① 후드를 이용한 제연방식
② 스모크 타워 제연방식
③ 기계식 제연방식
④ 자연 제연방식

정답 ①

제연방식 : 자연 제연방식, 스모크 타워 제연방식, 기계식 제연방식(제1종, 제2종, 제3종)
제연방법 : 희석방법, 재기방법, 차단방법

49 다음 중 소화원리에 대한 설명으로 틀린 것은?

① 냉각소화 : 물의 증발잠열에 의해서 가연물의 온도를 저하시키는 소화방법
② 억제소화 : 불활성기체를 방출하여 연소범위 이하로 낮추어 소화하는 방법
③ 질식소화 : 포소화약제 또는 불연성가스를 이용해서 공기 중의 산소공급을 차단하여 소화하는 방법
④ 제거소화 : 가연성 가스의 분출화재 시 연료공급을 차단시키는 소화방법

정답 ②

억제소화는 연쇄반응을 차단하여 소화하는 방법으로 부촉매효과고도 한다.

50 위험물안전관리법령상 제3석유류에 해당하는 것으로만 나열된 것은?

① 아세톤, 벤젠
② 에테르, 이황화탄소
③ 중유, 아닐린
④ 아세트산, 아크릴산

정답 ③

핵심 포인트

석유류

제1석유류 : 아세톤, 벤젠, 톨루엔
제2석유류 : 아세트산, 아크릴산, 포름산
제3석유류 : 중유, 아닐린, 벤질알코올
제4석유류 : 윤활유, 기어유, 기계유, 실린더유

핵심 포인트

분말소화약제의 종류 및 특성

종별	주성분	분자식	색상	적응화재
제1종 분말	탄산수소 나트륨	$NaHCO_3$	백색	B, C급
제2종 분말	탄산수소 칼륨	$KHCO_3$	담회색	B, C급
제3종 분말	제1인산 암모늄	$NH_4H_2PO_4$	담홍색 (또는 황색)	A, B, C급
제4종 분말	탄산수소 칼륨과 요소와의 반응물	$KC_2N_2H_3O_3$	회색	B, C급

51 다음 중 제4종 분말소화약제의 주성분으로 옳은 것은?

① $KHCO_3$
② $NaHCO_3$
③ $NH_4H_2PO_4$
④ $KC_2N_2H_3O_3$

정답 ④

52 다음 중 플라스틱 분류 상 열가소성 플라스틱이 아닌 것은?

① 폴리스티렌
② 폴리염화비닐
③ 페놀수지
④ 폴리에틸렌 테레프탈레이트

정답 ③

열경화성 플라스틱은 열을 가하면 열가소성 플라스틱과는 달리 녹지 않고, 한 번 경화되면 재성형을 할 수 없는 것으로 에폭시수지, 아미노 수지, 페놀 수지, 폴리에스터 수지, 폴리우레탄 수지 등이 있다.
• **열가소성 플라스틱** : 폴리에틸렌, 폴리에틸렌 테레프탈레이트, 폴리염화비닐, 폴리염화비닐리덴, 폴리스티렌, 폴리프로필렌 등이 있다.

53 다음 중 블레비(BLEVE) 현상과 관계가 없는 것은?

① 핵분열
② 내용물의 인화성
③ 화이어볼(Fire ball)의 형성
④ 복사열의 대량 방출

 정답 ①

블레비(BLEVE) 현상은 고압 상태인 액화가스용기가 가열되어 물리적 폭발이 순간적으로 화학적 폭발로 이어지는 현상이다. 블레비(BLEVE) 현상이 발생하려면 가연성 액체가 있어야 하고, 분출된 액화가스의 증기가 공기와 혼합하여 연소범위가 형성되어서 공 모양의 대형화염인 화이어볼(Fire ball)이 형성된다. 핵분열은 발생하지 않는다.

54 다음 중 열전도도(Thermal Conductivity)를 표시하는 단위에 해당하는 것은?

① J/m^2 · h
② kcal/h · $°C^2$
③ W/m · K
④ J · K/m^3

 정답 ③

열전도도(Thermal Conductivity)는 열을 전달하는 능력의 척도를 말한다. 열전도도 k의 단위는 W/m · K이다.

55 다음 중 건물화재 시 패닉(panic)의 발생원인과 직접적인 관계가 없는 것은?

① 연기에 의한 시계 제한
② 스프링클러 장치의 작동
③ 외부와 단절된 고립
④ 유독가스에 의한 호흡 장애

 정답 ②

패닉 상태는 인간이 극도로 긴장되어 돌출행동을 할 수 있는 상태로 건물화재 시 패닉(panic)의 발생원인은 연기에 의한 시계 제한, 유독가스에 의한 호흡 장애, 외부와 단절된 고립 등이다.

56 다음 중 분말 소화약제의 취급시 주의사항으로 틀린 것은?

① 습기를 방지하지 못하면 소화효과가 떨어진다.
② 충전 시 다른 소화약제와 혼합을 피하기 위하여 종별로 각각 다른 색으로 착색되어 있다.
③ 충전비가 크면 약제의 중량이 적게 소요된다.
④ 분말소화약제와 수성막포를 함께 사용할 경우 포의 소포 현상을 발생시키므로 병용해서는 안 된다.

 정답 ④

수성막포소화약제는 불화단백포소화약제 및 ABC분말소화약제와 함께 사용이 가능하다.

57 다음 중 화재강도(Fire Intensity)와 관계가 없는 것은?

① 발화원의 표면적
② 가연물의 비표면적
③ 화재실의 구조
④ 가연물의 발열량

 정답 ①

화재강도는 단위 시간당 축적되는 열의 값이다.
화재강도(**Fire Intensity**)와 관계된 것 : 가연물의 비표면적, 화재실의 구조, 가연물의 발열량

58 다음 중 종이, 나무, 섬유류 등에 의한 화재에 해당하는 것은?

① A급 화재
② B급 화재
③ C급 화재
④ D급 화재

 정답 ①

종이, 나무, 섬유류 등에 의한 화재는 일반화재인 A급 화재에 해당한다.

⊕	핵심 포인트		⊕
화재의 분류			
구분	종류	표시색	소화방법
A급 화재	일반화재	백색	냉각소화
B급 화재	유류화재	황색	질식소화
C급 화재	전기화재	청색	질식소화
D급 화재	금속화재	무색	피복소화
K급 화재	주방화재	은색	냉각소화

59 다음 중 소화약제인 IG-541의 성분이 아닌 것은?

① 질소
② 아르곤
③ 수소
④ 이산화탄소

 정답 ③

⊕	핵심 포인트	⊕
불활성기스		

소화약제	성분
IG-10	아르곤
IG-100	질소
IG-541	질소 52%, 아르곤 40%, 이산화탄소 8%
IG-55	질소 50%, 아르곤 50%

60 다음 중 자연발화 방지대책에 대한 설명으로 틀린 것은?

① 가능한 입자를 크게 한다.
② 저장실의 환기를 원활히 시킨다.
③ 불활성 가스를 주입하여 공기와의 접촉을 피한다.
④ 저장실의 습도를 높게 유지한다.

 정답 ④

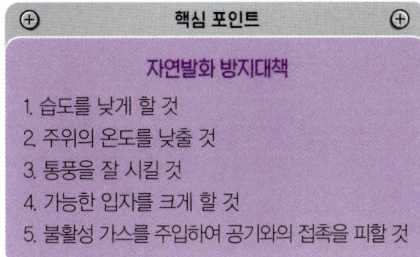

⊕	핵심 포인트	⊕
자연발화 방지대책		

1. 습도를 낮게 할 것
2. 주위의 온도를 낮출 것
3. 통풍을 잘 시킬 것
4. 가능한 입자를 크게 할 것
5. 불활성 가스를 주입하여 공기와의 접촉을 피할 것

61 다음 중 할로겐화합물 소화약제에 관한 설명으로 옳지 않은 것은?

① 연쇄반응을 차단하여 소화한다.
② 유기화합물을 기본 성분으로 한다.
③ 전기에 도체이므로 전기화재에 효과가 있다.
④ 증발 후 잔여물을 남기지 않는다.

 정답 ③

할로겐화합물 소화약제는 전기적으로 비전도성이며 휘발성이 있거나 증발 후 잔여물을 남기지 않는 소화약제이다.

62 다음 중 알킬알루미늄 화재에 적합한 소화약제는?

① 할로겐 소화약제
② 팽창질석
③ 이산화탄소
④ 포소화약제

 정답 ②

제3류 자기발화성 물질인 알킬알루미늄은 액상으로 누출되면 표면연소된다. 알킬알루미늄은 물과 급격하게 반응하여 폭발하므로 건조사, 팽창질석으로 소화한다.

63 소화기구 및 자동소화장치의 화재안전기준에 따르면 소화기구(자동확산소화기는 제외)는 거주자 등이 손쉽게 사용할 수 있는 장소에 바닥으로부터 높이 몇 m 이하의 곳에 비치하여야 하는가?

① 1.2m
② 1.3m
③ 1.4m
④ 1.5m

 정답 ④

소화기구(자동확산소화기를 제외한다)는 거주자 등이 손쉽게 사용할 수 있는 장소에 바닥으로부터 높이 1.5m 이하의 곳에 비치하고, 소화기구의 종류를 표시한 표지를 보기 쉬운 곳에 부착할 것. 다만, 소화기 및 투척용소화용구의 표지는 「축광표지의 성능인증 및 제품검사의 기술기준」에 적합한 축광식 표지로 설치하고, 주차장의 경우 표지를 바닥으로부터 1.5m 이상의 높이에 설치할 것(제4조 제1항 제6호)

64 다음 중 건축물의 화재를 확산시키는 요인이라 볼 수 없는 것은?

① 비화
② 복사열
③ 대류
④ 접염

 정답 ③

핵심 포인트

건축물의 화재를 확산시키는 요인

1. **접염** : 화염 또는 열의 접촉에 의하여 불이 다른 곳으로 옮겨 붙는 것
2. **비화** : 불티가 바람에 날리거나 화재현장에서 상승하는 열기류 중심에 휩쓸려 원거리 가연물에 착화하는 현상
3. **복사열** : 복사파에 의하여 열이 높은 온도에서 낮은 온도로 이동하는 것

---

65 다음 중 인화점이 가장 낮은 물질은?

① 프로필렌
② 톨루엔
③ 메틸알코올
④ 아세틸렌

 ①

인화점 : 프로필렌 −107℃, 아세틸렌 −18℃, 톨루엔 −4.4℃, 메틸알코올 13℃

---

66 0℃, 1기압에서 44.8m³의 용적을 가진 이산화탄소를 액화하여 얻을 수 있는 액화탄산가스의 무게는 약 몇 kg인가?

① 22kg
② 44kg
③ 66kg
④ 88kg

 ④

이상기체 방정식 $PV = nRT = \dfrac{W}{M}RT$

(P : 압력, V : 부피, R : 기체상수, T : 절대온도, W : 무게, M : 분자량)

$$W = \frac{PVM}{RT} = \frac{1 \times 44.8 \times 44}{0.08205 \times 273} \fallingdotseq 88kg$$

---

67 다음 중 연소와 가장 관련 있는 화학반응은?

① 치환반응
② 중화반응
③ 산화반응
④ 환원반응

 ③

③ 연소는 빛과 열을 수반하는 급격한 산화반응이다.
① **치환반응** : 화합물의 원자·작용기 등이 다른 원자·작용기 등으로 바뀌는 반응이다.
② **중화반응** : 산과 염기가 반응하여 물과 염을 생성하는 반응이다.
④ **환원반응** : 물질 간의 전자 이동이다.

---

68 다음 중 공기 중에서 일산화탄소의 연소범위로 옳은 것은?

① 0.4 ~ 98vol%
② 1.9 ~ 48vol%
③ 7.3 ~ 36vol%
④ 12.5 ~ 74vol%

 ④

연소범위(vol%) : 아세틸렌 2.5~81, 수소 4~75, 일산화탄소 12.5~74, 암모니아 15~28, 메테인 5~16

69 다음 중 스테판–볼츠만의 법칙에 의해 복사열과 절대온도와의 관계를 옳게 설명한 것은?

① 복사열은 절대온도의 제곱에 비례한다.
② 복사열은 절대온도의 제곱에 반비례한다.
③ 복사열은 절대온도의 4제곱에 비례한다.
④ 복사열은 절대온도의 4제곱에 반비례한다.

정답 ③

슈테판–볼츠만 법칙 : 흑체의 단위 면적당 복사 에너지가 절대온도의 4제곱에 비례한다는 법칙이다. 이 법칙에 의하여 태양복사로부터 받은 에너지만큼을 외부공간으로 다시 잃게 된다.

70 가연물질의 종류에 따라 화재를 분류하였을 때 식용유 화재가 속하는 것은?

① A급 화재
② B급 화재
③ C급 화재
④ K급 화재

정답 ④

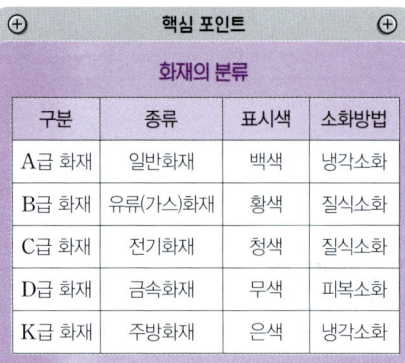

핵심 포인트
화재의 분류

구분	종류	표시색	소화방법
A급 화재	일반화재	백색	냉각소화
B급 화재	유류(가스)화재	황색	질식소화
C급 화재	전기화재	청색	질식소화
D급 화재	금속화재	무색	피복소화
K급 화재	주방화재	은색	냉각소화

71 소화기구 및 자동소화장치의 화재안전기준에 따르면 소화약제 외의 것을 이용한 간이소화용구에 있어서 마른모래의 능력단위는?

① 0.1단위
② 0.5단위
③ 0.7단위
④ 1.0단위

정답 ②

능력단위 : 소화기 및 소화약제에 따른 간이소화용구에 있어서는 형식승인 된 수치를 말하며, 소화약제 외의 것을 이용한 간이소화용구에 있어서는 다음 표에 따른 수치를 말한다.

간이소화용구		능력단위
마른모래	삽을 상비한 50L 이상의 것 1포	0.5단위
팽창질석 또는 팽창진주암	삽을 상비한 80L 이상의 것 1포	

72 다음과 같은 냄새가 나는 기체는?

> 석유, 고무, 동물의 털, 가죽 등과 같이 황성분을 함유하고 있는 물질이 불완전 연소될 때 발생하는 연소가스로 계란 썩는 듯한 냄새가 나는 기체

① 아황산가스
② 시안화가스
③ 황화수소
④ 암모니아

정답 ③

③ **황화수소** : 상온에서는 무색의 유독성 기체로 존재하며, 특유의 달걀 썩는 냄새가 난다.

① 아황산가스 : 자극성 있는 냄새가 나는 무색 기체로, 인체의 점막을 침해하는 독성이 있다.

② 시안화가스 : 맹독성의 무색 액체 또는 기체로 요소, 멜라닌, 폴리우레탄, 아닐린 등의 연소시 발생한다.

④ 암모니아 : 고약한 냄새가 나고 약염기성을 띠는 질소와 수소의 화합물로서 물에 잘 녹는다.

---

73 할로겐화합물 청정소화약제는 일반적으로 열을 받으면 할로겐족이 분해되어 가연 물질의 연소 과정에서 발생하는 활성종과 화합하여 연소의 연쇄반응을 차단한다. 연쇄반응의 차단과 가장 거리가 먼 소화약제는?

① IG-55
② HCFC-124
③ FC-3-1-10
④ HFC-227ea

정답 ①

- 할로겐화합물 소화약제 : FC-3-1-10, HCFC-124, HFC-125, HFC-227ea, HFC-23, HFC-236fa, FIC-13, FK-5-1-12 등
- 불활성기체 소화약제 : IG-10, IG-100, IG-541, IG-55 등

---

74 다음 중 가연물이 연소가 잘 되기 위한 구비조건으로 틀린 것은?

① 연쇄반응을 일으킬 수 있을 것
② 산소와 화학적으로 친화력이 클 것
③ 표면적이 작을 것
④ 활성화 에너지가 작을 것

정답 ③

핵심 포인트

가연물이 연소가 잘 되기 위한 구비조건

1. 산소와 화학적으로 친화력이 클 것
2. 연쇄반응을 일으킬 수 있을 것
3. 활성화 에너지가 작을 것
4. 열전도율이 적을 것
5. 발열량이 클 것
6. 표면적이 클 것

---

75 위험물과 위험물안전관리법령에서 정한 지정수량으로 옳지 않은 것은?

① 무기과산화물 - 50kg
② 황화인 - 100kg
③ 황린 - 20kg
④ 과산화수소 - 200kg

정답 ④

과산화수소 - 300kg

---

76 증발잠열을 이용하여 가연물의 온도를 떨어뜨려 화재를 진압하는 소화방법은?

① 냉각소화
② 억제소화
③ 질식소화
④ 제거소화

정답 ①

① 냉각소화 : 화학 물질의 온도를 낮추어 연소반응을 억제하는 방법

PART **1**

과목별 예상문제

② **억제소화(연쇄반응차단소화)** : 화학물질의 연소반응을 억제하는 화학물질을 사용하는 소화방법
③ **질식소화** : 연소의 산소 공급을 차단하여 불을 꺼지게 하는 방법
④ **제거소화** : 농도를 낮추는 방법으로 화학물질을 물이나 다른 물질로 희석하여 화학반응을 제어하는 소화방법

77 참기름에 침적된 기름걸레를 쓰레기통에 장시간 방치한 결과 자연발화에 의하여 화재가 발생한 경우 그 이유로 옳은 것은?

① 흡착열 축적
② 산화열 축적
③ 증발열 축적
④ 중합열 축적

정답 ②

핵심 포인트

자연발화를 일으키는 원인

1. **흡착열** : 활성탄, 유연탄, 목탄 등
2. **분해열** : 셀룰로오스, 질화면, 유기과산화물, 니트로글리세린, 아세틸렌 등
3. **발효열** : 퇴비, 먼지 등
4. **산화열** : 건성유, 반건성유, 원면, 석탄, 고무분말, 기름걸레, 석회분 등
5. **중합열** : 시안화수소, 산화에틸렌, 초산비닐, 스티렌 등

---

78 다음 연소생성물 중 인체에 독성이 가장 높은 것은?

① 암모니아
② 일산화탄소
③ 황화수소
④ 포스겐

정답 ④

인체에 독성이 가장 높은 것은 포스겐(0.1ppm)이다. ppm이 낮을수록 독성이 강한 것으로 염소 1, 암모니아 25, 일산화탄소 50, 황화수소 10이다.

79 다음 중 소화약제로 사용되는 이산화탄소에 대한 설명으로 옳은 것은?

① 산소와 반응하면 발열반응을 일으킨다.
② 산소와 반응하여 아세틸렌을 발생시킨다.
③ 산소와 반응하지 않는다.
④ 산화하지 않으나 산소와는 반응한다.

정답 ③

소화약제로 사용되는 이산화탄소는 산소와 반응하지 않는다. 가스 방출 시 기화열에 의한 냉각으로 소화하고, 공기 중의 산소 농도 21%를 15% 이하로 저하시켜 소화하는 작용을 한다.

80 다음 중 동일한 조건에서 증발잠열(kJ/kg)이 가장 큰 것은?

① 물
② 할론 1301
③ 이산화탄소
④ 질소

①

증발잠열(kJ/kg) : 질소 48, 할론1301 119, 이산화탄소 576.6, 물 2,257
물이 증발할 때 자연증발 시 잠열상수 2,501kJ/kg, 가열 시 잠열상수 2,257kJ/kg이다.

81 화재발생 시 인명피해 방지를 위한 건물로 적합한 것은?

① 피난유도등이 없는 건물
② 특별피난계단의 구조로 된 건물
③ 피난설비가 관리되고 있지 않은 건물
④ 피난구 폐쇄 및 피난구유도등이 미비되어 있는 건물

 ②

인명피해 방지를 위한 건물이 되기 위해서는 피난설비, 피난기구, 피난유도등, 특별피난계단, 특정소방대상물 등이 잘 갖춰져 있어야 한다.

82 다음 중 소화에 필요한 이산화탄소 소화약제의 최소 설계농도 값이 가장 높은 물질은?

① 수소
② 에틸렌
③ 일산화탄소
④ 프로페인

정답 ①

이산화탄소 소화약제의 최소 설계농도 값(%) : 수소 75, 아세틸렌 66, 일산화탄소 64, 산화에틸렌 53, 에틸렌 49, 에테인 40, 메테인 34, 뷰테인 34, 프로페인 36, 천연가스 37(이산화탄소소화설비의 화재안전기준(NFSC 106))

83 다음 중 화재의 종류에 따른 분류로 바르지 않은 것은?

① A급 : 일반화재
② B급 : 유류화재
③ C급 : 가스화재
④ K급 : 주방화재

 ③

핵심 포인트

화재의 분류

구분	종류	표시색	소화방법
A급 화재	일반화재	백색	냉각소화
B급 화재	유류(가스)화재	황색	질식소화
C급 화재	전기화재	청색	질식소화
D급 화재	금속화재	무색	피복소화
K급 화재	주방화재	은색	냉각소화

84 다음 중 화재발생 시 인간의 피난특성으로 틀린 것은?

① 좌측통행을 하고 시계반대방향으로 회전하려는 행동한다.
② 발화의 반대 방향으로 이동하려 한다.
③ 공포감으로 인해서 빛을 피하여 어두운 곳으로 몸을 숨긴다.
④ 최초로 행동을 개시한 사람을 따라서 움직인다.

정답

핵심 포인트

건축물의 화재발생 시 인간의 피난 특성

1. **귀소본능** : 친숙한 피난 경로를 선택하려는 행동
2. **지광본능** : 밝은 쪽을 지향하는 행동
3. **퇴피본능** : 화염, 연기에 대한 공포감으로 발화의 반대 방향으로 이동하려는 행동
4. **추종본능** : 많은 사람이 달아나는 방향으로 쫓아가려는 행동
5. **좌회본능** : 좌측통행을 하고 시계반대방향으로 회전하려는 행동
6. **폐쇄공간 지향본능** : 가능한 넓은 공간을 찾아 이동하다가 위험성이 높아지면 의외의 좁은 공간을 찾는 본능
7. **초능력 본능** : 비상시 상상도 못할 힘을 내는 본능
8. **공격본능** : 이상 심리현상

85 다음 중 조연성 가스에 해당하는 것은?

① 오존
② 일산화탄소
③ 천연가스
④ 프로페인

정답

조연성 가스 : 산소, 공기, 염소, 오존, 불소

86 다음 중 정전기에 의한 발화과정으로 옳은 것은?

① 방전 → 전하의 축적 → 전하의 발생 → 발화
② 전하의 발생 → 전하의 축적 → 방전 → 발화
③ 방전 → 전하의 발생 → 전하의 축적 → 발화
④ 전하의 축적 → 방전 → 전하의 발생 → 발화

정답

정전기에 의한 발화과정 : 전하의 발생 → 전하의 축적 → 방전 → 발화

87 다음 중 소화약제에 따른 소화기의 연결이 바르지 않은 것은?

① 수계 소화약제–알칼리 소화기
② 가스계 소화약제–할론 소화기
③ 분말 소화약제–ABC 소화기
④ 수계 소화약제–이산화탄소 소화기

정답

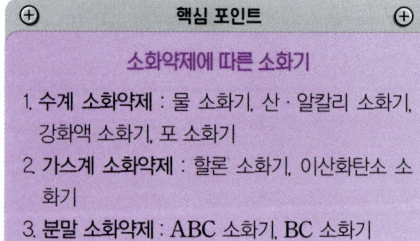

핵심 포인트

소화약제에 따른 소화기

1. **수계 소화약제** : 물 소화기, 산·알칼리 소화기, 강화액 소화기, 포 소화기
2. **가스계 소화약제** : 할론 소화기, 이산화탄소 소화기
3. **분말 소화약제** : ABC 소화기, BC 소화기

88 탱크화재 시 발생되는 보일오버(Boil Over)의 방지방법으로 틀린 것은?

① 과도한 압력의 방출

② 저장 탱크의 온도와 압력 관리

③ 위험물 탱크 내의 하부에 냉각수 저장

④ 물의 배출

 정답 ③

핵심 포인트

보일오버(Boil Over)

1. **발생원인** : 비등 온도의 차이, 불균일한 가열, 탱크 내부의 물

2. **방지방법** : 저장 탱크의 온도와 압력 관리, 비등 온도 차이에 따른 관리, 과도한 압력의 방출, 열원 통제, 적절한 소화시스템, 정기적인 점검 및 유지보수, 물의 배출

---

89 특정소방대상물(소방안전관리대상물은 제외)의 관계인과 소방안전관리대상물의 소방안전관리자의 업무가 아닌 것은?

① 피난시설, 방화구획 및 방화시설의 관리

② 초기대응체계의 구성

③ 화재발생 시 초기대응

④ 피난시설, 방화구획 및 방화시설의 유지·관리

 정답 ②

특정소방대상물(소방안전관리대상물은 제외한다)의 관계인과 소방안전관리대상물의 소방안전관리자는 다음의 업무를 수행한다. 다만, 1.·2.·5. 및 7.의 업무는 소방안전관리대상물의 경우에만 해당한다(화재의 예방 및 안전관리에 관한 법률 제24조 제5항).

1. 피난계획에 관한 사항과 대통령령으로 정하는 사항이 포함된 소방계획서의 작성 및 시행

2. 자위소방대 및 초기대응체계의 구성, 운영 및 교육

3. 피난시설, 방화구획 및 방화시설의 관리

4. 소방시설이나 그 밖의 소방 관련 시설의 관리

5. 소방훈련 및 교육

6. 화기 취급의 감독

7. 소방안전관리에 관한 업무수행에 관한 기록·유지

8. 화재발생 시 초기대응

9. 그 밖에 소방안전관리에 필요한 업무

90 이산화탄소의 증기비중은 약 얼마인가? (단, 공기의 분자량은 29이다.)

① 1.52

② 1.72

③ 1.92

④ 1.99

 정답 ①

증기비중 $= \dfrac{분자량}{공기분자량}$, 이산화탄소의 분자량이 44이므로 이산화탄소의 증기비중은 $\dfrac{44}{29} = 1.517$이다.

91 이산화탄소 소화약제 저장용기의 설치장소에 대한 설명 중 옳지 않은 것은?

① 방호구역 외의 장소에 설치한다.

② 온도가 60℃ 이하이고, 온도의 변화가 적은 곳에 설치한다.

③ 빗물이 침투할 우려가 없는 곳에 설치한다.

④ 해당 용기가 설치된 곳임을 표시하는 표지를 한다.

정답 ②

핵심 포인트

이산화탄소 소화약제 저장용기의 설치장소

1. 방호구역 외의 장소에 설치할 것
2. 온도가 40℃ 이하이고, 온도 변화가 작은 곳에 설치할 것
3. 직사광선 및 빗물이 침투할 우려가 없는 곳에 설치할 것
4. 방화문으로 방화구획된 실에 설치할 것
5. 용기의 설치 장소에는 해당 용기가 설치된 곳임을 표시하는 표지를 할 것
6. 용기 간의 간격은 점검에 지장이 없도록 3cm 이상의 간격을 유지할 것
7. 저장용기와 집합관을 연결하는 연결배관에는 체크밸브를 설치할 것

---

92 다음 원소 중에서 할로겐족 원소인 것은?

① Na
② Ag
③ Cl
④ Be

정답 ③

할로겐족 원소는 주기율표의 17족에 속하는 원소들로 플루오르(F), 염소(Cl), 브로민(Br), 아이오딘(I) 등이 있다.

---

93 다음 중 물에 저장하는 것이 안전한 물질은?

① 알킬알루미늄
② 수소화칼슘
③ 아세틸렌
④ 이황화탄소

정답 ④

핵심 포인트

물질에 따른 저장장소

물질	저장장소
황린, 이황화탄소	물속
니트로셀룰로오스	알코올 속
칼륨, 나트륨, 리튬	석유류(등유) 속
알킬알루미늄	벤젠액 속
아세틸렌	디메틸포름아미드, 아세톤에 용해
수소화칼슘	환기가 잘 되는 내화성 냉암소에 보관
탄화칼슘	습기가 없는 밀폐용기에 저장

---

94 다음 중 물리적 소화방법으로 옳지 않은 것은?

① 산소공급원 차단
② 연쇄반응 억제
③ 점화원 냉각
④ 가연물 희석

정답 ②

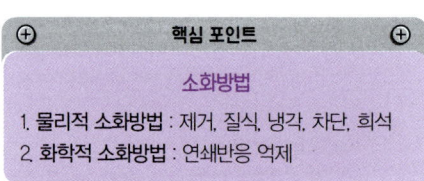

핵심 포인트

소화방법

1. **물리적 소화방법** : 제거, 질식, 냉각, 차단, 희석
2. **화학적 소화방법** : 연쇄반응 억제

95 건축물 화재에서 플래시 오버(Flash over) 현상이 일어나는 시기는?

① 최성기에서 감쇠기로 넘어가는 시기
② 화재가 발생하여 성장기로 넘어가는 시기
③ 성장기에서 최성기로 넘어가는 시기
④ 감쇠기에서 종기로 넘어가는 시기

 정답 ③

건축물 화재에서 플래시 오버(Flash over) 현상이 일어나는 시기는 성장기에서 최성기로 넘어가는 시기로, 실내에서 가연성 가스가 축적되어 발생되는 폭발적인 착화 현상이다.

96 화재 시 CO_2를 방사하여 산소농도를 11vol%로 낮추어 소화하려면 공기 중 CO_2의 농도는 약 몇 vol%가 되어야 하는가?

① 47.6vol%
② 48.6vol%
③ 49.6vol%
④ 50.6vol%

 정답 ①

산소농도를 11vol%로 낮추므로

CO_2의 농도 $= \dfrac{21 - O_2}{21} \times 100 = \dfrac{21 - 11}{21} \times 100$

$\fallingdotseq 47.62\%$

97 CH_2ClBr, 소화약제의 명칭을 옳게 나타낸 것은?

① 할론 104
② 할론 1011
③ 할론 1301
④ 할론 2402

 정답 ②

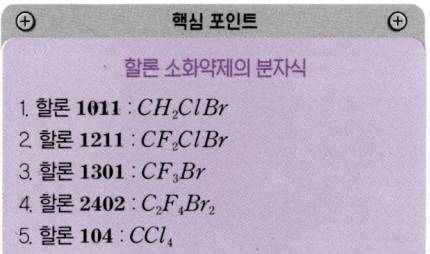

⊕ **핵심 포인트** ⊕

할론 소화약제의 분자식

1. 할론 **1011** : CH_2ClBr
2. 할론 **1211** : CF_2ClBr
3. 할론 **1301** : CF_3Br
4. 할론 **2402** : $C_2F_4Br_2$
5. 할론 **104** : CCl_4

98 실내 화재 시 발생한 연기로 인한 감광계수(m^{-1})와 가시거리에 대한 설명으로 옳은 것은?

① 감광계수가 0.1일 때 가시거리는 30~50m이다.
② 감광계수가 0.3일 때 가시거리는 15~20m이다.
③ 감광계수가 1.0일 때 가시거리는 1~2m이다.
④ 감광계수가 10일 때 가시거리는 0.5~1m이다.

 정답 ③

핵심 포인트

감광계수(m⁻¹)와 가시거리

감광계수 (m⁻¹)	가시거리 (D)	상황
0.1/m	20~30m	연기감지기 작동 농도
0.3/m	5m	건물 내 숙지자의 피난 한계 농도
1.0/m	1~2m	거의 앞이 보이지 않을 정도의 농도
10/m	0.2~0.5m	화재최성기 때의 연기 농도

99 다음 중 화재의 소화원리에 따른 소화방법의 적용으로 틀린 것은?

① 냉각소화 : 소화전설비
② 질식소화 : 이산화탄소 소화설비
③ 억제소화 : 할로겐화합물 소화설비
④ 제거소화 : 포소화설비

정답 ④

포소화전설비는 포소화전방수구·호스 및 이동식포노즐을 사용하는 설비로 질식소화한다.

100 다음 중 건물 내 피난동선의 조건으로 옳지 않은 것은?

① 상호 반대 방향으로 다수의 출구와 연결할 수 있어야 한다.
② 수평동선은 금하고 수직동선만 고려한다.
③ 통로의 말단은 안전한 장소이어야 한다.
④ 어느 곳에서도 2개 이상의 방향으로 피난할 수 있어야 한다.

정답 ②

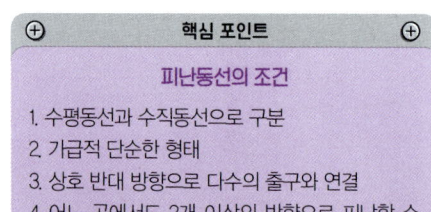

핵심 포인트

피난동선의 조건

1. 수평동선과 수직동선으로 구분
2. 가급적 단순한 형태
3. 상호 반대 방향으로 다수의 출구와 연결
4. 어느 곳에서도 2개 이상의 방향으로 피난할 수 있고 그 말단은 화재로부터 안전한 장소일 것

101 다음 중 물질과 물이 반응하였을 때 발생하는 가스의 연결이 틀린 것은?

① 탄화마그네슘 – 아세틸렌
② 인화칼슘 – 포스핀
③ 탄화알루미늄 – 이산화황
④ 수소화리튬 – 수소

정답 ③

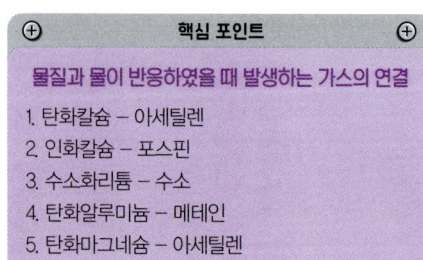

핵심 포인트

물질과 물이 반응하였을 때 발생하는 가스의 연결

1. 탄화칼슘 – 아세틸렌
2. 인화칼슘 – 포스핀
3. 수소화리튬 – 수소
4. 탄화알루미늄 – 메테인
5. 탄화마그네슘 – 아세틸렌

102 다음 중 이산화탄소 소화기의 일반적인 성질로 틀린 것은?

① 밀폐된 공간에서 사용할 경우 질식의 위험성이 있다.
② 장기간 동안 변질, 용기의 부식 등이 없다.
③ 바닥면적이 좁은 공간에는 사용할 수 없다.
④ 전기가 잘 통하기 때문에 전기설비에 사용할 수 없다.

정답 ④

이산화탄소 소화기는 장시간 보관해도 변질이나 용기의 부식 등이 없으며 방사된 후에도 가스상태가 되기 때문에 좁은 공간에서도 침투가 수월하고 전기에 대한 절연성 및 방사 후 소화약제에 의한 2차 피해를 막을 수 있다.

103 다음은 백 드래프트(back draft) 현상에 관한 설명이다. 방지대책으로 적절하지 않은 것은?

> 화재 시 발생한 가연성가스가 축적되어 있다가 신선한 공기가 유입되면 폭발적 연소와 함께 폭풍을 동반하며 화염이 외부로 분출되는 현상

① 격리
② 산소의 공급
③ 적절한 배연
④ 환기

정답 ②

백 드래프트(**back draft**) 현상 방지대책 : 적절한 배연, 격리, 환기, 폭발적 억제

104 물 소화약제를 어떠한 상태로 주수할 경우 전기화재의 진압에서도 소화능력을 발휘할 수 있는가?

① 어떤 상태의 주수도 효과가 없다.
② 물에 의한 봉상주수
③ 물에 의한 적상주수
④ 물에 의한 무상주수

정답 ④

물에 의한 무상주수할 경우 전기화재에도 소화능력을 발휘할 수 있다. 물 소화약제는 가격이 저렴하고, 많은 양을 구할 수 있으며, 사용방법이 비교적 간단하며 증발 잠열이 크다.

105 다음 중 화재의 유형별 특성에 관한 설명으로 틀린 것은?

① A급 화재는 은색으로 표시하며, 연소 후에 재를 남긴다.
② B급 화재는 황색으로 표시하며, 질식소화를 통해 화재를 진압한다.
③ C급 화재는 청색으로 표시하며, 감전의 위험이 있으므로 주수소화를 엄금한다.
④ D급 화재는 무색으로 표시하며, 가연성이 강한 금속의 화재이다.

정답 ①

핵심 포인트

화재의 분류

구분	종류	표시색	소화방법
A급 화재	일반화재	백색	냉각소화
B급 화재	유류화재	황색	질식소화
C급 화재	전기화재	청색	질식소화
D급 화재	금속화재	무색	피복소화
K급 화재	주방화재	은색	냉각소화

106 NaHCO$_3$를 주성분으로 한 분말소화약제는 제 몇 종 분말소화약제인가?

① 제1종

② 제2종

③ 제3종

④ 제4종

정답 ①

핵심 포인트

분말소화약제의 종류 및 특성

종별	주성분	분자식	색상	적응화재
제1종 분말	탄산수소 나트륨	$NaHCO_3$	백색	B, C급
제2종 분말	탄산수소 칼륨	$KHCO_3$	담회색	B, C급
제3종 분말	제1인산 암모늄	$NH_4H_2PO_4$	담홍색 (또는 황색)	A, B, C급
제4종 분말	탄산수소 칼륨과 요소와의 반응물	$KC_2N_2H_3O_3$	회색	B, C급

107 다음 중 Halon 1011의 분자식은?

① CCl_4

② CF_2ClBr

③ CF_3Br

④ CH_2ClBr

정답 ④

핵심 포인트

할론 소화약제의 분자식

1. 할론 **1011** : CH_2ClBr
2. 할론 **1211** : CF_2ClBr
3. 할론 **1301** : CF_3Br
4. 할론 **2402** : $C_2F_4Br_2$
5. 할론 **104** : CCl_4

108 다음 중 과산화수소와 과염소산의 공통적인 성질이 아닌 것은?

① 산화성 액체이다.

② 비중이 1보다 작다.

③ 지정수량이 300kg이다.

④ 불연성이며 무기화합물이다.

정답 ②

과산화수소와 과염소산은 제6류 산화성 액체로 지정수량은 300kg이다. 불연성이며 무기화합물에 해당하며 비중이 1보다 크다.

109 건축물의 화재 시 피난자들의 집중으로 패닉(Panic) 현상이 일어날 수 있는 피난방향은?

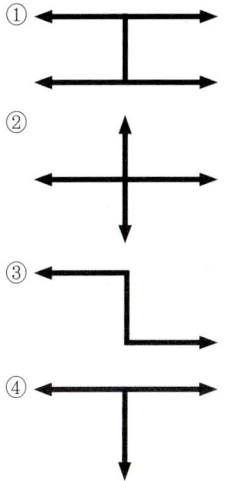

① H형, CO형 피난 형태는 피난자들의 집중으로 패닉 현상이 일어날 수 있다.
② X형 피난 형태는 확실한 피난통로가 보장되어 신속한 피난이 가능하다.
③ Z형 피난 형태는 중앙복도형 건축물의 피난경로 코어식 중 가장 안전한 형태이다.
④ T형 피난 형태는 피난자에게 피난경로를 확실히 알려주는 형태이다.

110 위험물안전관리법령상 위험물에 대한 설명으로 옳은 것은?

① 과산화수소는 위험물이 아니다.
② 적린은 제3류 위험물이다.
③ 칼륨의 지정수량은 10kg이다.
④ 가연성고체는 제6류 위험물의 성질이다.

③ 칼륨은 제3류 위험물로 지정수량은 10kg이다.
① 과산화수소는 제6류 위험물이다.
② 적린은 제2류 위험물이다.
④ 가연성고체는 제2류 위험물이다.

111 위험물안전관리법령상 자기반응성물질의 품명에 해당하지 않는 것은?

① 유기과산화물
② 아염소산염류
③ 아조화합물
④ 하이드록실아민염류

제5류 자기반응성물질 : 유기과산화물, 질산에스터류, 나이트로화합물, 나이트로소화합물, 아조화합물, 하이드라진 유도체, 하이드록실아민, 하이드록실아민염류

112 도장작업 공정에서의 위험도를 설명한 것으로 틀린 것은?

① 도장작업에서는 인화성 용제가 쓰이지 않으므로 폭발의 위험이 없다.
② 도장작업에 필요한 마스크나 인공호흡기를 착용한다.
③ 도장작업장은 적절한 환기, 조명과 송풍설비가 준비되어야 한다.
④ 도장실의 환기덕트를 주기적으로 청소하여 도료가 덕트 내에 부착되지 않게 한다.

대부분의 도료는 인화성 용액을 함유하고 있기 때문에 폭발의 위험이 있다.

PART 1
과목별 예상문제

113 다음 중 면화류, 목재가공품, 나무부스러기 등의 소화에 가장 적합한 것은?

① 스프링클러설비
② 옥내소화전설비
③ 분말소화설비
④ 할로겐화합물 및 불활성기체 소화설비

 ④

차고, 주차장, 전기실, 전산실, 통신기기실, 면화류, 목재가공품, 나무부스러기 등에는 할로겐화합물 및 불활성기체 소화설비가 적응한다.

114 다음 중 물질이 연소하였을 때 사이안화수소를 가장 많이 발생시키는 물질은?

① Polyethylene
② Polyurethane
③ Polystyrene
④ Polyvinyl chloride

 ②

② 폴리우레탄이 다른 고분자에 비해 고온 안정성이 크지 않고, 특히 연소될 때 일산화탄소와 사이안화수소 등의 유독성 가스를 많이 배출한다.
① 폴리에틸렌은 녹으면서 스스로 연소한다.
③ 스티렌의 라디칼 중합으로 얻어지는 비결정성의 고분자로 무색 투명한 열가소성 수지이다.
④ 중합체는 결정성이 현저하게 낮아서 빛·열로 인해 분해하여 노란색 또는 갈색으로 착색되며, 기체적 성질이 열화한다.

115 다음 중 소화효과를 고려하였을 경우 화재 시 사용할 수 있는 물질이 아닌 것은?

① 이산화탄소
② 강화액
③ 아세틸렌
④ 할로겐화합물

 ③

아세틸렌은 대기압–상온에서 기체로 무색이다. 아세틸렌은 매우 불이 붙기 쉬운 물질이므로 취급에 조심해야 한다. 따라서 화재 시 사용할 수 없다. 소화약제에는 약제의 종류에 따라 산·알칼리, 강화액, 물, 이산화탄소, 할로겐화합물, 분말, 포말 등이 있다.

116 화재를 소화하는 방법 중 물리적 방법에 의한 소화가 아닌 것은?

① 억제소화
② 희석소화
③ 질식소화
④ 냉각소화

 ①

물리적 방법: 냉각소화, 질식소화, 희석소화, 제거소화
화학적 방법: 연쇄반응의 억제에 의한 소화

117 다음 중 위험물별 저장방법에 대한 설명으로 틀린 것은?

① 탄화칼슘은 습기가 없는 밀폐용기에 저장한다.
② 수소화칼슘은 환기가 잘 되는 내화성 냉암소에 보관한다.
③ 마그네슘은 건조하면 부유하여 분진폭발의 위험이 있으므로 물에 적시어 보관한다.
④ 황화린은 산화제와 격리하여 저장한다.

 정답 ③

마그네슘은 분진폭발의 위험이 있고 물과 반응하여 가연성 가스인 수소가 발생한다.

118 다음 중 탄화칼슘이 물과 반응할 때 발생되는 기체는?

① 일산화탄소
② 아세틸렌
③ 메테인
④ 포스핀

 정답 ②

> **⊕ 핵심 포인트 ⊕**
>
> **물질과 물이 반응하였을 때 발생하는 가스의 연결**
> 1. 탄화칼슘 – 아세틸렌
> 2. 인화칼슘 – 포스핀
> 3. 수소화리튬 – 수소
> 4. 탄화알루미늄 – 메테인
> 5. 탄화마그네슘 – 아세틸렌

119 다음 중 건축물방화구조규칙상 불연재료가 아닌 것은?

① 콘크리트
② 철강
③ 구리
④ 알루미늄

 정답 ③

불연재료(건축물의 피난·방화구조 등의 기준에 관한 규칙 제6조) : 콘크리트·석재·벽돌·기와·철강·알루미늄·유리·시멘트모르타르 및 회(이 경우 시멘트모르타르 또는 회 등 미장재료를 사용하는 경우에는 건축공사표준시방서에서 정한 두께 이상인 것에 한한다.)

120 방호공간 안에서 화재의 세기를 나타내고 화재가 진행되는 과정에서 온도에 따라 변하는 것으로 온도−시간곡선으로 표시할 수 있는 것은?

① 화재저항
② 화재플럼
③ 화재하중
④ 화재가혹도

정답 ④

④ 화재가혹도는 화재 시 피해를 입히는 정도로 화재의 크기를 말하며, 최고온도의 지속시간으로 표현된다.
① 화재저항은 post−flashover까지 화재를 안정하여야 되기 때문에 구조적 안정성, 차염성, 차열성이 요구된다.
② 화재플럼은 실내에 발생한 화재로 생성된 가스는 고온이므로 부력에 의해 화원 위쪽에 상승기류를 일으키는데 이 상승기류를 화재플럼이라 한다.
③ 화재하중은 화재실 또는 건물 안에 포함된 모든 가연성 물질의 완전연소에 따른 전체 발열량이다.

PART 1
과목별 예상문제

121 다음 중 아세틸렌의 연소범위(vol%)에 가장 가까운 것은?

① 2.5~38.5

② 1.4~7.6

③ 1.4~6.7

④ 2.5~81

정답 ④

연소범위(vol%) : 가솔린 1.4~7.6, 벤젠 1.4~7.1, 톨루엔 1.4~6.7, 이황화탄소 1.2~44, 디에틸에터 1.9~48, 아세트알데하이드 4.1~57, 산화프로필렌 2.5~38.5, 메틸알코올 5.5~44, 뷰테인 1.8~8.4, 프로페인 2.1~9.5, 아세틸렌 2.5~81, 아세톤 2.6~12.8, 메테인 5~15, 수소 4~75, 에틸렌 3.1~32 등

122 다음 중 물질의 저장창고에서 화재가 발생하였을 때 주수소화를 할 수 없는 물질은?

① 부틸리튬

② 질산에틸

③ 나이트로셀룰로스

④ 황화인

정답 ①

부틸리튬은 공기와 반응하면 불이 붙고, 물과 반응하여 수산화 리튬과 아이소뷰테인을 생성하기에 수용액을 만들 수 없다. 따라서 주수소화는 위험하다. 나트륨이나 칼륨 등 금속 알칼리에 주수소화는 위험하다.

123 다음 원소 중에서 전기 음성도가 가장 큰 것은?

① Br

② F

③ Cl

④ Li

정답 ②

전기 음성도 : F 3.98, Br 2.96, Cl 3.16, Li 0.98
전기음성도가 가장 높은 원소는 플루오린(3.98)이고 가장 낮은 원소는 프랑슘(0.7)이다.

124 다음 중 물과 반응하여 가연성 기체를 발생하지 않는 것은?

① 수소화나트륨

② 칼슘

③ 산화칼슘

④ 인화알루미늄

정답 ③

산화칼슘 : 공기 중에서 분해되며 물과 반응하면 발열하여 수산화칼슘을 생성한다.
물과 반응하여 가연성 기체를 발생하는 것
1. 칼륨, 나트륨, 리튬, 칼슘, 수소화리튬, 수소화나트륨, 수소화칼륨 : 수소
2. 트리메틸알루미늄, 메틸리튬, 탄화알루미늄 : 메테인
3. 인화칼슘, 인화알루미늄 : 포스핀
4. 탄화칼슘 : 아세틸렌

125 다음 중 전기화재의 원인이 아닌 것은?

① 정전기
② 단락
③ 스파크
④ 절연 과다

정답

전기화재의 원인 : 누전, 합선(단락), 용량초과, 지락, 스파크, 정전기, 낙뢰 등

126 다음 중 제3류 위험물에 해당하지 않는 것은?

① 질산
② 황린
③ 칼륨
④ 알킬알루미늄

정답

질산은 제6류 위험물이다.
제3류 위험물 : 칼륨, 나트륨, 알킬알루미늄, 알킬리튬, 황린, 알칼리금속 및 알칼리토금속, 금속의 수소화물, 금속의 인화물, 칼슘 또는 알루미늄의 탄화물

127 건축물방화구조규칙상 문화 및 집회시설 중 공연장의 개별 관람실(바닥면적이 300m² 이상인 것만 해당한다)의 출구의 유효너비는?

① 1.2m 이상
② 1.3m 이상
③ 1.4m 이상
④ 1.5m 이상

정답

문화 및 집회시설 중 공연장의 개별 관람실(바닥면적이 300m² 이상인 것만 해당한다)의 출구는 다음의 기준에 적합하게 설치해야 한다(건축물의 피난·방화구조 등의 기준에 관한 규칙 제10조 제2항).
1. 관람실별로 2개소 이상 설치할 것
2. 각 출구의 유효너비는 1.5m 이상일 것
3. 개별 관람실 출구의 유효너비의 합계는 개별 관람실의 바닥면적 100m²마다 0.6m의 비율로 산정한 너비 이상으로 할 것

128 다음 위험물 중에서 특수인화물이 아닌 것은?

① 산화프로필렌
② 이황화탄소
③ 휘발유
④ 아세트알데하이드

정답

특수인화물 : 이황화탄소, 디에틸에터, 산화프로필렌, 아세트알데하이드, 그 밖에 1기압에서 발화점이 섭씨 100도 이하인 것 또는 인화점이 섭씨 영하 20도 이하이고 비점이 섭씨 40도 이하인 것을 말한다.

129 다음 중 가연물의 제거와 가장 관련이 없는 소화방법은?

① 팽창 진주암을 사용하여 진화한다.
② 산불화재 시 나무를 잘라 없앤다.
③ 가스화재 시 가스공급 밸브를 잠근다.
④ 차량화재 시 주위 차량을 다른 곳으로 옮긴다.

정답 ①

제거소화는 가연물, 이연물 등을 제거해서 소화하는 방법으로 산불을 소화하기 위해 산림의 일부를 벌채하거나, 가스누설에 의한 화재를 소화하기 위해, 먼저 메인 밸브를 잠가서 그 연소의 근원을 차단하는 것이 이에 해당한다.

130 다음 중 상온·상압 상태에서 액체인 것은?

① 탄산가스
② 할론 1301
③ 할론 1011
④ 할론 1211

정답 ③

할론 2402, 할론 1011은 상온·상압에서 액체이고 할론 1301은 상온에서 기체이나 저장은 액체로 저장한다.

131 건축물의 내화구조에서 바닥의 경우에는 철근콘크리트의 두께가 몇 cm 이상이어야 하는가?

① 5cm
② 10cm
③ 15cm
④ 20cm

정답 ②

바닥의 경우(건축물의 피난·방화구조 등의 기준에 관한 규칙 제3조 제4호)
1. 철근콘크리트조 또는 철골철근콘크리트조로서 두께가 10cm 이상인 것
2. 철재로 보강된 콘크리트블록조·벽돌조 또는 석조로서 철재에 덮은 콘크리트블록 등의 두께가 5cm 이상인 것
3. 철재의 양면을 두께 5cm 이상의 철망모르타르 또는 콘크리트로 덮은 것

132 목재건축물의 화재 진행과정을 순서대로 나열한 것은?

① 무염착화 → 발염착화 → 발화 → 최성기 → 소화
② 발화 → 무염착화 → 최성기 → 발염착화 → 소화
③ 최성기 → 발염착화 → 발화 → 무염착화 → 소화
④ 발염착화 → 최성기 → 무염착화 → 발화 → 소화

정답 ①

목재건축물 화재진행과정 : 화원 → 무염착화 → 발염착화 → 출화 → (플래시오버) → 최성기 → 소화

133 다음 중 인화점이 낮은 것부터 높은 순서로 옳게 나열된 것은?

① 벤젠＜에틸알코올＜이황화탄소＜아세톤
② 이황화탄소＜에틸알코올＜벤젠＜아세톤
③ 에틸알코올＜아세톤＜이황화탄소＜벤젠
④ 이황화탄소＜아세톤＜벤젠＜에틸알코올

 정답 ④

인화점(℃) : 에틸알코올 13, 벤젠 −11, 아세톤 −18, 이황화탄소 −30

134 분자 내부에 나이트로기를 갖고 있는 TNT, 나이트로셀룰로스 등과 같은 제5류 위험물의 연소형태는?

① 분해연소
② 자기연소
③ 증발연소
④ 표면연소

 정답 ②

제5류 위험물은 자기반응성 물질로 외부의 산소공급 없이도 자기연소하므로 연소속도가 빠르고 폭발적이다.

135 물과 반응하였을 때 수소가 발생하여 화재의 위험성이 증가하는 것은?

① 과산화칼슘
② 메탄올
③ 칼륨
④ 과산화수소

 정답 ③

칼륨은 물과 반응하면 $2K + 2H_2O \rightarrow 2KOH + H_2\uparrow$ 수소가 발생한다.

136 다음 중 가연물의 제거를 통한 소화방법이 아닌 것은?

① 전기실 화재 시 이산화탄소 소화약제를 방출한다.
② 가스화재 시 가스 공급관의 밸브를 잠근다.
③ 산불의 확산방지를 위하여 산림의 일부를 벌채한다.
④ 전기자동차 화재 시 주변에 있는 차량을 다른 곳으로 이동시킨다.

 정답 ①

제거소화는 가연물, 이연물 등을 제거해서 소화하는 방법으로 산불을 소화하기 위해 산림의 일부를 벌채하거나, 가스누설에 의한 화재를 소화하기 위해, 먼저 메인밸브를 잠가서 그 연소의 근원을 차단하는 것이 이에 해당한다.

137 화재 시 이산화탄소를 방출하여 산소농도를 13vol%로 낮추어 소화하기 위한 공기 중 이산화탄소의 농도는 약 몇 vol%인가?

① 18.1vol%
② 28.1vol%
③ 38.1vol%
④ 48.1vol%

③

산소농도를 13vol%로 낮출 때 이산화탄소의 농도

는 CO_2농도 $= \dfrac{21-O_2}{21} \times 100 = \dfrac{21-13}{21} \times 100$ ≒

38.1(vol%)

138 밀폐된 내화건물의 실내에 화재가 발생했을 때 그 실내의 환경변화에 대한 설명 중 틀린 것은?

① 기압이 급상승한다.
② 산소가 감소된다.
③ 일산화탄소가 증가한다.
④ 이산화탄소가 감소한다.

 ④

밀폐된 내화건물의 실내에 화재가 발생하면 산소량이 감소되어 연소가 약해지며 불완전연소도 일어난다. 연소로 일산화탄소, 이산화탄소가 증가하고 다량의 연기가 발생하여 실내에 충만하므로 기압이 급상승한다.

139 다음 중 제6류 산화성 액체에 해당하지 않은 것은?

① 과염소산
② 황린
③ 과산화수소
④ 질산

 ②

제6류 산화성 액체 : 과염소산, 과산화수소, 질산

140 다음 중 가연성 가스이면서도 독성 가스인 것은?

① 시안화수소
② 메테인
③ 염소
④ 프로페인

 ①

가연성 가스이면서도 독성 가스 : 아크릴로리트릴, 아크릴알데하이드, 암모니아, 일산화탄소, 이황화탄소, 브롬화메테인, 염화메테인, 산화에틸렌, 시안화수소, 황화수소, 모노메틸아민, 디메틸아민, 트리메틸아민, 벤젠, 염화메탄

141 IG-541이 15℃에서 내용적 50리터 압력용기에 155kgf/cm²으로 충전되어 있다. 온도가 30℃가 되었다면 IG-541 압력은 약 몇 kgf/cm²가 되겠는가? (단, 용기의 팽창은 없다고 가정한다.)

① 143kgf/cm²
② 153kgf/cm²
③ 163kgf/cm²
④ 173kgf/cm²

 ③

IG-541 압력 $V_2 = V_1 \times \dfrac{P_1}{P_2} \times \dfrac{T_2}{T_1}$, $P_2 = P_1 \times \dfrac{T_2}{T_1}$

$= 155 \times \dfrac{273+30}{273+15}$ ≒ 163(kgf/cm²)

142 다음은 건축물방화구조규칙상 비상탈출구에 관한 내용이다. ( ) 안에 적절한 것은?

> 지하층의 비상탈출구는 다음의 기준에 적합하여야 한다.
> • 비상탈출구의 유효너비는 (㉠) 이상으로 하고, 유효높이는 (㉡) 이상으로 할 것

① ㉠ 0.55m, ㉡ 1.3m
② ㉠ 0.65m, ㉡ 1.4m
③ ㉠ 0.75m, ㉡ 1.5m
④ ㉠ 0.85m, ㉡ 1.6m

  ③

지하층의 비상탈출구 : 비상탈출구의 유효너비는 0.75m 이상으로 하고, 유효높이는 1.5m 이상으로 할 것

143 다음 중 화재 표면온도(절대온도)가 2배로 되면 복사에너지는 몇 배로 증가되는가?

① 4배
② 16배
③ 32배
④ 64배

 ②

복사에너지는 절대온도의 4제곱에 비례하므로 2^4＝16(배)이다.

144 독성이 매우 높은 가스로서 석유제품, 유지 등이 연소할 때 생성되는 알데하이드 계통의 가스는?

① 황화수소
② 일산화탄소
③ 포스겐
④ 아크롤레인

  ④

아크롤레인은 가장 단순한 형태의 불포화 알데하이드로 독성이 매우 높은 가스로서 석유제품, 유지 등이 연소할 때 생성되는 알데히드 계통의 가스이다.

145 화재 시 발생하는 연소가스 중 인체에서 헤모글로빈과 결합하여 혈액의 산소운반을 저해하고 두통, 근육조절의 장애를 일으키는 것은?

① CO_2
② CO
③ HCN
④ H_2S

 ②

② CO는 무색·무취의 기체로서 산소가 부족한 상태에서 석탄이나 석유 등 연료가 탈 때 발생하는데 체내로 들어온 일산화탄소는 산소 대신 헤모글로빈과 결합하고, 산소가 체내에 공급되지 못하면서 저산소증을 유발시킨다.
① CO_2는 지구 대기 중에 존재하는 미량 기체로 지표면에서 방출되는 적외선 영역대의 복사에너지를 흡수하는 온실가스이다.
③ HCN는 약산성으로 맹독성의 무색 액체 또는 기체이다.
④ H_2S는 수소의 황화물로 악취를 가진 무색의 유독 기체이다.

PART 1

146 다음 중 가연성 가스에 해당하지 않은 것은?

① 뷰테인
② 프로페인
③ 아르곤
④ 메테인

정답 ③

가연성가스는 산소 또는 공기와 혼합하여 점화하면 빛과 열을 발해서 연소하는 가스로 수소, 메테인, 에터, 프로페인, 뷰테인, 일산화탄소 등이 대표적이다.

147 다음 중 대수선의 범위에 해당하지 않은 것은?

① 기둥
② 보
③ 내력벽
④ 지붕틀

정답 ④

대수선 : 건축물의 기둥, 보, 내력벽, 주계단 등의 구조나 외부 형태를 수선·변경하거나 증설하는 것으로서 대통령령으로 정하는 것을 말한다.

148 다음 중 착화온도가 가장 낮은 물질은?

① 아세톤
② 벤젠
③ 에틸에터
④ 프로필렌

정답 ③

착화온도(℃) : 아세톤 465, 휘발유 280~456, 이황화탄소 90, 벤젠 498, 프로필렌 497, 에틸에터 180

149 소화약제로 사용되는 물에 관한 소화성능 및 물성에 대한 설명으로 틀린 것은?

① 비열과 증발잠열이 커서 냉각소화 효과가 우수하다.
② 물을 소화약제로 사용하는 이유는 증발잠열이 크기 때문이다.
③ 물 100℃의 증발잠열은 539.6kcal/g이다.
④ 대기압 하에서 100℃의 물이 액체에서 수증기로 바뀌면 체적은 약 13배 정도가 된다.

정답 ④

대기압 하에서 100℃의 물이 액체에서 수증기로 바뀌면 체적은 약 1,603배 정도가 된다.

150 건축물방화구조규칙상 방화구조로 적합하지 않는 것은?

① 철망모르타르로서 그 바름두께가 2cm 이상인 것
② 심벽에 흙으로 맞벽치기한 것
③ 시멘트모르타르 위에 타일을 붙인 것으로서 그 두께의 합계가 1.2cm 이상인 것
④ 한국산업표준에 따라 시험한 결과 방화 2급 이상에 해당하는 것

③

방화구조(건축물의 피난 · 방화구조 등의 기준에 관한 규칙 제4조)

1. 철망모르타르로서 그 바름두께가 2cm 이상인 것
2. 석고판 위에 시멘트모르타르 또는 회반죽을 바른 것으로서 그 두께의 합계가 2.5cm 이상인 것
3. 시멘트모르타르 위에 타일을 붙인 것으로서 그 두께의 합계가 2.5cm 이상인 것
4. 심벽에 흙으로 맞벽치기한 것
5. 한국산업표준에 따라 시험한 결과 방화 2급 이상에 해당하는 것

PART 1

과목별 예상문제

2과목 소방전기일반

01 정전용량이 각각 $3\mu F$, $5\mu F$, $7\mu F$이고, 내압이 모두 동일한 3개의 커패시터가 있다. 이 커패시터들을 직렬로 연결하여 양단에 전압을 인가한 후 전압을 상승시키면 가장 먼저 절연이 파괴되는 커패시터는? (단, 커패시터의 재질이나 형태는 동일하다.)

① $3\mu F$

② $5\mu F$

③ $7\mu F$

④ 3개 모두

정답 ①

동일한 내압을 가진 커패시터는 정전용량이 적은 커패시터일수록 전압이 크게 걸리므로 정전용량이 적은 것이 먼저 절연이 파괴된다.

02 적분 시간이 3sec이고, 비례 감도가 5인 PI(비례적분) 제어요소가 있을 때, 이 제어요소의 전달함수는?

① $\dfrac{5s+5}{3s}$

② $\dfrac{15s+5}{3s}$

③ $\dfrac{3s+3}{5s}$

④ $\dfrac{15s+3}{5s}$

정답 ②

PI(비례적분) 제어요소의 전달함수

$G(s)=K_P\left(1+\dfrac{1}{T_{I^s}}\right)(K_P : 비례감도, \ T_I : 적분시간)$

$G(s)=5\left(1+\dfrac{1}{3_s}\right)=5+\dfrac{5}{3s}=\dfrac{15s+5}{3s}$

03 테브난의 정리를 이용하여 그림 (a)의 회로를 그림 (b)와 같은 등가회로로 만들고자 할 때 $V_{th}(V)$와 $R_{th}(\Omega)$은?

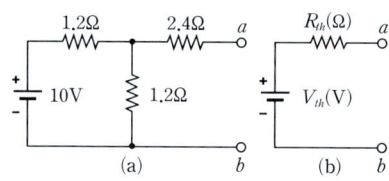

(a)　　　　(b)

① $2V$, 6Ω

② $3V$, 5Ω

③ $4V$, 4Ω

④ $5V$, 3Ω

정답 ④

테브난 전압(V_{th})은 저항 $R_2=1.2\Omega$에 걸리는 값으로

$V_{th}=\dfrac{R_2}{R_1+R_2}\times V=\dfrac{1.2}{1.2+1.2}\times 10=5V$이다.

전압원을 단락하고 부하측에서 회로망 쪽으로 보았을 때 테브난의 저항 R_{th}은 저항 $R_3(2.4)$을 지난 후 저항 R_1과 R_2가 병렬로 나누어지므로 $R_{th}=R_3+\dfrac{R_1\times R_2}{R_1+R_2}$

$=2.4+\dfrac{1.2\times 1.2}{1.2+1.2}=3\Omega$이다.

$$=\frac{4L_2}{L_1}=4$$이므로 $e_2=4e_1$이다.

04 다음 회로에서 저항 5Ω의 양단 전압 VR(V)은?

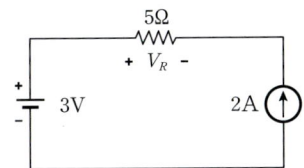

① $-6V$
② $-8V$
③ $-10V$
④ $-12V$

반시계방향으로 전류가 흐르므로 음(−)의 값을 가진다. 저항 5Ω에 걸리는 전압 $V=IR$에서 전압 $V=-2\times5=-10V$이다.

05 권선수가 100회인 코일에 유도되는 기전력의 크기가 e_1일 때, 이 코일의 권선수를 200회로 늘렸다면 유도되는 기전력의 크기(e_2)는?

① $e_2=e_1$
② $e_2=2e_1$
③ $e_2=3e_1$
④ $e_2=4e_1$

자기인덕턴스는 $L=\frac{\mu AN^2}{I}$인데 자기인덕턴스 L은 코일의 권수 제곱에 비례하므로

$L_1=\left(\frac{N_2}{N_1}\right)^2$, $L_2=\left(\frac{200}{100}\right)^2=4L_1$이다.

유도기전력 $e=-L\frac{\triangle I}{\triangle t}$에서 $\frac{e_2}{e_1}=\frac{-L_2\frac{\triangle I}{\triangle t}}{-L_1\frac{\triangle I}{\triangle t}}=\frac{L_2}{L_1}$

06 다음의 내용이 설명하는 것으로 가장 알맞은 것은?

> 회로의 한 부분에 전하가 축적되지 않는 조건에서 어떤 한 지점으로 흘러들어오는 전하의 양과 같은 지점에서 흘러나가는 전하의 양은 같아야 한다.

① 노튼의 정리
② 중첩의 정리
③ 키르히호프의 전압법칙
④ 앙페르의 법칙

③ **키르히호프의 전압법칙** : 전류는 전하 흐름의 비율이므로 한 지점으로 들어오는 전류와 흘러나가는 전류가 같아야 한다.
① **노튼의 정리** : 선형 회로망의 두 단자 간의 단락전류가 I이고, 어드미턴스가 Y일 때 이 두 단자 간에 어드미턴스 Y′를 접속하였을 때의 Y′양단의 전압은 $\frac{I}{Y+Y'}$로 주어진다는 정리이다.
② **중첩의 정리** : 다수의 기전력을 포함한 선형 회로망 중의 임의의 점에서 전류는 각 기전력이 단독으로 그 점에 흐르게 하는 전류의 총합과 같다는 원리이다.
④ **앙페르의 법칙** : 전류에 의해 형성된 자기장에서 단위자극이 움직일 때 필요한 일의 양은 단위자극의 경로를 통과하는 전류의 총합에 비례한다.

07 각 상의 임피던스가 Z=6+j8Ω인 △결선의 평형 3상 부하에 선간전압이 220V인 대칭 3상 전압을 가했을 때 이 부하로 흐르는 선전류의 크기는 약 몇 A인가?

① 18A

② 28A

③ 38A

④ 48A

 정답 ③

선간전압 $V_l=V_p$, 상전류 $I_p=\dfrac{V_p}{Z}$,

임피던스 $Z=R+jX_L=\sqrt{R^2+X_L^2}$

선전류 $I_l=\sqrt{3}\,I_p=\sqrt{3}\dfrac{V_p}{Z}=\sqrt{3}\dfrac{V_p}{\sqrt{R^2+X_L^2}}$

$=\sqrt{3}\dfrac{220}{\sqrt{6^2+8^2}}=38.1A$

08 다음과 같은 제어방식은?

> 제어량에 따른 제어방식의 분류 중 온도, 유량, 압력 등의 공업 프로세스의 상태량을 제어량으로 하는 제어계로서 외란의 억제를 주목적으로 하는 제어방식

① 서보기구

② 자동조정

③ 추종제어

④ 프로세스제어

정답 ④

④ **프로세스제어** : 온도, 유량, 농도 등의 공업 프로세스 상태를 표시하는 양의 제어를 말한다.

① **서보기구** : 피드백 제어에 의해 그 기구의 운동 부분이 물체의 위치·방위·자세 등의 목표값의 임의의 변화에 추종하도록 제어하는 기구이다.

② **자동조정** : 주로 전압, 전류, 회전 속도, 회전력 등의 양을 자동 제어하는 것이다.

③ **추종제어** : 추치 제어의 일종으로 목표 값이 시간의 경과에 따라 임의로 변할 때의 자동 제어를 말한다.

09 1cm의 간격을 둔 평행 왕복전선에 25A의 전류가 흐른다면 전선 사이에 작용하는 단위 길이당 힘(N/m)은?

① 2.5×10^{-2}N/m(반발력)

② 1.25×10^{-2}N/m(반발력)

③ 2.5×10^{-2}N/m(흡인력)

④ 1.25×10^{-2} N/m(흡인력)

 정답 ②

평행한 왕복전선에 작용하는 전자력 $F=\dfrac{\mu_0 I_1 I_2}{2\pi r}$, 진공 중의 투자율 $\mu_0=4\pi \times 10^{-7}$, 왕복전선에 흐르는 전류 $I_1=I_2=25A$, 전선의 간격 $r=\text{cm}=0.01m$

전자력 $F=\dfrac{(4\pi \times 10^{-7}) \times 25 \times 25}{2\pi \times 0.01}=0.0125N/\text{m}$

$=1.25 \times 10^{-2}N/\text{m}$

평행한 왕복전선에 흐르는 전류는 서로 반대방향으로 전류가 흐르기 때문에 반발력이 작용한다.

10 선간전압의 크기가 $100\sqrt{3}$ V인 대칭 3상 전원에 각 상의 임피던스가 Z=30+j40Ω인 Y결선의 부하기 연결되었을 때 이 부하로 흐르는 선전류(A)의 크기는?

① $\sqrt{3}A$

② $2\sqrt{3}A$

③ 2A

④ 3A

③

임피던스 $Z = R + jX = \sqrt{R^2 + X^2} = \sqrt{(30)^2 + (40)^2}$
$= 50\Omega$

선전류 $I_l = I_p = \dfrac{V_p}{Z} = \dfrac{V_l}{\sqrt{3}Z} = \dfrac{100\sqrt{3}}{\sqrt{3} \times 50} = 2A$

(I_l : 선전류, I_p : 상전류, V_l : 선간전압, V_p : 상전압)

핵심 포인트

논리게이트

1. **AND** 회로 : $X = A \cdot B$
2. **OR** 회로 : $X = A + B$
3. **NOT** 회로 : $X = \overline{A}$
4. **NOR** 회로 : $X = \overline{A + B} = \overline{A} \cdot \overline{B}$
5. **NAND** 회로 : $X = \overline{A \cdot B} = \overline{A} + \overline{B}$

11 제어요소는 동작신호를 무엇으로 변환하는 요소인가?

① 조절량
② 기준량
③ 검출량
④ 조작량

 ④

제어요소 : 동작신호를 조작량으로 변환시키는 요소로 조절부와 조작부로 구성된다.

12 다음 그림의 논리회로와 등가인 논리게이트는?

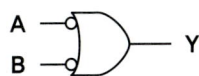

① NOR
② NAND
③ NOT
④ OR

 ②

13 직류전원이 연결된 코일에 10A의 전류가 흐르고 있다. 이 코일에 연결된 전원을 제거하는 즉시 저항을 연결하여 폐회로를 구성하였을 때 저항에서 소비된 열량이 24cal이었다. 이 코일의 인덕턴스는 약 몇 H인가?

① 1.0H
② 1.5H
③ 2.0H
④ 2.5H

 ③

자기 에너지 $W = \dfrac{1}{2}LI^2 J$ (1cal = 4.2J, 1J = 0.24cal)

$W = 0.24 \times \dfrac{1}{2}LI^2$

인덕턴스 $L = \dfrac{2W}{0.24I^2} = \dfrac{2 \times 24}{0.24 \times 10^2} = 2H$

14 최대 눈금이 150V이고, 내부저항이 30kΩ인 전압계가 있을 때 이 전압계로 750V까지 측정하기 위해 필요한 배율기의 저항(kΩ)은?

① 120kΩ
② 150kΩ
③ 180kΩ
④ 210kΩ

정답 ①

분류기에 흐르는 전류는 $I_m = I$이고, 전류 $\dfrac{V_m}{R_m + R} = \dfrac{V}{R}$, 배율기 저항은 $R_m = \dfrac{V_m}{V} \times R - R = \dfrac{750}{150} \times 30 - 30 = 120(\text{k}\Omega)$

15 2차 제어시스템에서 무제동으로 무한 진동이 일어나는 감쇠율(damping ratio) δ는?

① $\delta = 0$
② $\delta > 1$
③ $\delta = 1$
④ $0 < \delta < 1$

정답 ①

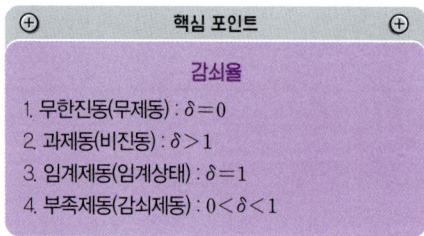

⊕ **핵심 포인트** ⊕

감쇠율

1. 무한진동(무제동) : $\delta = 0$
2. 과제동(비진동) : $\delta > 1$
3. 임계제동(임계상태) : $\delta = 1$
4. 부족제동(감쇠제동) : $0 < \delta < 1$

16 정전용량이 0.02μF인 커패시터 2개와 정전용량이 0.01μF인 커패시터 1개를 모두 병렬로 접속하여 24V의 전압을 가하였다. 이 병렬회로의 합성 정전용량(μF)과 0.01μF의 커패시터에 축적되는 전하량(C)은?

① $0.04,\ 0.12 \times 10^{-6}$
② $0.05,\ 0.24 \times 10^{-6}$
③ $0.06,\ 0.12 \times 10^{-6}$
④ $0.07,\ 0.24 \times 10^{-6}$

정답 ②

병렬로 접속된 콘덴서의 합성 정전용량은 $C = (2 \times 0.02) + 0.01 = 0.05\mu\text{F}$

• 전하량 $Q = CV = (0.05 \times 10^{-6}) \times 24 = 1.2 \times 10^{-6}\text{C}$
• 병렬로 콘덴서가 접속되어 있어 일정하므로 전압 $V = \dfrac{Q}{C},\ \dfrac{Q}{C} = \dfrac{Q_1}{C_1}$이다.
• $Q_1 = \dfrac{C_1}{C} \times Q = \dfrac{0.01}{0.05} \times 1.2 \times 10^{-6} = 0.24 \times 10^{-6}\text{C}$

17 저항 $R_1 \Omega$, 저항 $R_2 \Omega$, 인덕턴스 L(H)의 직렬 회로가 있을 경우 이 회로의 시정수(s)는?

① $-\dfrac{R_1 + R_2}{L}$
② $\dfrac{R_1 + R_2}{L}$
③ $-\dfrac{L}{R_1 + R_2}$
④ $\dfrac{L}{R_1 + R_2}$

정답 ④

핵심 포인트

R-L 직렬회로의 시정수

1. 직렬회로의 합성저항 $R = R_1 + R_2 \Omega$

2. R-L 직렬회로의 시정수 $\tau = \dfrac{L}{R}$,

$$\tau = \dfrac{L}{R_1 + R_2}(s)$$

---

18 조작기기는 직접 제어대상에 작용하는 장치이고 빠른 응답이 요구된다. 다음 중 전기식 조작기기가 아닌 것은?

① 서보 전동기
② 전동 밸브
③ 조작 실린더
④ 전자 밸브

정답 ③

핵심 포인트

조작기기

1. 전기식 조작기기 : 서보 전동기, 전동 밸브, 전자 밸브

2. 기계식 조작기기 : 분사관, 밸브 포지셔너, 다이어프램 밸브, 안내밸브, 조작 실린더, 조작 피스톤 등

---

19 분류기를 사용하여 전류를 측정하는 경우에 전류계의 내부저항이 0.28Ω이고 분류기의 저항이 0.07Ω이라면, 이 분류기의 배율은?

① 3
② 5
③ 7
④ 9

정답 ②

전압 $I_s \dfrac{R \cdot R_s}{R + R_s} = IR$, 배율 $m = \dfrac{I_s}{I} = \dfrac{R + R_s}{R_s} =$

$\dfrac{0.28 + 0.07}{0.07} = 5$

---

20 다음 회로에서 a, b 사이의 합성저항은 몇 Ω인가?

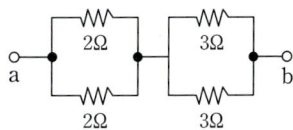

① 2.5Ω
② 3.5Ω
③ 4.5Ω
④ 5.5Ω

정답 ①

병렬로 된 저항의 합성저항 $R = \dfrac{R_1 R_2}{R_1 + R_2}$을 차례로 계산하면

• 첫 번째 합성저항 $R_1 = \dfrac{2 \times 2}{2 + 2} = 1\Omega$

• 두 번째 합성저항 $R_2 = \dfrac{3 \times 3}{3 + 3} = 1.5\Omega$

• $R = 1 + 1.5 = 2.5\Omega$

21 5Ω의 저항과 2Ω의 유도성 리액턴스를 직렬로 접속한 회로에 5A의 전류를 흘렸을 때 이 회로의 복소전력(VA)은?

① $50 + j10$

② $75 + j25$

③ $125 + j50$

④ $150 + j125$

 정답 ③

핵심 포인트

R–L 직렬회로의 복소전력

- 임피던스 $Z = R + j\omega L = 5 + j2$
- 복소전력 $P_a = IV = I^2 Z = (5)^2 \times (5 + j2)$
  $= 125 + j50 (VA)$

22 인덕턴스가 0.5H인 코일의 리액턴스가 753.6Ω일 때 주파수는 약 몇 Hz인가?

① 230Hz

② 240Hz

③ 250Hz

④ 260Hz

 정답 ②

유도 리액턴스 $X_L = \omega L = 2\pi f L$

주파수 $f = \dfrac{XL}{2\pi L} = \dfrac{753.6}{2\pi \times 0.5} = 239.88 Hz$

23 다음 중 변압기의 임피던스 전압을 구하기 위하여 행하는 시험은?

① 무극성시험

② 유도저항시험

③ 무부하 통전시험

④ 단락시험

 정답 ④

④ 단락시험 : 2차를 단락시킨 상태로 1차에 교류전압을 인가하는 시험으로 임피던스 전압, 임피던스 동손, 전압변동률을 구하기 위한 시험이다.
무부하 시험 : 무부하 운전에 의한 시험을 말하며, 무부하손을 측정할 수 있고, 여자 전류, 철손의 산출이 가능하다.

24 그림과 같은 회로에서 A–B 단자에 나타나는 전압은 몇 V인가?

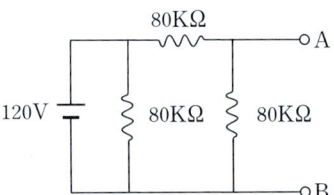

① 40V

② 50V

③ 60V

④ 70V

 정답 ③

핵심 포인트

병렬로 접속된 저항에 흐르는 전류

- 저항 $80k\Omega$에 흐르는 전류 $I = \dfrac{V}{R} = \dfrac{120}{80 \times 10^3}$

  $= 1.5 \times 10^{-3} A$

- $80k\Omega$의 저항을 직렬로 접속된 회로에 흐르는

  전류 $I = \dfrac{120}{160 \times 10^3} = 0.75 \times 10^{-3} A$

- A－B 단자에 걸리는 전압 $V_m = (0.75 \times 10^{-3})$

  $\times (80 \times 10^3) = 60V$

---

25 R=10Ω, C=33μF, L=20mH인 RLC 직렬 회로의 공진주파수는 약 몇 Hz인가?

① 176Hz

② 186Hz

③ 196Hz

④ 206Hz

정답 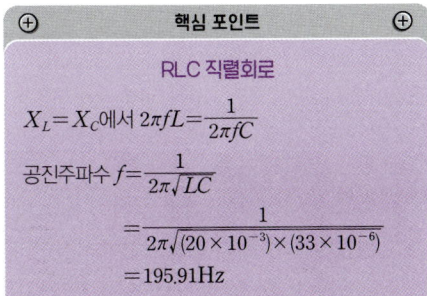 ③

핵심 포인트

RLC 직렬회로

$X_L = X_C$에서 $2\pi f L = \dfrac{1}{2\pi f C}$

공진주파수 $f = \dfrac{1}{2\pi\sqrt{LC}}$

$= \dfrac{1}{2\pi\sqrt{(20 \times 10^{-3}) \times (33 \times 10^{-6})}}$

$= 195.91 Hz$

---

26 정현파 전압의 평균값이 150V이면 최댓값은 약 몇 V인가?

① 235.6V

② 255.6V

③ 275.6V

④ 295.6V

정답 ①

교류전류의 순시값 $v = V_m \sin\omega t$

- 교류전압의 최댓값 $V_m = \sqrt{2}V = \dfrac{\pi}{2}V_{av}$ (V_m : 최댓값,

  V : 실횻값, V_{av} : 평균값)

- 최댓값의 전압 $V_m = \dfrac{\pi}{2}V_{av} = \dfrac{\pi}{2} \times 150 = 235.62V$

---

27 R-C 직렬 회로에서 저항 R을 고정시키고 X_C를 0에서 ∞까지 변화시킬 때 어드미턴스 궤적은?

① 1사분면의 내의 직선이다.

② 1사분면의 내의 반원이다.

③ 4사분면의 내의 반원이다.

④ 4사분면의 내의 직선이다.

정답 ②

핵심 포인트

R-C 직렬회로 어드미턴스 궤적

어드미턴스 $Y = \dfrac{1}{Z} = \dfrac{1}{\sqrt{R_2 + X_C^2}}$

$= \dfrac{1}{\sqrt{R^2 + \left(\dfrac{1}{\omega C}\right)}}$ 를 복소수로 표현하면

$Y = \dfrac{1}{R - j\dfrac{1}{\omega C}}$

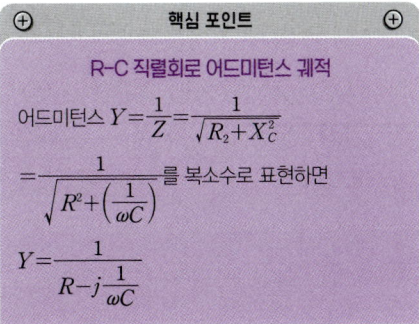

$$= \frac{R + j\dfrac{1}{j\omega C}}{\left(R - j\dfrac{1}{\omega C}\right)\left(R + j\dfrac{1}{\omega C}\right)} = \frac{R + j\dfrac{1}{\omega C}}{R^2 - j^2\dfrac{1}{\omega C}}$$

$$= \frac{R + j\dfrac{1}{\omega C}}{R^2 - (-1)\dfrac{1}{(\omega C)^2}} = \frac{R + j\dfrac{1}{\omega C}}{R^2 + \dfrac{1}{(\omega C)^2}}$$

$$= \frac{R}{R^2 + \dfrac{1}{(\omega C)^2}} + j\frac{\dfrac{1}{\omega C}}{R^2 + \dfrac{1}{(\omega C)^2}}$$

$$= \frac{\omega^2 C^2 R}{1 + \omega^2 C^2 R^2} + j\frac{\omega C}{1 + \omega^2 C^2 R^2}$$

복소수(허수부)가 (+)값을 가지므로 1사분면에 있고, 용량 리액턴스 ω를 0에서 ∞까지 변화시키면 어드미턴스 궤적은 1사분면 내의 반원이다.

28 다음과 같은 결합회로의 합성인덕턴스로 옳은 것은?

$$L_1 \qquad M \qquad L_2$$

① $L_1 + L_2 + 2M$
② $L_1 + L_2 - 2M$
③ $L_1 + L_2 - M$
④ $L_1 + L_2 + M$

정답 ①

핵심 포인트

인덕턴스 결합회로

1. 자속이 같은 방향일 때 합성인덕턴스
$L = L_1 + L_2 + 2M$
2. 자속이 반대 방향일 때 합성인덕턴스
$L = L_1 + L_2 - 2M$

---

29 그림과 같은 회로에서 전압계 Ⓥ가 10V일 때 단자 A-B 간의 전압은 몇 V인가?

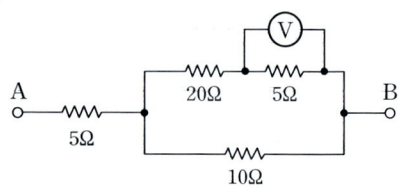

① 80V
② 85V
③ 90V
④ 95V

정답 ②

저항 5Ω의 전류 $I = \dfrac{V}{R} = \dfrac{10}{5} = 2A$

- 저항 20Ω에 걸리는 전압 $V = IR = 2 \times 20 = 40V$
- 저항 5Ω과 20Ω에 걸리는 전압 $V = 10 + 40 = 50V$
- 저항이 병렬로 접속되어 있으므로 저항 10Ω에 걸리는 전압은 50V이다.
- 전류 $I = \dfrac{V}{R} = \dfrac{50}{10} = 5A$
- 병렬로 접속된 저항에 흐르는 전류 $I = 2 + 5 = 7A$
- 저항 5Ω에 걸리는 전압 $V = 7 \times 5\Omega = 35V$
- A-B 단자에 걸리는 전압은 $V = 35 + 50 = 85V$

30 최고 눈금 50mV, 내부 저항이 100Ω인 직류 전압계에 1.2MΩ의 배율기를 접속하면 측정할 수 있는 최대 전압은 약 몇 V인가?

① 400V
② 500V
③ 600V
④ 700V

정답 ③

저항을 직렬로 접속하므로 전류가 일정하여 배율기에

흐르는 전류는 $I_m = I$이다.

전류 $\dfrac{V_m}{R_m + R} = \dfrac{V}{R}$이므로

측정전압 $V_m = \dfrac{R_m + R}{R} \times V$

$= \dfrac{(1.2 \times 10^6 + 100)}{100} \times (50 \times 10^{-3}) = 600.05V$

PART 1

핵심 포인트

부궤환 증폭기 특징

1. 이득의 안정도가 높아진다.
2. 주파수 특성이 개선된다.
3. 대역폭이 증가한다.
4. 내부 잡음이 감소한다.
5. 이득이 안정된다.

---

31 50F의 콘덴서 2개를 직렬로 연결하면 합성 정전용량은 몇 F인가?

① 25
② 50
③ 75
④ 100

정답 ①

병렬접속 시 합성 정전용량 $C = C_1 + C_2$

직렬접속 시 합성 정전용량 $C = \dfrac{C_1 C_2}{C_1 + C_2} = \dfrac{50 \times 50}{50 + 50}$

$= 25F$

---

33 다음 중 PNPN 4층 구조로 되어 있는 소자가 아닌 것은?

① Diode
② TRIAC
③ SCR
④ GTO

정답 ①

① Diode : P형 반도체와 N형 반도체를 접합하여 만든 PN 접합체로 2개의 전극을 가지고 전류를 한 쪽으로 만 흐르게 해 줄 수 있다.
② TRIAC : SCR 2개를 역병렬로 접속한 것으로 양방향성의 전류제어가 행하여지는 반도체 제어부품으로 PNPN형의 4층 구조로 되어 있다.
③ SCR : 실리콘 제어 정류소자로 PNPN형의 4층 구조로 되어 있다.
④ GTO : P층에서 게이트를 인출한 PNPN형의 4층 구조로 되어 있다.

---

32 다음 중 부궤환 증폭기의 장점에 해당되는 것은?

① 대역폭이 감소된다.
② 안정도가 증진된다.
③ 증폭도가 증가된다.
④ 능률이 증대된다.

정답 ②

34 다음 중 변위를 압력으로 변환하는 소자로 옳은 것은?

① 다이어프램

② 용량형 변환기

③ 전자코일

④ 노즐 플래퍼

 정답 ④

┌─────────────────────────────┐
│ ⊕ **핵심 포인트** ⊕

변환기

1. 변위를 전압으로 변환시키는 장치 : 전위차계, 차동변압기, 퍼텐쇼미터
2. 온도를 전압으로 변환시키는 장치 : 열전대
3. 압력을 변위로 변환시키는 장치 : 벨로스, 스프링, 다이어프램
4. 변위를 압력으로 변환시키는 장치 : 노즐 플래퍼, 스프링, 유압 분사관
5. 변위를 임피던스로 변환시키는 장치 : 가변 저항기, 용량형 변환기, 가변저항스프링
6. 전압을 변위로 변환시키는 장치 : 전자석, 전자코일
└─────────────────────────────┘

35 비투자율 $\mu_s=500$, 평균 자호의 길이 1m의 환상 철심 자기회로에 2mm의 공극을 내면, 전체의 자기저항은 공극이 없을 때의 약 몇 배가 되는가?

① 1.5배

② 2.0배

③ 2.5배

④ 3.0배

 정답 ②

투자율이 μ인 자기저항 $R_\mu = \dfrac{1}{\mu A}$.

자기저항 $R_m = R_1 + R_2 = \dfrac{l_s}{\mu_0 A} + \dfrac{l}{\mu A}$

$$m = \frac{\dfrac{l_s}{\mu_0 A}}{\dfrac{l}{\mu A}} + \frac{\dfrac{l}{\mu A}}{\dfrac{l}{\mu A}} = 1 + \frac{\mu l_0}{\mu_0 l} = 1 + \frac{\mu_0 \mu_s l_g}{\mu_0 l}$$

$$= 1 + \frac{l_g}{l}\mu_s = 1 + \frac{0.002}{1} \times 500 = 2(\text{배})$$

36 그림과 같이 전압계 V_1, V_2, V_3와 5Ω의 저항 R을 접속하였을 경우 전압계의 지시가 $V_1=20V$, $V_2=40V$, $V_3=50V$라면 부하전력은 몇 W인가?

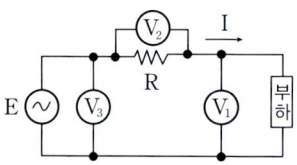

① 30W

② 40W

③ 50W

④ 60W

 정답 ③

┌─────────────────────────────┐
│ ⊕ **핵심 포인트** ⊕

간접측정법

1. 3전류계법으로 전력측정 $P = \dfrac{R}{2}(I_3^2 - I_1^2 - I_2^2)$ W
2. 3전압계법으로 전력측정 $P = \dfrac{1}{2R}(I_3^2 - I_1^2 - I_2^2)W$
3. 전력 $P = \dfrac{1}{2 \times 5}(50^2 - 40^2 - 20^2) = 50W$
└─────────────────────────────┘

37 50Hz의 3상 전압을 전파 정류하였을 때 리플(맥동) 주파수(Hz)는?

① 50Hz

② 100Hz

③ 200Hz

④ 300Hz

 ④

리플(맥동) 주파수(Hz) $f_{맥동}=6f=6\times50=300H_z$
(단상 반파 f, 단상 전파 $2f$, 3상 반파 $3f$)

38 다음 중 변위를 전압으로 변환시키는 장치가 아닌 것은?

① 퍼텐쇼미터

② 차동변압기

③ 전위차계

④ 측온저항체

 ④

④ 측온저항체는 전기저항으로 온도를 측정한다.

핵심 포인트 ⊕   ⊕

변환기

1. **변위를 전압으로 변환시키는 장치** : 전위차계, 차동변압기, 퍼텐쇼미터
2. **온도를 전압으로 변환시키는 장치** : 열전대
3. **압력을 변위로 변환시키는 장치** : 벨로스, 스프링, 다이어프램
4. **변위를 압력으로 변환시키는 장치** : 노즐 플래퍼, 스프링, 유압 분사관
5. **변위를 임피던스로 변환시키는 장치** : 가변 저항기, 용량형 변환기, 가변저항스프링
6. **전압을 변위로 변환시키는 장치** : 전자석, 전자코일

---

39 다음 중 변압기의 내부 보호에 사용되는 계전기는?

① 역전류 계전기

② 부족 전압 계전기

③ 비율 차동 계전기

④ 온도 계전기

정답 ③

③ **비율 차동 계전기** : 2개 또는 그 이상의 같은 종류의 전기량의 벡터차가 예정 비율을 넘었을 때 동작하는 계전기로 변압기의 내부 보호에 사용된다.
① **역전류 계전기** : 전기가 역전송되는 상황이 발생할 경우 전기를 차단시켜 주는 계전기이다.
② **부족 전압 계전기** : 전압이 설정값 혹은 그 이하로 저하하면 동작하는 계전기이다.
④ **온도 계전기** : 온도가 지정치가 되었을 때에 동작하는 계전기이다.

40 전기기기에서 생기는 손실 중 권선의 저항에 의하여 생기는 손실은?

① 철손

② 히스테리시스손

③ 표유부하손

④ 동손

정답 ④

④ **동손** : 도선에 전류가 흐를 때 도선저항에 의한 줄열이 발생하여 나타나는 손실이다.
① **철손** : 시간적으로 변화하는 자화력에 의해서 발생하는 철심의 전력 손실이다.
② **히스테리시스손** : 철손의 대부분을 차지하는 손실로 자속의 방향이 변함에 따라 잔류자속과 보자력에 의해 발생하는 손실이다.
③ **표유부하손** : 와전류에 의해서 도체 중에 생기는 손실 및 부하전류에 의한 자속의 일그러짐에 의해 생기는 철심 내의 부가적인 손실이다.

PART 1

기출문제 예상문제

41 역률 80%, 유효전력 80kW일 때 무효전력 kVar은?

① 60kVA

② 70kVA

③ 80kVA

④ 90kVA

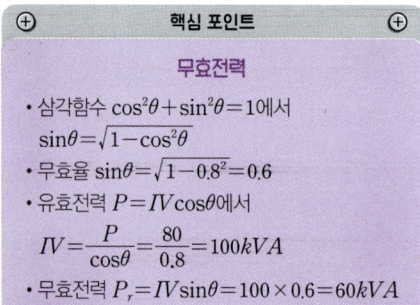

핵심 포인트

무효전력

- 삼각함수 $\cos^2\theta + \sin^2\theta = 1$에서
$\sin\theta = \sqrt{1-\cos^2\theta}$
- 무효율 $\sin\theta = \sqrt{1-0.8^2} = 0.6$
- 유효전력 $P = IV\cos\theta$에서
$$IV = \frac{P}{\cos\theta} = \frac{80}{0.8} = 100kVA$$
- 무효전력 $P_r = IV\sin\theta = 100 \times 0.6 = 60kVA$

42 그림과 같은 다이오드 게이트 회로에서 출력 전압은? (단, 다이오드 내의 전압강하는 무시한다.)

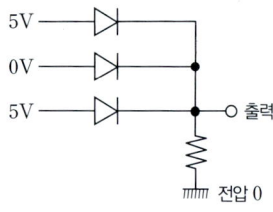

① 3V

② 5V

③ 7V

④ 10V

그림은 OR회로로 2개의 입력신호 중 1개만 작동되어도 출력신호가 1이 되는 논리회로이다. 입력전압이 5V, 0V, 5V이므로 3개 중 1개라도 5V의 전압이 다이오드에 인가되면 출력전압은 5V가 된다.

43 1개의 용량이 25W인 객석유도등 10개가 연결되어 있을 경우 이 회로에 흐르는 전류는 약 몇 A인가? (단, 전원전압은 220V이고 기타 선로손실 등은 무시한다.)

① $0.84A$

② $0.94A$

③ $1.04A$

④ $1.14A$

소비전력 $P = IV = \dfrac{V^2}{R} = I^2R$

- 객석유도등 10개 소비전력 $P = 10 \times 25 = 250W$
- 전류 $I = \dfrac{R}{V} = \dfrac{250}{220} = 1.14A$

44 권선수가 100회인 코일을 200회로 늘리면 코일에 유기되는 유도기전력은 어떻게 변화하는가?

① 2배로 증가

② 4배로 증가

③ 26배로 증가

④ 8배로 증가

자기인덕턴스 $L = \dfrac{\mu AN^2}{l}$, L은 코일의 권수 제곱에

비례하므로 $L \propto N^2$에서

$$L_1 = \left(\frac{N_2}{N_1}\right)^2 L = \left(\frac{200}{100}\right)^2 L = 4L$$

유도기전력 $e = -L\frac{\Delta I}{\Delta t}$에서 $\frac{e_1}{e} = \frac{-L_1 \frac{\Delta I}{\Delta t}}{-L\frac{\Delta I}{\Delta t}} = \frac{L_1}{L}$

$$= \frac{4L}{L} = 4(\text{배})$$

PART 1

과목별 예상문제

45 다음 중 개루프 제어와 비교하여 폐루프 제어에서 반드시 필요한 장치는?

① 기준입력신호와 주궤환신호를 비교하는 장치

② 제어동작을 수행하는 장치

③ 동작신호를 조절하는 장치

④ 안정도를 좋게 하는 장치

 정답 ①

폐루프 제어는 시스템 피드백 신호(주궤환신호)와 기준신호를 비교하여 출력을 제어하는 제어방식으로 보통 1 이상의 피드백 경로가 있다.

46 단상변압기의 권수비가 a=80이고, 1차 교류 전압의 실효치는 110V이다. 변압기 2차 전압을 단상 반파 정류회로를 이용하여 정류했을 때 발생하는 직류 전압의 평균치는 약 몇 V 인가?

① 6.09V

② 6.19V

③ 6.29V

④ 6.39V

 정답 ②

단상 반파 정류회로의 직류전압의 평균값 E_d

• 변압기의 권수비 $a = \frac{N_1}{N_2} = \frac{E_1}{E_2} = \frac{I_2}{I_1}$

• 2차 전압 $E_2 = \frac{E_1}{a} = \frac{110}{8} = 13.75V$

• 평균값 $E_d = \frac{\sqrt{2}}{\pi} \times 13.75 = 6.19V$

47 다음 중 제어요소의 구성으로 옳은 것은?

① 조절부와 조작부

② 비교부와 검출부

③ 조절부와 검출부

④ 설정부와 조작부

 정답 ①

피드백 제어계는 설정부, 검출부, 조절부, 조작부로 구성되고 제어요소는 조절부와 조작부로 구성된다.

48 그림과 같은 무접점회로는 어떤 논리회로인가?

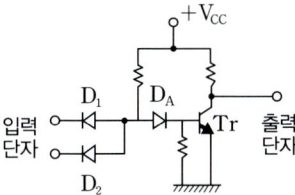

① NOR

② OR

③ NAND

④ AND

④ 접지저항계

 정답 ③

③ **NAND** : 2개의 입력신호가 모두 1일 때 출력이 0 인 회로이다. $X = \overline{A + B}$
① **NOR** : 2개의 입력신호가 모두 0일 때 출력이 1인 회로이다. $X = \overline{A}$
② **OR** : 2개의 입력신호 중 1개만 작동되어도 출력신호가 1이 되는 병렬회로이다. $X = A + B$
④ **AND** : 2개의 입력신호가 동시에 작동될 때에만 출력신호가 1이 되는 직렬회로이다. $X = A \cdot B$

 정답 ③

③ **콜라우시 브리지법** : 비례변에 미끄럼 저항선을 사용하고, 전원에 가청 주파수의 교류를 사용하는 점이 특색이며, 전지의 내부 저항이나 전해액의 도전율 등의 측정에 사용된다.
① **메거** : 절연 저항을 측정한다.
② **캘빈 더블 브리지법** : 저 저항 정밀 측정에 사용한다.
④ **접지저항계** : 접지극을 분리하지 않고 접지저항을 측정하는데 사용된다.

49 다음 중 전자회로에서 온도보상용으로 많이 사용되고 있는 소자는?

① 저항
② 리액터
③ 콘덴서
④ 서미스터

 정답 ④

④ **서미스터** : 온도변화에 저항값이 민감하게 변하는 저항기를 말한다.
① **저항** : 전류가 흐르는 것을 막는 작용이다.
② **리액터** : 전력용 변압기 및 배전용 변압기에서 회로에 유도 리액턴스를 도입하는 것을 목적으로 한 전자장치이다.
③ **콘덴서** : 직류는 흐르지 못하게 하지만 교류는 통하게 하며 용량이 클수록 그리고 주파수가 높을수록 잘 통하게 된다.

51 분류기를 써서 배분을 9로 하기 위한 분류기의 저항은 전류계 내부저항의 몇 배인가?

① $\frac{1}{6}$배
② $\frac{1}{7}$배
③ $\frac{1}{8}$배
④ $\frac{1}{9}$배

 정답 ③

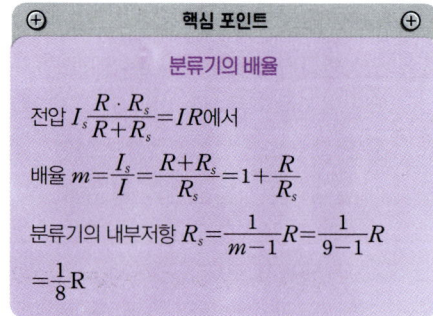

50 다음 중 전지의 내부저항이나 전해액의 도전율 측정에 사용되는 것은?

① 메거
② 캘빈 더블 브리지법
③ 콜라우시 브리지법

52 다음 중 회로의 전압과 전류를 측정하기 위한 계측기의 연결방법으로 옳은 것은?

① 전압계 : 부하와 직렬, 전류계 : 부하와 병렬
② 전압계 : 부하와 직렬, 전류계 : 부하와 직렬
③ 전압계 : 부하와 병렬, 전류계 : 부하와 병렬
④ 전압계 : 부하와 병렬, 전류계 : 부하와 직렬

정답 ④

핵심 포인트

계측기의 연결방법

1. **전압계** : 부하와 병렬로 접속
2. **전류계** : 부하와 직렬로 접속
3. **배율기** : 직렬로 접속한 저항기
4. **분류기** : 병렬로 접속한 저항기

53 다음 그림의 시퀀스 회로와 등가인 논리 게이트는?

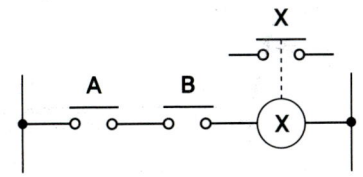

① NOR게이트
② AND게이트
③ NOT게이트
④ OR게이트

정답 ②

② **AND게이트** : 2개의 입력회로가 동시에 작동될 때 출력신호가 1이 되는 직렬회로
① **NOR게이트** : 2개의 입력신호가 0일 때 출력이 1인 회로
③ **NOT게이트** : 출력신호가 입력신호에 반대로 작동하는 부정회로
④ **OR게이트** : 2개의 입력신호 중 1개만 작동되어도 출력신호가 1이 되는 병렬회로

54 다음 그림과 같은 유접점 회로의 논리식은?

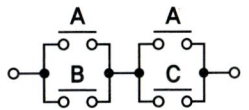

① $A + B \cdot C$
② $A \cdot B + C$
③ $B + A \cdot C$
④ $A \cdot B + B \cdot C$

정답 ①

병렬회로는 OR회로로 논리식은 $X = A + B$, 직렬회로는 AND회로로 논리식은 $X = A \cdot B$이다.
$(A+B)(A+C) = AA + AC + AB + BC$
$= A + AC + AB + BC = A(1+C) + AB + BC$
$= A \cdot 1 + AB + BC = A + AB + BC$
$= A(1+B) + BC = A \cdot 1 + BC = A + BC$

55 다음 중 SCR(silicon-controlled rectifier)에 대한 설명으로 틀린 것은?

① PNPN 소자이다.
② 스위칭 반도체 소자이다.
③ 양방향 사이리스터이다.
④ 교류의 전력제어용으로 사용된다.

정답 ③

핵심 포인트

SCR(silicon-controlled rectifier)

1. SCR의 기본 전자회로는 PNPN 접합회로 이다.
2. 게이트에 신호를 가해야만 작동하는 소자이다.
3. 순방향으로 전류가 흐를 때 게이트 신호에 의해 스위칭된다.
4. 역방향으로 전류가 흐르지 않도록 설계되어 있다.

---

56 다음 중 열감지기의 온도감지용으로 사용하는 소자는?

① 서미스터
② 바리스터
③ 제너다이오드
④ 발광다이오드

정답 ①

① **서미스터** : 보통의 저항에 비해 온도에 따른 저항의 변화가 크게 만든 저항을 말한다.
② **바리스터** : 인가전압에 따라 저항값이 민감하게 변화하는 비선형 저항소자이다.
③ **제너다이오드** : 전류가 변화되어도 전압이 일정하다는 특징을 이용하여 정전압 회로에 사용되거나, 서지전류 및 정전기로부터 IC 등을 보호하는 보호소자이다.
④ **발광다이오드** : 전류를 순방향으로 흘려 주었을 때, 빛을 발하는 반도체 소자이다.

57 다음 중 서보전동기는 제어기기의 어디에 속하는가?

① 검출부
② 조절부
③ 증폭부
④ 조작부

정답 ④

서보전동기는 서보기구에 응용되는 전동기로 제어시스템의 조작부에 속한다.

58 다음 중 전자유도현상에서 코일에 생기는 유도기전력의 방향을 정의한 법칙은?

① 플레밍의 오른손법칙
② 플레밍의 왼손법칙
③ 패러데이의 법칙
④ 렌쯔의 법칙

정답 ④

④ **렌쯔의 법칙** : 전자유도현상에 의해 생기는 유도전력의 방향을 나타내는 법칙이다.
① **플레밍의 오른손법칙** : 벡터곱, 전자기 유도에 의한 기전력의 방향, 방향 벡터 (회전축)에 근거한 오른손 좌표계의 회전 방향, 나선형의 감기는 방향 등의 정의를 표현한 것이다.
② **플레밍의 왼손법칙** : 자기장의 방향과 전류의 방향으로부터 힘의 방향을 결정하는 법칙이다.
③ **패러데이의 법칙** : 전기분해를 하는 동안 전극에 흐르는 전하량(전류×시간)과 전기분해로 인해 생긴 화학변화의 양 사이의 정량적인 관계를 나타내는 법칙이다.

59 다음 중 R–L 직렬회로에 대한 설명으로 옳은 것은?

① 용량성 회로이다.

② v는 i보다 위상이 $\theta = \tan^{-1}\left(\dfrac{\omega L}{R}\right)$만큼 앞선다.

③ v와 i의 최대값과 실효값의 비는 $\sqrt{R^2 + \left(\dfrac{1}{X_L}\right)^2}$이다.

④ v, i는 각기 다른 주파수를 가지는 정현파이다.

 정답 ②

② v는 i보다 위상이 $\theta = \tan^{-1}\left(\dfrac{\omega L}{R}\right)$만큼 앞선다.

① R−L 직렬회로는 유도성 회로이다.

③ 전압과 전류의 비는 $\dfrac{V}{I} = Z = \sqrt{R^2 + X_L^2}$ $= \sqrt{R^2 + (\omega L)^2}$이고, 역률 $\cos\theta = \dfrac{R}{Z}$ $= \dfrac{R}{\sqrt{R^2 + X_L^2}} = \dfrac{R}{\sqrt{R^2 + (\omega L)^2}}$이다.

④ 순시값 전압 $v = \sqrt{2}\,V\sin\omega t$, 순시값 전류 $i = \sqrt{2}\,V\sin\omega t$로 같은 주파수를 가지는 정현파이다.

60 다음 중 3상유도전동기 Y−△ 기동회로의 제어요소가 아닌 것은?

① MCCB
② THR
③ ZCT
④ MC

 정답 ③

ZCT(영상변류기)는 전류 주위에 발생하는 자기장의 변화를 검출하여 지락을 검출하는 기기이다.
3상유도전동기 Y−△ 기동회로의 제어요소 : MCCB

(배선용차단기), THR(열동과부하계전기), MC(전자접촉기)

61 전압이득이 60dB인 증폭기와 궤환율(β)이 0.01인 궤환회로를 부궤환 증폭기로 구성하였을 때 전체 이득은 약 몇 dB인가?

① 30dB
② 40dB
③ 50dB
④ 60dB

 정답 ②

전압이득 $A_v = \dfrac{V_o}{V_i} = \dfrac{출력전압}{입력전압}$, 이것을 dB로 나타내면 $A_v = 20\log A_v$, $60 = 20\log A_v$, $3 = \log A_v$, $A_v = 10^3 = 1,000$

• 부궤환 증폭기 전체 이득 $A_f = \dfrac{A_v}{1 + \beta A_v} \fallingdotseq \dfrac{1}{\beta}$,

$A_f = \dfrac{1}{\beta} = \dfrac{1}{0.01} = 100$

• 부궤환 증폭기 전체 이득을 dB로 나타내면 $A_f = 20\log A_f$, $A_f = 20\log 100 = 40dB$

62 평형 3상 부하의 선간전압이 200V, 전류가 10A, 역률이 70.7%일 때 무효전력은 약 몇 Var인가?

① 2,350
② 2,450
③ 2,550
④ 2,650

 정답 ②

역률 $\cos\theta = 70.7\% = 0.707$이므로 삼각함수를 이용하여 무효 $\sin\theta$를 구하면
$\cos^2\theta + \sin^2\theta = 1$, $\sin\theta = \sqrt{1-\cos^2} = \sqrt{1-0.707^2}$
$= 0.707$
3상 무효전력 $P_r = \sqrt{3}IV = \sqrt{3} \times 10 \times 200 \times 0.707 = 2,449.12 Var$

 정답 ②

핵심 포인트

전력

- 유효전력 $P = IV\cos\theta$에서 역률 $\cos\theta = \dfrac{720}{5\times 180} = 0.8$
- 삼각함수 $\cos^2\theta + \sin^2\theta = 1$에서 무효율 $\sin\theta = \sqrt{1-\cos^2} = \sqrt{1-0.8^2} = 0.6$
- 무효전력 $P_r = IV\sin\theta = 5 \times 180 \times 0.6 = 540W$

---

63 다음 논리식 중 틀린 것은?

① $X + X = X$

② $X \cdot X = X$

③ $X + \overline{X} = 1$

④ $X \cdot \overline{X} = 1$

 정답 ④

보원의 법칙 $A \cdot \overline{A} = 0$　　$A + \overline{A} = 1$
대수정리
$A \cdot A = A$　　$A + A = A$
$A \cdot 1 = A$　　$A + 1 = 1$
$A \cdot 0 = 0$　　$A + 0 = A$

64 그림과 같은 회로에서 각 계기의 지시값이 ⓥ는 180V, ⓐ는 5A, W는 720W라면 이 회로의 무효전력(Var)은?

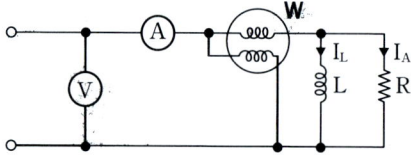

① 440W

② 540W

③ 640W

④ 740W

65 다음 중 자동제어계를 제어목적에 의해 분류한 경우로 틀린 것은?

① 정치제어 : 제어량을 주어진 일정목표로 유지시키기 위한 제어

② 추종제어 : 목표치가 시간에 따라 변화하는 제어

③ 프로그램제어 : 목표치가 프로그램대로 변하는 제어

④ 서보제어 : 선박의 방향제어계인 서보제어는 정치제어와 같은 성질

 정답 ④

서보제어 : 제어량이 목표값을 따라가도록 하는 요구성능. 안전기준과 함께 관리하는 절차로 되먹임(feedback) 제어의 일종이다.

66 다음 중 반도체에 빛을 쬐이면 전자가 방출되는 현상은?

① 광전효과
② 홀효과
③ 펠티어효과
④ 압전기효과

 정답 ①

① 광전효과 : 빛의 입자성 때문에 임의의 금속에 빛을 가했을 때 금속으로부터 전자가 방출되는 현상이다.
② 홀효과 : 전류와 자기장에 의해 모든 전도체 물질에 나타나는 효과이다.
③ 펠티어효과 : 어떤 물체의 양쪽에 전위차를 걸어 주면 전류와 함께 열이 흘러서 양쪽 끝에 온도 차가 생기는 현상이다.
④ 압전기효과 : 결정에 압력을 가할 때 전기 분극에 의해서 전압이 발생하는 현상이다.

핵심 포인트

인덕턴스 결합회로

자속이 같은 방향일 때 $140 = 40 + L_2 + 2M$ …… ㉠
자속이 반대방향일 때 $20 = 40 + L_2 - 2M$ …… ㉡
㉠에서 ㉡을 빼면 $120 = 4M$. 상호인덕턴스는 $M = 30mH$이다.
㉠에 상호인덕턴스를 대입하면 $140 = 40 + L_2 + 2 \times 30$이므로, 자기 인덕턴스는 40이다.
따라서, 결합계수 $k = \dfrac{M}{\sqrt{L_1 L_2}} = \dfrac{30}{\sqrt{40 \times 40}} = 0.75$

PART 1

과목별 예상문제

---

67 두 개의 코일 L_1과 L_2를 동일방향으로 직렬접속하였을 때 합성인덕턴스가 140mH이고, 반대방향으로 접속하였더니 합성인덕턴스가 20mH이었다. 이때, $L_1 = 40mH$이면 결합계수 K는?

① 0.25
② 0.5
③ 0.75
④ 1.0

정답 ③

---

68 제어동작에 따른 제어계의 분류에 대한 다음 설명 중 틀린 것은?

① 미분동작 : D동작 또는 rate동작이라고 부르며, 동작신호의 기울기에 비례한 조작신호를 만든다.
② 적분동작 : I동작 또는 리셋동작이라고 부르며, 적분값의 크기에 비례하여 조절신호를 만든다.
③ 2위치제어 : on/off 동작이라고도 하며, 제어량이 목표값 보다 작은지 큰지에 따라 조작량으로 on 또는 off의 두 가지 값의 조절 신호를 발생한다.
④ 비례동작 : P동작이라고도 부르며, 제어동작신호에 반비례하는 조절신호를 만드는 제어동작이다.

 정답 ④

핵심 포인트

제어동작에 의한 분류

1. **비례동작(P) 제어** : 입력 대비 비례출력 발생, 정상오차 수반
2. **미분제어(D) 제어** : 과도한 특성 개선, 진상요소, 잔류편차 제거
3. **적분제어(I) 제어** : 오차 방지
4. **비례미분(PD) 제어** : 응답 속응성 개선, 잔류편차 존재
5. **비례적분(PI) 제어** : 잔류 편차 제거, 간헐적으로 진동
6. **비례미적분(PID) 제어** : 최적 제어, 응답 오버슈트 감소, 응답 속응성 개선

---

69 지하 1층, 지상 2층, 연면적이 1,500m²인 기숙사에서 지상 2층에 설치된 차동식스포트형 감지기가 작동하였을 때 전 층의 지구경종이 동작되었다. 각 층 지구경종의 정격전류가 60mA이고, 24V가 인가되고 있을 때 모든 지구경종에서 소비되는 총 전력(W)은?

① 4.22W
② 4.32W
③ 4.42W
④ 4.52W

정답 ②

3개 층에서 지구경종이 울렸으므로 3개 층에 대한 소비전력을 구하면 $P = IV = (3 \times 60 \times 10^{-3}) \times 24 = 4.32W$

70 다음 중 제어 대상에서 제어량을 측정하고 검출하여 주궤환 신호를 만드는 것은?

① 비교부
② 출력부
③ 검출부
④ 설정부

정답 ③

피드백 제어 : 제어량을 측정하여 목표값과 비교하고, 그 차를 적절한 정정신호로 교환하여 제어장치로 되돌리며, 제어량이 목표값과 일치할 때까지 수정동작을 하는 자동제어로 검출부, 조절부, 조작부 등으로 구성되어 있다.

1. **검출부** : 제어 대상으로부터 제어량을 측정하여 피드백 신호를 만드는 부분
2. **조작부** : 제어기로부터 나온 출력신호를 조작량으로 변환시키는 부분
3. **조절부** : 동작신호를 받아서 제어계가 정해진 동작을 하는데 필요한 신호를 만들어 조작부에 보내는 역할을 하는 부분

71 다음 중 논리식 X · (X+Y)를 간략화한 것은?

① X
② X−Y
③ X+Y
④ X · Y

정답 ①

논리식 간략화 $X \cdot (X+Y) = XX + XY$
$= X + XY = X(1+Y) = X \cdot 1 = X$

72 다음 중 정현파 신호 $\sin t$의 전달함수는?

① $\dfrac{1}{s^2+1}$

② $\dfrac{1}{s^2-1}$

③ $\dfrac{s}{s^2+1}$

④ $\dfrac{s}{s^2-1}$

 정답 ③

핵심 포인트

정현파 함수 $f(t)=\sin t=\dfrac{1}{2j}(e^{jt}-e^{-jt})$

$$F(s)=\int_0^\infty \cos t \cdot e^{-st}dt$$

$$=\int_0^\infty \frac{1}{2}(e^{jt}+e^{-jt})\cdot e^{-st}\,dt$$

$$=\frac{1}{2}\int_0^\infty e^{-(s-j)t}+e^{-(s+j)t}dt$$

$$=\frac{1}{2}\Big[-\frac{1}{s-j}e^{-(s-j)t}-\frac{1}{s+j}e^{-(s+j)t}\Big]_0^\infty$$

$$=\frac{1}{2}\Big(\frac{1}{s-j}+\frac{1}{s+j}\Big)=\frac{s}{s^2+1}$$

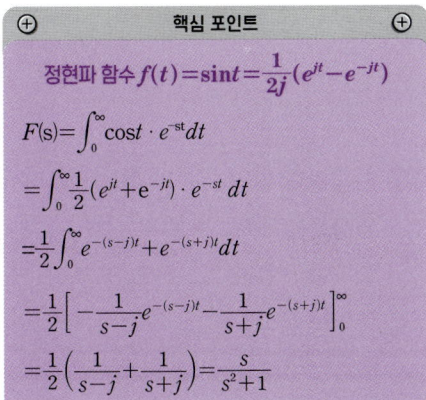

---

73 다음 그림의 논리기호를 표시한 식으로 옳은 식은?

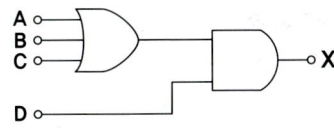

① $X=(A\cdot B\cdot C)\cdot D$

② $X=(A+B+C)\cdot D$

③ $X=(A\cdot B\cdot C)+D$

④ $X=A+B+C+D$

 정답 ②

핵심 포인트

논리기호의 논리식

1. OR 회로의 논리식 $X=A+B+C$
2. AND 회로의 논리식 $X=A\cdot B$
3. 출력 $X=(A+B+C)\cdot D$

---

74 입력신호와 출력신호가 모두 직류(DC)로서 출력이 최대 5㎾까지로 견고성이 좋고 토크가 에너지원이 되는 전기식 증폭기기는?

① SCR

② 계전기

③ 앰플리다인

④ 자기증폭기

정답 ③

③ **앰플리다인** : 계자전류를 변화시켜 출력을 조절하는 직류발전기이다.

① **SCR** : 전류 및 전압의 제어에 사용되는 전력 반도체 소자, 특수한 반도체 정류소자로서 소형이고 응답속도가 빠르며 대전력을 미소한 압력으로 제어할 수 있을 뿐 아니라 반영구적이고 단단하므로 대전력의 제어용으로 사용된다.

② **계전기** : 전기로 작동시키는 스위치이다.

④ **자기증폭기** : 강자성체의 자기 포화 현상을 이용하여 전류를 증폭하는 장치이다.

75 다음 중 삼각파의 파형률 및 파고율은?

① 1.11, 1.414

② 1.04, 1.155

③ 1.11, 1.57

④ 1.155, 1.732

정답 ④

파형

종류	정현파	정현반파	삼각파	구형파	구형반파
실효값	$\dfrac{V_m}{\sqrt{2}}$	$\dfrac{V_m}{2}$	$\dfrac{V_m}{\sqrt{3}}$	V_m	$\dfrac{V_m}{\sqrt{2}}$
평균값	$\dfrac{2V_m}{\pi}$	$\dfrac{V_m}{\pi}$	$\dfrac{V_m}{2}$	V_m	$\dfrac{V_m}{2}$
파형률	1.11	1.57	1.155	1	1.414
파고율	1.414	2	1.732	1	1.414

파고율$=\dfrac{최댓값}{실효값}$, 파형률$=\dfrac{실효값}{평균값}$

76 용량 0.02μF 콘덴서 2개와 0.01μF 콘덴서 1개를 병렬로 접속하여 24V의 전압을 가하였다. 합성용량은 몇 μF이며, 0.01μF 콘덴서에 축적되는 전하량은 몇 C인가?

① 0.01, 0.12×10^{-6}

② 0.03, 0.18×10^{-6}

③ 0.05, 0.24×10^{-6}

④ 0.07, 0.34×10^{-6}

정답 ③

콘덴서 병렬접속

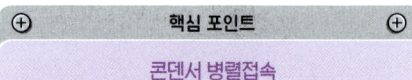

• 콘덴서의 합성 정전용량 $C = C_1 + C_2 = (2 \times 0.02 \times 10^{-6}) + (0.01 \times 10^{-6}) = 0.05\mu F$

• 전하량 $Q = CV = (0.05 \times 10^{-6}) \times 24 = 1.2 \times 10^{-6}$

• 콘덴서가 병렬로 접속되어 있어 전압이 일정하므로 전하량 $Q = CV$에서 전압 $V = \dfrac{Q}{C} \cdot \dfrac{Q}{C}$
$= \dfrac{Q_2}{C_2}$이므로 $Q_2 = \dfrac{C_2}{C} Q = \dfrac{0.01 \times 10^{-6}}{0.05 \times 10^{-6}} \times (1.2 \times 10^{-6}) = 0.24 \times 10^{-6}$

77 진공 중에 놓인 5μC의 점전하에서 2m되는 점에서의 전계는 몇 V/m인가?

① 11.25×10^3

② 13.25×10^3

③ 15.25×10^3

④ 17.25×10^3

정답 ①

전계의 세기 $E = 9 \times 10^9 \times \dfrac{Q}{r^2} = 9 \times 10^9 \times \dfrac{5 \times 10^{-6}}{2^2}$
$= 11,250 = 11.25 \times 10^3 V/m$

78 복소수로 표시된 전압 $10 - jV$를 어떤 회로에 가하는 경우 $5 + jA$의 전류가 흘렀다면 이 회로의 저항은 약 몇 Ω인가?

① 1.88Ω

② 1.98Ω

③ 2.08Ω

④ 2.18Ω

정답 ①

임피던스 $Z = \dfrac{V}{I} = \dfrac{(10-j)(5-j)}{(5+j)(5-j)} = \dfrac{50-15j+j^2}{25-j^2}$

$= \dfrac{49-j15}{26} = \dfrac{49}{26} - \dfrac{j15}{26} = 1.88 - j0.58$

임피던스 $Z = R \pm jX$, $Z = 1.88 - j0.58$에서 저항 $R = 1.88\Omega$, 리액턴스 $X = 0.58\Omega$이다.

79 상순이 a, b, c인 경우 V_a, V_b, V_c를 3상 불평형 전압이라 하면 정상분 전압은?
(단, $\alpha = e^{j\frac{2\pi}{3}} = 1\angle 120°$)

① $\dfrac{1}{3}(V_a + V_b + V_c)$

② $\dfrac{1}{3}(V_a + \alpha V_b + \alpha^2 V_c)$

③ $\dfrac{1}{3}(V_a + \alpha^2 V_b + \alpha V_c)$

④ $\dfrac{1}{3}(V_a + \alpha V_b + \alpha V_c)$

 정답 ②

핵심 포인트

3상 불평형 전압

1. 영상분 전압 $V_0 = \dfrac{1}{3}(V_a + V_b + V_c)$

2. 정상분 전압 $V_1 = \dfrac{1}{3}(V_a + \alpha V_b + \alpha^2 V_c)$

3. 역상분 전압 $V_2 = \dfrac{1}{3}(V_a + \alpha^2 V_b + \alpha V_c)$

80 제어량이 압력, 온도 및 유량 등과 같은 공업량일 경우의 제어는?

① 시퀀스제어

② 추종제어

③ 프로세스제어

④ 프로그램제어

정답 ③

③ **프로세스제어** : 밀도, 농도, 온도, 압력, 유량, 습도 등의 공업량을 제어한다.

① **시퀀스제어** : 미리 정해진 순서에 따라 제어의 각 단계를 차례로 진행해 가는 제어를 말한다.

② **추종제어** : 시간에 따라 변하는 목표값에 제어량을 맞추기는 제어이다.

④ **프로그램제어** : 목표값이 미리 정해진 시간적 변화를 하는 경우 제어량을 그것에 추종시키기 위한 제어이다.

81 20Ω과 40Ω의 병렬회로에서 20Ω에 흐르는 전류가 10A라면, 이 회로에 흐르는 총 전류는 몇 A인가?

① 15A

② 25A

③ 35A

④ 45A

정답 ①

핵심 포인트

저항의 병렬접속

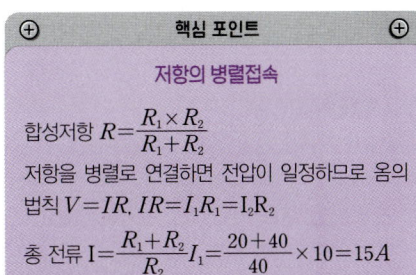

합성저항 $R = \dfrac{R_1 \times R_2}{R_1 + R_2}$

저항을 병렬로 연결하면 전압이 일정하므로 옴의 법칙 $V = IR$, $IR = I_1 R_1 = I_2 R_2$

총 전류 $I = \dfrac{R_1 + R_2}{R_2} I_1 = \dfrac{20+40}{40} \times 10 = 15A$

82 시퀀스제어에 관한 다음 설명 중 틀린 것은?

① 판단기구에 의하여 일정한 조건에 따라 제어명령을 결정하여 제어한다.

② 논리회로가 조합 사용된다.

③ 제어신호 등이 전부 순환하지 않는다.

④ 전체 시스템에 연결된 접점들이 일시에 동작할 수 있다.

정답 ④

시퀀스제어는 미리 정해진 순서, 논리에 따라 일련의 제어동작을 차례대로 항하는 제어이다.

> **핵심 포인트**
>
> **시퀀스제어의 특징**
>
> 1. 통상, 개루프 제어계
> 2. 전기 스위치가 주된 동작을 함
> 3. **주요 용도** : 승강기, 세탁기, 자동판매기, 교통신호기 등
> 4. **주요 제어 요소** : 접점, 타이머, 검출 스위치, 표시등, 경보기 등

83 다음 중 P형 반도체에 첨가되는 불순물에 관한 설명으로 옳은 것은?

① 5개의 가전자를 갖는다.

② 억셉터 불순물이라 한다.

③ 과잉전자를 만든다.

④ 게르마늄에는 첨가할 수 있으나 실리콘에는 첨가가 되지 않는다.

정답 ②

P형 반도체는 순수한 반도체에 특정 불순물(3족 원소)을 첨가하여 정공의 수를 증가시킨 반도체로 불순물을 억셉터 불순물이라 한다. N형 반도체는 순수한 반도체에 불순물(5족 원소)을 첨가하여 전자의 수를 증가시킨 반도체이다.

84 다음 중 불대수의 기본정리에 관한 설명으로 틀린 것은?

① $A + A = A$

② $A \cdot A = A$

③ $A \cdot 0 = 1$

④ $A + 0 = A$

정답 ③

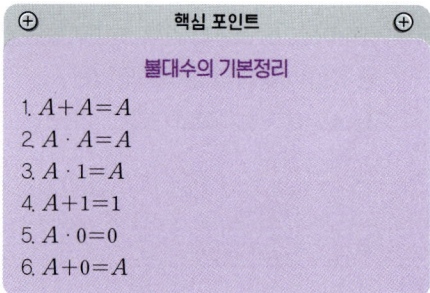

> **핵심 포인트**
>
> **불대수의 기본정리**
>
> 1. $A + A = A$
> 2. $A \cdot A = A$
> 3. $A \cdot 1 = A$
> 4. $A + 1 = 1$
> 5. $A \cdot 0 = 0$
> 6. $A + 0 = A$

85 다음 중 전기식 온도계가 아닌 것은?

① 적외선 온도계

② 전기저항 온도계

③ 서미스터

④ 열전대 온도계

정답 ①

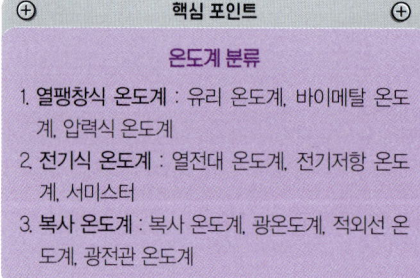

> **핵심 포인트**
>
> **온도계 분류**
>
> 1. **열팽창식 온도계** : 유리 온도계, 바이메탈 온도계, 압력식 온도계
> 2. **전기식 온도계** : 열전대 온도계, 전기저항 온도계, 서미스터
> 3. **복사 온도계** : 복사 온도계, 광온도계, 적외선 온도계, 광전관 온도계

86 다음 중 직류전동기의 제동법이 아닌 것은?

① 회생제동
② 역전제동
③ 발전제동
④ 정상제동

정답 ④

직류전동기의 제동법 : 역전제동(역상제동), 회생제동, 발전제동
① **회생제동** : 전동기 회전 시 입력전원을 끊고 자속을 강하게 하면 역기전력이 전원 전압보다 높아져 전류가 역류하는데 이 전류를 가까운 부하의 전원으로 사용하면서 제동하는 방법
② **역전제동** : 전동기 회전 시 전기자 전류의 방향을 전환하여 역방향의 토크를 발생시켜 제동
③ **발전제동** : 전동기 회전 시 자속을 유지한 상태에서 입력전원을 끊고 전열부하를 연결하면 전동기가 발전기로 작동하는데 이 전력을 전열 부하에서 열로 소비하며 제동하는 방법

87 다음 중 가동철편형 계기의 구조 형태가 아닌 것은?

① 이동자장형
② 흡인형
③ 반발형
④ 반발흡인형

정답 ①

가동철편형 계기는 고정 코일에 흐르는 전류에 의해서 자기장이 생기고 이 자기장 속에서 연철편을 흡인, 반발 또는 반발흡인하는 힘을 구동 토크로 사용한 것이다. 구동 토크의 발생 방법에 따라 흡인식, 반발식, 반발흡인식으로 구분한다.

88 SCR을 턴온시킨 후 게이트 전류를 0으로 하여도 온(ON)상태를 유지하기 위한 최소의 애노드 전류를 무엇이라 하는가?

① 순시전류
② 스탠드온전류
③ 최대전류
④ 래칭전류

정답 ④

래칭전류 : SCR(실리콘제어정류소자)을 턴온(turn on)하기 위하여 필요한 최소 순방향 전류로, SCR의 ON 상태를 유지하기 위해 필요한 최소한의 전류이다.

89 3상 유도전동기가 중부하로 운전되던 중 1선이 절단되면 어떻게 되는가?

① 전류가 감소한 상태에서 회전이 계속된다.
② 전류가 증가한 상태에서 회전이 계속된다.
③ 속도가 증가하고 부하전류가 급상승한다.
④ 속도가 감소하고 부하전류가 급상승한다.

정답 ④

3상 유도전동기가 운전 중 1선이 절단된 경우에도 계속 운전하면 단상전동기로 운전되므로 속도가 감소하고 부하전류가 2배 가까이 급상승하게 되어 전동기가 과열 및 소손된다.

90 어느 도선의 길이를 2배로 하고 전기저항을 5배로 하려면 도선의 단면적은 몇 배로 해야 되는가?

① 0.2배
② 0.4배
③ 0.6배
④ 1.2배

 정답 ②

핵심 포인트

저항 $R=p\dfrac{l}{A}$

도선의 길이를 2배로 하면 $l_1=2l$, 전기저항을 5배로 하면 $R_1=5R$이므로 도선의 단면적 $A_1=p\dfrac{l_1}{R_1}$이므로 단면적의 비는

$$\dfrac{A_1}{A}=\dfrac{p\dfrac{l_1}{R_1}}{p\dfrac{l}{R}}=\dfrac{\dfrac{2l}{5R}}{\dfrac{l}{R}}=0.4,\ A_1=0.4A\text{이다.}$$

91 다음 그림과 같은 게이트의 명칭은?

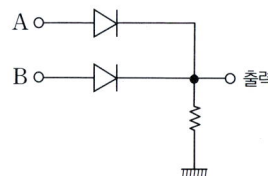

① AND
② NAND
③ NOR
④ OR

 정답 ④

④ **OR** : 2개의 입력신호 중 1개만 작동되어도 출력신호가 1이 되는 병렬회로이다.

① **AND** : 2개의 입력신호가 동시에 작동될 때에만 출력신호가 1이 되는 직렬회로이다.
② **NAND** : 2개의 입력신호가 모두 1일 때 출력이 0인 회로이다.
③ **NOR** : 2개의 입력신호가 모두 0일 때 출력이 1인 회로이다.

92 RLC 직렬공진회로에서 제n고조파의 공진주파수(f_n)는?

① $\dfrac{1}{2\pi n\sqrt{LC}}$
② $\dfrac{1}{\pi n\sqrt{LC}}$
③ $\dfrac{1}{2\pi\sqrt{nLC}}$
④ $\dfrac{n}{2\pi\sqrt{LC}}$

정답 ①

핵심 포인트

제n고조파의 공진주파수

• 유도 리액턴스 $X_{Ln}=2\pi nfL$, 용량 리액턴스 $X_{Cn}=\dfrac{1}{2\pi nfC}$
• 공진회로이므로 $X_{Ln}=X_{Cn}$, $2\pi nfL=\dfrac{1}{2\pi nfC}$, $f^2=\dfrac{1}{(2\pi n)^2LC}$
• 공진주파수 $f=\dfrac{1}{2\pi n\sqrt{LC}}Hz$

93 3상 유도전동기를 Y결선으로 기동할 때 전류의 크기($|I_Y|$)와 △결선으로 기동할 때 전류의 크기($|I_\triangle|$)의 관계로 옳은 것은?

① $|I_Y| = \dfrac{1}{3}|I_\triangle|$

② $|I_Y| = \sqrt{3}|I_\triangle|$

③ $|I_Y| = \dfrac{1}{\sqrt{3}}|I_\triangle|$

④ $|I_Y| = \dfrac{\sqrt{3}}{2}|I_\triangle|$

 정답 ①

선간전압을 V, 기동 시 1상의 임피던스를 Z, 선전류를 I라 하면

- Y결선의 경우 $I_Y = \dfrac{V}{\sqrt{3}Z}$

  △결선의 경우 $I_\triangle = \dfrac{\sqrt{3}V}{Z}$

- 기동전류 $\dfrac{I_Y}{I_\triangle} = \dfrac{\dfrac{V}{\sqrt{3}Z}}{\dfrac{\sqrt{3}V}{Z}} = \dfrac{V}{\sqrt{3}Z} \times \dfrac{Z}{\sqrt{3}V} = \dfrac{1}{3}$

  $I_Y = \dfrac{1}{3}I_\triangle$

94 자동화재탐지설비의 감지기 회로의 길이가 500m이고, 종단에 8kΩ의 저항이 연결되어 있는 회로에 24V의 전압이 가해졌을 경우 도통 시험 시 전류는 약 몇 mA인가? (단, 동선의 저항률은 1.69×10^{-8}Ω · m이며, 동선의 단면적은 2.5mm²이고, 접촉저항 등은 없다고 본다.)

① 1.0mA

② 2.0mA

③ 3.0mA

④ 5.0mA

 정답 ③

동선의 저항 $R = p\dfrac{l}{A} = 1.69 \times 10^{-8} \times \dfrac{500}{2.5 \times 10^{-6}}$
$= 3.38\Omega$

- 전체 저항은 동선의 저항과 종단저항의 합이므로
  $R = 3.38 + 8,000 = 8,003.38\Omega$

- 전류 $I = \dfrac{V}{R} = \dfrac{24}{8,003.38} ≒ 3 \times 10^{-3} = 3mA$

95 어떤 회로에 v(t)=150sinωtV의 전압을 가하니 i(t)=6sin(ωt−30°)A의 전류가 흘렀다. 이 회로의 소비전력(유효전력)은 약 몇 W인가?

① 360W

② 370W

③ 380W

④ 390W

정답 ④

순시전압 $v = V_m\sin\omega t$, 순시전류 $i = I_m\sin\omega t$

- 최대전압 $V_m = \sqrt{2}$V에서 실효전압 $V = \dfrac{V_m}{\sqrt{2}} = \dfrac{150}{\sqrt{2}}$
  $= 106.07V$

- 최대전류 $I_m = \sqrt{2}I$에서 실효전류 $I = \dfrac{I_m}{\sqrt{2}} = \dfrac{6}{\sqrt{2}}$
  $≒ 4.24A$

- 전압이 전류보다 위상이 30° 앞선 회로이므로 위상차는 30°이다.

- 소비전력 $P = IV\cos\theta = 4.24 \times 106.07 \times \cos30°$
  $= 389.48W$

PART 1

적중 예상문제

96 인덕턴스가 1H인 코일과 정전용량이 0.2μF인 콘덴서를 직렬로 접속할 때 이 회로의 공진주파수는 약 몇 Hz인가?

① 56Hz

② 156Hz

③ 256Hz

④ 356Hz

정답 ④

핵심 포인트

L−C 직렬회로

유도 리액턴스와 용량 리액턴스는 $X_L = X_C$에서

$2\pi f L = \dfrac{1}{2\pi f C}$이므로 공진주파수는

$f = \dfrac{1}{2\pi\sqrt{LC}} = \dfrac{1}{2\pi\sqrt{1 \times (0.2 \times 10^{-6})}}$

$= 355.88 Hz$

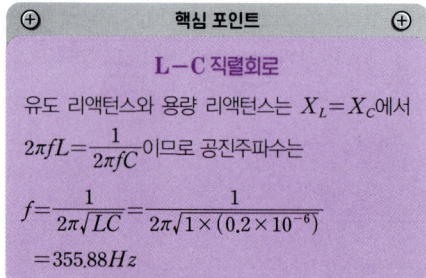

---

97 SCR의 양극 전류가 10A일 때 게이트 전류를 반으로 줄이면 양극 전류는 몇 A인가?

① 5A

② 10A

③ 15A

④ 20A

정답 ②

SCR(실리콘제어정류소자)은 단방향 3단자의 PNPN 접합 실리콘 제어정류소자로 게이트 신호에 의한 고속도 스위칭이 가능하다. 게이트에 전류를 흐르게 하여 온 (on) 상태가 되면 게이트 전류를 반으로 줄이거나 0으로 하여도 양극 전류는 10A로 계속 흐르게 된다.

---

98 다음 중 각 전류의 대칭분 I_0, I_1, I_2가 모두 같게 되는 고장의 종류는?

① 1선 지락

② 2선 지락

③ 2선 단락

④ 3선 단락

정답 ①

1선 지락은 선 한상이 바닥에 떨어지는 것으로, 지락사고가 발생하면 흐르는 전류가 차단되어 전류가 0이 된다.

핵심 포인트

1선 지락 시 고장계산

1. 고장조건 $I_b = I_c = 0$
2. 각 상 전압, 전류 $I_a = I_0 + I_1 + I_2$

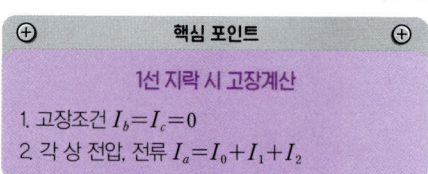

---

99 어떤 코일의 임피던스를 측정하고자 직류전압 30V를 가했더니 300W가 소비되고, 교류전압 100V를 가했더니 1,200W가 소비되었을 경우 이 코일의 리액턴스는 몇 Ω인가?

① 1Ω

② 2Ω

③ 3Ω

④ 4Ω

정답 ④

직류전압을 가했을 때 소비전력 $P = IV = I^2 R = \dfrac{V^2}{R}$

에서 저항은 $R = \dfrac{V^2}{P} = \dfrac{30^2}{300} = 3\Omega$

• 단상 교류전압을 가했을 때 소비전력

$P = I^2 R = \left(\dfrac{V}{Z}\right)^2 R = \left(\dfrac{V}{\sqrt{R^2 + X_L^2}}\right)^2 R$에서

$$P = \frac{V}{R^2 + X_L^2} \times R, \ P(R^2 + X_L^2) = V^2 R$$

- 리액턴스 $X_L = \sqrt{\dfrac{100^2 \times 3}{1,200} - 3^2} = 4\Omega$

100
대칭 3상 Y부하에서 각 상의 임피던스는 20Ω이고, 부하 전류가 8A일 때 부하의 선간전압은 약 몇 V인가?

① 257V

② 267V

③ 277V

④ 287V

정답 ③

대칭 3상 Y결선 : I_l 부하전류, I_p 상전류, V_l 선간전압, V_p 상전압. 선전류 $I_l = I_p$ 이므로
선간전압 $V_l = \sqrt{3} V = \sqrt{3} I_p Z = \sqrt{3} I_l Z = \sqrt{3} \times 8 \times 20 = 277.13V$

101
역률 0.8인 전동기에 200V의 교류전압을 가하였더니 20A의 전류가 흘렀을 때 피상전력은 몇 VA인가?

① 2,500VA

② 3,000VA

③ 3,500VA

④ 4,000VA

정답 ④

피상전력 $P_a = IV = 20 \times 200 = 4,000VA$

102
다음 회로에서 출력전압은 몇 V인가? (단, A=5V, B=0V인 경우이다.)

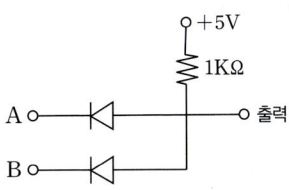

① 0V

② 1V

③ 2V

④ 3V

정답 ①

AND회로 : 2개의 입력신호가 동시에 작동될 때에만 출력신호가 1이 되는 논리회로로 직렬회로이다. 논리식은 $X = A \cdot B$ 이므로 출력전압 $X = A \cdot B = 5 \cdot 0 = 0V$이다.

입력		출력	입력		출력
A	B	X	A	B	X
0	0	0	0	5	0
5	0	0	5	5	5

103
다음 중 1W·s와 같은 것은?

① 1J

② 1kg·m

③ 1kWh

④ 860kcal

정답 ①

$1W$의 단위는 $1J/s$이므로 $1W \cdot s = 1\left(\dfrac{J}{s} \cdot s\right) = 1J$ 이다.

104

단상 반파정류회로에서 교류 실효값 220V를 정류하면 직류 평균전압은 약 몇 V 인가? (단, 정류기의 전압강하는 무시한다.)

① 66V

② 77V

③ 88V

④ 99V

정답 ④

직류 평균전압 $E_d = \dfrac{\sqrt{2}}{\pi} V = 0.45V$

$E_d = 0.45 \times 220 = 99V$

105

다음 중 비례+적분+미분동작(PID동작) 식을 바르게 나타낸 것은?

① $x_0 = K_p \left(x_i + \dfrac{1}{T_I} \int x_i dt + T_D \dfrac{dx_i}{dt} \right)$

② $x_0 = K_p \left(x_i - \dfrac{1}{T_I} \int x_i dt - T_D \dfrac{dx_i}{dt} \right)$

③ $x_0 = K_p \left(x_i + \dfrac{1}{T_I} \int x_i dt + T_D \dfrac{dt}{dx_i} \right)$

④ $x_0 = K_p \left(x_i - \dfrac{1}{T_I} \int x_i dt - T_D \dfrac{dt}{dx_i} \right)$

정답 ①

비례+적분+미분동작(PID동작) 식 : 비례동작에서 발생하는 정상편차를 적분동작으로 개선하고 미분동작을 적용하여 응답 속응성을 개선한 동작이다.

$x_0 = K_p \left(x_i + \dfrac{1}{T_I} \int x_i dt + T_D \dfrac{dx_i}{dt} \right)$ (K_p : 비례감도, T_I : 적분시간, T_D : 미분시간)

106

단상 유도전동기 중 기동토크가 가장 큰 것은?

① 셰이딩 코일형

② 콘덴서 기동형

③ 분상 기동형

④ 반발 기동형

정답 ④

핵심 포인트

단상 유도전동기의 기동토크와 기동전류

형식	기동토크	기동전류
분상 기동형	150~200%	500~600%
콘덴서 기동형	200%	80~400%
반발 기동형	400~500%	300~400%
셰이딩 코일형	40~50%	400~500%

107

저항 6Ω과 유도리액턴스 8Ω이 직렬로 접속된 회로에 100V의 교류전압을 가할 때 흐르는 전류의 크기는 몇 A인가?

① 5A

② 10A

③ 15A

④ 20A

정답 ②

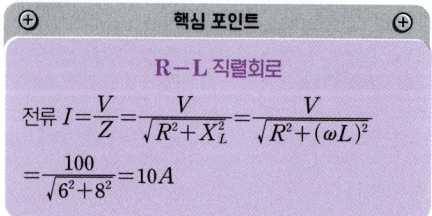

핵심 포인트

R−L 직렬회로

전류 $I = \dfrac{V}{Z} = \dfrac{V}{\sqrt{R^2 + X_L^2}} = \dfrac{V}{\sqrt{R^2 + (\omega L)^2}}$

$= \dfrac{100}{\sqrt{6^2 + 8^2}} = 10A$

108 R=10Ω, ωL=20Ω인 직렬회로에 220V 의 전압을 가하는 경우 전류, 전압과 전류의 위상각은 각각 어떻게 되는가?

① 9.8A, 63.4°

② 12.2A, 13.2°

③ 24.5A, 26.5°

④ 36.6A, 79.6°

정답 ①

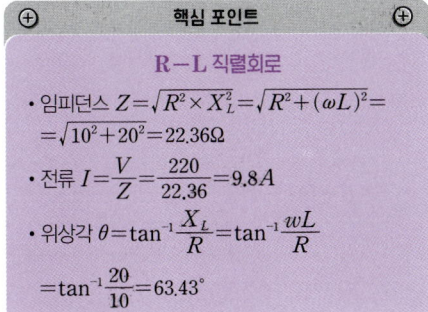

핵심 포인트

R−L 직렬회로

• 임피던스 $Z=\sqrt{R^2 \times X_L^2}=\sqrt{R^2+(\omega L)^2}=$
$=\sqrt{10^2+20^2}=22.36\Omega$

• 전류 $I=\dfrac{V}{Z}=\dfrac{220}{22.36}=9.8A$

• 위상각 $\theta=\tan^{-1}\dfrac{X_L}{R}=\tan^{-1}\dfrac{wL}{R}$
$=\tan^{-1}\dfrac{20}{10}=63.43°$

109 다음 중 강자성체에 속하지 않는 것은?

① 니켈

② 납

③ 코발트

④ 철

정답 ②

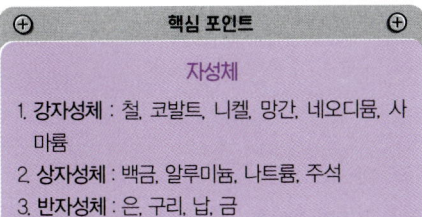

핵심 포인트

자성체

1. **강자성체** : 철, 코발트, 니켈, 망간, 네오디뮴, 사마륨

2. **상자성체** : 백금, 알루미늄, 나트륨, 주석

3. **반자성체** : 은, 구리, 납, 금

110 평행한 왕복 전선에 10A의 전류가 흐를 때 전선 사이에 작용하는 전자력[N/m]은? (단, 전선의 간격은 40cm이다.)

① $5\times10^{-5}N/m$, 서로 반발하는 힘

② $6\times10^{-5}N/m$, 서로 흡인하는 힘

③ $7\times10^{-5}N/m$, 서로 반발하는 힘

④ $9\times10^{-5}N/m$, 서로 흡인하는 힘

정답 ①

평행 왕복 전선 사이에 작용하는 힘 $F=\dfrac{\mu_0 I_1 I_2}{2\pi r}$(진 공 중의 투자율 $\mu_0=4\pi\times10^{-7}$, 왕복전류 $I_1=25A$, $I_2=25A$, 간격 $r=0.4m$)

전자력 $F=\dfrac{(4\pi\times10^{-7})\times10\times10}{2\pi\times0.4}=5\times10^{-5}N/m$

평행한 왕복전선에 흐르는 전류는 서로 반대 방향으로 흐르기 때문에 반발력이 작용한다.

111 수신기에 내장된 축전지의 용량이 6Ah인 경우 0.4A의 부하전류로는 몇 시간 동안 사용할 수 있는가?

① 12시간

② 15시간

③ 18시간

④ 24시간

정답 ②

축전기 용량 $Ah=A$(전류)$\times h$(시간), 시간 $h=\dfrac{6}{0.4}$
$=15h$

112 다음 중 논리식 X+X̄Y를 간단히 한 것은?

① $X + \overline{Y}$

② $X \overline{Y}$

③ $\overline{X} Y$

④ $X + Y$

 정답 ④

논리식을 간략화 하면
$$X + \overline{X}Y = (X + \overline{X}) \cdot (X + Y) = 1 \cdot (X + Y)$$
$$= X + Y$$

113 그림과 같은 회로에서 분류기의 배율은? (단, 전류계 A의 내부저항은 R_A이며 R_S는 분류기 저항이다.)

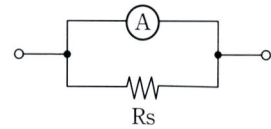

Rs

① $\dfrac{R_A}{R_A + R_S}$

② $\dfrac{R_S}{R_A + R_S}$

③ $\dfrac{R_A + R_S}{R_S}$

④ $\dfrac{R_A + R_S}{R_A}$

 정답 ③

핵심 포인트

분류기의 배율

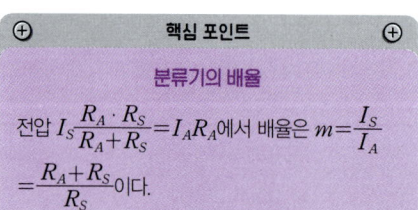

전압 $I_S \dfrac{R_A \cdot R_S}{R_A + R_S} = I_A R_A$에서 배율은 $m = \dfrac{I_S}{I_A}$

$= \dfrac{R_A + R_S}{R_S}$이다.

114 X=ABC+ĀBC+ĀB̄C+ĀB̄C̄+AB̄C̄를 가장 간소화한 것은?

① $B + \overline{A}C$

② $\overline{A}BC + \overline{B}$

③ $\overline{B} + \overline{A}C$

④ $\overline{A}\overline{B}C + B$

정답 ③

$X = A\overline{B}C + \overline{A}BC + \overline{A}\overline{B}C + \overline{A}\overline{B}\overline{C} + A\overline{B}\overline{C}$를 간소화 하면
$$= (A + \overline{A})\overline{B}C + \overline{A}BC + (\overline{A} + A)\overline{B}\overline{C}$$
$$= 1 \cdot \overline{B}C + \overline{A}BC + 1 \cdot \overline{B}\overline{C} = \overline{B}C + \overline{A}BC + \overline{B}\overline{C}$$
$$= \overline{B}(C + \overline{C}) + \overline{A}BC = \overline{B} \cdot 1 + \overline{A}BC = \overline{B} + \overline{A}BC$$
$$= (\overline{B} + \overline{A})(\overline{B} + B)(\overline{B} + C) = (\overline{B} + \overline{A}) \cdot 1 \cdot (\overline{B} + C)$$
$$= (\overline{B} + \overline{A})(\overline{B} + C) = \overline{B}\overline{B} + \overline{B}C + \overline{A}\overline{B} + \overline{A}C$$
$$= \overline{B} + \overline{B}C + \overline{A}(\overline{B} + C) = \overline{B}(1 + C) + \overline{A}\overline{B} + \overline{A}C$$
$$= \overline{B} \cdot 1 + \overline{A}\overline{B} + \overline{A}C = \overline{B} + \overline{A}\overline{B} + \overline{A}C$$
$$= \overline{B}(1 + \overline{A}) + \overline{A}C = \overline{B} \cdot 1 + \overline{A}C = \overline{B} + \overline{A}C$$

115 다음에서 백열전등의 점등스위치로는 어떤 스위치를 사용하는 것이 적합한가?

① 복귀형 a접점 스위치

② 복귀형 b접점 스위치

③ 전자 접촉기

④ 유지형 스위치

정답 ④

④ **유지형 스위치** : 사람이 일단 수동 조작하면 반대로 조작할 때까지 접점의 개폐상태가 유지되고 수동으로 복귀해야 한다.

① **복귀형 a접점 스위치** : 스위치를 누르고 있는 동안만 접점이 닫히는 스위치이다.

② **복귀형 b접점 스위치** : 스위치를 누르고 있는 동안 접점이 열리는 스위치이다.

③ **전자 접촉기** : 전자 코일에 의하여 접점의 개폐가 이루어지는 것이다.

116 다음 중 터널다이오드를 사용하는 목적이 아닌 것은?

① 정전압 정류작용
② 증폭작용
③ 발진작용
④ 터널 다이오드

정답

터널다이오드를 사용하는 목적 : 증폭작용, 발진작용, 스위칭작용, 터널 다이오드

117 다음 중 프로세스제어의 제어량이 아닌 것은?

① 액위
② pH
③ 압력
④ 방위

정답 ④

핵심 포인트 ⊕

제어량에 따른 제어 분류

1. **프로세스제어의 제어량** : 온도, 압력, 유량, 액위, pH, 농도, 습도 등
2. **자동조정** : 전압, 전류, 속도, 토크, 주파수 등
3. **서보기구** : 자세, 위치, 방위, 각도 등

118 수정, 전기석 등의 결정에 압력을 가하여 변형을 주면 변형에 비례하여 전압이 발생하는 현상을 무엇이라 하는가?

① 국부작용
② 전기분해
③ 압전현상
④ 성극작용

정답 ③

③ **압전현상** : 물체에 힘을 가했을 때 순간적으로 전압이 발생하는 현상이다.
① **국부작용** : 2차전지의 극판은 전해액 등에 불순금속이 있으면 이것이 음극면에 부착하여 납과의 사이에 국부전지를 구성하고 국부적 방전전류를 발생하는 현상이다.
② **전기분해** : 자발적으로 발생하지 않는 화합물의 분해 반응을 직류 전기를 사용하여 발생하도록 하여 원하는 물질을 얻는 기술을 말한다.
④ **성극작용** : 볼타 전지로부터 전류를 얻게 되면 양극의 표면이 수소 기체에 의해 둘러싸이게 되는 현상이다.

119 내부저항이 200Ω이며 직류 120mA인 전류계를 6A까지 측정할 수 있는 전류계로 사용하고자 한다. 어떻게 하면 되겠는가?

① 약 2.06Ω의 저항을 전류계와 직렬로 연결한다.
② 약 4.08Ω의 저항을 전류계와 병렬로 연결한다.
③ 약 6.24Ω의 저항을 전류계와 직렬로 연결한다.
④ 약 8.08Ω의 저항을 전류계와 병렬로 연결한다.

정답

PART 1

과목별 예상문제

전압 $I_s \dfrac{R_1 \cdot R_2}{R_1 + R_2} = IR$에서 전류계 저항은

$$R = \dfrac{R_s}{\dfrac{I}{I_s} - 1} = \dfrac{200}{\dfrac{6}{120 \times 10^{-3}} - 1} = 4.08\Omega \text{이다.}$$

따라서 4.08Ω의 저항을 전류계와 병렬로 연결한다.

120 온도 t℃에서 저항이 R_1, R_2이고 저항의 온도계수가 각각 α_1, α_2인 두 개의 저항을 직렬로 접속했을 때 합성저항 온도계수는?

① $\dfrac{R_1\alpha_1 + R_2\alpha_2}{R_1 + R_2}$

② $\dfrac{R_1\alpha_1 + R_2\alpha_2}{R_1 R_2}$

③ $\dfrac{R_1\alpha_2 + R_2\alpha_1}{R_1 + R_2}$

④ $\dfrac{R_1\alpha_2 + R_2\alpha_1}{R_1 R_2}$

정답 ①

두 개의 저항을 직렬로 접속했을 때 합성저항 온도계수
초기 저항 $R_0 = R_1 + R_2$, 온도에 따른 저항증가
$R_1 - R_0 = \alpha R_0$에서 $R_1 - R_0 = \alpha_1 R_1 + \alpha_2 R_2$
합성저항 온도계수 $\alpha = \dfrac{R_1 - R_0}{R_0} = \dfrac{R_1\alpha_1 + R_2\alpha_2}{R_1 + R_2}$

121 어떤 옥내배선에 380V의 전압을 가하였더니 0.2mA의 누설전류가 흘렀을 때 이 배선의 절연저항은 몇 MΩ인가?

① 1.7MΩ

② 1.9MΩ

③ 2.1MΩ

④ 2.3MΩ

정답 ②

옴의 법칙 : 전압 $V = IR$에서 저항 $R = \dfrac{V}{I}$, 절연저항
$$R = \dfrac{380}{0.2 \times 10^{-3}} = 1,900,000\Omega = 1.9\text{MΩ}$$

122 한 상의 임피던스가 Z=16+j12Ω인 Y결선 부하에 대칭 3상 선간전압 380V를 가할 때 유효전력은 약 몇 kW인가?

① 5.8kW

② 6.8kW

③ 7.8kW

④ 11.8kW

정답 ①

⊕ **핵심 포인트** ⊕

Y결선 부하전력
- 선전류 $I_l = I_p = \dfrac{V_p}{Z} = \dfrac{V_l}{\sqrt{3}\,Z}$,
  선간전압 $V_l = \sqrt{3}\,V_p$, 상전압 $V_p = \dfrac{V_l}{\sqrt{3}}$
- 임피던스 $Z = R + jX$에서 $Z = \sqrt{R^2 + X^2}$이므로 $Z = \sqrt{16^2 + 12^2} = 20\Omega$
- 역률 $\cos\theta = \dfrac{R}{Z} = \dfrac{16}{20} = 0.8$
- 유효전력 $P = \sqrt{3}\,I_l V_l \cos\theta = \dfrac{V_l^2}{Z}\cos\theta = \dfrac{380^2}{20} \times 0.8 = 5,776 ≒ 5.8 kW$

123 L−C 직렬 회로에서 직류전압 E를 t=0에서 인가할 때 흐르는 전류는?

① $\dfrac{E}{\sqrt{L/C}}\cos\dfrac{1}{\sqrt{LC}}t$

② $\dfrac{E}{\sqrt{L/C}}\sin\dfrac{1}{\sqrt{LC}}t$

③ $\dfrac{E}{\sqrt{C/L}}\cos\dfrac{1}{\sqrt{LC}}t$

④ $\dfrac{E}{\sqrt{C/L}}\sin\dfrac{1}{\sqrt{LC}}t$

 정답 ②

L−C 직렬 회로의 과도현상

전류 $i(t)=\dfrac{E}{\sqrt{L/C}}\sin\dfrac{1}{\sqrt{LC}}t$

124 다음 중 집적회로(IC)의 특징으로 옳은 것은?

① 가격이 높다.
② 신뢰성이 높으나, 부품의 교체가 어렵다.
③ 발진이나 잡음에 강하다.
④ 마찰에 의한 정전기 영향에 주의해야 한다.

 정답 ④

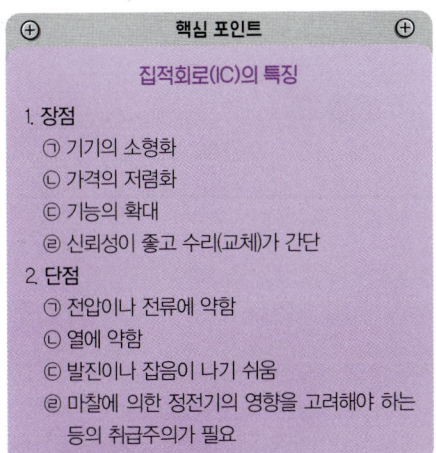

핵심 포인트

집적회로(IC)의 특징

1. 장점
   ㉠ 기기의 소형화
   ㉡ 가격의 저렴화
   ㉢ 기능의 확대
   ㉣ 신뢰성이 좋고 수리(교체)가 간단
2. 단점
   ㉠ 전압이나 전류에 약함
   ㉡ 열에 약함
   ㉢ 발진이나 잡음이 나기 쉬움
   ㉣ 마찰에 의한 정전기의 영향을 고려해야 하는 등의 취급주의가 필요

125 다음 중 3상 농형 유도전동기의 기동법이 아닌 것은?

① Y−△ 기동법
② 콘도르퍼 기동법
③ 2차 저항 기동법
④ 리액터 기동법

 정답 ③

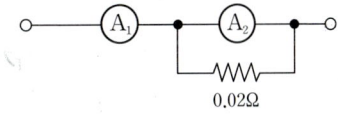

핵심 포인트

3상 유도전동기의 기동법

1. 3상 농형 유도전동기의 기동법 : 전전압 기동법 (직입기동법), Y−△ 기동법, 리액터 기동법, 기동보상기법, 콘도르퍼 기동법
2. 3상 권선형 유동전동기 기동법 : 2차 저항법, 게르게스법

126 그림과 같이 전류계 A₁, A₂를 접속할 경우 A₁은 25A, A₂는 5A를 지시하였다. 전류계 A₂의 내부저항은 몇 Ω인가?

① 0.06Ω
② 0.08Ω
③ 0.10Ω
④ 0.12Ω

 정답 ②

저항과 병렬로 접속된 전류계 A_2에 흐르는 전체 전류와 전류계 A_1에 흐르는 전류는 $I_{A_1}=I_{A_2}+I_{0.02}=I_{A_2}+\dfrac{V}{R}$, $25=5+\dfrac{V}{0.02}$, 따라서 $V=(25-5)\times 0.02=0.4V$

전압 $V=IR$이므로 내부저항은 $R=\dfrac{V}{I}=\dfrac{0.4}{5}$
$=0.08\Omega$

③ $P=\dfrac{1}{2R}(V_3^2-V_1^2-V_2^2)$

④ $P=V_3 I\cos\theta$

정답 ③

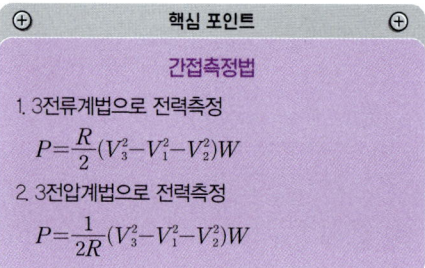

핵심 포인트

간접측정법

1. 3전류계법으로 전력측정

$P=\dfrac{R}{2}(V_3^2-V_1^2-V_2^2)W$

2. 3전압계법으로 전력측정

$P=\dfrac{1}{2R}(V_3^2-V_1^2-V_2^2)W$

127 제연용으로 사용되는 3상 유도전동기를 Y−△ 기동 방식으로 하는 경우, 기동을 위해 제어회로에서 사용되는 것과 거리가 먼 것은?

① 타이머
② 전자접촉기
③ 영상변류기
④ 열동계전기

정답 ③

영상변류기는 전선에 흐르는 부하전류에서 미소한 누전전류를 검출하는 변류기이다.
3상 유도전동기 Y−△ 기동회로 : 유도전동기, Y방식 결선, △방식 결선, 열동계전기, 타이머

129 변류기에 결선된 전류계가 고장이 나서 교체하는 경우 옳은 방법은?

① 변류기의 2차를 개방시키고 전류계를 교체한다.
② 변류기의 2차를 단락시키고 전류계를 교체한다.
③ 변류기의 2차를 접지시키고 전류계를 교체한다.
④ 변류기에 피뢰기를 연결하고 전류계를 교체한다.

정답 ②

변류기를 사용 중에 전류계를 교체할 때 변류기를 뺀 후 1, 2차를 세로로 연결하고 있는 도체를 가로로 단락한 후 교체하면 된다.

128 단상전력을 간접적으로 측정하기 위해 3 전압계법을 사용하는 경우 단상 교류전력 P(W)는?

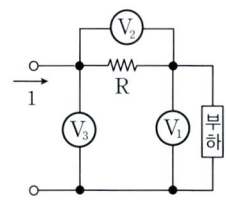

① $P=\dfrac{1}{2R}(V_3-V_2-V_1)^2$

② $P=\dfrac{1}{R}(V_3^2-V_1^2-V_2^2)$

130 10μF인 콘덴서를 60Hz 전원에 사용할 때 용량 리액턴스는 약 몇 Ω인가?

① 255.5Ω

② 265.3Ω

③ 275.5Ω

④ 285.3Ω

 ②

용량 리액턴스 $X_C = \dfrac{1}{\omega C} = \dfrac{1}{2\pi f C}$

$= \dfrac{1}{2\pi \times 60 \times (10 \times 10^{-6})} = 265.26\Omega$

131 다음 중 피드백 제어계에 대한 설명으로 틀린 것은?

① 비선형에 대한 효과가 증대된다.

② 정확성이 증가한다.

③ 대역폭이 증가한다.

④ 발진을 일으키는 경향이 있다.

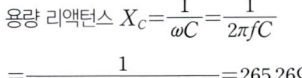 ①

핵심 포인트

피드백 제어계

1. 장점 : 정확도 증가, 대역폭 증가
2. 단점 : 불안정한 상태로 되돌아가는 경향(발진 등), 구조가 복잡하고 설치비 고가

132 PB-on 스위치와 병렬로 접속된 보조접점 X-a의 역할은?

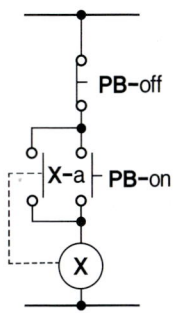

① 인터록 회로

② 전원차단회로

③ 자기유지회로

④ 램프점등회로

 ③

③ **자기유지회로** : 시동신호 및 정지신호 등의 제어명령에 의해서 접점이 작동하고, 그 상태를 계속 유지하는 기능을 가지고 있다. PB-on 스위치를 누르면 계전기의 보조접점 X-a이 붙어 PB-on 스위치를 떼더라도 동작이 계속 유지되는 회로이다.

① **인터록 회로** : 두 개의 매커니즘 또는 기능이 상호 의존적으로 작동하도록 하여, 두 동작이 동시에 일어나지 않도록 설계된 회로이다.

133 100V, 500W의 전열선 2개를 같은 전압에서 직렬로 접속한 경우와 병렬로 접속한 경우에 각 전열선에서 소비되는 전력은 각각 몇 W인가?

① 직렬 : 150W, 병렬 : 500W

② 직렬 : 250W, 병렬 : 1,000W

③ 직렬 : 500W, 병렬 : 1,500W

④ 직렬 : 1,000W, 병렬 : 2,000W

정답 ②

핵심 포인트

전열선의 직렬접속과 병렬접속

1. 전열선의 직렬접속

- 전력 $P=IV=\dfrac{V^2}{R}$, 전열선 1개당

  저항 $R=\dfrac{V^2}{P}=\dfrac{100^2}{500}=20\Omega$

- 합성저항 $R=R_1+R_2$, $20+20=40\Omega$

- 소비전력 $P_1=\dfrac{V^2}{R}=\dfrac{100^2}{40}=250W$

2. 전열선의 병렬접속

- 전력 $P=IV=\dfrac{V^2}{R}$, 전열선 1개당

  저항 $R=\dfrac{V^2}{P}=\dfrac{100^2}{500}=20\Omega$

- 합성저항 $R=\dfrac{R_1\times R_2}{R_1+R_2}=\dfrac{20\times 20}{20+20}=10\Omega$

- 소비전력 $P_2=\dfrac{V^2}{R}=\dfrac{100^2}{10}=1,000W$

---

134 반지름 20cm, 권수 50회인 원형코일에 2A의 전류를 흘려주었을 때 코일 중심에서 자계(자기장)의 세기[AT/m]는?

① $100\mathrm{AT/m}$

② $150\mathrm{AT/m}$

③ $200\mathrm{AT/m}$

④ $250\mathrm{AT/m}$

정답 ④

원형코일의 자계의 세기 $H=\dfrac{\ni}{2a}=\dfrac{50\times 2}{2\times 0.2}$

$=250AT/m$

---

135 직류회로에서 도체를 균일한 체적으로 길이를 10배 늘이면 도체의 저항은 몇 배가 되는가?(단, 도체의 전체 체적은 변함이 없다)

① 80배

② 90배

③ 100배

④ 1,250배

정답 ③

도체가 균일한 체적을 가지므로 체적 $V=\pi d l$, 도체의 길이 $l_1=10l$에서 $\pi d_1 l_1=\pi d l$이다. $\pi d_1 l_1=\pi\times\dfrac{1}{10}d\times 10l$이므로 도체의 길이가 10배 늘어나면 도체의 직경은 $\dfrac{1}{10}$배 작아진다.

저항 $R=p\dfrac{l}{A}=p\dfrac{l}{\dfrac{\pi}{4}\times d^2}$, $\dfrac{R_1}{R}=\dfrac{p\dfrac{l_1}{\dfrac{\pi}{4}\times d_1^2}}{p\dfrac{l}{\dfrac{\pi}{4}d^2}}$

$=\dfrac{\dfrac{10l}{\dfrac{1}{10}d^2}}{\dfrac{l}{d^2}}=100$, $R_1=100R$

---

136 다음 그림과 같은 RL직렬회로에서 소비되는 전력은 몇 W인가?

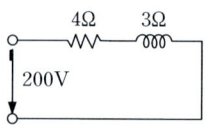

① 6,400W

② 7,400W

③ 8,400W

④ 9,400W

정답 ①

핵심 포인트

R-L 직렬회로

- 임피던스 $Z=\sqrt{R^2+X_L^2}=\sqrt{R^2+(\omega L)^2}$
  $=\sqrt{4^2+3^2}=5\Omega$
- 역률 $\cos\theta=\dfrac{R}{Z}=\dfrac{4}{5}=0.8$
- 소비전력 $P=IV\cos\theta=\dfrac{V^2}{Z}\cos\theta$
  $=\dfrac{200^2}{5}\times0.8=6,400W$

---

137 두 콘덴서 C_1, C_2를 병렬로 접속하고 전압을 인가하였더니 전체 전하량이 Q[C]이었다. C_2에 충전된 전하량은?

① $\dfrac{C_1+C_2}{C_2}Q$

② $\dfrac{C_1+C_2}{C_1}Q$

③ $\dfrac{C_1}{C_1+C_2}Q$

④ $\dfrac{C_2}{C_1+C_2}Q$

 정답 ④

콘덴서를 병렬로 접속하면 합성 정전용량 $C=C_1+C_2$
콘덴서를 병렬로 접속하면 전압이 일정하므로
$V=V_1=V_2$이고 전하량 $V=\dfrac{Q}{C}=\dfrac{Q_1}{C_1}=\dfrac{Q_2}{C_2}$이다.

$\dfrac{Q}{C_1+C_2}=\dfrac{Q_2}{C_2}$에서 C_2에 충전되는 전하량은

$Q_2=\dfrac{C_2}{C_1+C_2}Q$이다.

---

138 용량 10kVA의 단권변압기를 그림과 같이 접속하면 역률 80%의 부하에 몇 kW의 전력을 공급할 수 있는가?

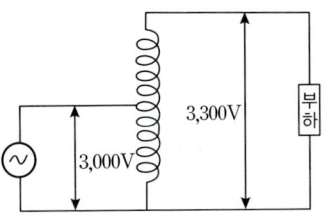

① 55kW

② 66kW

③ 77kW

④ 88kW

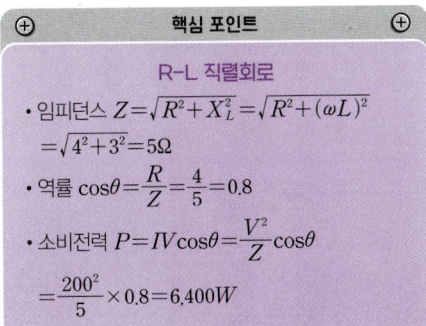 **정답** ④

전압이득$=\dfrac{V_2}{V_2-V_1}=\dfrac{3,300}{3,300-3,000}=11$

부하전력 $P=$전압이득$\times$자가용량$\times$역률$=11\times10\times0.8=88kW$

---

139 어떤 계를 표시하는 미분 방정식이 $5\dfrac{d^2}{dt^2}y(t)+3\dfrac{d}{dt}y(t)-2y(t)=x(t)$라고 한다. $x(t)$는 입력신호, $y(t)$는 출력신호라고 하면 이계의 전달 함수는?

① $\dfrac{1}{5s^2+3s-1}$

② $\dfrac{1}{5s^2+3s-2}$

③ $\dfrac{1}{5s^2+2s-1}$

④ $\dfrac{1}{5s^2+2s-2}$

 정답 ②

전달함수

$$5\frac{d^2}{dt^2}y(t)+3\frac{d}{dt}y(t)-2y(t)=x(t)$$

양변을 라플라스변환하면 $5s^2Y(s)+3sY(s)-2Y(s)=X(s)$

$$(5s^2+3s-2)Y(s)=X(s)$$

전달함수 $C(s)=\dfrac{Y(s)}{X(s)}=\dfrac{1}{5s^2+3s-2}$

140 1차 권선수 10회, 2차 권선수 300회인 변압기에서 2차 단자전압 1,500V가 유도되기 위한 1차 단자전압은 몇 V인가?

① 30V

② 50V

③ 70V

④ 90V

 ②

변압기의 권선비 $a=\dfrac{N_2}{N_1}=\dfrac{V_2}{V_1}=\dfrac{I_1}{I_2}$

1차 단자전압 $V_1=\dfrac{V_2}{\dfrac{N_2}{N_1}}=\dfrac{1,500}{\dfrac{300}{10}}=50V$

141 다음 그림과 같은 논리회로의 출력 Y는?

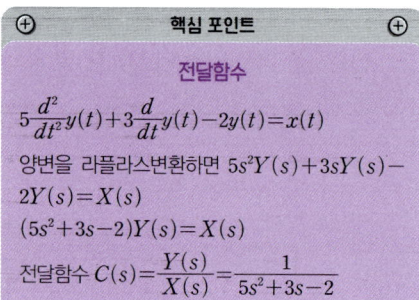

① $AB+\overline{C}$

② $A+B+\overline{C}$

③ $(A+B)\overline{C}$

④ $AB\overline{C}$

 ①

논리회로의 논리식 $Y=(A\cdot B)+\overline{C}$

논리기호

1. **AND** 회로 : $Y=A\cdot B$
2. **OR** 회로 : $Y=A+B$
3. **NOT** 회로 : $Y=\overline{A}$

142 다음 중 전원 전압을 일정하게 유지하기 위하여 사용하는 다이오드는?

① 쇼트키다이오드

② 터널다이오드

③ 제너다이오드

④ 버랙터다이오드

 ③

③ **제너다이오드** : 전류가 변화되어도 전압이 일정하다는 특징을 이용하여 정전압 회로에 사용되거나, 서지전류 및 정전기로부터 IC 등을 보호하는 보호소자로서 사용된다.

① **쇼트키다이오드** : 금속과 반도체의 접촉면에 생기는 장벽(쇼트키 장벽)의 정류 작용을 이용한 다이오드이다.

② **터널다이오드** : 불순물 반도체에서 부성(負性) 저항
특성이 나타나는 현상을 응용한 p–n 접합다이오드
이다.
④ **버랙터다이오드** : 가하는 전압에 따라서 정전기 용량
이 바뀌는 성질을 이용한 다이오드이다.

① $\dfrac{2W}{\sqrt{3}E}$

② $\dfrac{3W}{\sqrt{3}E}$

③ $\dfrac{W}{\sqrt{3}E}$

④ $\dfrac{\sqrt{3}W}{\sqrt{E}}$

 정답 ①

2전력계법 : 단상 전력계 2대를 접속하여 3상 전력을 측
정하는 방법
부하전력 $P=W+W=2W$, 전원과 부하가 모두 대
칭이므로 부하전력은 $P=2W=\sqrt{3}IE, I=\dfrac{2W}{\sqrt{3}E}$(A)

143 다음 중 바리스터(varistor)의 용도로 옳
은 것은?

① 정전류 제어용
② 정전압 제어용
③ 과도한 전류로부터 회로 보호
④ 과도한 전압으로부터 회로 보호

정답 ④

바리스터(varistor)는 전압에 따라 저항값이 바뀌는 소
자로 정격 전압에서는 절연 수준의 높은 저항을 유지하
다가 순간 과전압이 발생하면 수 mΩ 이하의 도체로 저
항 값이 급격하게 감소하여 과도한 전압으로부터 회로
를 보호한다.

145 교류전력변환장치로 사용되는 인버터회로
에 대한 설명으로 옳지 않은 것은?

① 직류 전력을 교류 전력으로 변환하는 장
치를 인버터라고 한다.
② 전류형 인버터와 전압형 인버터로 구분할
수 있다.
③ 전류방식에 따라서 타력식과 자력식으로
구분할 수 있다.
④ 인버터의 부하장치에는 직류직권전동기
를 사용할 수 있다.

 정답 ④

인버터회로 : 직류를 교류로 변환하는 회로이다. 단상 인
버터 회로와 3상 인버터 회로의 두 종류로 분류할 수 있
고, 단상 인버터 회로는 직류를 단상 교류로 변환하는 구
성이며, 3상 인버터 회로는 직류를 3상 교류로 변환하는
구성이다. 인버터의 부하장치에는 3상 농형유도전동기
를 사용한다.

144 선간전압 E(V)의 3상 평형전원에 대칭 3
상 저항부하 R(Ω)이 그림과 같이 접속되
을 때 a, b 두 상간에 접속된 전력계의 지시
값이 W(W)라면 C상의 전류는?

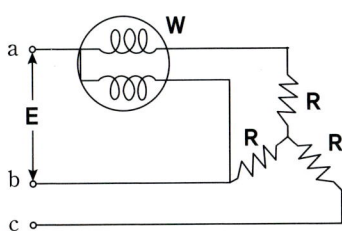

146 전기화재의 원인이 되는 누전전류를 검출하기 위해 사용되는 것은?

① 접지계전기
② 계기용변압기
③ 영상변류기
④ 과전류계전기

정답 ③

③ **영상변류기** : 전류 주위에 발생하는 자기장의 변화를 검출하여 지락을 검출하는 기기이다.
① **접지계전기** : 1선 지락, 2선 지락 등의 지락 고장이 발생했을 때 동작하는 계전기이다.
② **계기용변압기** : 전력용 변압기와 같이 2차측에 병렬로 배전반의 전압계, 전력계, 주파수계, 역률계, 표시 램프 등 부족 전압 트립 코일이 접속하게 연결하고 1차측과 2차측에 보호용 퓨즈를 설치하여 사용한다.
④ **과전류계전기** : 허용된 이상의 부하가 걸려서 과전류가 흐르게 되면 주회로를 차단하여 회로에 화재가 발생하는 것을 예방하는 계전기이다.

147 1cm의 간격을 둔 평행 왕복전선에 25A의 전류가 흐른다면 전선 사이에 작용하는 전자력은 몇 N/m이며, 이것은 어떤 힘인가?

① 2.5×10^{-2}, 반발력
② 2.5×10^{-2}, 흡인력
③ 1.25×10^{-2}, 반발력
④ 1.25×10^{-2}, 흡인력

정답 ③

평행 왕복전선 사이에 작용하는 힘 $F = \dfrac{\mu_0 I_1 I_2}{2\pi r}$(진공 중의 투자율 $\mu_0 = 4\pi \times 10^{-7}$, 왕복전류 $I_1 = 25A$, $I_2 = 25A$, 간격 $r = 0.01$)

전자력 $F = \dfrac{(4\pi \times 10^{-7}) \times 25 \times 25}{2\pi \times 0.01}$
$= 0.0125 = 1.25 \times 10^{-2} N/m$

평행한 왕복전선에 흐르는 전류는 서로 반대 방향으로 흐르기 때문에 반발력이 작용한다.

148 다음 중 측정기의 측정범위 확대를 위한 방법으로 틀린 것은?

① 전류의 측정범위 확대를 위하여 분류기를 사용하고, 전압의 측정범위 확대를 위하여 배율기를 사용한다.
② 측정기 내부의 저항을 R_v, 배율기 저항을 R_m라 할 때, 배율기의 배율은 $1 + \dfrac{R_m}{R_v}$로 표시된다.
③ 측정기 내부 저항을 R_a, 분류기 저항을 R_s라 할 때, 분류기의 배율은 $1 + \dfrac{R_a}{R_s}$로 표시된다.
④ 분류기는 계기에 직렬로, 배율기는 병렬로 접속한다.

정답 ④

분류기는 어느 전로의 전류를 측정하려는 경우에 전로의 전류가 전류계의 정격보다 큰 경우에는 전류계와 병렬로 다른 전로를 만들고, 전류를 분류하여 측정한다.
배율기는 전기회로에서 회로의 특정 부분에 필요 이상의 과전압이 걸리는 것을 막기 위해 넣은 저항으로, 과전압을 방지하고자 하는 부분에 큰 값의 저항을 직렬로 연결하여, 대부분의 전압이 이 직렬로 연결된 저항에 걸리게 한다.

149 교류에서 파형의 개략적인 모습을 알기 위해 사용하는 파고율과 파형율에 대한 설명으로 옳은 것은?

① 파고율 $=\dfrac{최댓값}{평균값}$, 파형율 $=\dfrac{평균값}{실효값}$

② 파고율 $=\dfrac{최댓값}{실효값}$, 파형율 $=\dfrac{실효값}{평균값}$

③ 파고율 $=\dfrac{실효값}{최댓값}$, 파형율 $=\dfrac{평균값}{실효값}$

④ 파고율 $=\dfrac{실효값}{평균값}$, 파형율 $=\dfrac{평균값}{실효값}$

정답 ②

핵심 포인트

파고율과 파형율

1. **파고율** : 교류 파형의 최댓값을 실효값으로 나눈 값으로, 각종 파형의 날카로움의 정도를 나타내기 위한 것이다.
2. **파형율** : 교번파형의 실효값을 평균값으로 나눈 값이다.

150 단상변압기 3대를 △결선하여 부하에 전력을 공급하고 있는 중 변압기 1대가 고장 나서 V결선으로 바꾼 경우에 고장 전과 비교하여 몇 % 출력을 낼 수 있는가?

① 47.7%

② 57.7%

③ 67.7%

④ 77.7%

정답 ②

V결선은 △결선의 1상을 제거한 결선법으로

이용률 $\alpha = \dfrac{V결선의\ 출력}{2대의\ 정격용량} = \dfrac{\sqrt{3}\,EI}{2EI} \times 100 = 86.6\%$

출력비 $\beta = \dfrac{V결선의\ 출력}{\triangle결선의\ 출력} = \dfrac{\sqrt{3}\,EI}{3EI} \times 100$
$= 57.7\%$

PART 1

과목별 예상문제

3과목　소방관계법규

01 다음 중 소방기본법령에 따라 화재가 발생한 때 발령하는 소방신호는?

① 경계신호
② 발화신호
③ 해제신호
④ 훈련신호

 정답 ②

┌─────────────────────────────────┐
⊕　　　**핵심 포인트**　　　⊕

소방신호의 종류 및 방법(규칙 제10조 제1항)

1. **경계신호** : 화재예방상 필요하다고 인정되거나 화재위험경보시 발령
2. **발화신호** : 화재가 발생한 때 발령
3. **해제신호** : 소화활동이 필요없다고 인정되는 때 발령
4. **훈련신호** : 훈련상 필요하다고 인정되는 때 발령
└─────────────────────────────────┘

02 소방시설공사업법령상 소방시설업의 등록을 하지 아니하고 영업을 한 자에 대한 벌칙기준으로 옳은 것은?

① 3년 이하의 징역 또는 3천만원 이하의 벌금
② 1년 이하의 징역 또는 1천만원 이하의 벌금
③ 5백만원 이하의 벌금
④ 1백만원 이하의 벌금

정답 ①

3년 이하의 징역 또는 3천만원 이하의 벌금(법 제35조)
1. 소방시설업 등록을 하지 아니하고 영업을 한 자
2. 부정한 청탁을 받고 재물 또는 재산상의 이익을 취득하거나 부정한 청탁을 하면서 재물 또는 재산상의 이익을 제공한 자

03 위험물안전관리법령상 유별을 달리하는 위험물을 혼재하여 저장할 수 있는 것으로 짝지어진 것은?

① 제1류 – 제4류
② 제2류 – 제6류
③ 제3류 – 제4류
④ 제5류 – 제3류

 정답 ③

┌─────────────────────────────────┐
⊕　　　**핵심 포인트**　　　⊕

위험물의 혼재가능 구분

1. **제1류** : 제6류
2. **제2류** : 제4류, 제5류
3. **제3류** : 제4류
4. **제4류** : 제2류, 제3류
5. **제5류** : 제2류, 제4류
6. **제6류** : 제1류
└─────────────────────────────────┘

04 화재 및 안전관리에 관한 법령상 공동 소방안전관리자를 선임하여야 하는 특정소방대상물 중 복합건축물은 지하층을 제외한 층수가 최소 연면적 몇 m² 이상인 건축물만 해당되는가?

① 1만m²

② 2만m²

③ 3만m²

④ 5만m²

③

다음의 어느 하나에 해당하는 특정소방대상물로서 그 관리의 권원이 분리되어 있는 특정소방대상물의 경우 그 관리의 권원별 관계인은 소방안전관리자를 선임하여야 한다(법 제35조 제1항).

1. 복합건축물(지하층을 제외한 층수가 11층 이상 또는 연면적 3만m² 이상인 건축물)
2. 지하가(지하의 인공구조물 안에 설치된 상점 및 사무실, 그 밖에 이와 비슷한 시설이 연속하여 지하도에 접하여 설치된 것과 그 지하도를 합한 것을 말한다)
3. 그 밖에 대통령령으로 정하는 특정소방대상물

05 소방시설공사업법령상 소방시설업에 대한 행정처분기준에서 1차 행정처분 사항으로 등록취소에 해당하는 것은?

① 영업정지 기간 중에 소방시설공사 등을 한 경우

② 등록기준에 미달하게 된 후 30일이 경과한 경우

③ 화재안전기준 등에 적합하게 설계·시공을 하지 아니하거나, 적합하게 감리를 하지 아니한 경우

④ 등록을 한 후 정당한 사유 없이 1년이 지날 때까지 영업을 시작하지 아니하거나 계속하여 1년 이상 휴업한 경우

정답 ①

핵심 포인트

1차 행정처분 등록취소인 경우(규칙 별표 1)

1. 거짓이나 그 밖의 부정한 방법으로 등록한 경우
2. 등록 결격사유에 해당하게 된 경우
3. 영업정지 기간 중에 소방시설공사 등을 한 경우

06 소방시설공사업법령상 소방시설업 등록의 결격사유에 해당되지 않는 법인은?

① 법인의 대표자가 피성년후견인인 경우

② 법인의 임원이 등록하려는 소방시설업 등록이 취소된 날부터 2년이 지나지 아니한 자인 경우

③ 법인의 대표자가 소방시설업 등록이 취소된 지 2년이 지나지 아니한 자인 경우

④ 법인의 임원이 소방시설업 등록이 취소된 지 5년이 지나지 아니한 자인 경우

정답 ④

핵심 포인트

소방시설업 등록의 결격사유(법 제5조)

1. 피성년후견인
2. 이 법, 관련법에 따른 금고 이상의 실형을 선고받고 그 집행이 끝나거나(집행이 끝난 것으로 보는 경우를 포함한다) 면제된 날부터 2년이 지나지 아니한 사람
3. 이 법, 관련법에 따른 금고 이상의 형의 집행유예를 선고받고 그 유예기간 중에 있는 사람
4. 등록하려는 소방시설업 등록이 취소(1.에 해당하여 등록이 취소된 경우는 제외한다)된 날부터 2년이 지나지 아니한 자
5. 법인의 대표자가 1. 또는 2.부터 4.까지에 해당하는 경우 그 법인
6. 법인의 임원이 2.부터 4.까지의 규정에 해당하는 경우 그 법인

07 위험물안전관리법령상 위험물 및 지정수량에 대한 기준 중 다음 ( ) 안에 알맞은 것은?

- 황은 순도가 (㉠)중량퍼센트 이상인 것을 말하며, 순도측정을 하는 경우 불순물은 활석 등 불연성물질과 수분으로 한정한다.
- 철분이라 함은 철의 분말로서 53마이크로미터의 표준체를 통과하는 것이 (㉡)중량퍼센트 미만인 것은 제외한다.
- 금속분이라 함은 알칼리금속·알칼리토류금속·철 및 마그네슘 외의 금속의 분말을 말하고, 구리분·니켈분 및 150마이크로미터의 체를 통과하는 것이 (㉢)중량퍼센트 미만인 것은 제외한다.

---

① ㉠ 50, ㉡ 50, ㉢ 50
② ㉠ 60, ㉡ 50, ㉢ 50
③ ㉠ 70, ㉡ 50, ㉢ 50
④ ㉠ 80, ㉡ 60, ㉢ 70

정답 ②

핵심 포인트

위험물 및 지정수량(영 별표 1)

1. 황은 순도가 60중량퍼센트 이상인 것을 말하며, 순도측정을 하는 경우 불순물은 활석 등 불연성 물질과 수분으로 한정한다.
2. 철분은 철의 분말로서 53마이크로미터의 표준체를 통과하는 것이 50중량퍼센트 미만인 것은 제외한다.
3. 금속분은 알칼리금속·알칼리토류금속·철 및 마그네슘 외의 금속의 분말을 말하고, 구리분·니켈분 및 150마이크로미터의 체를 통과하는 것이 50중량퍼센트 미만인 것은 제외한다.

08 소방시설공사업법령상 전문 소방시설공사업의 등록기준 및 영업범위의 기준에 대한 설명으로 틀린 것은?

① 법인인 경우 자본금은 최소 1억원 이상이다.
② 주된 기술인력은 소방기술사 또는 기계분야와 전기분야의 소방설비기사 각 1명(기계분야 및 전기분야의 자격을 함께 취득한 사람 1명) 이상이다.
③ 영업범위는 특정소방대상물에 설치되는 기계분야 및 전기분야 소방시설의 공사·개설·이전 및 정비이다.
④ 보조기술인력은 최소 3명 이상을 둔다.

정답 ④

핵심 포인트

전문 소방시설공사업의 등록기준 및 영업범위의 기준(영 별표 1)

항목 \ 업종별	전문 소방시설 공사업
기술인력	가. **주된 기술인력** : 소방기술사 또는 기계분야와 전기분야의 소방설비기사 각 1명(기계분야 및 전기분야의 자격을 함께 취득한 사람 1명) 이상 나. **보조기술인력** : 2명 이상
자본금 (자산평가액)	가. **법인** : 1억원 이상 나. **개인** : 자산평가액 1억원 이상
영업범위	특정소방대상물에 설치되는 기계분야 및 전기분야 소방시설의 공사·개설·이전 및 정비

PART 1

과목별 예상문제

09 소방시설 설치 및 관리에 관한 법령상 용어의 정의 중 공통적으로 ( ) 안에 알맞은 것은?

> **용어의 정의**
>
> 1. 소방시설 : 소화설비, 경보설비, 피난구조설비, 소화용수설비, 그 밖에 소화활동설비로서 ( )으로 정하는 것을 말한다.
> 2. 소방시설 등 : 소방시설과 비상구, 그 밖에 소방 관련 시설로서 ( )으로 정하는 것을 말한다.
> 3. 특정소방대상물 : 건축물 등의 규모ㆍ용도 및 수용인원 등을 고려하여 소방시설을 설치하여야 하는 소방대상물로서 ( )으로 정하는 것을 말한다.

① 행정안전부령
② 국토교통부령
③ 대통령령
④ 시ㆍ도 조례

정답 ③

핵심 포인트

용어의 정의(법 제2조)

1. **소방시설** : 소화설비, 경보설비, 피난구조설비, 소화용수설비, 그 밖에 소화활동설비로서 대통령령으로 정하는 것을 말한다.
2. **소방시설 등** : 소방시설과 비상구, 그 밖에 소방 관련 시설로서 대통령령으로 정하는 것을 말한다.
3. **특정소방대상물** : 건축물 등의 규모ㆍ용도 및 수용인원 등을 고려하여 소방시설을 설치하여야 하는 소방대상물로서 대통령령으로 정하는 것을 말한다.

10 화재의 예방 및 안전관리에 관한 법령상 위험물 또는 옮긴 물건 등의 보관기간 및 보관기간 경과 후 처리에 관한 내용으로 틀린 것은?

① 소방관서장은 옮긴 물건 등을 보관하는 경우에는 그날부터 30일 동안 해당 소방관서의 인터넷 홈페이지에 그 사실을 공고해야 한다.
② 옮긴 물건 등의 보관기간은 공고기간의 종료일 다음 날부터 7일까지로 한다.
③ 소방관서장은 보관기간이 종료된 때에는 보관하고 있는 옮긴 물건 등을 매각해야 한다.
④ 소방관서장은 보관하던 옮긴 물건 등을 매각한 경우에는 지체 없이 「국가재정법」에 따라 세입조치를 해야 한다.

정답

소방관서장은 옮긴 물건 등을 보관하는 경우에는 그날부터 14일 동안 해당 소방관서의 인터넷 홈페이지에 그 사실을 공고해야 한다(영 제17조 제1항).

11 소방시설공사업법령에 따른 완공검사를 위한 현장확인 대상 특정소방대상물의 범위 기준으로 틀린 것은?

① 연면적 1만m² 이상이거나 11층 이상인 특정소방대상물(아파트는 제외)
② 스프링클러설비 등의 소화설비가 설치되는 특정소방대상물
③ 호스릴방식의 소화설비가 설치되는 특정소방대상물
④ 문화 및 집회시설

③

완공검사를 위한 현장확인 대상 특정소방대상물의 범위
(영 제5조)

1. 문화 및 집회시설, 종교시설, 판매시설, 노유자시설, 수
   련시설, 운동시설, 숙박시설, 창고시설, 지하상가 및 다
   중이용업소

2. 다음의 어느 하나에 해당하는 설비가 설치되는 특정
   소방대상물
   ㉠ 스프링클러설비 등
   ㉡ 물분무등소화설비(호스릴 방식의 소화설비는 제외
      한다)

3. 연면적 1만m² 이상이거나 11층 이상인 특정소방대
   상물(아파트는 제외한다)

4. 가연성가스를 제조 · 저장 또는 취급하는 시설 중 지
   상에 노출된 가연성 가스탱크의 저장용량 합계가 1천
   톤 이상인 시설

---

12 소방기본법의 정의상 관계지역에 관한 내용
이다. ( ) 안에 들어갈 내용이 아닌 것은?

> 관계지역 : 소방대상물이 있는 장소 및
> 그 이웃 지역으로서 화재의 ( ) · ( )
> · ( ), ( ) · ( ) 등의 활동에 필요
> 한 지역을 말한다.

① 구출
② 예방
③ 경계
④ 구급

 ①

관계지역 : 소방대상물이 있는 장소 및 그 이웃 지역으
로서 화재의 예방 · 경계 · 진압, 구조 · 구급 등의 활동에
필요한 지역을 말한다(법 제2조 제2호).

---

13 화재의 예방 및 안전관리에 관한 법령상 특
수가연물의 저장 및 취급기준이 아닌 것은?
(단, 석탄 · 목탄류를 발전용으로 저장하는
경우는 제외)

① 쌓는 부분의 바닥면적은 200m² 이하가
   되도록 한다.

② 쌓는 높이는 15m 이하가 되도록 한다.

③ 쌓는 부분의 바닥면적 사이는 1.0m 이상
   이 되도록 한다.

④ 실외에 쌓아 저장하는 경우 쌓는 부분이
   대지경계선, 도로 및 인접 건축물과 최소
   6m 이상 간격을 두어야 한다.

 ③

특수가연물의 저장 · 취급 기준 : 특수가연물은 다음의
기준에 따라 쌓아 저장해야 한다. 다만, 석탄 · 목탄류를
발전용으로 저장하는 경우는 제외한다(영 별표 3).

1. 품명별로 구분하여 쌓을 것
2. 다음의 기준에 맞게 쌓을 것

구분	살수설비를 설치하거나 방사능력 범위에 해당 특수가연물이 포함되도록 대형수동식소화기를 설치하는 경우	그 밖의 경우
높이	15m 이하	10m 이하
쌓는 부분의 바닥면적	200m²(석탄 · 목탄류의 경우에는 300m²) 이하	50m²(석탄 · 목탄류의 경우에는 200m²) 이하

3. 실외에 쌓아 저장하는 경우 쌓는 부분이 대지경계선,
   도로 및 인접 건축물과 최소 6m 이상 간격을 둘 것.
   다만, 쌓는 높이보다 0.9m 이상 높은 내화구조 벽체
   를 설치한 경우는 그렇지 않다.

4. 실내에 쌓아 저장하는 경우 주요구조부는 내화구조이
   면서 불연재료여야 하고, 다른 종류의 특수가연물과
   같은 공간에 보관하지 않을 것(다만, 내화구조의 벽으
   로 분리하는 경우는 그렇지 않다.)

5. 쌓는 부분 바닥면적의 사이는 실내의 경우 1.2m 또
   는 쌓는 높이의 1/2 중 큰 값 이상으로 간격을 두어야
   하며, 실외의 경우 3m 또는 쌓는 높이 중 큰 값 이상
   으로 간격을 둘 것

14 소방시설 설치 및 관리에 관한 법령상 건축허가 등의 동의대상물의 범위로 틀린 것은?

① 층수가 6층 이상인 건축물

② 승강기 등 기계장치에 의한 주차시설로서 자동차 20대 이상을 주차할 수 있는 시설

③ 연면적이 100m² 이상인 건축등을 하려는 학교시설

④ 지하층 또는 무창층이 있는 건축물로서 바닥면적이 50m² 이상인 층이 있는 것

정답 ④

건축허가 등의 동의대상물의 범위(영 제7조 제1항)

1. 연면적이 400m² 이상인 건축물이나 시설(다만, 다음의 어느 하나에 해당하는 건축물이나 시설은 해당 목에서 정한 기준 이상인 건축물이나 시설로 한다.)
 ㉠ 건축 등을 하려는 학교시설 : **100m²**
 ㉡ 특정소방대상물 중 노유자 시설 및 수련시설 : **200m²**
 ㉢ 정신의료기관(입원실이 없는 정신건강의학과 의원은 제외한다) : **300m²**
 ㉣ 장애인 의료재활시설 : **300m²**
2. 지하층 또는 무창층이 있는 건축물로서 바닥면적이 150m²(공연장의 경우에는 100m²) 이상인 층이 있는 것
3. 차고 · 주차장 또는 주차 용도로 사용되는 시설로서 다음의 어느 하나에 해당하는 것
 ㉠ 차고 · 주차장으로 사용되는 바닥면적이 200m² 이상인 층이 있는 건축물이나 주차시설
 ㉡ 승강기 등 기계장치에 의한 주차시설로서 자동차 20대 이상을 주차할 수 있는 시설
4. 층수가 6층 이상인 건축물
5. 항공기 격납고, 관망탑, 항공관제탑, 방송용 송수신탑
6. 특정소방대상물 중 의원(입원실이 있는 것으로 한정한다) · 조산원 · 산후조리원, 위험물 저장 및 처리 시설, 발전시설 중 풍력발전소 · 전기저장시설, 지하구
7. 노유자 시설 중 다음의 어느 하나에 해당하는 시설(다만, 단독주택 또는 공동주택에 설치되는 시설은 제외한다.)
 ㉠ 노인 관련 시설 중 노인주거복지시설, 노인의료복지시설 및 재가노인복지시설, 학대피해노인 전용쉼터
 ㉡ 아동복지시설(아동상담소, 아동전용시설 및 지역아동센터는 제외한다)
 ㉢ 장애인 거주시설

㉣ 정신질환자 관련 시설(공동생활가정을 제외한 재활훈련시설과 종합시설 중 24시간 주거를 제공하지 않는 시설은 제외한다)
㉤ 노숙인 관련 시설 중 노숙인자활시설, 노숙인재활시설 및 노숙인요양시설
㉥ 결핵환자나 한센인이 24시간 생활하는 노유자 시설
8. 요양병원(다만, 의료재활시설은 제외한다.)
9. 특정소방대상물 중 공장 또는 창고시설로서 수량의 750배 이상의 특수가연물을 저장 · 취급하는 것
10. 가스시설로서 지상에 노출된 탱크의 저장용량의 합계가 100톤 이상인 것

15 소방기본법령상 소방신호의 방법으로 틀린 것은?

① 싸이렌에 의한 훈련신호는 10초 간격을 두고 1분씩 3회

② 타종에 의한 발화신호는 난타

③ 타종에 의한 해제신호는 5초 간격을 두고 5초씩 3회

④ 타종에 의한 경계신호는 1타와 연2타를 반복

정답 ③

핵심 포인트

소방신호의 방법(규칙 별표 4)

신호방법 종별	타종신호	싸이렌신호
경계신호	1타와 연2타를 반복	5초 간격을 두고 30초씩 3회
발화신호	난타	5초 간격을 두고 5초씩 3회
해제신호	상당한 간격을 두고 1타씩 반복	1분간 1회
훈련신호	연3타반복	10초 간격을 두고 1분씩 3회

16 소방시설 설치 및 관리에 관한 법령상 소방용품 중 소화용으로 사용하는 제품 또는 기기에 해당하는 것은?

① 피난사다리
② 방염제
③ 포소화설비
④ 스프링클러

정답 ②

핵심 포인트

소화용으로 사용하는 제품 또는 기기(영 별표 3)

1. 소화약제
2. 방염제(방염액 · 방염도료 및 방염성물질을 말한다)

---

17 소방시설 설치 및 관리에 관한 법령상 관리업의 등록을 하지 아니하고 영업을 한 자에 대한 벌칙 기준은?

① 3년 이하의 징역 또는 3,000만원 이하의 벌금
② 2년 이하의 징역 또는 2,000만원 이하의 벌금
③ 1년 이하의 징역 또는 1,000만원 이하의 벌금
④ 500만원 이하의 벌금

정답 ①

3년 이하의 징역 또는 3천만원 이하의 벌금(법 제58조)
1. 명령을 정당한 사유 없이 위반한 자
2. 관리업의 등록을 하지 아니하고 영업을 한 자
3. 소방용품의 형식승인을 받지 아니하고 소방용품을 제조하거나 수입한 자 또는 거짓이나 그 밖의 부정한 방법으로 형식승인을 받은 자

4. 제품검사를 받지 아니한 자 또는 거짓이나 그 밖의 부정한 방법으로 제품검사를 받은 자
5. 형식승인을 받지 아니하거나 형상을 임의로 변경한 것. 제품검사를 받지 아니하거나 합격표시를 하지 아니한 소방용품을 판매 · 진열하거나 소방시설공사에 사용한 자
6. 거짓이나 그 밖의 부정한 방법으로 성능인증 또는 제품검사를 받은 자
7. 제품검사를 받지 아니하거나 합격표시를 하지 아니한 소방용품을 판매 · 진열하거나 소방시설 공사에 사용한 자
8. 구매자에게 명령을 받은 사실을 알리지 아니하거나 필요한 조치를 하지 아니한 자
9. 거짓이나 그 밖의 부정한 방법으로 전문기관으로 지정을 받은 자

---

18 소방시설 설치 및 관리에 관한 법령상 소방시설이 아닌 것은?

① 소화활동설비
② 소화용수설비
③ 피난구조설비
④ 방화설비

정답 ④

소방시설(영 별표 1) : 소화설비, 경보설비, 피난구조설비, 소화용수설비, 소화활동설비

19 소방시설 설치 및 관리에 관한 법령상 주택의 소유자가 소방시설을 설치하여야 하는 대상이 아닌 것은?

① 기숙사

② 다중주택

③ 다세대주택

④ 연립주택

 정답 ①

주택의 소유자가 소방시설을 설치하여야 하는 대상(법 제10조 제1항)

1. **단독주택** : 단독주택, 다중주택, 다가구주택, 공관
2. **공동주택** : 연립주택, 다세대주택(아파트, 기숙사는 제외한다.)

20 화재의 예방 및 안전관리에 관한 법률상 시 · 도지사가 화재예방강화지구로 지정할 수 있는 지역이 아닌 것은?

① 노후 · 불량건축물이 밀집한 지역

② 아파트 밀집지역

③ 산업단지

④ 소방시설 · 소방용수시설 또는 소방출동로가 없는 지역

 정답 ②

시 · 도지사는 다음의 어느 하나에 해당하는 지역을 화재예방강화지구로 지정하여 관리할 수 있다(법 제18조 제1항).

1. 시장지역
2. 공장 · 창고가 밀집한 지역
3. 목조건물이 밀집한 지역
4. 노후 · 불량건축물이 밀집한 지역
5. 위험물의 저장 및 처리 시설이 밀집한 지역
6. 석유화학제품을 생산하는 공장이 있는 지역
7. 산업단지

8. 소방시설 · 소방용수시설 또는 소방출동로가 없는 지역
9. 물류단지
10. 그 밖에 1.부터 9.까지에 준하는 지역으로서 소방관서장이 화재예방강화지구로 지정할 필요가 있다고 인정하는 지역

21 화재의 예방 및 안전관리에 관한 법령상 화재안전조사를 실시할 수 있는 경우가 아닌 것은?

① 자체점검이 불성실하거나 불완전하다고 인정되는 경우

② 화재예방강화지구 등 법령에서 화재안전조사를 하도록 규정되어 있는 경우

③ 화재예방안전진단이 불성실하거나 불완전하다고 인정되는 경우

④ 화재가 발생할 우려가 있는 경우

 정답 ④

소방관서장은 다음의 어느 하나에 해당하는 경우 화재안전조사를 실시할 수 있다. 다만, 개인의 주거(실제 주거용도로 사용되는 경우에 한정한다)에 대한 화재안전조사는 관계인의 승낙이 있거나 화재발생의 우려가 뚜렷하여 긴급한 필요가 있는 때에 한정한다(법 제7조 제1항).

1. 자체점검이 불성실하거나 불완전하다고 인정되는 경우
2. 화재예방강화지구 등 법령에서 화재안전조사를 하도록 규정되어 있는 경우
3. 화재예방안전진단이 불성실하거나 불완전하다고 인정되는 경우
4. 국가적 행사 등 주요 행사가 개최되는 장소 및 그 주변의 관계 지역에 대하여 소방안전관리 실태를 조사할 필요가 있는 경우
5. 화재가 자주 발생하였거나 발생할 우려가 뚜렷한 곳에 대한 조사가 필요한 경우
6. 재난예측정보, 기상예보 등을 분석한 결과 소방대상물에 화재의 발생 위험이 크다고 판단되는 경우

22 소방시설공사업법령에 따른 소방시설업 등록이 가능하지 않는 사람은?

① 피성년후견인
② 위험물안전관리법에 따른 금고 이상의 형의 집행유예를 선고받고 그 유예기간이 지난 사람
③ 등록하려는 소방시설업 등록이 취소된 날부터 5년이 지난 사람
④ 소방기본법에 따른 금고 이상의 실형을 선고받고 그 집행이 면제된 날부터 3년이 지난 사람

정답 ①

핵심 포인트

소방시설관리업 결격사유(법 제30조)

1. 피성년후견인
2. 이 법 등을 위반하여 금고 이상의 실형을 선고받고 그 집행이 끝나거나(집행이 끝난 것으로 보는 경우를 포함한다) 집행이 면제된 날부터 2년이 지나지 아니한 사람
3. 이 법 등을 위반하여 금고 이상의 형의 집행유예를 선고받고 그 유예기간 중에 있는 사람
4. 관리업의 등록이 취소(1.에 해당하여 등록이 취소된 경우는 제외한다)된 날부터 2년이 지나지 아니한 자
5. 임원 중에 1.부터 4.까지의 어느 하나에 해당하는 사람이 있는 법인

23 소방기본법상 소방본부장의 업무에 속하지 않는 자는?

① 화재의 예방
② 화재조사
③ 화재의 진압
④ 소방교육

정답 ④

소방본부장 : 특별시 · 광역시 · 특별자치시 · 도 또는 특별자치도(시 · 도)에서 화재의 예방 · 경계 · 진압 · 조사 및 구조 · 구급 등의 업무를 담당하는 부서의 장을 말한다(법 제2조 제4호).

24 소방시설 설치 및 관리에 관한 법률상 소방본부장 또는 소방서장은 건축허가 등의 동의 요구 서류를 접수한 날부터 최대 며칠 이내에 건축허가 등의 동의 여부를 회신하여야 하는가? (단, 허가 신청한 건축물은 지상으로부터 높이가 200m인 아파트이다.)

① 5일
② 10일
③ 15일
④ 30일

정답 ①

동의 요구를 받은 소방본부장 또는 소방서장은 건축허가 등의 동의 요구서류를 접수한 날부터 5일(허가를 신청한 건축물 등이 특급 소방안전관리대상물(50층 이상이거나 지상으로부터 높이가 300m 이상인 아파트)의 어느 하나에 해당하는 경우에는 10일) 이내에 건축허가 등의 동의 여부를 회신해야 한다(규칙 제3조 제3항).

25 소방시설 설치 및 안전관리에 관한 법령상 화재안전기준에 따라 소화기구를 설치해야 하는 특정소방대상물이 아닌 것은?

① 전기저장시설

② 국가유산

③ 지하구

④ 일반음식점

정답 ④

화재안전기준에 따라 소화기구를 설치해야 하는 특정소방대상물은 다음의 어느 하나에 해당하는 것으로 한다 (영 별표 4).

1. 연면적 33m² 이상인 것(다만, 노유자 시설의 경우에는 투척용 소화용구 등을 화재안전기준에 따라 산정된 소화기 수량의 2분의 1 이상으로 설치할 수 있다.)
2. 1.에 해당하지 않는 시설로서 가스시설, 발전시설 중 전기저장시설 및 국가유산
3. 터널
4. 지하구

26 소방시설 설치 및 관리에 관한 법령상 성능위주설계를 할 수 있는 자의 설계범위 기준 중 틀린 것은?

① 50층 이상(지하층 제외)이거나 지상으로부터 높이가 200m 이상인 아파트 등

② 연면적 100,000m² 이하인 특정소방대상물 (아파트 등 제외)

③ 지하연계 복합건축물에 해당하는 특정소방대상물

④ 창고시설 중 연면적 10만m² 이상인 것

정답 ②

성능위주설계를 해야 하는 특정소방대상물의 범위(영 제9조)

1. 연면적 20만m² 이상인 특정소방대상물(다만, 아파트 등은 제외한다.)
2. 50층 이상(지하층은 제외한다)이거나 지상으로부터 높이가 200m 이상인 아파트 등
3. 30층 이상(지하층을 포함한다)이거나 지상으로부터 높이가 120m 이상인 특정소방대상물(아파트 등은 제외한다)
4. 연면적 3만m² 이상인 특정소방대상물로서 다음의 어느 하나에 해당하는 특정소방대상물
   ㉠ 철도 및 도시철도 시설
   ㉡ 공항시설
5. 창고시설 중 연면적 10만m² 이상인 것 또는 지하층의 층수가 2개 층 이상이고 지하층의 바닥면적의 합계가 3만m² 이상인 것
6. 하나의 건축물에 영화상영관이 10개 이상인 특정소방대상물
7. 지하연계 복합건축물에 해당하는 특정소방대상물
8. 터널 중 수저(水底)터널 또는 길이가 5천m 이상인 것

27 소방기본법령상 소방본부 종합상황실 실장이 소방청의 종합상황실에 서면·팩스 또는 컴퓨터통신 등으로 보고하여야 하는 화재의 기준 중 틀린 것은?

① 사망자가 5인 이상 발생하거나 사상자가 10인 이상 발생한 화재

② 지하구의 화재

③ 가스 및 화약류의 폭발에 의한 화재

④ 연면적 500m² 이상인 공장 또는 화재경계지구에서 발생한 화재

정답 ④

종합상황실의 실장은 다음의 어느 하나에 해당하는 상황이 발생하는 때에는 그 사실을 지체 없이 서면·팩스 또는 컴퓨터통신 등으로 소방서의 종합상황실의 경우는 소방본부의 종합상황실에, 소방본부의 종합상황실의 경우는 소방청의 종합상황실에 각각 보고해야 한다(규칙 제3조 제2항).

1. 사망자가 5인 이상 발생하거나 사상자가 10인 이상 발생한 화재

2. 이재민이 100인 이상 발생한 화재

3. 재산피해액이 50억원 이상 발생한 화재

4. 관공서 · 학교 · 정부미도정공장 · 문화재 · 지하철 또는 지하구의 화재

5. 관광호텔, 층수가 11층 이상인 건축물, 지하상가, 시장, 백화점, 지정수량의 3천배 이상의 위험물의 제조소 · 저장소 · 취급소, 층수가 5층 이상이거나 객실이 30실 이상인 숙박시설, 층수가 5층 이상이거나 병상이 30개 이상인 종합병원 · 정신병원 · 한방병원 · 요양소, 연면적 1만5천m² 이상인 공장 또는 화재경계지구에서 발생한 화재

6. 철도차량, 항구에 매어둔 총 톤수가 1천톤 이상인 선박, 항공기, 발전소 또는 변전소에서 발생한 화재

7. 가스 및 화약류의 폭발에 의한 화재

8. 다중이용업소의 화재

9. 통제단장의 현장지휘가 필요한 재난상황

10. 언론에 보도된 재난상황

11. 그 밖에 소방청장이 정하는 재난상황

28 소방시설공사업법령상 소방시설공사 완공검사를 위한 현장확인 대상 특정소방대상물의 범위가 아닌 것은?

① 종교시설

② 노유자시설

③ 문화 및 집회시설

④ 위락시설

 ④

완공검사를 위한 현장확인 대상 특정소방대상물의 범위 (영 제5조)

1. 문화 및 집회시설, 종교시설, 판매시설, 노유자시설, 수련시설, 운동시설, 숙박시설, 창고시설, 지하상가 및 다중이용업소

2. 다음의 어느 하나에 해당하는 설비가 설치되는 특정소방대상물
   ㉠ 스프링클러설비 등
   ㉡ 물분무등소화설비(호스릴 방식의 소화설비는 제외한다)

3. 연면적 1만m² 이상이거나 11층 이상인 특정소방대상물(아파트는 제외한다)

4. 가연성 가스를 제조 · 저장 또는 취급하는 시설 중 지상에 노출된 가연성 가스탱크의 저장용량 합계가 1천톤 이상인 시설

29 위험물안전관리법령상 제조소의 기준에 따라 건축물의 외벽 또는 이에 상당하는 공작물의 외측으로부터 제조소의 외벽 또는 이에 상당하는 공작물의 외측까지의 안전거리 기준으로 틀린 것은? (단, 제6류 위험물을 취급하는 제조소를 제외하고, 건축물에 불연재료로 된 방화상 유효한 담 또는 벽을 설치하지 않은 경우이다.)

① 허가를 받거나 신고를 하여야 하는 고압가스저장시설에 있어서는 20m 이상

② 문화재보호법에 의한 유형문화재와 기념물 중 지정문화재에 있어서는 30m 이상

③ 사용전압이 7,000V 초과 35,000V 이하의 특고압가공전선에 있어서는 3m 이상

④ 병원급 의료기관에 있어서는 30m 이상

 ②

안전거리(규칙 별표 4) : 제조소(제6류 위험물을 취급하는 제조소를 제외한다)는 다음의 규정에 의한 건축물의 외벽 또는 이에 상당하는 공작물의 외측으로부터 당해 제조소의 외벽 또는 이에 상당하는 공작물의 외측까지의 사이에 다음 규정에 의한 수평거리를 두어야 한다.

1. 학교 · 병원 · 극장, 유형문화재와 기념물, 고압가스, 액화석유가스 또는 도시가스 외의 건축물 그 밖의 공작물로서 주거용으로 사용되는 것(제조소가 설치된 부지 내에 있는 것을 제외한다)에 있어서는 10m 이상

2. 학교 · 병원 · 극장 그 밖에 다수인을 수용하는 시설로서 다음에 해당하는 것에 있어서는 30m 이상 : 학교, 병원급 의료기관, 공연장, 영화상영관 및 그 밖에 이와 유사한 시설로서 3백명 이상의 인원을 수용할 수 있는 것, 아동복지시설, 노인복지시설, 장애인복지시설, 한부모가족복지시설, 어린이집, 성매매피해자등을 위한 지원시설, 정신건강증진시설, 보호시설 및 그 밖에

이와 유사한 시설로서 20명 이상의 인원을 수용할 수 있는 것
3. 유형문화재와 기념물 중 지정문화재에 있어서는 50m 이상
4. 고압가스, 액화석유가스 또는 도시가스를 저장 또는 취급하는 시설로서 다음에 해당하는 것에 있어서는 20m 이상(다만, 당해 시설의 배관 중 제조소가 설치된 부지 내에 있는 것은 제외한다.)
　ⓐ 허가를 받거나 신고를 하여야 하는 고압가스제조시설(용기에 충전하는 것을 포함한다) 또는 고압가스 사용시설로서 1일 30m² 이상의 용적을 취급하는 시설이 있는 것
　ⓑ 허가를 받거나 신고를 하여야 하는 고압가스저장시설
　ⓒ 허가를 받거나 신고를 하여야 하는 액화산소를 소비하는 시설
　ⓓ 허가를 받아야 하는 액화석유가스제조시설 및 액화석유가스저장시설
　ⓔ 가스공급시설
5. 사용전압이 7,000V 초과 35,000V 이하의 특고압가공전선에 있어서는 3m 이상
6. 사용전압이 35,000V를 초과하는 특고압가공전선에 있어서는 5m 이상

4. 교육연구시설 중 합숙소
5. 노유자 시설
6. 숙박이 가능한 수련시설
7. 숙박시설
8. 방송통신시설 중 방송국 및 촬영소
9. 다중이용업의 영업소
10. 1.부터 9.까지의 시설에 해당하지 않는 것으로서 층수가 11층 이상인 것(아파트등은 제외한다)

30 소방시설 설치 및 관리에 관한 법률상 방염성능기준 이상의 실내 장식물 등을 설치해야 하는 특정소방대상물이 아닌 것은?
① 다중이용업의 영업소
② 의료시설
③ 건축물 옥내에 있는 문화 및 집회시설
④ 11층 이상인 아파트

정답 ④
방염성능기준 이상의 실내장식물 등을 설치해야 하는 특정소방대상물(영 제30조)
1. 근린생활시설 중 의원, 조산원, 산후조리원, 체력단련장, 공연장 및 종교집회장
2. 건축물의 옥내에 있는 다음의 시설 : 문화 및 집회시설, 종교시설, 운동시설(수영장은 제외한다)
3. 의료시설

31 화재의 예방 및 안전관리에 관한 법령상 소방안전관리자에 대한 실무교육을 실시하는 자는?
① 소방청장
② 소방본부장
③ 소방서장
④ 시·도지사

정답 ①
소방안전관리자가 되려고 하는 사람 또는 소방안전관리자(소방안전관리보조자를 포함한다)로 선임된 사람은 소방안전관리업무에 관한 능력의 습득 또는 향상을 위하여 행정안전부령으로 정하는 바에 따라 소방청장이 실시하는 강습교육 또는 실무교육을 받아야 한다(법 제34조 제1항).

32 소방기본법령상 소방활동구역의 출입자에 해당되지 않는 자는?
① 화재건물과 관련 있는 부동산업자
② 수사업무에 종사하는 사람
③ 소방활동구역 안에 있는 소방대상물의 소유자·관리자 또는 점유자
④ 소방대장이 소방활동을 위하여 출입을 허가한 사람

정답 ①

핵심 포인트

소방활동구역의 출입자(영 제8조)

1. 소방활동구역 안에 있는 소방대상물의 소유자·관리자 또는 점유자
2. 전기·가스·수도·통신·교통의 업무에 종사하는 사람으로서 원활한 소방활동을 위하여 필요한 사람
3. 의사·간호사 그 밖의 구조·구급업무에 종사하는 사람
4. 취재인력 등 보도업무에 종사하는 사람
5. 수사업무에 종사하는 사람
6. 그 밖에 소방대장이 소방활동을 위하여 출입을 허가한 사람

---

33 화재의 예방 및 안전관리에 관한 법령상 1급 소방안전관리대상물이 아닌 것은?

① 연면적 1만5천m² 이상인 특정소방대상물
② 가연성가스를 2,000톤 저장·취급하는 시설
③ 21층인 아파트로서 300세대인 것
④ 지상층의 층수가 20층 이상인 특정소방대상물

정답 ③

핵심 포인트

1급 소방안전관리대상물의 범위(영 별표 4)

1. 30층 이상(지하층은 제외한다)이거나 지상으로부터 높이가 120m 이상인 아파트
2. 연면적 1만5천m² 이상인 특정소방대상물(아파트 및 연립주택은 제외한다)
3. 2.에 해당하지 않는 특정소방대상물로서 지상층의 층수가 11층 이상인 특정소방대상물(아파트는 제외한다)
4. 가연성 가스를 1천톤 이상 저장·취급하는 시설

---

34 위험물안전관리법령에 따른 인화성액체위험물(이황화탄소 제외)의 옥외탱크저장소의 탱크 주위에 설치하는 방유제의 설치기준 중 옳은 것은?

① 방유제의 높이는 0.5m 이상 2.0m 이하로 할 것
② 방유제내의 면적은 100,000m² 이하로 할 것
③ 방유제의 용량은 방유제안에 설치된 탱크가 2기 이상인 때에는 그 탱크 중 용량이 최대인 것의 용량의 120% 이상으로 할 것
④ 높이가 1m를 넘는 방유제 및 간막이 둑의 안팎에는 방유제 내에 출입하기 위한 계단 또는 경사로를 약 50m마다 설치할 것

정답 ④

핵심 포인트

방유제의 설치기준(규칙 별표 6)

1. 방유제의 용량은 방유제 안에 설치된 탱크가 하나인 때에는 그 탱크 용량의 110% 이상, 2기 이상인 때에는 그 탱크 중 용량이 최대인 것의 용량의 110% 이상으로 할 것
2. 방유제는 높이 0.5m 이상 3m 이하, 두께 0.2m 이상, 지하매설깊이 1m 이상으로 할 것
3. 방유제 내의 면적은 8만m² 이하로 할 것
4. 방유제 내에 설치하는 옥외저장탱크의 수는 10 이하로 할 것
5. 방유제 외면의 2분의 1 이상은 자동차 등이 통행할 수 있는 3m 이상의 노면폭을 확보한 구내도로에 직접 접하도록 할 것
6. 방유제는 옥외저장탱크의 지름에 따라 그 탱크의 옆판으로부터 다음에 정하는 거리를 유지할 것
   ㉠ 지름이 15m 미만인 경우에는 탱크 높이의 3분의 1 이상
   ㉡ 지름이 15m 이상인 경우에는 탱크 높이의 2분의 1 이상
7. 방유제는 철근콘크리트로 하고, 방유제와 옥외저장탱크 사이의 지표면은 불연성과 불침윤성이 있는 구조(철근콘크리트 등)로 할 것

8. 용량이 1,000만*l* 이상인 옥외저장탱크의 주위에 설치하는 방유제에는 다음의 규정에 따라 당해 탱크마다 간막이 둑을 설치할 것
　㉠ 간막이 둑의 높이는 0.3m(방유제 내에 설치되는 옥외저장탱크의 용량의 합계가 2억*l*를 넘는 방유제에 있어서는 1m) 이상으로 하되, 방유제의 높이보다 0.2m 이상 낮게 할 것
　㉡ 간막이 둑은 흙 또는 철근콘크리트로 할 것
　㉢ 간막이 둑의 용량은 간막이 둑 안에 설치된 탱크 용량의 10% 이상일 것
9. 방유제 내에는 당해 방유제 내에 설치하는 옥외저장탱크를 위한 배관, 조명설비 및 계기시스템과 이들에 부속하는 설비 그 밖의 안전확보에 지장이 없는 부속설비 외에는 다른 설비를 설치하지 아니할 것
10. 방유제 또는 간막이 둑에는 해당 방유제를 관통하는 배관을 설치하지 아니할 것
11. 방유제에는 그 내부에 고인 물을 외부로 배출하기 위한 배수구를 설치하고 이를 개폐하는 밸브 등을 방유제의 외부에 설치할 것
12. 용량이 100만*l* 이상인 위험물을 저장하는 옥외저장탱크에 있어서는 밸브 등에 그 개폐상황을 쉽게 확인할 수 있는 장치를 설치할 것
13. 높이가 1m를 넘는 방유제 및 간막이 둑의 안팎에는 방유제 내에 출입하기 위한 계단 또는 경사로를 약 50m마다 설치할 것
14. 용량이 50만리터 이상인 옥외탱크저장소가 해안 또는 강변에 설치되어 방유제 외부로 누출된 위험물이 바다 또는 강으로 유입될 우려가 있는 경우에는 해당 옥외탱크저장소가 설치된 부지 내에 전용유조 등 누출위험물 수용설비를 설치할 것

35 소방기본법령상 소방용수시설별 설치기준 중 틀린 것은?

① 급수탑 급수배관의 구경은 100mm 이상으로 설치하도록 할 것
② 소화전은 소방용호스와 연결하는 소화전의 연결금속구의 구경은 65mm로 할 것
③ 저수조 흡수관의 투입구가 사각형의 경우에는 한 변의 길이가 30cm 이상, 원형의 경우에는 지름이 30cm 이상일 것
④ 저수조는 지면으로부터의 낙차가 4.5m 이하일 것

정답 ③

핵심 포인트

소방용수시설별 설치기준

1. **소화전의 설치기준** : 상수도와 연결하여 지하식 또는 지상식의 구조로 하고, 소방용호스와 연결하는 소화전의 연결금속구의 구경은 65mm로 할 것
2. **급수탑의 설치기준** : 급수배관의 구경은 100mm 이상으로 하고, 개폐밸브는 지상에서 1.5m 이상 1.7m 이하의 위치에 설치하도록 할 것
3. **저수조의 설치기준**
　㉠ 지면으로부터의 낙차가 4.5m 이하일 것
　㉡ 흡수부분의 수심이 0.5m 이상일 것
　㉢ 소방펌프자동차가 쉽게 접근할 수 있도록 할 것
　㉣ 흡수에 지장이 없도록 토사 및 쓰레기 등을 제거할 수 있는 설비를 갖출 것
　㉤ 흡수관의 투입구가 사각형의 경우에는 한 변의 길이가 60cm 이상, 원형의 경우에는 지름이 60cm 이상일 것
　㉥ 저수조에 물을 공급하는 방법은 상수도에 연결하여 자동으로 급수되는 구조일 것

36 화재의 예방 및 안전관리에 관한 법령상 화재안전조사위원회의 구성·운영 등에 관한 설명으로 틀린 것은?

① 화재안전조사위원회는 위원장 1명을 포함하여 20명 이내의 위원으로 성별을 고려하여 구성한다.

② 위원회의 위원장은 소방관서장이 된다.

③ 위원회의 위원은 소방관서장이 임명하거나 위촉한다.

④ 위촉위원의 임기는 2년으로 하며, 한 차례만 연임할 수 있다.

정답 ①

화재안전조사위원회는 위원장 1명을 포함하여 7명 이내의 위원으로 성별을 고려하여 구성한다(영 제11조 제1항).

37 위험물안전관리법령상 허가를 받지 아니하고 당해 제조소 등을 설치하거나 그 위치·구조 또는 설비를 변경할 수 있으며, 신고를 하지 아니하고 위험물의 품명·수량 또는 지정수량의 배수를 변경할 수 있는 기준으로 옳은 것은?

① 수산용으로 필요한 건조시설을 위한 지정수량 30배 이하의 저장소

② 축산용으로 필요한 건조시설을 위한 지정수량 20배 이하의 저장소

③ 농예용으로 필요한 난방시설을 위한 지정수량 40배 이하의 저장소

④ 주택의 난방시설(공동주택의 중앙난방시설 포함)을 위한 저장소

정답 ②

다음에 해당하는 제조소 등의 경우에는 허가를 받지 아니하고 당해 제조소 등을 설치하거나 그 위치·구조 또는 설비를 변경할 수 있으며, 신고를 하지 아니하고 위험물의 품명·수량 또는 지정수량의 배수를 변경할 수 있다(법 제6조 제3항).

1. 주택의 난방시설(공동주택의 중앙난방시설을 제외한다)을 위한 저장소 또는 취급소

2. 농예용·축산용 또는 수산용으로 필요한 난방시설 또는 건조시설을 위한 지정수량 20배 이하의 저장소

38 소방시설공사업법령상 소방공사감리를 실시함에 있어 용도와 구조에서 특별히 안전성과 보안성이 요구되는 소방대상물로서 소방 시설물에 대한 감리를 감리업자가 아닌 자가 감리할 수 있는 장소는?

① 원자력안전법상 관계시설이 설치되는 장소

② 의료관련시설

③ 국방정보시설

④ 통신관련시설

정답 ①

감리업자가 아닌 자가 감리할 수 있는 보안성 등이 요구되는 소방대상물의 시공 장소(영 제8조) : 원자력안전법상 관계시설이 설치되는 장소

39 소방시설 설치 및 관리에 관한 법률상 항공기격납고는 특정소방대상물 중 어느 시설에 해당되는가?

① 창고시설

② 항공기 및 자동차 관련 시설

③ 근린생화시설

④ 운수시설

 정답 ②

항공기 및 자동차 관련 시설(건설기계 관련 시설을 포함한다)(영 별표 2)

1. 항공기 격납고
2. 차고, 주차용 건축물, 철골 조립식 주차시설(바닥면이 조립식이 아닌 것을 포함한다) 및 기계장치에 의한 주차시설
3. 세차장
4. 폐차장
5. 자동차 검사장
6. 자동차 매매장
7. 자동차 정비공장
8. 운전학원 · 정비학원
9. 다음의 건축물을 제외한 건축물의 내부(필로티와 건축물의 지하를 포함한다)에 설치된 주차장 : 단독주택, 공동주택 중 50세대 미만인 연립주택 또는 50세대 미만인 다세대주택
10. 차고 및 주기장

40 소방기본법상 화재 현상에서의 피난 등을 체험할 수 있는 소방체험관을 설립하여 운영할 수 있는 자는?

① 소방청장

② 행정안전부장관

③ 소방본부장

④ 시 · 도지사

 정답 ④

소방의 역사와 안전문화를 발전시키고 국민의 안전의식을 높이기 위하여 소방청장은 소방박물관을, 시 · 도지사는 소방체험관(화재 현장에서의 피난 등을 체험할 수 있는 체험관을 말한다.)을 설립하여 운영할 수 있다.

41 소방시설공사업법령상 중급기술자는 소방설비산업기사 자격을 취득한 후 몇 년 이상 소방관련 업무를 수행한 사람인가?

① 3년 이상

② 4년 이상

③ 5년 이상

④ 10년 이상

 정답 ①

중급기술자 : 소방설비산업기사(기계분야, 전기분야)의 자격을 취득한 후 3년 이상 소방 관련 업무를 수행한 사람(규칙 별표 4의2)

42 소방기본법에 따른 소방력의 기준에 따라 관할구역의 소방력을 확충하기 위하여 필요한 계획을 수립하여 시행하여야 하는 자는?

① 소방청장

② 소방본부장

③ 시 · 도지사

④ 행정안전부장관

 정답 ③

시 · 도지사는 소방력의 기준에 따라 관할구역의 소방력을 확충하기 위하여 필요한 계획을 수립하여 시행하여야 한다(법 제8조 제2항).

PART 1

과목별 예상문제

43 소방기본법상 생활안전활동이 아닌 것은?

① 붕괴, 낙하 등이 우려되는 고드름, 나무, 위험 구조물 등의 제거활동
② 단전사고의 예방활동
③ 위해동물, 벌 등의 포획 및 퇴치 활동
④ 방치하면 급박해질 우려가 있는 위험을 예방하기 위한 활동

정답 ②

핵심 포인트

생활안전활동(법 제16조의3 제1항)

1. 붕괴, 낙하 등이 우려되는 고드름, 나무, 위험 구조물 등의 제거활동
2. 위해동물, 벌 등의 포획 및 퇴치 활동
3. 끼임, 고립 등에 따른 위험제거 및 구출 활동
4. 단전사고 시 비상전원 또는 조명의 공급
5. 그 밖에 방치하면 급박해질 우려가 있는 위험을 예방하기 위한 활동

---

44 위험물안전관리법령상 제조소 등의 경우에 허가를 받지 아니하고 당해 제조소 등을 설치하거나 그 위치·구조 또는 설비를 변경할 수 있는 것이 아닌 것은?

① 주택의 난방시설(공동주택의 중앙난방시설을 제외한다)을 위한 저장소
② 주택의 난방시설(공동주택의 중앙난방시설을 제외한다)을 위한 취급소
③ 수산용으로 필요한 난방시설 또는 건조시설을 위한 지정수량 50배 이하의 저장소
④ 축산용으로 필요한 난방시설 또는 건조시설을 위한 지정수량 20배 이하의 저장소

정답 ③

다음의 어느 하나에 해당하는 제조소 등의 경우에는 허가를 받지 아니하고 당해 제조소 등을 설치하거나 그 위치·구조 또는 설비를 변경할 수 있으며, 신고를 하지 아니하고 위험물의 품명·수량 또는 지정수량의 배수를 변경할 수 있다(법 제6조 제3항).

1. 주택의 난방시설(공동주택의 중앙난방시설을 제외한다)을 위한 저장소 또는 취급소
2. 농예용·축산용 또는 수산용으로 필요한 난방시설 또는 건조시설을 위한 지정수량 20배 이하의 저장소

---

45 소방시설공사업법령상 공사감리자 지정대상 특정소방대상물의 범위가 아닌 것은?

① 옥외소화전설비를 신설·개설 또는 증설할 때
② 캐비닛형 간이스프링클러설비를 신설·개설하거나 방호·방수 구역을 증설할 때
③ 자동화재탐지설비를 신설 또는 개설할 때
④ 제연설비를 신설·개설하거나 제연구역을 증설할 때

정답 ②

공사감리자 지정대상 특정소방대상물의 범위(영 제10조 제2항)

1. 옥내소화전설비를 신설·개설 또는 증설할 때
2. 스프링클러설비 등(캐비닛형 간이스프링클러설비는 제외한다)을 신설·개설하거나 방호·방수 구역을 증설할 때
3. 물분무등소화설비(호스릴 방식의 소화설비는 제외한다)를 신설·개설하거나 방호·방수 구역을 증설할 때
4. 옥외소화전설비를 신설·개설 또는 증설할 때
5. 자동화재탐지설비를 신설 또는 개설할 때
6. 비상방송설비를 신설 또는 개설할 때
7. 통합감시시설을 신설 또는 개설할 때
8. 소화용수설비를 신설 또는 개설할 때
9. 다음에 따른 소화활동설비에 대하여 시공을 할 때
   ㉠ 제연설비를 신설·개설하거나 제연구역을 증설할 때
   ㉡ 연결송수관설비를 신설 또는 개설할 때
   ㉢ 연결살수설비를 신설·개설하거나 송수구역을 증설할 때

ⓔ 비상콘센트설비를 신설 · 개설하거나 전용회로를 증설할 때
ⓜ 무선통신보조설비를 신설 또는 개설할 때
ⓗ 연소방지설비를 신설 · 개설하거나 살수구역을 증설할 때

46 위험물안전관리법령상 위험물의 운송에 관한 기준을 따르지 아니한 자에 대한 과태료는?

① 100만 원 이하
② 200만 원 이하
③ 300만 원 이하
④ 500만 원 이하

정답 ④

핵심 포인트

500만원 이하의 과태료(법 제39조 제1항)

1. 승인을 받지 아니한 자
2. 위험물의 저장 또는 취급에 관한 세부기준을 위반한 자
3. 품명 등의 변경신고를 기간 이내에 하지 아니하거나 허위로 한 자
4. 지위승계신고를 기간 이내에 하지 아니하거나 허위로 한 자
5. 제조소 등의 폐지신고 또는 안전관리자의 선임신고를 기간 이내에 하지 아니하거나 허위로 한 자
6. 사용 중지신고 또는 재개신고를 기간 이내에 하지 아니하거나 거짓으로 한 자
7. 등록사항의 변경신고를 기간 이내에 하지 아니하거나 허위로 한 자
8. 예방규정을 준수하지 아니한 자
9. 점검결과를 기록 · 보존하지 아니한 자
10. 기간 이내에 점검결과를 제출하지 아니한 자
11. 제조소 등에서 흡연을 한 자
12. 시정명령을 따르지 아니한 자
13. 위험물의 운반에 관한 세부기준을 위반한 자
14. 위험물의 운송에 관한 기준을 따르지 아니한 자

---

47 소방시설 설치 및 관리에 관한 법령상 소방시설 등의 자체점검 시 점검 인력 배치기준 중 작동점검에 대한 점검인력 1단위가 하루 동안 점검할 수 있는 특정소방대상물의 연면적 기준으로 옳은 것은? (단, 보조 인력을 추가하는 경우는 제외한다.)

① 5,000m^2
② 8,000m^2
③ 10,000m^2
④ 12,000m^2

정답 ③

점검인력 1단위가 하루 동안 점검할 수 있는 특정소방대상물의 연면적(점검한도 면적)은 다음과 같다(규칙 별표 4).
1. 종합점검 : 8,000m^2
2. 작동점검 : 10,000m^2

48 위험물안전관리법령상 산화성 고체인 제1류 위험물에 해당하지 않는 것은?

① 유기과산화물
② 아염소산염류
③ 무기과산화물
④ 질산염류

정답 ①

산화성 고체인 제1류 위험물 : 아염소산염류, 염소산염류, 과염소산염류, 무기과산화물, 브로민산화물, 질산염류, 아이오딘산염류, 과망가니즈산염류, 다이크로뮴산염류

49 화재의 예방 및 안전관리에 관한 법령상 화재안전조사 결과에 따른 조치명령으로 손실을 입은 경우 손실을 보상하는 자는?

① 소방서장
② 소방청장
③ 소방본부장
④ 행정안전부장관

 정답 ②

소방청장 또는 시·도지사는 화재안전조사에 따른 명령으로 인하여 손실을 입은 자가 있는 경우에는 대통령령으로 정하는 바에 따라 보상하여야 한다(법 제15조).

50 화재의 예방 및 안전관리에 관한 법령에 따라 불꽃을 사용하는 용접·용단기구 사용에 있어서 작업장으로부터 반경 몇 m 이내에 가연물을 쌓아두거나 놓아두지 말아야 하는가? (단, 산업안전보건법에 따른 안전조치의 적용을 받는 사업장의 경우는 제외한다.)

① 3m
② 5m
③ 7m
④ 10m

 정답 ④

용접 또는 용단 작업장에서는 다음의 사항을 지켜야 한다. 다만, 「산업안전보건법」의 적용을 받는 사업장에는 적용하지 않는다(영 별표 1).
1. 용접 또는 용단 작업장 주변 반경 5m 이내에 소화기를 갖추어 둘 것
2. 용접 또는 용단 작업장 주변 반경 10m 이내에는 가연물을 쌓아두거나 놓아두지 말 것(다만, 가연물의 제거가 곤란하여 방화포 등으로 방호조치를 한 경우는 제외한다.)

51 위험물안전관리법령상 위험물의 안전관리와 관련된 업무를 수행하는 자로서 소방청장이 실시하는 안전교육대상자가 아닌 것은?

① 위험물운반자로 종사하는 자
② 탱크시험자의 기술인력으로 종사하는 자
③ 자체소방대
④ 위험물운송자로 종사하는 자

 정답 ③

핵심 포인트

안전교육대상자(영 제20조)
1. 안전관리자로 선임된 자
2. 탱크시험자의 기술인력으로 종사하는 자
3. 위험물운반자로 종사하는 자
4. 위험물운송자로 종사하는 자

52 소방시설 설치 및 관리에 관한 법령상 시각경보기를 설치하여야 하는 특정소방대상물의 기준으로 틀린 것은?

① 교육연구시설 중 도서관
② 지하가 중 지하상가
③ 발전시설 및 장례시설
④ 요양시설 중 요양병원

정답 ④

시각경보기를 설치해야 하는 특정소방대상물은 자동화재탐지설비를 설치해야 하는 특정소방대상물 중 다음의 어느 하나에 해당하는 것으로 한다(규칙 별표 4).
1. 근린생활시설, 문화 및 집회시설, 종교시설, 판매시설, 운수시설, 의료시설, 노유자 시설
2. 운동시설, 업무시설, 숙박시설, 위락시설, 창고시설 중 물류터미널, 발전시설 및 장례시설
3. 교육연구시설 중 도서관, 방송통신시설 중 방송국
4. 지하가 중 지하상가

53 화재의 예방 및 안전관리에 관한 법령상 특수가연물 중 가연성 고체에 관한 내용으로 틀린 것은?

① 인화점이 섭씨 40도 이상 100도 미만인 것

② 인화점이 섭씨 100도 이상 200도 미만이고, 연소열량이 1그램당 8kcal 이상인 것

③ 인화점이 섭씨 100도 이상이고 연소열량이 1그램당 8kcal 이상인 것으로서 녹는점(융점)이 200도 미만인 것

④ 1기압과 섭씨 20도 초과 40도 이하에서 액상인 것으로서 인화점이 섭씨 70도 이상 섭씨 200도 미만인 것

 정답 ③

핵심 포인트

가연성 고체류(영 별표 2)

1. 인화점이 섭씨 40도 이상 100도 미만인 것

2. 인화점이 섭씨 100도 이상 200도 미만이고, 연소열량이 1그램당 8kcal 이상인 것

3. 인화점이 섭씨 200도 이상이고 연소열량이 1그램당 8kcal 이상인 것으로서 녹는점(융점)이 100도 미만인 것

4. 1기압과 섭씨 20도 초과 40도 이하에서 액상인 것으로서 인화점이 섭씨 70도 이상 섭씨 200도 미만이거나 2. 또는 3.에 해당하는 것

---

54 소방시설 설치 및 관리에 관한 법률상 소방시설 중 경보설비가 아닌 것은?

① 단독경보형 감지기

② 자동화재탐지설비

③ 비상콘센트설비

④ 가스누설경보기

 정답 ③

경보설비(영 별표 1) : 화재발생 사실을 통보하는 기계 · 기구 또는 설비로서 다음의 것

1. 단독경보형 감지기

2. 비상경보설비 : 비상벨설비, 자동식 사이렌설비

3. 자동화재탐지설비

4. 시각경보기

5. 화재알림설비

6. 비상방송설비

7. 자동화재속보설비

8. 통합감시시설

9. 누전경보기

10. 가스누설경보기

---

55 소방시설 설치 및 관리에 관한 법령상 간이스프링클러설비를 설치하여야 하는 특정소방대상물의 기준으로 옳은 것은?

① 근린생활시설로 사용하는 부분의 바닥면적 합계가 1000m² 이상인 것은 모든 층

② 조산원 및 산후조리원으로서 연면적 600m² 이상인 시설

③ 복합건축물로서 연면적 1천m² 미만인 것은 모든 층

④ 숙박시설로 사용되는 바닥면적의 합계가 900m² 미만인 시설

 정답 ①

간이스프링클러설비를 설치해야 하는 특정소방대상물은 다음의 어느 하나에 해당하는 것으로 한다(영 별표 4).

1. 공동주택 중 연립주택 및 다세대주택(연립주택 및 다세대주택에 설치하는 간이스프링클러설비는 화재안전기준에 따른 주택전용 간이스프링클러설비를 설치한다)

2. 근린생활시설 중 다음의 어느 하나에 해당하는 것

  ㉠ 근린생활시설로 사용하는 부분의 바닥면적 합계가 1천m² 이상인 것은 모든 층

  ㉡ 의원, 치과의원 및 한의원으로서 입원실이 있는 시설

ⓒ 조산원 및 산후조리원으로서 연면적 600m² 미만인 시설

3. 의료시설 중 다음의 어느 하나에 해당하는 시설

　　㉠ 종합병원, 병원, 치과병원, 한방병원 및 요양병원(의료재활시설은 제외한다)으로 사용되는 바닥면적의 합계가 600m² 미만인 시설

　　㉡ 정신의료기관 또는 의료재활시설로 사용되는 바닥면적의 합계가 300m² 이상 600m² 미만인 시설

　　㉢ 정신의료기관 또는 의료재활시설로 사용되는 바닥면적의 합계가 300m² 미만이고, 창살(철재·플라스틱 또는 목재 등으로 사람의 탈출 등을 막기 위하여 설치한 것을 말하며, 화재 시 자동으로 열리는 구조로 되어 있는 창살은 제외한다)이 설치된 시설

4. 교육연구시설 내에 합숙소로서 연면적 100m² 이상인 경우에는 모든 층

5. 노유자 시설로서 다음의 어느 하나에 해당하는 시설

　　㉠ 노유자 생활시설

　　㉡ ㉠에 해당하지 않는 노유자 시설로 해당 시설로 사용하는 바닥면적의 합계가 300m² 이상 600m² 미만인 시설

　　㉢ ㉠에 해당하지 않는 노유자 시설로 해당 시설로 사용하는 바닥면적의 합계가 300m² 미만이고, 창살(철재·플라스틱 또는 목재 등으로 사람의 탈출 등을 막기 위하여 설치한 것을 말하며, 화재 시 자동으로 열리는 구조로 되어 있는 창살은 제외한다)이 설치된 시설

6. 숙박시설로 사용되는 바닥면적의 합계가 300m² 이상 600m² 미만인 시설

7. 건물을 임차하여 보호시설로 사용하는 부분

8. 복합건축물(복합건축물만 해당한다)로서 연면적 1천m² 이상인 것은 모든 층

56 소방시설공사업법령상 소방시설관리업자가 기술인력을 변경하는 경우, 시·도지사에게 제출하여야 하는 서류는?

① 소방시설업 등록증

② 기술인력 증빙서류

③ 법인등기사항 전부증명서

④ 사업자등록증(개인인 경우)

 정답 ②

기술인력을 변경하는 경우 제출서류(규칙 제6조 제1항 제3호) : 소방시설업 등록수첩, 기술인력 증빙서류

57 화재의 예방 및 안전관리에 관한 법령상 특수가연물의 저장 및 취급 기준 중 석탄·목탄류를 발전용으로 저장하는 경우 쌓는 부분의 바닥면적은 몇 m² 이하인가? (단, 살수설비를 설치하거나 방사능력 범위에 해당 특수가연물이 포함되도록 대형수동식소화기를 설치하는 경우이다.)

① 100m²

② 200m²

③ 300m²

④ 400m²

 정답 ③

핵심 포인트

특수가연물의 저장 및 취급 기준(영 별표 3)

구분	살수설비를 설치하거나 방사능력 범위에 해당 특수가연물이 포함되도록 대형수동식소화기를 설치하는 경우	그 밖의 경우
높이	15m 이하	10m 이하
쌓는 부분의 바닥면적	200m²(석탄·목탄류의 경우에는 300m²) 이하	50m²(석탄·목탄류의 경우에는 200m²) 이하

58 소방기본법에 따른 벌칙의 기준이 다른 것은?

① 정당한 사유 없이 소방대의 생활안전활동을 방해한 자

② 소방자동차의 출동을 방해한 사람

③ 사람을 구출하는 일 또는 불을 끄거나 불이 번지지 아니하도록 하는 일을 방해한 사람

④ 출동한 소방대의 소방장비를 파손하거나 그 효용을 해하여 화재진압·인명구조 또는 구급활동을 방해하는 행위를 한 사람

 정답 ①

5년 이하의 징역 또는 5천만원 이하의 벌금(법 제50조)

1. 소방활동을 위반하여 다음의 어느 하나에 해당하는 행위를 한 사람

　㉠ 위력을 사용하여 출동한 소방대의 화재진압·인명구조 또는 구급활동을 방해하는 행위

　㉡ 소방대가 화재진압·인명구조 또는 구급활동을 위하여 현장에 출동하거나 현장에 출입하는 것을 고의로 방해하는 행위

　㉢ 출동한 소방대원에게 폭행 또는 협박을 행사하여 화재진압·인명구조 또는 구급활동을 방해하는 행위

　㉣ 출동한 소방대의 소방장비를 파손하거나 그 효용을 해하여 화재진압·인명구조 또는 구급활동을 방해하는 행위

2. 소방자동차의 출동을 방해한 사람

3. 사람을 구출하는 일 또는 불을 끄거나 불이 번지지 아니하도록 하는 일을 방해한 사람

4. 정당한 사유 없이 소방용수시설 또는 비상소화장치를 사용하거나 소방용수시설 또는 비상소화장치의 효용을 해치거나 그 정당한 사용을 방해한 사람

59 화재의 예방 및 안전관리에 관한 법령상 소방안전관리대상물의 소방안전관리자의 업무가 아닌 것은?

① 초기대응체계의 구성, 운영 및 교육

② 화재예방강화지구의 지정

③ 피난시설, 방화구획 및 방화시설의 관리

④ 피난계획에 관한 사항과 대통령령으로 정하는 사항이 포함된 소방계획서의 작성 및 시행

 정답 ②

특정소방대상물(소방안전관리대상물은 제외한다)의 관계인과 소방안전관리대상물의 소방안전관리자는 다음의 업무를 수행한다. 다만, 1·2·5. 및 7.의 업무는 소방안전관리대상물의 경우에만 해당한다.

1. 피난계획에 관한 사항과 대통령령으로 정하는 사항이 포함된 소방계획서의 작성 및 시행

2. 자위소방대 및 초기대응체계의 구성, 운영 및 교육

3. 피난시설, 방화구획 및 방화시설의 관리

4. 소방시설이나 그 밖의 소방 관련 시설의 관리

5. 소방훈련 및 교육

6. 화기취급의 감독

7. 소방안전관리에 관한 업무수행에 관한 기록·유지 (3·4. 및 6.의 업무를 말한다)

8. 화재발생 시 초기대응

9. 그 밖에 소방안전관리에 필요한 업무

60 화재의 예방 및 안전관리에 관한 법령상 일반음식점에서 조리를 위하여 불을 사용하는 설비를 설치하는 경우 지켜야 하는 사항으로 옳은 것은?

① 주방설비에 부속된 배출덕트(공기 배출통로)는 0.1mm 이상의 아연도금강판 또는 이와 같거나 그 이상의 내식성 불연재료로 설치할 것

② 주방시설에는 동물 또는 식물의 기름을 제거할 수 있는 필터 등을 설치할 것

③ 열을 발생하는 조리기구는 반자 또는 선반으로부터 0.5m 이상 떨어지게 할 것

④ 열을 발생하는 조리기구로부터 0.10m 이내의 거리에 있는 가연성 주요구조부는 단열성이 있는 불연재료로 덮어 씌울 것

정답 ②

식품접객업 중 일반음식점 주방에서 조리를 위하여 불을 사용하는 설비를 설치하는 경우에는 다음의 사항을 지켜야 한다(영 별표 1).

1. 주방설비에 부속된 배출덕트(공기 배출통로)는 0.5mm 이상의 아연도금강판 또는 이와 같거나 그 이상의 내식성 불연재료로 설치할 것
2. 주방시설에는 동물 또는 식물의 기름을 제거할 수 있는 필터 등을 설치할 것
3. 열을 발생하는 조리기구는 반자 또는 선반으로부터 0.6m 이상 떨어지게 할 것
4. 열을 발생하는 조리기구로부터 0.15m 이내의 거리에 있는 가연성 주요구조부는 단열성이 있는 불연재료로 덮어 씌울 것

61 소방기본법령상 소방대장의 권한으로 틀린 것은?

① 국민의 안전의식을 높이기 위하여 소방박물관 및 소방체험관을 설립하여 운영할 수 있다.

② 화재 진압 등 소방활동을 위하여 필요할 때에는 소방용수 외에 수영장 등의 물을 사용할 수 있다.

③ 재난 현장에 대통령령으로 정하는 사람 외에는 그 구역에 출입하는 것을 제한할 수 있다.

④ 화재가 발생하거나 불이 번질 우려가 있는 소방대상물 및 토지를 일시적으로 사용할 수 있다.

정답 ①

① 소방의 역사와 안전문화를 발전시키고 국민의 안전의식을 높이기 위하여 소방청장은 소방박물관을, 시·도지사는 소방체험관(화재 현장에서의 피난 등을 체험할 수 있는 체험관을 말한다.)을 설립하여 운영할 수 있다(법 제5조 제1항).

② 소방본부장, 소방서장 또는 소방대장은 화재 진압 등 소방활동을 위하여 필요할 때에는 소방용수 외에 댐·저수지 또는 수영장 등의 물을 사용하거나 수도의 개폐장치 등을 조작할 수 있다(법 제27조 제1항).

③ 소방대장은 화재, 재난·재해, 그 밖의 위급한 상황이 발생한 현장에 소방활동구역을 정하여 소방활동에 필요한 사람으로서 대통령령으로 정하는 사람 외에는 그 구역에 출입하는 것을 제한할 수 있다(법 제23조 제1항).

④ 소방본부장, 소방서장 또는 소방대장은 사람을 구출하거나 불이 번지는 것을 막기 위하여 필요할 때에는 화재가 발생하거나 불이 번질 우려가 있는 소방대상물 및 토지를 일시적으로 사용하거나 그 사용의 제한 또는 소방활동에 필요한 처분을 할 수 있다(법 제25조 제1항).

62 소방기본법령에 따라 주거지역·상업지역 및 공업지역에 소방용수시설을 설치하는 경우 소방대상물과의 수평거리를 몇 m 이하가 되도록 해야 하는가?

① 100m

② 200m

③ 300m

④ 500m

정답 ①

핵심 포인트

공통기준(규칙 별표 3)

1. 주거지역·상업지역 및 공업지역에 설치하는 경우 : 소방대상물과의 수평거리를 100m 이하가 되도록 할 것

2. 이 외의 지역에 설치하는 경우 : 소방대상물과의 수평거리를 140m 이하가 되도록 할 것

63 소방시설 설치 및 관리에 관한 법령상 소방대상물의 방염 등과 관련하여 틀린 내용은?

① 특정소방대상물에 실내장식 등의 목적으로 설치 또는 부착하는 물품은 방염성능기준 이상의 것으로 설치하여야 한다.

② 소방본부장 또는 소방서장은 방염대상물품이 방염성능기준에 미치지 못하거나 방염성능검사를 받지 아니한 것이면 특정소방대상물의 관계인에게 방염대상물품을 제거하도록 하거나 방염성능검사를 받도록 하는 등 필요한 조치를 명할 수 있다.

③ 방염처리업의 등록을 한 자는 방염성능검사를 할 때에 거짓 시료를 제출하여서는 아니 된다.

④ 방염성능기준은 시·도지사가 정한다.

정답 ④

방염성능기준은 대통령령으로 정한다(법 제20조 제3항).

64 소방기본법령상 소방대라 함은 화재를 진압하고 화재, 재난·재해 그 밖의 위급한 상황에서 구조·구급 활동 등을 하기 위하여 구성된 조직체를 말한다. 다음 중 소방대의 구성원이 아닌 것은?

① 소방공무원

② 소방안전관리자

③ 의무소방원

④ 의용소방대원

정답 ②

소방대 : 화재를 진압하고 화재, 재난·재해, 그 밖의 위급한 상황에서 구조·구급 활동 등을 하기 위하여 다음의 사람으로 구성된 조직체를 말한다(법 제2조 제5호).

1. 소방공무원
2. 의무소방원
3. 의용소방대원

65 소방기본법상 명령권자인 소방본부장, 소방서장 또는 소방대장이 하게 할 수 있는 소방지원활동이 아닌 것은?

① 산불에 대한 예방·진압 등 지원활동

② 자연재해에 따른 급수·배수 및 제설 등 지원활동

③ 소방청장이 정하는 활동

④ 각종 행사 시 사고에 대비한 근접대기 등 지원활동

정답 ③

소방청장·소방본부장 또는 소방서장은 공공의 안녕질서 유지 또는 복리증진을 위하여 필요한 경우 소방활동 외에 다음의 활동(소방지원활동)을 하게 할 수 있다(법 제16조의2 제1항).
1. 산불에 대한 예방·진압 등 지원활동
2. 자연재해에 따른 급수·배수 및 제설 등 지원활동
3. 집회·공연 등 각종 행사 시 사고에 대비한 근접대기 등 지원활동
4. 화재, 재난·재해로 인한 피해복구 지원활동
5. 그 밖에 행정안전부령으로 정하는 활동

66 소방기본법령에 따른 소방대원에게 실시할 교육·훈련 횟수 및 기간의 기준 중 다음 ( ) 안에 알맞은 것은?

횟수	기간
(㉠)년마다 1회	(㉡)주 이상

① ㉠ 1, ㉡ 1
② ㉠ 1, ㉡ 2
③ ㉠ 2, ㉡ 1
④ ㉠ 2, ㉡ 2

정답 ④

⊕ **핵심 포인트** ⊕

교육·훈련 횟수 및 기간(규칙 별표 3의2)

횟수	기간
2년마다 1회	2주 이상

67 소방시설 설치 및 관리에 관한 법령상 소방용품이 아닌 것은?

① 방염제
② 피난구유도등
③ 비상배터리
④ 스프링클러헤드

정답 ③

⊕ **핵심 포인트** ⊕

소방용품(영 별표 3)

1. 소화설비를 구성하는 제품 또는 기기
   ㉠ 소화기구(소화약제 외의 것을 이용한 간이소화용구는 제외한다)
   ㉡ 자동소화장치
   ㉢ 소화설비를 구성하는 소화전, 관창, 소방호스, 스프링클러헤드, 기동용 수압개폐장치, 유수제어밸브 및 가스관선택밸브
2. 경보설비를 구성하는 제품 또는 기기
   ㉠ 누전경보기 및 가스누설경보기
   ㉡ 경보설비를 구성하는 발신기, 수신기, 중계기, 감지기 및 음향장치(경종만 해당한다)
3. 피난구조설비를 구성하는 제품 또는 기기
   ㉠ 피난사다리, 구조대, 완강기(지지대를 포함한다) 및 간이완강기(지지대를 포함한다)
   ㉡ 공기호흡기(충전기를 포함한다)
   ㉢ 피난구유도등, 통로유도등, 객석유도등 및 예비 전원이 내장된 비상조명등
4. 소화용으로 사용하는 제품 또는 기기
   ㉠ 소화약제(자동소화장치와 소화설비용만 해당한다)
   ㉡ 방염제(방염액·방염도료 및 방염성물질을 말한다)
5. 그 밖에 행정안전부령으로 정하는 소방 관련 제품 또는 기기

PART 1

과목별 예상문제

68 화재의 예방 및 안전관리에 관한 법령상 특수가연물의 품명별 수량 기준으로 틀린 것은?

① 합성수지류(발포시킨 것) : 20m³ 이상

② 가연성 액체류 : 2m³ 이상

③ 나무껍질 및 대팻밥 : 300kg 이상

④ 고무류(발포시킨 것) : 20m³ 이상

정답 ③

핵심 포인트

특수가연물(영 별표 2)

품명		수량
면화류		200kg 이상
나무껍질 및 대팻밥		400kg 이상
넝마 및 종이부스러기		1,000kg 이상
사류(絲類)		1,000kg 이상
볏짚류		1,000kg 이상
가연성 고체류		3,000kg 이상
석탄 · 목탄류		10,000kg 이상
가연성 액체류		2m³ 이상
목재가공품 및 나무부스러기		10m³ 이상
고무류 · 플라스틱류	발포시킨 것	20m³ 이상
	그 밖의 것	3,000kg 이상

69 소방시설 설치 및 관리에 관한 법령상 성능위주설계를 해야 하는 특정소방대상물의 범위의 기준으로 틀린 것은?

① 연면적 3만m² 이상인 공항시설

② 연면적 10만m² 이상인 특정소방대상물(아파트 제외)

③ 터널 중 수저터널 또는 길이가 5천m 이

상인 것

④ 하나의 건축물에 영화상영관이 10개 이상인 특정소방대상물

정답 ②

성능위주설계를 해야 하는 특정소방대상물의 범위(영 제9조)

1. 연면적 20만m² 이상인 특정소방대상물(다만, 아파트 등은 제외한다.)
2. 50층 이상(지하층은 제외한다)이거나 지상으로부터 높이가 200m 이상인 아파트 등
3. 30층 이상(지하층을 포함한다)이거나 지상으로부터 높이가 120m 이상인 특정소방대상물(아파트 등은 제외한다)
4. 연면적 3만m² 이상인 특정소방대상물로서 다음의 어느 하나에 해당하는 특정소방대상물
   ㉠ 철도 및 도시철도 시설
   ㉡ 공항시설
5. 창고시설 중 연면적 10만m² 이상인 것 또는 지하층의 층수가 2개 층 이상이고 지하층의 바닥면적의 합계가 3만m² 이상인 것
6. 하나의 건축물에 영화상영관이 10개 이상인 특정소방대상물
7. 지하연계 복합건축물에 해당하는 특정소방대상물
8. 터널 중 수저터널 또는 길이가 5천m 이상인 것

70 소방기본법령상 소방본부장, 소방서장 또는 소방대장의 강제처분을 방해한 자 또는 정당한 사유 없이 그 처분에 따르지 아니한 자에 대한 벌칙은?

① 100만 원 이하의 벌금

② 200만 원 이하의 벌금

③ 300만 원 이하의 벌금

④ 500만 원 이하의 벌금

정답 ③

소방본부장, 소방서장 또는 소방대장의 강제처분을 방해

한 자 또는 정당한 사유 없이 그 처분에 따르지 아니한 자는 300만원 이하의 벌금에 처한다(법 제52조).

⑦ 출동대원의 수당 · 식사 및 의복의 수선
ⓒ 소방장비 및 기구의 정비와 연료의 보급
ⓒ 그 밖의 경비
4. 응원출동의 요청방법
5. 응원출동 훈련 및 평가

71 위험물안전관리법령상 제6류 위험물에 속하지 않는 것은?

① 유기과산화물
② 과산화수소
③ 질산
④ 과염소산

정답 ①

제6류 위험물(영 별표 1) : 과염소산, 과산화수소, 질산, 그 밖에 행정안전부령으로 정하는 것

73 위험물안전관리법령상 경유의 저장량이 2,000리터, 중유의 저장량이 4,000리터, 등유의 저장량이 2,000리터인 저장소에 있어서 지정수량의 배수는?

① 2배
② 3배
③ 6배
④ 8배

정답 ③

72 소방기본법령상 인접하고 있는 시 · 도간 소방업무의 상호응원협정을 체결하고자 할 때, 포함되어야 하는 사항으로 틀린 것은?

① 응원출동 대상지역 및 규모
② 응원출동 훈련 및 평가
③ 소방장비 및 기구의 정비와 연료의 보급
④ 응원출동 순서에 관한 사항

정답 ④

소방업무의 상호응원협정을 체결하고자 할 때 포함되어야 하는 사항(규칙 제8조)
1. 다음의 소방활동에 관한 사항
⑦ 화재의 경계 · 진압활동
ⓒ 구조 · 구급업무의 지원
ⓒ 화재조사활동
2. 응원출동 대상지역 및 규모
3. 다음의 소요경비의 부담에 관한 사항

핵심 포인트		
제4류 위험물의 지정수량(영 별표 1)		
제2석유류	비수용성액체(경유, 등유)	1,000리터
	수용성액체	2,000리터
제3석유류	비수용성액체(중유)	2,000리터
	수용성액체	4,000리터

$$지정수량의 배수 = \frac{저장량}{지정수량} + \frac{저장량}{지정수량} + \cdots$$
$$= \frac{2,000}{1,000} + \frac{4,000}{2,000} + \frac{2,000}{1,000} = 6배$$

74 소방시설 설치 및 관리에 관한 법령에 따라 화재안전기준을 달리 적용하여야 하는 특수한 용도 또는 구조를 가진 특정소방대상물 중 저준위방사성폐기물의 저장시설에 설치하지 아니할 수 있는 소방시설은?

① 스프링클러설비
② 연결송수관설비
③ 물분무등소화설비
④ 옥내소화전설비

 정답 ②

소방시설을 설치하지 않을 수 있는 특정소방대상물 및 소방시설의 범위(영 별표 6)

구분	특정소방대상물	설치하지 않을 수 있는 소방시설
화재 위험도가 낮은 특정소방대상물	석재, 불연성금속, 불연성 건축재료 등의 가공공장·기계조립공장 또는 불연성 물품을 저장하는 창고	옥외소화전 및 연결살수설비
화재안전기준을 적용하기 어려운 특정소방대상물	펄프공장의 작업장, 음료수 공장의 세정 또는 충전을 하는 작업장, 그 밖에 이와 비슷한 용도로 사용하는 것	스프링클러설비, 상수도소화용수설비 및 연결살수설비
	정수장, 수영장, 목욕장, 농예·축산·어류양식용 시설, 그 밖에 이와 비슷한 용도로 사용되는 것	자동화재탐지설비, 상수도소화용수설비 및 연결살수설비
화재안전기준을 달리 적용해야 하는 특수한 용도 또는 구조를 가진 특정소방대상물	원자력발전소, 중·저준위방사성폐기물의 저장시설	연결송수관설비 및 연결살수설비
자체소방대가 설치된 특정소방대상물	자체소방대가 설치된 제조소 등에 부속된 사무실	옥내소화전설비, 소화용수설비, 연결살수설비 및 연결송수관설비

75 소방시설 설치 및 관리에 관한 법령상 특정소방대상물별로 설치하여야 하는 소방시설의 정비 등에 관한 설명으로 틀린 것은?

① 소방시설을 정할 때에는 특정소방대상물의 규모·용도·수용인원 및 이용자 특성 등을 고려하여야 한다.
② 소방청장은 건축 환경 및 화재위험특성 변화사항을 효과적으로 반영할 수 있도록 소방시설 규정을 매년 1회 이상 정비하여야 한다.
③ 소방청장은 건축 환경 및 화재위험특성 변화 추세를 체계적으로 연구하여 제2항에 따른 정비를 위한 개선방안을 마련하여야 한다.
④ 연구의 수행 등에 필요한 사항은 행정안전부령으로 정한다.

 정답 ②

소방청장은 건축 환경 및 화재위험특성 변화사항을 효과적으로 반영할 수 있도록 소방시설 규정을 3년에 1회 이상 정비하여야 한다(법 제14조 제2항).

76 소방시설 설치 및 관리에 관한 법령상 특정소방대상물을 설치하는 경우 고려하여야 할 사항이 아닌 것은?

① 규모
② 용도
③ 수용인원
④ 비용

 정답 ④

특정소방대상물 : 건축물 등의 규모·용도 및 수용인원

등을 고려하여 소방시설을 설치하여야 하는 소방대상물로서 대통령령으로 정하는 것을 말한다(법 제2조 제1항 제3호).

77 소방기본법령상 시장지역에서 화재로 오인할 만한 우려가 있는 불을 피우거나 연막소독을 하려는 자가 신고를 하지 아니하여 소방자동차를 출동하게 한 자에 대한 과태료 부과 · 징수권자는?

① 소방본부장 또는 소방서장
② 시 · 도지사
③ 시 · 도경찰청장
④ 소방청장

정답

핵심 포인트

과태료(법 제57조)

1. 시장지역 등에서 화재로 오인할 만한 우려가 있는 불을 피우거나 연막소독을 하려는 자가 신고를 하지 아니하여 소방자동차를 출동하게 한 자에게는 20만원 이하의 과태료를 부과한다.
2. 과태료는 조례로 정하는 바에 따라 관할 소방본부장 또는 소방서장이 부과 · 징수한다.

78 화재의 예방 및 안전관리에 관한 법령상 불꽃을 사용하는 용접 · 용단 기구의 용접 또는 용단 작업장에서 지켜야 하는 사항이다. 다음 (   ) 안에 알맞은 것은?

- 용접 또는 용단 작업장 주변 반경 (㉠)m 이내에 소화기를 갖추어 둘 것
- 용접 또는 용단 작업장 주변 반경 (㉡)m 이내에는 가연물을 쌓아두거나 놓아두지 말 것(다만, 가연물의 제거가 곤란하여 방화포 등으로 방호조치를 한 경우는 제외한다.)

① ㉠ 3, ㉡ 5
② ㉠ 5, ㉡ 10
③ ㉠ 7, ㉡ 15
④ ㉠ 10, ㉡ 20

정답

불꽃을 사용하는 용접 · 용단 기구(영 별표 1) : 용접 또는 용단 작업장에서는 다음의 사항을 지켜야 한다.
1. 용접 또는 용단 작업장 주변 반경 5m 이내에 소화기를 갖추어 둘 것
2. 용접 또는 용단 작업장 주변 반경 10m 이내에는 가연물을 쌓아두거나 놓아두지 말 것(다만, 가연물의 제거가 곤란하여 방화포 등으로 방호조치를 한 경우는 제외한다.)

79 화재의 예방 및 안전관리에 관한 법령상 소방안전관리자, 총괄소방안전관리자 또는 소방안전관리보조자를 선임하지 아니한 자에 대한 벌칙은?

① 300만원 이하의 벌금
② 500만원 이하의 벌금

③ 1년 이하의 징역 또는 1천만원 이하의 벌금

④ 3년 이하의 징역 또는 3천만원 이하의 벌금

정답 ①

> **⊕ 핵심 포인트 ⊕**
>
> **300만원 이하의 벌금(법 50조 제3항)**
>
> 1. 화재안전조사를 정당한 사유 없이 거부·방해 또는 기피한 자
> 2. 명령을 정당한 사유 없이 따르지 아니하거나 방해한 자
> 3. 소방안전관리자, 총괄소방안전관리자 또는 소방안전관리보조자를 선임하지 아니한 자
> 4. 소방시설·피난시설·방화시설 및 방화구획 등이 법령에 위반된 것을 발견하였음에도 필요한 조치를 할 것을 요구하지 아니한 소방안전관리자
> 5. 소방안전관리자에게 불이익한 처우를 한 관계인
> 6. 업무를 수행하면서 알게 된 비밀을 이 법에서 정한 목적 외의 용도로 사용하거나 다른 사람 또는 기관에 제공하거나 누설한 자

80 소방시설 설치 및 관리에 관한 법령상 특정소방대상물의 관계인은 내용연수가 경과한 소방용품을 교체하여야 하는데 분말형태의 소화약제를 사용하는 소화기의 내용연수는?

① 5년

② 10년

③ 15년

④ 20년

정답 ②

> **⊕ 핵심 포인트 ⊕**
>
> **내용연수 설정대상 소방용품(영 제19조)**
>
> 1. 내용연수를 설정해야 하는 소방용품은 분말형태의 소화약제를 사용하는 소화기로 한다.
> 2. 소방용품의 내용연수는 10년으로 한다.

81 소방기본법령상 소방용수시설 중 저수조의 설치기준으로 틀린 것은?

① 소방펌프자동차가 쉽게 접근할 수 있도록 할 것

② 저수조에 물을 공급하는 방법은 상수도에 연결하여 자동으로 급수되는 구조일 것

③ 흡수관의 투입구가 사각형의 경우에는 한 변의 길이가 80cm 이상일 것

④ 흡수부분의 수심이 0.5m 이상일 것

정답 ③

> **⊕ 핵심 포인트 ⊕**
>
> **저수조의 설치기준(규칙 별표 3)**
>
> 1. 지면으로부터의 낙차가 4.5m 이하일 것
> 2. 흡수부분의 수심이 0.5m 이상일 것
> 3. 소방펌프자동차가 쉽게 접근할 수 있도록 할 것
> 4. 흡수에 지장이 없도록 토사 및 쓰레기 등을 제거할 수 있는 설비를 갖출 것
> 5. 흡수관의 투입구가 사각형의 경우에는 한 변의 길이가 60cm 이상, 원형의 경우에는 지름이 60cm 이상일 것
> 6. 저수조에 물을 공급하는 방법은 상수도에 연결하여 자동으로 급수되는 구조일 것

PART **1**

과목별 예상문제

82 소방시설 설치 및 관리에 관한 법령에 따른 특정소방대상물 중 의료시설에 해당하지 않는 것은?

① 전염병원

② 한방병원

③ 정신의료기관

④ 노유자복지시설

정답 ④

핵심 포인트

의료시설(영 별표 2)

1. **병원** : 종합병원, 병원, 치과병원, 한방병원, 요양병원
2. **격리병원** : 전염병원, 마약진료소, 그 밖에 이와 비슷한 것
3. 정신의료기관
4. 장애인 의료재활시설

---

83 화재의 예방 및 안전관리에 관한 법령상 특수가연물의 표지 중 화기엄금 표시부분의 글자의 표시는?

① 바탕은 검은색으로, 문자는 백색으로 할 것

② 바탕은 붉은색으로, 문자는 백색으로 할 것

③ 바탕은 노란색으로, 문자는 붉은색으로 할 것

④ 바탕은 파란색으로, 문자는 백색으로 할 것

정답 ②

핵심 포인트

특수가연물 표지의 규격(영 별표 3)

1. 특수가연물 표지는 한 변의 길이가 0.3m 이상, 다른 한 변의 길이가 0.6m 이상인 직사각형으로 할 것
2. 특수가연물 표지의 바탕은 흰색으로, 문자는 검은색으로 할 것(다만, "화기엄금" 표시 부분은 제외한다.)
3. 특수가연물 표지 중 화기엄금 표시 부분의 바탕은 붉은색으로, 문자는 백색으로 할 것

---

84 소방시설공사업법령상 특정소방대상물의 관계인 또는 발주자가 해당 도급계약의 수급인을 도급계약 해지할 수 있는 경우로 틀린 것은?

① 하도급계약의 적정성 심사 결과 하수급인 또는 하도급계약 내용의 변경 요구에 정당한 사유 없이 따르지 않는 경우

② 정당한 사유 없이 30일 이상 소방시설공사를 계속하지 아니하는 경우

③ 소방시설업이 등록취소되거나 영업정지된 경우

④ 소방시설업을 종류별로 개업한 경우

정답 ④

특정소방대상물의 관계인 또는 발주자는 해당 도급계약의 수급인이 다음의 어느 하나에 해당하는 경우에는 도급계약을 해지할 수 있다(법 제23조).

1. 소방시설업이 등록취소되거나 영업정지된 경우
2. 소방시설업을 휴업하거나 폐업한 경우
3. 정당한 사유 없이 30일 이상 소방시설공사를 계속하지 아니하는 경우
4. 하도급계약의 적정성 심사 결과 하수급인 또는 하도급계약 내용의 변경 요구에 정당한 사유 없이 따르지 아니하는 경우

85 화재의 예방 및 안전관리에 관한 법령상 1급 소방안전관리 대상물에 해당하지 않는 건축물은?

① 지하구

② 30층 이상(지하층은 제외한다)이거나 지상으로부터 높이가 120m 이상인 아파트

③ 가연성 가스를 1천톤 이상 저장 · 취급하는 시설

④ 연면적 1만5천m² 이상인 특정소방대상물

정답 ①

핵심 포인트

1급 소방안전관리대상물의 범위(영 별표 4)

1. 30층 이상(지하층은 제외한다)이거나 지상으로부터 높이가 120m 이상인 아파트

2. 연면적 1만5천m² 이상인 특정소방대상물(아파트 및 연립주택은 제외한다)

3. 2에 해당하지 않는 특정소방대상물로서 지상층의 층수가 11층 이상인 특정소방대상물(아파트는 제외한다)

4. 가연성 가스를 1천톤 이상 저장 · 취급하는 시설

---

86 소방기본법령상 소방업무의 상호응원협정 체결 시 포함되어야 하는 사항이 아닌 것은?

① 구조 · 구급업무의 지원

② 응원출동의 요청방법

③ 화재진압에 관한 교육

④ 화재조사활동

정답 ③

소방업무의 상호응원협정 체결 시 포함되어야 하는 사

항(규칙 제8조)

1. 다음의 소방활동에 관한 사항
   ㉠ 화재의 경계 · 진압활동
   ㉡ 구조 · 구급업무의 지원
   ㉢ 화재조사활동
2. 응원출동 대상지역 및 규모
3. 다음의 소요경비의 부담에 관한 사항
   ㉠ 출동대원의 수당 · 식사 및 의복의 수선
   ㉡ 소방장비 및 기구의 정비와 연료의 보급
   ㉢ 그 밖의 경비
4. 응원출동의 요청방법
5. 응원출동 훈련 및 평가

PART 1

소방관계법규

87 위험물안전관리법령상 제조소 등이 아닌 장소에서 지정수량 이상의 위험물을 취급할 수 있다. 다음 (   ) 안에 알맞은 것은?

다음의 어느 하나에 해당하는 경우에는 제조소 등이 아닌 장소에서 지정수량 이상의 위험물을 취급할 수 있다. 이 경우 임시로 저장 또는 취급하는 장소에서의 저장 또는 취급의 기준과 임시로 저장 또는 취급하는 장소의 위치 · 구조 및 설비의 기준은 시 · 도의 조례로 정한다.

1. 시 · 도의 조례가 정하는 바에 따라 (㉠)의 승인을 받아 지정수량 이상의 위험물을 (㉡)일 이내의 기간동안 임시로 저장 또는 취급하는 경우

2. 군부대가 지정수량 이상의 위험물을 군사목적으로 임시로 저장 또는 취급하는 경우

① ㉠ 관할소방서장, ㉡ 90

② ㉠ 관할소방본부장, ㉡ 60

③ ㉠ 소방청장, ㉡ 30

④ ㉠ 시 · 도경찰청장, ㉡ 15

정답 ①

다음의 어느 하나에 해당하는 경우에는 제조소 등이 아닌 장소에서 지정수량 이상의 위험물을 취급할 수 있다. 이 경우 임시로 저장 또는 취급하는 장소에서의 저장 또는 취급의 기준과 임시로 저장 또는 취급하는 장소의 위치·구조 및 설비의 기준은 시·도의 조례로 정한다(법 제5조 제2항).

1. 시·도의 조례가 정하는 바에 따라 관할소방서장의 승인을 받아 지정수량 이상의 위험물을 90일 이내의 기간동안 임시로 저장 또는 취급하는 경우
2. 군부대가 지정수량 이상의 위험물을 군사목적으로 임시로 저장 또는 취급하는 경우

88 소방시설공사업법령상 100만원 이하의 벌금에 해당하는 것은?

① 정당한 사유 없이 관계 공무원의 출입 또는 검사·조사를 거부·방해 또는 기피한 자
② 관계인의 정당한 업무를 방해하거나 업무상 알게 된 비밀을 누설한 사람
③ 자격수첩 또는 경력수첩을 빌려 준 사람
④ 하도급받은 소방시설공사를 다시 하도급한 자

정답 ①

⊕ **핵심 포인트** ⊕

100만원 이하의 벌금(법 제38조)

1. 명령을 위반하여 보고 또는 자료 제출을 하지 아니하거나 거짓으로 한 자
2. 정당한 사유 없이 관계 공무원의 출입 또는 검사·조사를 거부·방해 또는 기피한 자

89 특정소방대상물의 관계인이 소방안전관리자를 해임한 경우 재선임 신고를 해야 하는 기준은? (단, 해임·퇴직한 날을 기준일로 한다.)

① 5일 이내
② 7일 이내
③ 14일 이내
④ 30일 이내

정답 ④

소방안전관리대상물의 관계인은 소방안전관리자를 해임, 퇴직한 날부터 30일 이내에 선임해야 한다(규칙 제 제1항).

90 소방시설 설치 및 관리에 관한 법령에 따른 특정소방대상물의 수용인원의 산정방법 기준 중 틀린 것은?

① 침대가 있는 숙박시설의 경우는 해당 특정소방대상물의 종사자 수에 침대수(2인용 침대는 2인으로 산정)를 합한 수
② 침대가 없는 숙박시설의 경우는 해당 특정소방대상물의 종사자 수에 숙박시설 바닥면적의 합계를 $3m^2$로 나누어 얻은 수를 합한 수
③ 강의실 용도로 쓰이는 특정소방대상물의 경우는 해당 용도로 사용하는 바닥면적의 합계를 $5.8m^2$로 나누어 얻은 수
④ 문화 및 집회시설의 경우는 해당 용도로 사용하는 바닥면적의 합계를 $4.6m^2$로 나누어 얻은 수

정답 ③

핵심 포인트

수용인원의 산정 방법(영 별표 7)

1. 숙박시설이 있는 특정소방대상물
   - ㉠ 침대가 있는 숙박시설 : 해당 특정소방대상물의 종사자 수에 침대 수(2인용 침대는 2개로 산정한다)를 합한 수
   - ㉡ 침대가 없는 숙박시설 : 해당 특정소방대상물의 종사자 수에 숙박시설 바닥면적의 합계를 $3m^2$로 나누어 얻은 수를 합한 수
2. 이 외의 특정소방대상물
   - ㉠ 강의실 · 교무실 · 상담실 · 실습실 · 휴게실 용도로 쓰는 특정소방대상물 : 해당 용도로 사용하는 바닥면적의 합계를 $1.9m^2$로 나누어 얻은 수
   - ㉡ 강당, 문화 및 집회시설, 운동시설, 종교시설 : 해당 용도로 사용하는 바닥면적의 합계를 $4.6m^2$로 나누어 얻은 수(관람석이 있는 경우 고정식 의자를 설치한 부분은 그 부분의 의자 수로 하고, 긴 의자의 경우에는 의자의 정면너비를 0.45m로 나누어 얻은 수로 한다)
   - ㉢ 그 밖의 특정소방대상물 : 해당 용도로 사용하는 바닥면적의 합계를 $3m^2$로 나누어 얻은 수

91 위험물안전관리법상 위험시설의 설치 및 변경 등에 관한 기준 중 다음 (   ) 안에 알맞은 것은?

> 제조소 등의 위치 · 구조 또는 설비의 변경없이 당해 제조소 등에서 저장하거나 취급하는 위험물의 품명 · 수량 또는 지정수량의 배수를 변경하고자 하는 자는 변경하고자 하는 날의 (㉠)일 전까지 (㉡)이 정하는 바에 따라 (㉢)에게 신고하여야 한다.

① ㉠ 1, ㉡ 행정안전부령, ㉢ 시 · 도지사
② ㉠ 7, ㉡ 대통령령, ㉢ 소방관서장
③ ㉠ 14, ㉡ 행정안전부령, ㉢ 소방본부장
④ ㉠ 30, ㉡ 대통령령, ㉢ 소방서장

 정답 ①

제조소 등의 위치 · 구조 또는 설비의 변경없이 당해 제조소 등에서 저장하거나 취급하는 위험물의 품명 · 수량 또는 지정수량의 배수를 변경하고자 하는 자는 변경하고자 하는 날의 1일 전까지 행정안전부령이 정하는 바에 따라 시 · 도지사에게 신고하여야 한다(법 제6조 제2항).

92 위험물안전관리법령상 인화성액체위험물(이황화탄소 제외)의 옥외탱크저장소의 탱크 주위에 설치하여야 하는 방유제의 설치 기준 중 틀린 것은?

① 방유제 내에 설치하는 옥외저장탱크의 수는 10 이하로 할 것
② 방유제의 용량은 방유제 안에 설치된 탱크가 하나인 때에는 그 탱크 용량의 110% 이상, 2기 이상인 때에는 그 탱크 중 용량이 최대인 것의 용량의 110% 이상으로 할 것
③ 방유제 내의 면적은 8만m^2 이하로 할 것
④ 방유제 외면의 2분의 1 이상은 자동차 등이 통행할 수 있는 2m 이상의 노면폭을 확보한 구내도로에 직접 접하도록 할 것

 정답 ④

방유제의 설치기준(규칙 별표 6)
1. 방유제의 용량은 방유제 안에 설치된 탱크가 하나인 때에는 그 탱크 용량의 110% 이상, 2기 이상인 때에는 그 탱크 중 용량이 최대인 것의 용량의 110% 이상으로 할 것
2. 방유제는 높이 0.5m 이상 3m 이하, 두께 0.2m 이상, 지하매설깊이 1m 이상으로 할 것

PART 1

과목별 예상문제

3. 방유제 내의 면적은 8만m² 이하로 할 것

4. 방유제 내에 설치하는 옥외저장탱크의 수는 10 이하로 할 것

5. 방유제 외면의 2분의 1 이상은 자동차 등이 통행할 수 있는 3m 이상의 노면폭을 확보한 구내도로에 직접 접하도록 할 것

6. 방유제는 옥외저장탱크의 지름에 따라 그 탱크의 옆판으로부터 다음에 정하는 거리를 유지할 것
   ㉠ 지름이 15m 미만인 경우에는 탱크 높이의 3분의 1 이상
   ㉡ 지름이 15m 이상인 경우에는 탱크 높이의 2분의 1 이상

7. 방유제는 철근콘크리트로 하고, 방유제와 옥외저장탱크 사이의 지표면은 불연성과 불침윤성이 있는 구조(철근콘크리트 등)로 할 것

8. 용량이 1,000만ℓ 이상인 옥외저장탱크의 주위에 설치하는 방유제에는 다음의 규정에 따라 당해 탱크마다 간막이 둑을 설치할 것
   ㉠ 간막이 둑의 높이는 0.3m(방유제 내에 설치되는 옥외저장탱크의 용량의 합계가 2억ℓ를 넘는 방유제에 있어서는 1m) 이상으로 하되, 방유제의 높이보다 0.2m 이상 낮게 할 것
   ㉡ 간막이 둑은 흙 또는 철근콘크리트로 할 것
   ㉢ 간막이 둑의 용량은 간막이 둑 안에 설치된 탱크의 용량의 10% 이상일 것

9. 방유제 내에는 당해 방유제 내에 설치하는 옥외저장탱크를 위한 배관, 조명설비 및 계기시스템과 이들에 부속하는 설비 그 밖의 안전확보에 지장이 없는 부속설비 외에는 다른 설비를 설치하지 아니할 것

10. 방유제 또는 간막이 둑에는 해당 방유제를 관통하는 배관을 설치하지 아니할 것

11. 방유제에는 그 내부에 고인 물을 외부로 배출하기 위한 배수구를 설치하고 이를 개폐하는 밸브 등을 방유제의 외부에 설치할 것

12. 용량이 100만ℓ 이상인 위험물을 저장하는 옥외저장탱크에 있어서는 밸브 등에 그 개폐상황을 쉽게 확인할 수 있는 장치를 설치할 것

13. 높이가 1m를 넘는 방유제 및 간막이 둑의 안팎에는 방유제 내에 출입하기 위한 계단 또는 경사로를 약 50m마다 설치할 것

14. 용량이 50만리터 이상인 옥외탱크저장소가 해안 또는 강변에 설치되어 방유제 외부로 누출된 위험물이 바다 또는 강으로 유입될 우려가 있는 경우에는 해당 옥외탱크저장소가 설치된 부지 내에 전용유조 등 누출위험물 수용설비를 설치할 것

---

93 소방시설 설치 및 관리에 관한 법령상 수용인원 산정 방법 중 침대가 없는 숙박시설로서 해당 특정소방대상물의 종사자의 수는 10명, 복도, 계단 및 화장실의 바닥면적을 제외한 바닥 면적이 126m²인 경우의 수용인원은 약 몇 명인가?

① 50명
② 52명
③ 54명
④ 56명

정답 ②

핵심 포인트

숙박시설이 있는 특정소방대상물(영 별표 7)

1. **침대가 있는 숙박시설** : 해당 특정소방대상물의 종사자 수에 침대 수(2인용 침대는 2개로 산정한다)를 합한 수

2. **침대가 없는 숙박시설** : 해당 특정소방대상물의 종사자 수에 숙박시설 바닥면적의 합계를 3m²로 나누어 얻은 수를 합한 수

$$10 + \frac{126}{3} = 52명$$

---

94 위험물안전관리법령상 제조소 등의 경보설비 설치기준에 대한 설명으로 틀린 것은?

① 제조소 및 일반취급소의 연면적이 500m² 이상인 것에는 자동화재탐지설비를 설치해야 한다.

② 처마 높이가 6미터 이상인 단층 건물은 자동화재탐지설비를 설치하여야 한다.

③ 경보설비는 자동화재탐지설비 · 비상경보설비(비상벨장치 또는 경종 포함) · 확성장치 (휴대용확성기 포함) 및 비상방송설비로 구분한다.

④ 지정수량의 10배 이상의 위험물을 저장 또는 취급하는 제조소 등(이동탱크저장소를 포함한다)에는 화재발생시 이를 알릴 수 있는 경보설비를 설치하여야 한다.

정답 ④

지정수량의 10배 이상의 위험물을 저장 또는 취급하는 제조소 등에는 자동화재탐지설비, 비상경보설비, 확성장치 또는 비상방송설비 중 1종 이상을 설치하여야 한다 (규칙 별표 17).

95 화재의 예방 및 안전관리에 관한 법률상 화재안전조사의 종류에 해당하지 않는 것은?

① 소방안전관리 업무 수행에 관한 사항
② 소방시설의 설치 및 관리에 관한 사항
③ 방염에 관한 사항
④ 소방교육이수에 관한 사항

정답 ④

핵심 포인트

화재안전조사의 항목(영 제7조)

1. 화재의 예방조치 등에 관한 사항
2. 소방안전관리 업무 수행에 관한 사항
3. 피난계획의 수립 및 시행에 관한 사항
4. 소화·통보·피난 등의 훈련 및 소방안전관리에 필요한 교육에 관한 사항
5. 소방자동차 전용구역의 설치에 관한 사항
6. 시공, 감리 및 감리원의 배치에 관한 사항
7. 소방시설의 설치 및 관리에 관한 사항
8. 건설현장 임시소방시설의 설치 및 관리에 관한 사항
9. 피난시설, 방화구획 및 방화시설의 관리에 관한 사항
10. 방염에 관한 사항
11. 소방시설 등의 자체점검에 관한 사항
12. 안전관리에 관한 사항

13. 위험물 안전관리에 관한 사항
14. 초고층 및 지하연계 복합건축물의 안전관리에 관한 사항
15. 그 밖에 소방대상물에 화재의 발생 위험이 있는지 등을 확인하기 위해 소방관서장이 화재안전조사가 필요하다고 인정하는 사항

96 소방시설 설치 및 관리에 관한 법령상 특정소방대상물 중 오피스텔은 어느 시설에 해당하는가?

① 노유자시설
② 일반업무시설
③ 수련시설
④ 근린생활시설

정답 ②

핵심 포인트

업무시설

1. **공공업무시설** : 국가 또는 지방자치단체의 청사와 외국공관의 건축물로서 근린생활시설에 해당하지 않는 것
2. **일반업무시설** : 금융업소, 사무소, 신문사, 오피스텔[업무를 주로 하며, 분양하거나 임대하는 구획 중 일부의 구획에서 숙식을 할 수 있도록 한 건축물로서 국토교통부장관이 고시하는 기준에 적합한 것을 말한다], 그 밖에 이와 비슷한 것으로서 근린생활시설에 해당하지 않는 것
3. 주민자치센터(동사무소), 경찰서, 지구대, 파출소, 소방서, 119안전센터, 우체국, 보건소, 공공도서관, 국민건강보험공단, 그 밖에 이와 비슷한 용도로 사용하는 것
4. 마을회관, 마을공동작업소, 마을공동구판장, 그 밖에 이와 유사한 용도로 사용되는 것
5. 변전소, 양수장, 정수장, 대피소, 공중화장실, 그 밖에 이와 유사한 용도로 사용되는 것

97 소방시설 설치 및 관리에 관한 법령상 관계인의 의무로 틀린 것은?

① 관계인은 소방시설 등의 기능과 성능을 보전·향상시키고 이용자의 편의와 안전성을 높이기 위하여 노력하여야 한다.

② 관계인은 매년 소방시설 등의 관리에 필요한 재원을 확보하도록 노력하여야 한다.

③ 관계인은 소방안전관리자의 활동에 적극 협조하여야 한다.

④ 관계인 중 점유자는 소유자 및 관리자의 소방시설등 관리 업무에 적극 협조하여야 한다.

 ③

> ### 핵심 포인트
>
> #### 관계인의 의무(법 제4조)
>
> 1. 관계인은 소방시설 등의 기능과 성능을 보전·향상시키고 이용자의 편의와 안전성을 높이기 위하여 노력하여야 한다.
> 2. 관계인은 매년 소방시설 등의 관리에 필요한 재원을 확보하도록 노력하여야 한다.
> 3. 관계인은 국가 및 지방자치단체의 소방시설 등의 설치 및 관리 활동에 적극 협조하여야 한다.
> 4. 관계인 중 점유자는 소유자 및 관리자의 소방시설 등 관리 업무에 적극 협조하여야 한다.

98 소방시설 설치 및 관리에 관한 법령에 따른 소방안전관리대상물의 관계인 및 소방안전관리자를 선임하여야 하는 관계인은 작동점검을 실시한 경우 며칠 이내에 소방시설 등 작동점검 실시 결과 보고서를 소방본부장 또는 소방서장에게 보고하여야 하는가?

① 15일

② 30일

③ 60일

④ 90일

 ①

자체점검 실시결과 보고서를 제출받거나 스스로 자체점검을 실시한 관계인은 자체점검이 끝난 날부터 15일 이내에 소방시설 등 자체점검 실시결과 보고서(전자문서로 된 보고서를 포함한다)에 필요 서류를 첨부하여 소방본부장 또는 소방서장에게 서면이나 소방청장이 지정하는 전산망을 통하여 보고해야 한다(규칙 제23조 제2항).

99 화재의 예방 및 안전관리에 관한 법령상 소방안전관리대상물의 소방계획서에 포함되어야 하는 사항이 아닌 것은?

① 소화에 관한 사항과 연소 방지에 관한 사항

② 화재예방을 위한 자체점검계획 및 대응대책

③ 소방훈련·교육에 관한 계획

④ 예방규정을 정하는 제조소 등의 위험물 저장·취급에 관한 사항

 ④

소방안전관리대상물의 소방계획서에 포함되어야 하는 사항(영 제27조 제1항)

1. 소방안전관리대상물의 위치·구조·연면적·용도 및 수용인원 등 일반 현황
2. 소방안전관리대상물에 설치한 소방시설, 방화시설, 전기시설, 가스시설 및 위험물시설의 현황
3. 화재예방을 위한 자체점검계획 및 대응대책
4. 소방시설·피난시설 및 방화시설의 점검·정비계획
5. 피난층 및 피난시설의 위치와 피난경로의 설정, 화재안전취약자의 피난계획 등을 포함한 피난계획
6. 방화구획, 제연구획, 건축물의 내부 마감재료 및 방염대상물품의 사용 현황과 그 밖의 방화구조 및 설비의 유지·관리계획
7. 관리의 권원이 분리된 특정소방대상물의 소방안전관리에 관한 사항
8. 소방훈련·교육에 관한 계획
9. 소방안전관리대상물의 근무자 및 거주자의 자위소방

대 조직과 대원의 임무(화재안전취약자의 피난 보조 임무를 포함한다)에 관한 사항
10. 화기 취급 작업에 대한 사전 안전조치 및 감독 등 공사 중 소방안전관리에 관한 사항
11. 소화에 관한 사항과 연소 방지에 관한 사항
12. 위험물의 저장 · 취급에 관한 사항(예방규정을 정하는 제조소 등은 제외한다)
13. 소방안전관리에 대한 업무수행에 관한 기록 및 유지에 관한 사항
14. 화재발생 시 화재경보, 초기소화 및 피난유도 등 초기대응에 관한 사항
15. 그 밖에 소방본부장 또는 소방서장이 소방안전관리 대상물의 위치 · 구조 · 설비 또는 관리 상황 등을 고려하여 소방안전관리에 필요하여 요청하는 사항

100 화재의 예방 및 안전관리에 관한 법령상 시 · 도지사의 화재예방강화지구 지정 등에 관한 내용으로 틀린 것은?

① 시 · 도지사는 시장지역에 해당하는 지역을 화재예방강화지구로 지정하여 관리할 수 있다.
② 시 · 도지사가 화재예방강화지구로 지정할 필요가 있는 지역을 화재예방강화지구로 지정하지 아니하는 경우 소방청장은 해당 시 · 도지사에게 해당 지역의 화재예방강화지구 지정을 요청할 수 있다.
③ 소방관서장은 화재예방강화지구 안의 소방대상물의 위치 · 구조 및 설비 등에 대하여 화재안전조사를 할 수 있다.
④ 소방관서장은 화재예방강화지구 안의 관계인에 대하여 필요한 훈련 및 교육을 실시할 수 있다.

정답 ③

소방관서장은 화재예방강화지구 안의 소방대상물의 위치 · 구조 및 설비 등에 대하여 화재안전조사를 하여야 한다(법 제18조 제3항). 즉, 임의규정이 아니라 강행규정이다.

101 화재의 예방 및 안전관리에 관한 법령상 화재안전조사 결과 소방대상물이 법령을 위반하여 관계인에게 조치를 명령할 수 있는 자는?

① 소방서장
② 시 · 도경찰청장
③ 시 · 도지사
④ 소방대장

정답 ①

소방관서장은 화재안전조사 결과 소방대상물이 법령을 위반하여 건축 또는 설비되었거나 소방시설 등, 피난시설 · 방화구획, 방화시설 등이 법령에 적합하게 설치 또는 관리되고 있지 아니한 경우에는 관계인에게 조치를 명하거나 관계 행정기관의 장에게 필요한 조치를 하여 줄 것을 요청할 수 있다(법 제14조 제2항).

102 위험물안전관리법령에 따라 위험물안전관리자를 선임한 날부터 며칠 이내에 소방본부장 또는 소방서장에게 신고하여야 하는가?

① 7일
② 14일
③ 30일
④ 90일

정답 ②

제조소 등의 관계인은 안전관리자를 선임한 경우에는 선임한 날부터 14일 이내에 행정안전부령으로 정하는 바에 따라 소방본부장 또는 소방서장에게 신고하여야 한다(법 제15조 제3항).

103 화재의 예방 및 안전관리에 관한 법률상 화재의 예방 및 안전관리 기본계획에 포함되어야 할 사항이 아닌 것은?

① 화재예방정책의 기본목표 및 추진방향
② 화재의 예방과 안전관리를 위한 법령ㆍ제도의 마련 등 기반 조성
③ 화재의 예방과 안전관리 관련 교재의 개발
④ 화재의 예방과 안전관리 관련 전문인력의 육성ㆍ지원 및 관리

 정답 ③

화재의 예방 및 안전관리 기본계획에 포함되어야 할 사항(법 제4조 제3항)
1. 화재예방정책의 기본목표 및 추진방향
2. 화재의 예방과 안전관리를 위한 법령ㆍ제도의 마련 등 기반 조성
3. 화재의 예방과 안전관리를 위한 대국민 교육ㆍ홍보
4. 화재의 예방과 안전관리 관련 기술의 개발ㆍ보급
5. 화재의 예방과 안전관리 관련 전문인력의 육성ㆍ지원 및 관리
6. 화재의 예방과 안전관리 관련 산업의 국제경쟁력 향상
7. 그 밖에 대통령령으로 정하는 화재의 예방과 안전관리에 필요한 사항

104 소방시설 설치 및 관리에 관한 법령상 시ㆍ도지사가 영업정지를 명하는 경우로서 그 영업정지가 이용자에게 불편을 주거나 그 밖에 공익을 해칠 우려가 있을 때 영업정지처분에 갈음하여 부과하는 과징금은?

① 1천만원 이하
② 2천만원 이하
③ 3천만원 이하
④ 1억원 이하

 정답 ③

시ㆍ도지사는 영업정지를 명하는 경우로서 그 영업정지가 이용자에게 불편을 주거나 그 밖에 공익을 해칠 우려가 있을 때에는 영업정지처분에 갈음하여 3천만원 이하의 과징금을 부과할 수 있다(법 제36조 제1항).

105 문화재보호법의 규정에 의한 유형문화재와 지정문화재에 있어서는 제조소 등과의 수평거리를 몇 m 이상 유지하여야 하는가?

① 50m
② 60m
③ 70m
④ 100m

 정답 ①

안전거리(규칙 별표 4) : 「문화재보호법」의 규정에 의한 유형문화재와 기념물 중 지정문화재에 있어서는 50m 이상

106 화재예방, 소방시설 설치ㆍ유지 및 안전관리에 관한 법령에 따른 임시소방시설 중 간이소화장치를 설치하여야 하는 공사의 화재위험작업현장의 연면적 기준은?

① 연면적 1천m² 이상
② 연면적 3천m² 이상
③ 연면적 5천m² 이상
④ 연면적 1만m² 이상

 정답 ②

간이소화장치 : 다음의 어느 하나에 해당하는 공사의 화

재위험작업현장에 설치한다(영 별표 8).
1. 연면적 3천m² 이상
2. 지하층, 무창층 또는 4층 이상의 층(이 경우 해당 층의 바닥면적이 600m² 이상인 경우만 해당한다.)

107 소방공사업법령상 소방시설업자의 휴업·폐업 신고 등에 관한 내용으로 틀린 것은?

① 소방시설업자는 소방시설업을 휴업·폐업 또는 재개업하는 때에는 행정안전부령으로 정하는 바에 따라 시·도지사에게 신고하여야 한다.
② 소방시설업자의 지위를 승계한 자에 대해서는 폐업신고 전의 소방시설업자에 대한 행정처분의 효과가 승계되지 않는다.
③ 폐업신고를 한 자가 소방시설업 등록이 말소된 후 6개월 이내에 같은 업종의 소방시설업을 다시 등록한 경우 해당 소방시설업자는 폐업신고 전 소방시설업자의 지위를 승계한다.
④ 폐업신고를 받은 시·도지사는 소방시설업 등록을 말소하고 그 사실을 행정안전부령으로 정하는 바에 따라 공고하여야 한다.

정답 ②

소방시설업자의 지위를 승계한 자에 대해서는 폐업신고 전의 소방시설업자에 대한 행정처분의 효과가 승계된다(법 제6조의2 제4항).

108 화재의 예방 및 관리에 관한 법령상 소방안전 특별관리시설물의 대상 기준 중 틀린 것은?

① 노유자시설
② 지정문화유산 및 천연기념물 등의 시설
③ 초고층 건축물 및 지하연계 복합건축물
④ 도시철도시설

정답 ①

⊕ 핵심 포인트 ⊕

소방안전 특별관리시설물(법 제40조 제1항)
1. 공항시설
2. 철도시설
3. 도시철도시설
4. 항만시설
5. 지정문화유산 및 천연기념물 등의 시설(시설이 아닌 지정문화유산 및 천연기념물 등을 보호하거나 소장하고 있는 시설을 포함한다)
6. 산업기술단지
7. 산업단지
8. 초고층 건축물 및 지하연계 복합건축물
9. 영화상영관 중 수용인원 1천명 이상인 영화상영관
10. 전력용 및 통신용 지하구
11. 석유비축시설
12. 천연가스 인수기지 및 공급망
13. 전통시장으로서 대통령령으로 정하는 전통시장
14. 그 밖에 대통령령으로 정하는 시설물

109 소방시설 설치 및 관리에 관한 법령상 지하가 중 터널로서 길이가 1천m일 때 설치하지 않아도 되는 소방시설은?

① 스프링클러설비
② 옥외소화전설비
③ 자동화재탐지설비
④ 무선통신보조설비

정답 ②

지하가 중 터널로서 길이가 1천m일 때 설치하여야 할 소방시설(영 별표 4) : 옥내소화전설비, 스프링클러설비, 자동화재탐지설비, 연결송수관설비, 무선통신보조설비

110 소방시설공사업법령에 따른 소방시설업은 어디에 등록하여야 하는가?

① 소방청장
② 소방서장
③ 시 · 도지사
④ 소방본부장

정답 ③

특정소방대상물의 소방시설공사 등을 하려는 자는 업종별로 자본금(개인인 경우에는 자산 평가액을 말한다), 기술인력 등 대통령령으로 정하는 요건을 갖추어 특별시장 · 광역시장 · 특별자치시장 · 도지사 또는 특별자치도지사(시 · 도지사)에게 소방시설업을 등록하여야 한다.

111 화재의 예방 및 안전관리에 관한 법률상 소방관서장은 화재예방강화지구 안의 관계인에 대하여 소방상 필요한 훈련 및 교육을 연 몇 회 이상 실시할 수 있는가?

① 1회
② 2회
③ 3회
④ 5회

정답 ①

소방관서장은 화재예방강화지구 안의 관계인에 대하여 소방에 필요한 훈련 및 교육을 연 1회 이상 실시할 수 있다(영 제20조 제2항).

112 소방시설공사업법령상 특급기술자에 해당하는 기술등급으로 옳은 것은?

① 소방시설관리사 자격을 취득한 후 2년 이상 소방 관련 업무를 수행한 사람
② 소방시설관리사 자격을 취득한 후 3년 이상 소방 관련 업무를 수행한 사람
③ 소방시설관리사 자격을 취득한 후 4년 이상 소방 관련 업무를 수행한 사람
④ 소방기술사

정답 ④

⊕ **핵심 포인트** ⊕

특급기술자(규칙 별표 4의2)
1. 소방기술사
2. 소방시설관리사 자격을 취득한 후 5년 이상 소방 관련 업무를 수행한 사람

113 소방시설 설치 및 관리에 관한 법령상 소방시설관리사증을 다른 사람에게 빌려주거나 빌리거나 이를 알선한 자에 대한 벌칙 기준으로 옳은 것은?

① 500만 원 이하의 벌금

② 1년 이하의 징역 또는 1,000만 원 이하의 벌금

③ 2년 이하의 징역 또는 2,000만 원 이하의 벌금

④ 3년 이하의 징역 또는 3,000만 원 이하의 벌금

 ②

1년 이하의 징역 또는 1천만원 이하의 벌금(법 제58조)

1. 소방시설 등에 대하여 스스로 점검을 하지 아니하거나 관리업자 등으로 하여금 정기적으로 점검하게 하지 아니한 자
2. 소방시설관리사증을 다른 사람에게 빌려주거나 빌리거나 이를 알선한 자
3. 동시에 둘 이상의 업체에 취업한 자
4. 자격정지처분을 받고 그 자격정지기간 중에 관리사의 업무를 한 자
5. 관리업의 등록증이나 등록수첩을 다른 자에게 빌려주거나 빌리거나 이를 알선한 자
6. 영업정지처분을 받고 그 영업정지기간 중에 관리업의 업무를 한 자
7. 제품검사에 합격하지 아니한 제품에 합격표시를 하거나 합격표시를 위조 또는 변조하여 사용한 자
8. 형식승인의 변경승인을 받지 아니한 자
9. 제품검사에 합격하지 아니한 소방용품에 성능인증을 받았다는 표시 또는 제품검사에 합격하였다는 표시를 하거나 성능인증을 받았다는 표시 또는 제품검사에 합격하였다는 표시를 위조 또는 변조하여 사용한 자
10. 성능인증의 변경인증을 받지 아니한 자
11. 우수품질인증을 받지 아니한 제품에 우수품질인증 표시를 하거나 우수품질인증 표시를 위조하거나 변조하여 사용한 자
12. 관계인의 정당한 업무를 방해하거나 출입·검사 업무를 수행하면서 알게 된 비밀을 다른 사람에게 누설한 자

114 소방시설 설치 및 관리에 관한 법령에 따른 방염성능기준 이상의 실내장식물 등을 설치하여야 하는 특정 소방대상물의 기준 중 틀린 것은?

① 교육연구시설 중 합숙소

② 숙박이 가능한 수련시설

③ 방송통신시설 중 방송국 및 촬영소

④ 운동시설 중 수영장

 ④

방염성능기준 이상의 실내장식물 등을 설치해야 하는 특정소방대상물(영 제30조)

1. 근린생활시설 중 의원, 조산원, 산후조리원, 체력단련장, 공연장 및 종교집회장
2. 건축물의 옥내에 있는 다음의 시설 : 문화 및 집회시설, 종교시설, 운동시설(수영장은 제외한다)
3. 의료시설
4. 교육연구시설 중 합숙소
5. 노유자 시설
6. 숙박이 가능한 수련시설
7. 숙박시설
8. 방송통신시설 중 방송국 및 촬영소
9. 다중이용업의 영업소
10. 1.부터 9.까지의 시설에 해당하지 않는 것으로서 층수가 11층 이상인 것(아파트 등은 제외한다)

115 소방시설 설치 및 관리에 관한 법령상 특정소방대상물에 소방시설이 화재안전기준에 따라 설치·관리되어 있지 아니할 때 해당 특정소방대상물의 관계인에게 필요한 조치를 명할 수 있는 자는?

① 시·도지사

② 소방청장

③ 소방서장

④ 행정안전부장관

정답 ③

소방본부장이나 소방서장은 소방시설이 화재안전기준에 따라 설치 · 관리되고 있지 아니할 때에는 해당 특정소방대상물의 관계인에게 필요한 조치를 명할 수 있다.

116 소방기본법령상 소방용수시설별 설치기준 중 주거지역 · 상업지역 및 공업지역에 설치하는 경우의 기준은?

① 소방대상물과의 수평거리를 100m 이하가 되도록 할 것
② 소방대상물과의 수평거리를 90m 이하가 되도록 할 것
③ 소방대상물과의 수평거리를 80m 이하가 되도록 할 것
④ 소방대상물과의 수평거리를 70m 이하가 되도록 할 것

정답 ①

⊕ **핵심 포인트** ⊕

소방용수시설의 설치기준(규칙 별표 3)
1. 주거지역 · 상업지역 및 공업지역에 설치하는 경우 : 소방대상물과의 수평거리를 100m 이하가 되도록 할 것
2. 이 외의 지역에 설치하는 경우 : 소방대상물과의 수평거리를 140m 이하가 되도록 할 것

117 소방시설공사업법령상 소방시설공사의 하자보수 보증기간이 3년이 아닌 것은?

① 상수도소화용수설비
② 소화활동설비

③ 자동화재탐지설비
④ 비상경보설비

정답 ④

하자보수 대상 소방시설과 하자보수 보증기간(영 제6조)
1. 피난기구, 유도등, 유도표지, 비상경보설비, 비상조명등, 비상방송설비 및 무선통신보조설비 : 2년
2. 자동소화장치, 옥내소화전설비, 스프링클러설비, 간이스프링클러설비, 물분무등소화설비, 옥외소화전설비, 자동화재탐지설비, 상수도소화용수설비 및 소화활동설비(무선통신보조설비는 제외한다) : 3년

118 소방기본법령에 따른 소방용수시설 저수조의 설치기준으로 틀린 것은?

① 지면으로부터의 낙차가 10m 이하일 것
② 흡수부분의 수심이 0.5m 이상일 것
③ 소방펌프자동차가 쉽게 접근할 수 있도록 할 것
④ 흡수관의 투입구가 사각형의 경우에는 한 변의 길이가 60cm 이상, 원형의 경우에는 지름이 60cm 이상일 것

정답 ①

⊕ **핵심 포인트** ⊕

저수조의 설치기준(규칙 별표 3)
1. 지면으로부터의 낙차가 4.5m 이하일 것
2. 흡수부분의 수심이 0.5m 이상일 것
3. 소방펌프자동차가 쉽게 접근할 수 있도록 할 것
4. 흡수에 지장이 없도록 토사 및 쓰레기 등을 제거할 수 있는 설비를 갖출 것
5. 흡수관의 투입구가 사각형의 경우에는 한 변의 길이가 60cm 이상, 원형의 경우에는 지름이 60cm 이상일 것
6. 저수조에 물을 공급하는 방법은 상수도에 연결하여 자동으로 급수되는 구조일 것

119 소방기본법령상 국고보조 대상사업의 범위 중 소방활동장비와 설비에 해당하지 않는 것은?

① 소방전용통신설비
② 소방헬리콥터
③ 피난구조설비
④ 방화복 등 소방활동에 필요한 소방장비

정답

국고보조 대상사업의 범위 중 소방활동장비(영 제2조 제1항)
1. 소방자동차
2. 소방헬리콥터 및 소방정
3. 소방전용통신설비 및 전산설비
4. 그 밖에 방화복 등 소방활동에 필요한 소방장비

120 위험물안전관리법령상 지정수량의 최소 몇 배 이상의 위험물을 취급하는 제조소에는 피뢰침을 설치해야 하는가? (단, 제6류 위험물을 취급하는 위험물제조소는 제외하고, 제조소 주위의 상황에 따라 안전상 지장이 없는 경우도 제외한다.)

① 5배
② 10배
③ 20배
④ 50배

정답

피뢰설비 : 지정수량의 10배 이상의 위험물을 취급하는 제조소(제6류 위험물을 취급하는 위험물제조소를 제외한다)에는 피뢰침(한국산업표준 중 피뢰설비 표준에 적합한 것을 말한다.)을 설치하여야 한다. 다만, 제조소의 주위의 상황에 따라 안전상 지장이 없는 경우에는 피뢰침을 설치하지 아니할 수 있다(규칙 별표 4).

121 소방기본법령상 소방본부 종합상황실 실장이 소방청의 종합상황실에 서면·팩스 또는 컴퓨터통신 등으로 보고하여야 하는 화재의 기준에 해당하지 않는 것은?

① 이재민이 50인 이상 발생한 화재
② 재산피해액이 50억원 이상 발생한 화재
③ 지하철 또는 지하구의 화재
④ 다중이용업소의 화재

정답

종합상황실의 실장은 다음의 어느 하나에 해당하는 상황이 발생하는 때에는 그 사실을 지체 없이 서면·팩스 또는 컴퓨터통신 등으로 소방서의 종합상황실의 경우는 소방본부의 종합상황실에, 소방본부의 종합상황실의 경우는 소방청의 종합상황실에 각각 보고해야 한다(규칙 제3조 제2항).
1. 사망자가 5인 이상 발생하거나 사상자가 10인 이상 발생한 화재
2. 이재민이 100인 이상 발생한 화재
3. 재산피해액이 50억원 이상 발생한 화재
4. 관공서·학교·정부미도정공장·문화재·지하철 또는 지하구의 화재
5. 관광호텔, 층수가 11층 이상인 건축물, 지하상가, 시장, 백화점, 지정수량의 3천배 이상의 위험물의 제조소·저장소·취급소, 층수가 5층 이상이거나 객실이 30실 이상인 숙박시설, 층수가 5층 이상이거나 병상이 30개 이상인 종합병원·정신병원·한방병원·요양소, 연면적 1만5천m² 이상인 공장 또는 화재경계지구에서 발생한 화재
6. 철도차량, 항구에 매어둔 총 톤수가 1천톤 이상인 선박, 항공기, 발전소 또는 변전소에서 발생한 화재
7. 가스 및 화약류의 폭발에 의한 화재
8. 다중이용업소의 화재
9. 통제단장의 현장지휘가 필요한 재난상황
10. 언론에 보도된 재난상황
11. 그 밖에 소방청장이 정하는 재난상황

PART 1

과목별 예상문제

122 소방시설공사업법령에 따른 소방시설공사 중 특정소방대상물에 설치된 소방시설 등을 구성하는 것의 전부 또는 일부를 개설, 이전 또는 정비하는 공사의 착공신고 대상이 아닌 것은?

① 수신반
② 통신설비
③ 동력(감시)제어반
④ 소화펌프

 ②

특정소방대상물에 설치된 소방시설 등을 구성하는 다음 어느 하나에 해당하는 것의 전부 또는 일부를 개설, 이전 또는 정비하는 공사. 다만, 고장 또는 파손 등으로 인하여 작동시킬 수 없는 소방시설을 긴급히 교체하거나 보수하여야 하는 경우에는 신고하지 않을 수 있다(영 제4조 제3호).
1. 수신반
2. 소화펌프
3. 동력(감시)제어반

123 위험물안전관리법상 제조소 등의 설치허가를 받지 아니하고 제조소 등을 설치한 자에 대한 벌칙 기준으로 옳은 것은?

① 5년 이하의 징역 또는 1억원 이하의 벌금
② 3년 이하의 징역 또는 3,000만원 이하의 벌금
③ 2년 이하의 징역 또는 2,000만원 이하의 벌금
④ 1년 이하의 징역 또는 1,000만원 이하의 벌금

 ①

제조소 등의 설치허가를 받지 아니하고 제조소 등을 설

치한 자는 5년 이하의 징역 또는 1억원 이하의 벌금에 처한다(법 제34조의2).

124 위험물안전관리법령상 제조소 등 또는 위험물시설의 설치 및 변경허가를 받지 않고 지정수량 이상의 위험물을 저장 또는 취급하는 장소에서 위험물을 유출·방출 또는 확산시켜 사람의 생명·신체 또는 재산에 대하여 위험을 발생시킨 자에 대한 벌칙은?

① 무기 또는 5년 이상의 징역
② 무기 또는 10년 이상의 징역
③ 1년 이상 10년 이하의 징역
④ 3년 이상 15년 이하의 징역

 ③

⊕ **핵심 포인트** ⊕

벌칙(법 제33조)

1. 제조소 등 또는 위험물시설의 설치 및 변경허가를 받지 않고 지정수량 이상의 위험물을 저장 또는 취급하는 장소에서 위험물을 유출·방출 또는 확산시켜 사람의 생명·신체 또는 재산에 대하여 위험을 발생시킨 자는 1년 이상 10년 이하의 징역에 처한다.
2. 1.의 죄를 범하여 사람을 상해에 이르게 한 때에는 무기 또는 3년 이상의 징역에 처하며, 사망에 이르게 한 때에는 무기 또는 5년 이상의 징역에 처한다.

125 소방시설 설치 및 관리에 관한 법령상 소방시설정보관리시스템 구축·운영 대상 시설물이 아닌 것은?

① 의료시설
② 학교 및 교육시설
③ 판매시설
④ 문화 및 집회시설

정답 ②

소방시설정보관리시스템 구축·운영 대상 시설물(영 제11조 제1항) : 문화 및 집회시설, 종교시설, 판매시설, 의료시설, 노유자 시설, 숙박이 가능한 수련시설, 업무시설, 숙박시설, 공장, 창고시설, 위험물 저장 및 처리 시설, 지하가, 지하구, 그 밖에 소방청장·소방본부장 또는 소방서장이 소방안전관리의 취약성과 화재위험성을 고려하여 필요하다고 인정하는 특정소방대상물

126 위험물안전관리법령상 정기검사를 받아야 하는 특정·준특정옥외탱크저장소의 관계인이 이 특정·준특정옥외탱크저장소의 설치허가에 따른 완공검사필증을 발급받은 날부터 정기검사를 받아야 하는 기간이 틀린 것은?

① 준특정옥외탱크저장소의 설치허가에 따른 완공검사합격확인증을 발급받은 날부터 12년
② 특정옥외탱크저장소의 설치허가에 따른 완공검사합격확인증을 발급받은 날부터 12년
③ 최근의 정밀정기검사를 받은 날부터 15년
④ 특정·준특정옥외저장탱크에 안전조치를 한 후 구조안전점검시기 연장신청을 하여 해당 안전조치가 적정한 것으로 인정받은 경우에는 최근의 정밀정기검사를 받은 날부터 13년

정답 ③

특정·준특정옥외탱크저장소의 정기점검 : 옥외탱크저장소 중 저장 또는 취급하는 액체위험물의 최대수량이 50만리터 이상인 것에 대해서는 제64조에 따른 정기점검 외에 다음의 어느 하나에 해당하는 기간 이내에 1회 이상 특정·준특정옥외저장탱크(특정·준특정옥외탱크저장소의 탱크)의 구조 등에 관한 안전점검을 해야 한다. 다만, 해당 기간 이내에 특정·준특정옥외저장탱크의 사용중단 등으로 구조안전점검을 실시하기가 곤란한 경우에는 관할소방서장에게 구조안전점검의 실시기간 연장신청(전자문서에 의한 신청을 포함한다)을 할 수 있으며, 그 신청을 받은 소방서장은 1년(특정·준특정옥외저장탱크의 사용을 중지한 경우에는 사용중지기간)의 범위에서 실시기간을 연장할 수 있다(규칙 제65조 제1항).
1. 특정·준특정옥외탱크저장소의 설치허가에 따른 완공검사합격확인증을 발급받은 날부터 12년
2. 최근의 정밀정기검사를 받은 날부터 11년
3. 특정·준특정옥외저장탱크에 안전조치를 한 후 구조안전점검시기 연장신청을 하여 해당 안전조치가 적정한 것으로 인정받은 경우에는 최근의 정밀정기검사를 받은 날부터 13년

127 화재의 예방 및 안전관리에 관한 법률상 화재예방강화지구로 지정할 수 있는 대상이 아닌 것은?

① 목조건물이 밀집한 지역
② 산업단지
③ 석유화학제품을 생산하는 공장이 있는 지역
④ 소방시설·소방용수시설 또는 소방출동로가 있는 지역

정답 ④

화재예방강화지구로 지정할 수 있는 대상(법 제18조 제1항)
1. 시장지역
2. 공장·창고가 밀집한 지역
3. 목조건물이 밀집한 지역

4. 노후 · 불량건축물이 밀집한 지역
5. 위험물의 저장 및 처리 시설이 밀집한 지역
6. 석유화학제품을 생산하는 공장이 있는 지역
7. 산업단지
8. 소방시설 · 소방용수시설 또는 소방출동로가 없는 지역
9. 물류단지

128 화재의 예방 및 안전관리에 관한 법령상 소방안전조사 결과 소방대상물의 위치 · 구조 · 설비 또는 관리의 상황이 화재나 재난 · 재해 예방을 위하여 보완될 필요가 있거나 화재가 발생하면 인명 또는 재산의 피해가 클 것으로 예상되는 때에 관계인에게 그 소방대상물의 개수 · 이전 · 제거, 사용의 금지 또는 제한, 사용폐쇄, 공사의 정지 또는 중지, 그 밖의 필요한 조치를 명할 수 있는 자로 틀린 것은?

① 소방청장
② 소방서장
③ 시 · 도지사
④ 소방본부장

 정답 ③

소방관서장 : 소방청장, 소방본부장 또는 소방서장
소방관서장은 화재안전조사 결과에 따른 소방대상물의 위치 · 구조 · 설비 또는 관리의 상황이 화재예방을 위하여 보완될 필요가 있거나 화재가 발생하면 인명 또는 재산의 피해가 클 것으로 예상되는 때에는 행정안전부령으로 정하는 바에 따라 관계인에게 그 소방대상물의 개수 · 이전 · 제거, 사용의 금지 또는 제한, 사용폐쇄, 공사의 정지 또는 중지, 그 밖에 필요한 조치를 명할 수 있다 (법 제14조 제1항).

129 소방시설공사업법령상 상주공사감리 대상 기준에 관한 내용이다. 다음 ( ) 안에 알맞은 것은?

> **상주공사감리 대상**
> 1. 연면적 (㉠)m² 이상의 특정소방대상물(아파트는 제외한다)에 대한 소방시설의 공사
> 2. 지하층을 포함한 층수가 (㉡) 이상으로서 (㉢)세대 이상인 아파트에 대한 소방시설의 공사

① ㉠ 5,000, ㉡ 10, ㉢ 200
② ㉠ 10,000, ㉡ 11, ㉢ 300
③ ㉠ 20,000, ㉡ 14, ㉢ 400
④ ㉠ 30,000, ㉡ 16, ㉢ 500

정답 ④

⊕ **핵심 포인트** ⊕

상주공사감리 대상(영 별표 3)
1. 연면적 3만m² 이상의 특정소방대상물(아파트는 제외한다)에 대한 소방시설의 공사
2. 지하층을 포함한 층수가 16층 이상으로서 500세대 이상인 아파트에 대한 소방시설의 공사

130 위험물안전관리법령에 따른 소화난이도등급 Ⅰ의 옥내탱크저장소에서 유황만을 저장 · 취급할 경우 설치하여야 하는 소화설비로 옳은 것은?

① 물분무소화설비
② 고정식 포소화설비
③ 할로젠화합물소화설비
④ 불활성가스소화설비

PART 1

과목별 예상문제

 정답 ①

소화난이도등급 Ⅰ의 제조소 등에 설치하여야 하는 소화설비(규칙 별표 17)

옥내탱크저장소	유황만을 저장취급하는 것	물분무소화설비
	인화점 70℃ 이상의 제4류 위험물만을 저장취급하는 것	물분무소화설비, 고정식 포소화설비, 이동식 이외의 불활성가스소화설비, 이동식 이외의 할로젠화합물소화설비 또는 이동식 이외의 분말소화설비
	그 밖의 것	고정식 포소화설비, 이동식 이외의 불활성가스소화설비, 이동식 이외의 할로젠화합물소화설비 또는 이동식 이외의 분말소화설비

131 소방시설 설치 및 관리에 관한 법령상 방염성능검사에 합격하지 아니한 물품에 합격표시를 하거나 합격표시를 위조하거나 변조하여 사용한 자에 대한 벌칙은?

① 1,000만원 이하의 벌금
② 500만원 이하의 벌금
③ 300만원 이하의 벌금
④ 200만원 이하의 벌금

 정답 ③

⊕ **핵심 포인트** ⊕

300만원 이하의 벌금(법 제59조)
1. 업무를 수행하면서 알게 된 비밀을 이 법에서 정한 목적 외의 용도로 사용하거나 다른 사람 또는 기관에 제공하거나 누설한 자
2. 방염성능검사에 합격하지 아니한 물품에 합격표시를 하거나 합격표시를 위조하거나 변조하여 사용한 자
3. 거짓 시료를 제출한 자
4. 필요한 조치를 하지 아니한 관계인 또는 관계인에게 중대위반사항을 알리지 아니한 관리업자 등

132 소방시설 설치 및 관리에 관한 법령상 중앙소방기술심의위원회의 심의사항이 아닌 것은?

① 소방시설의 구조 및 원리 등에서 공법이 특수한 설계 및 시공에 관한 사항
② 소방시설의 설계 및 공사감리자에 대한 교육에 관한 사항
③ 소방시설공사의 하자를 판단하는 기준에 관한 사항
④ 신기술·신공법 등 검토·평가에 고도의 기술이 필요한 경우로서 중앙위원회에 심의를 요청한 사항

 정답 ②

중앙소방기술심의위원회의 심의사항(법 제18조 제1항)
1. 화재안전기준에 관한 사항
2. 소방시설의 구조 및 원리 등에서 공법이 특수한 설계 및 시공에 관한 사항
3. 소방시설의 설계 및 공사감리의 방법에 관한 사항
4. 소방시설공사의 하자를 판단하는 기준에 관한 사항
5. 신기술·신공법 등 검토·평가에 고도의 기술이 필요한 경우로서 중앙위원회에 심의를 요청한 사항
6. 그 밖에 소방기술 등에 관하여 대통령령으로 정하는 사항

133 소방기본법상 소방의 날 행사에 관하여 필요한 사항을 시행할 수 있는 자는?

① 소방청장
② 소방본부장
③ 소방서장
④ 행정안전부장관

 정답 ①

핵심 포인트

소방의 날 제정과 운영 등

1. 국민의 안전의식과 화재에 대한 경각심을 높이고 안전문화를 정착시키기 위하여 매년 11월 9일을 소방의 날로 정하여 기념행사를 한다.
2. 소방의 날 행사에 관하여 필요한 사항은 소방청장 또는 시·도지사가 따로 정하여 시행할 수 있다.

134 소방시설 설치 및 관리에 관한 법률상 소방시설 등에 대한 자체점검 중 종합점검 대상이 아닌 것은?

① 제연설비가 설치된 터널
② 물분무등소화설비가 설치된 연면적이 5000m² 이상인 위험물 제조소
③ 다중이용업의 영업장이 설치된 특정소방대상물로서 연면적이 2,000m² 이상인 것
④ 해당 특정소방대상물의 소방시설 등이 신설된 경우에 해당하는 특정소방대상물

정답 ②

종합점검은 다음의 어느 하나에 해당하는 특정소방대상물을 대상으로 한다(규칙 별표 3).
1. 해당 특정소방대상물의 소방시설 등이 신설된 경우에 해당하는 특정소방대상물
2. 스프링클러설비가 설치된 특정소방대상물
3. 물분무등소화설비[호스릴(hose reel) 방식의 물분무등소화설비만을 설치한 경우는 제외한다]가 설치된 연면적 5,000m² 이상인 특정소방대상물(제조소 등은 제외한다)
4. 다중이용업의 영업장이 설치된 특정소방대상물로서 연면적이 2,000m² 이상인 것
5. 제연설비가 설치된 터널
6. 공공기관 중 연면적(터널·지하구의 경우 그 길이와 평균 폭을 곱하여 계산된 값을 말한다)이 1,000m² 이상인 것으로서 옥내소화전설비 또는 자동화재탐지설비가 설치된 것(다만, 소방대가 근무하는 공공기관은 제외한다.)

135 위험물안전관리법령상 위험물안전관리자에 관한 성명으로 틀린 것은?

① 안전관리자를 선임한 제조소 등의 관계인은 안전관리자가 퇴직한 때에는 퇴직한 날부터 90일 이내에 다시 안전관리자를 선임하여야 한다.
② 제조소 등의 관계인이 안전관리자를 선임한 경우에는 선임한 날로부터 14일 이내에 소방본부장 또는 소방서장에게 신고하여야 한다.
③ 제조소 등의 관계인이 안전관리자가 퇴직한 경우 그 관계인 또는 안전관리자는 소방본부장이나 소방서장에게 그 사실을 알려 퇴직한 사실을 확인받을 수 있다.
④ 제조소 등의 종류 및 규모에 따라 선임하여야 하는 안전관리자의 자격은 대통령령으로 정한다.

정답 ①

안전관리자를 선임한 제조소 등의 관계인은 그 안전관리자를 해임하거나 안전관리자가 퇴직한 때에는 해임하거나 퇴직한 날부터 30일 이내에 다시 안전관리자를 선임하여야 한다(법 제15조 제2항).

136 소방시설 설치 및 관리에 관한 법률상 우수품질 제품의 인증에 관한 설명으로 틀린 것은?

① 소방청장은 형식승인의 대상이 되는 소방용품 중 품질이 우수하다고 인정하는 소방용품에 대하여 인증을 할 수 있다.

② 우수품질인증을 받으려는 자는 행정안전부령으로 정하는 바에 따라 소방청장에게 신청하여야 한다.

③ 우수품질인증을 받은 소방용품에는 우수품질인증 표시를 할 수 있다.

④ 우수품질인증의 유효기간은 10년의 범위에서 행정안전부령으로 정한다.

 ④

우수품질인증의 유효기간은 5년의 범위에서 행정안전부령으로 정한다(법 제43조 제4항).

137 화재의 예방 및 안전관리에 관한 법령상 소방특별조사위원회의 위원에 해당하지 아니하는 사람은?

① 대리급 직위 이상의 소방공무원

② 소방시설관리사

③ 소방 관련 분야의 석사학위 이상을 취득한 사람

④ 소방 관련 법인 또는 단체에서 소방 관련 업무에 5년 이상 종사한 사람

 ①

위원회의 위원은 다음의 어느 하나에 해당하는 사람 중에서 소방관서장이 임명하거나 위촉한다(영 제11조 제3항).

1. 과장급 직위 이상의 소방공무원

2. 소방기술사

3. 소방시설관리사

4. 소방 관련 분야의 석사 이상 학위를 취득한 사람

5. 소방 관련 법인 또는 단체에서 소방 관련 업무에 5년 이상 종사한 사람

6. 소방공무원 교육훈련기관, 「고등교육법」의 학교 또는 연구소에서 소방과 관련한 교육 또는 연구에 5년 이상 종사한 사람

138 소방시설 설치 및 관리에 관한 법령상 점검기록표를 기록하지 않거나 특정소방대상물의 출입자가 쉽게 볼 수 있는 장소에 게시하지 않은 경우의 3차 과태료 부과기준은?

① 100만 원

② 200만 원

③ 300만 원

④ 500만 원

 ③

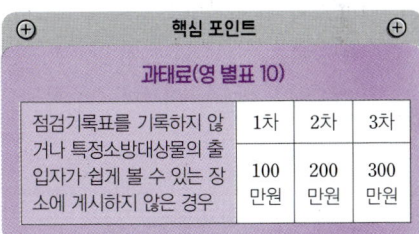

핵심 포인트

과태료(영 별표 10)

	1차	2차	3차
점검기록표를 기록하지 않거나 특정소방대상물의 출입자가 쉽게 볼 수 있는 장소에 게시하지 않은 경우	100만원	200만원	300만원

139 소방기본법상 소방활동구역을 설정하는 자로 옳은 것은?

① 소방청장

② 소방대장

③ 소방본부장

④ 시 · 도지사

정답 ②

소방대장은 화재, 재난 · 재해, 그 밖의 위급한 상황이 발생한 현장에 소방활동구역을 정하여 소방활동에 필요한 사람으로서 대통령령으로 정하는 사람 외에는 그 구역에 출입하는 것을 제한할 수 있다(법 제23조 제1항).

140 위험물안전관리법령상 위험물시설의 설치 및 변경 등에 관한 기준이다. 다음 (   ) 안에 들어갈 내용으로 옳은 것은?

> 제조소 등의 위치 · 구조 또는 설비의 변경없이 당해 제조소 등에서 저장하거나 취급하는 위험물의 품명 · 수량 또는 지정수량의 배수를 변경하고자 하는 자는 변경하고자 하는 날의 (㉠)일 전까지 행정안전부령이 정하는 바에 따라 (㉡)에게 신고하여야 한다.

① ㉠ : 30, ㉡ : 소방본부장

② ㉠ : 15, ㉡ : 소방대장

③ ㉠ : 7, ㉡ : 소방서장

④ ㉠ : 1, ㉡ : 시 · 도지사

정답 ④

제조소 등의 위치 · 구조 또는 설비의 변경없이 당해 제조소 등에서 저장하거나 취급하는 위험물의 품명 · 수량 또는 지정수량의 배수를 변경하고자 하는 자는 변경하

고자 하는 날의 1일 전까지 행정안전부령이 정하는 바에 따라 시 · 도지사에게 신고하여야 한다.

141 소방시설 설치 및 관리에 관한 법률상 관리업의 등록을 하지 아니하고 영업을 한 자에 대한 벌칙 기준은?

① 300만 원 이하의 벌금

② 1년 이하의 징역 또는 1천만 원 이하의 벌금

③ 2년 이하의 징역 또는 2천만 원 이하의 벌금

④ 3년 이하의 징역 또는 3천만 원 이하의 벌금

정답 ④

3년 이하의 징역 또는 3천만원 이하의 벌금(법 제57조)
1. 명령을 정당한 사유 없이 위반한 자
2. 관리업의 등록을 하지 아니하고 영업을 한 자
3. 소방용품의 형식승인을 받지 아니하고 소방용품을 제조하거나 수입한 자 또는 거짓이나 그 밖의 부정한 방법으로 형식승인을 받은 자
4. 제품검사를 받지 아니한 자 또는 거짓이나 그 밖의 부정한 방법으로 제품검사를 받은 자
5. 형식승인을 받지 아니하고 소방용품을 판매 · 진열하거나 소방시설공사에 사용한 자
6. 거짓이나 그 밖의 부정한 방법으로 성능인증 또는 제품검사를 받은 자
7. 제품검사를 받지 아니하거나 합격표시를 하지 아니한 소방용품을 판매 · 진열하거나 소방시설공사에 사용한 자
8. 구매자에게 명령을 받은 사실을 알리지 아니하거나 필요한 조치를 하지 아니한 자
9. 거짓이나 그 밖의 부정한 방법으로 전문기관으로 지정을 받은 자

142 소방시설공사업법령상 상주 공사감리를 하여야 할 대상으로 옳은 것은?

① 지하층을 포함한 층수가 16층 이상으로서 300세대 이상인 아파트에 대한 소방시설의 공사

② 지하층을 포함한 층수가 16층 이상으로서 500세대 이상인 아파트에 대한 소방시설의 공사

③ 연면적 2만㎡ 이상의 특정소방대상물(아파트는 제외한다)에 대한 소방시설의 공사

④ 연면적 3만㎡ 이상의 특정소방대상물(아파트는 포함한다)에 대한 소방시설의 공사

정답 ②

핵심 포인트

상주 공사감리를 하여야 할 대상(영 별표 3)

1. 연면적 3만㎡ 이상의 특정소방대상물(아파트는 제외한다)에 대한 소방시설의 공사

2. 지하층을 포함한 층수가 16층 이상으로서 500세대 이상인 아파트에 대한 소방시설의 공사

143 화재의 예방 및 안전관리에 관한 법령상 옮긴 물건 등을 보관하는 경우 소방관서의 인터넷 홈페이지에 공고하는 기간은?

① 14일

② 15일

③ 30일

④ 90일

정답 ①

소방관서장은 옮긴 물건 등을 보관하는 경우에는 그날부터 14일 동안 해당 소방관서의 인터넷 홈페이지에 그 사실을 공고해야 한다(영 제17조 제1항).

144 화재의 예방 및 안전관리에 관한 법령상 화재가 발생하는 경우 인명 또는 재산의 피해가 클 것으로 예상되는 때 소방대상물의 개수·이전·제거, 사용금지 등의 필요한 조치를 명할 수 없는 자는?

① 소방청장

② 소방본부장

③ 시·도지사

④ 소방서장

정답 ③

소방관서장 : 소방청장, 소방본부장, 소방서장

소방관서장은 화재안전조사 결과에 따른 소방대상물의 위치·구조·설비 또는 관리의 상황이 화재예방을 위하여 보완될 필요가 있거나 화재가 발생하면 인명 또는 재산의 피해가 클 것으로 예상되는 때에는 행정안전부령으로 정하는 바에 따라 관계인에게 그 소방대상물의 개수·이전·제거, 사용의 금지 또는 제한, 사용폐쇄, 공사의 정지 또는 중지, 그 밖에 필요한 조치를 명할 수 있다(법 제14조 제1항).

145 화재의 예방 및 안전관리에 관한 법령에 따른 소방안전관리자를 선임하여야 하는 소방대상물 중 관리의 권원이 분리된 특정소방대상물은 지하층을 제외한 층수가 몇 층 이상인 건축물만 해당되는가?

① 5층

② 6층

③ 10층

④ 11층

다음의 어느 하나에 해당하는 특정소방대상물로서 그 관리의 권원이 분리되어 있는 특정소방대상물의 경우 그 관리의 권원별 관계인은 대통령령으로 정하는 바에 따라 소방안전관리자를 선임하여야 한다. 다만, 소방본부장 또는 소방서장은 관리의 권원이 많아 효율적인 소방안전관리가 이루어지지 아니한다고 판단되는 경우 대통령령으로 정하는 바에 따라 관리의 권원을 조정하여 소방안전관리자를 선임하도록 할 수 있다(법 제35조 제1항).

1. 복합건축물(지하층을 제외한 층수가 11층 이상 또는 연면적 3만m² 이상인 건축물)
2. 지하가(지하의 인공구조물 안에 설치된 상점 및 사무실, 그 밖에 이와 비슷한 시설이 연속하여 지하도에 접하여 설치된 것과 그 지하도를 합한 것을 말한다)
3. 그 밖에 대통령령으로 정하는 특정소방대상물

146 화재의 예방 및 안전관리에 관한 법령상 옮긴 물건의 보관기간은 소방관서의 게시판에 공고하는 기간의 종료일 다음 날부터 며칠로 하는가?

① 7일
② 10일
③ 14일
④ 30일

정답 ①

소방관서장은 옮긴 물건 등을 보관하는 경우에는 그날부터 14일 동안 해당 소방관서의 인터넷 홈페이지에 그 사실을 공고해야 한다. 옮긴 물건 등의 보관기간은 공고기간의 종료일 다음 날부터 7일까지로 한다(영 제17조 제1항, 제2항).

147 위험물안전관리법령상 제조소의 위치 · 구조 및 설비의 기준 중 위험물을 취급하는 건축물 그 밖의 시설의 주위에는 그 취급하는 위험물을 최대수량이 지정수량의 10배 초과인 경우 보유하여야 할 공지의 너비는 몇 m 이상 이어야 하는가?

① 5m
② 6m
③ 7m
④ 10m

정답 ①

보유공지 : 위험물을 취급하는 건축물 그 밖의 시설(위험물을 이송하기 위한 배관 그 밖에 이와 유사한 시설을 제외한다)의 주위에는 그 취급하는 위험물의 최대수량에 따라 다음 표에 의한 너비의 공지를 보유하여야 한다(규칙 별표 4).

취급하는 위험물의 최대수량	공지의 너비
지정수량의 10배 이하	3m 이상
지정수량의 10배 초과	5m 이상

148 위험물안전관리법령상 위험물취급소의 구분에 해당하지 않는 것은?

① 주유취급소
② 보관취급소
③ 이송취급소
④ 일반취급소

정답 ②

위험물취급소의 구분(영 별표 3) : 주유취급소, 판매취급소, 이송취급소, 일반취급소

149 화재의 예방 및 안전관리에 관한 법률상 소방안전관리대상물의 소방안전관리자의 업무가 아닌 것은?

① 소방시설 공사

② 화재발생 시 초기대응

③ 피난시설, 방화구획 및 방화시설의 관리

④ 자위소방대 및 초기대응체계의 구성, 운영 및 교육

정답 ①

특정소방대상물(소방안전관리대상물은 제외한다)의 관계인과 소방안전관리대상물의 소방안전관리자는 다음의 업무를 수행한다. 다만, 1.·2.·5. 및 7.의 업무는 소방안전관리대상물의 경우에만 해당한다(법 24조 제5항).
1. 피난계획에 관한 사항과 대통령령으로 정하는 사항이 포함된 소방계획서의 작성 및 시행
2. 자위소방대 및 초기대응체계의 구성, 운영 및 교육
3. 피난시설, 방화구획 및 방화시설의 관리
4. 소방시설이나 그 밖의 소방 관련 시설의 관리
5. 소방훈련 및 교육
6. 화기 취급의 감독
7. 행정안전부령으로 정하는 바에 따른 소방안전관리에 관한 업무수행에 관한 기록·유지(3.·4. 및 6.의 업무를 말한다)
8. 화재발생 시 초기대응
9. 그 밖에 소방안전관리에 필요한 업무

정답 ④

핵심 포인트

한국소방안전원의 업무(법 제41조)

1. 소방기술과 안전관리에 관한 교육 및 조사·연구
2. 소방기술과 안전관리에 관한 각종 간행물 발간
3. 화재 예방과 안전관리의식 고취를 위한 대국민 홍보
4. 소방업무에 관하여 행정기관이 위탁하는 업무
5. 소방안전에 관한 국제협력
6. 그 밖에 회원에 대한 기술지원 등 정관으로 정하는 사항

PART 1

과목별 예상문제

150 소방기본법령상 한국소방안전원의 업무에 해당하지 않는 것은?

① 소방안전에 관한 국제협력

② 소방기술과 안전관리에 관한 각종 간행물 발간

③ 소방업무에 관하여 행정기관이 위탁하는 업무

④ 소방안전에 관한 훈련 및 교육

4과목 소방전기시설의 구조 및 원리

01 소방시설용 비상전원수전설비의 화재안전기술기준(NFTC 602)에 따라 저압으로 수전하는 제1종 배전반 및 분전반의 외함 두께와 전면판(또는 문) 두께에 대한 설치기준으로 옳지 않은 것은?

① 외함의 내부는 외부의 열에 의해 영향을 받지 않도록 내열성 및 단열성이 있는 재료를 사용하여 단열할 것

② 전선의 인입구 및 입출구는 외함에 노출하여 설치할 수 있다.

③ 외함은 두께 1.2mm(전면판 및 문은 1.3mm) 이상의 강판과 이와 동등 이상의 강도와 내화성능이 있는 것으로 제작할 것

④ 외함은 금속관 또는 금속제 가요전선관을 쉽게 접속할 수 있도록 하고, 당해 접속부분에는 단열조치를 할 것

정답 ③

제1종 배전반 및 제1종 분전반은 다음의 기준에 적합하게 설치해야 한다.
1. 외함은 두께 1.6mm(전면판 및 문은 2.3mm) 이상의 강판과 이와 동등 이상의 강도와 내화성능이 있는 것으로 제작할 것
2. 외함의 내부는 외부의 열에 의해 영향을 받지 않도록 내열성 및 단열성이 있는 재료를 사용하여 단열할 것 (이 경우 단열부분은 열 또는 진동에 따라 쉽게 변형되지 않아야 한다.)
3. 다음의 기준에 해당하는 것은 외함에 노출하여 설치할 수 있다.
   ㉠ 표시등(불연성 또는 난연성재료로 덮개를 설치한 것에 한한다)
   ㉡ 전선의 인입구 및 입출구

4. 외함은 금속관 또는 금속제 가요전선관을 쉽게 접속할 수 있도록 하고, 당해 접속부분에는 단열조치를 할 것

02 자동화재탐지설비 및 시각경보장치의 화재안전기술기준(NFTC 203)에서 정하는 불꽃감지기의 설치기준으로 틀린 것은?

① 감지기를 천장에 설치하는 경우에는 감지기는 천장을 향하여 설치할 것

② 수분이 많이 발생할 우려가 있는 장소에는 방수형으로 설치할 것

③ 형식승인 사항이 아닌 것은 제조사의 시방서에 따라 설치할 것

④ 감지기는 공칭감시거리와 공칭시야각을 기준으로 감시구역이 모두 포용될 수 있도록 설치할 것

정답 ①

불꽃감지기는 다음의 기준에 따라 설치할 것
1. 공칭감시거리 및 공칭시야각은 형식승인 내용에 따를 것
2. 감지기는 공칭감시거리와 공칭시야각을 기준으로 감시구역이 모두 포용될 수 있도록 설치할 것
3. 감지기는 화재감지를 유효하게 감지할 수 있는 모서리 또는 벽 등에 설치할 것
4. 감지기를 천장에 설치하는 경우에는 감지기는 바닥을 향하여 설치할 것
5. 수분이 많이 발생할 우려가 있는 장소에는 방수형으로 설치할 것
6. 그 밖의 설치기준은 형식승인 내용에 따르며 형식승인 사항이 아닌 것은 제조사의 시방서에 따라 설치할 것

03 시각경보장치의 성능인증 및 제품검사의 기술기준에 따라 시각 경보장치의 전원부 양단자 또는 양선을 단락시킨 부분과 비충전부를 DC 500V의 절연저항계로 측정하는 경우 절연저항이 몇 MΩ 이상이어야 하는가?

① 1MΩ
② 3MΩ
③ 5MΩ
④ 10MΩ

정답 ③

절연저항시험 : 시각경보장치의 전원부 양단자 또는 양선을 단락시킨 부분과 비충전부를 DC 500 볼트의 절연저항계로 측정하는 경우 절연저항이 5MΩ 이상이어야 한다(제10조).

04 경종의 우수품질인증 기술기준에 따라 경종에 정격전압을 인가한 경우 경종의 중심으로부터 1m 떨어진 위치에서 몇 dB 이상이어야 하는가?

① 90dB
② 100dB
③ 110dB
④ 120dB

정답 ①

경종은 정격전압을 인가하여 다음의 기능에 적합하여야 한다(제4조).
1. 경종의 중심으로부터 1m 떨어진 위치에서 90dB 이상이어야 하며, 최소청취거리에서 110dB을 초과하지 아니하여야 한다.
2. 경종의 소비전류는 50mA 이하이어야 한다.

05 비상방송설비의 화재안전기술기준(NFTC 202)에 따라 층수가 11층(공동주택의 경우에는 16층) 이상의 특정소방대상물에 경보를 발할 수 있는 기준으로 틀린 것은?

① 1층에서 발화한 때에는 발화층·그 직상 4개층 및 지하층에 경보를 발할 것
② 2층 이상의 층에서 발화한 때에는 발화층 및 그 직상 4개층에 경보를 발할 것
③ 지하층에서 발화한 때에는 발화층·그 직상층 및 기타의 지하층에 경보를 발할 것
④ 3층에서 발화한 때에는 발화층·그 직상 4개층 및 지하층에 경보를 발할 것

정답 ④

층수가 11층(공동주택의 경우에는 16층) 이상의 특정소방대상물은 다음의 기준에 따라 경보를 발할 수 있도록 해야 한다.
1. 2층 이상의 층에서 발화한 때에는 발화층 및 그 직상 4개층에 경보를 발할 것
2. 1층에서 발화한 때에는 발화층·그 직상 4개층 및 지하층에 경보를 발할 것
3. 지하층에서 발화한 때에는 발화층·그 직상층 및 기타의 지하층에 경보를 발할 것

06 자동화재속보설비의 속보기의 성능인증 및 제품검사의 기술기준에 따른 속보기의 기능에 대한 내용이다. 다음 (   ) 안에 들어갈 내용으로 옳은 것은?

> 속보기는 연동 또는 수동 작동에 의한 다이얼링 후 소방관서와 전화접속이 이루어지지 않는 경우에는 최초 다이얼링을 포함하여 (㉠)회 이상 반복적으로 접속을 위한 다이얼링이 이루어져야 한다. 이 경우 매 회 다이얼링 완료 후 호출은 (㉡)초 이상 지속되어야 한다.

① ㉠ 10회, ㉡ 30초

② ㉠ 15회, ㉡ 40초

③ ㉠ 20회, ㉡ 50초

④ ㉠ 25회, ㉡ 60초

정답 ①

속보기는 다음에 적합한 기능을 가져야 한다.

1. 작동신호를 수신하거나 수동으로 동작시키는 경우 20초 이내에 소방관서에 자동적으로 신호를 발하여 알리되, 3회 이상 속보할 수 있어야 한다.

2. 주전원이 정지한 경우에는 자동적으로 예비전원으로 전환되고, 주전원이 정상상태로 복귀한 경우에는 자동적으로 예비전원에서 주전원으로 전환되어야 한다.

3. 예비전원은 자동적으로 충전되어야 하며 자동과충전방지장치가 있어야 한다.

4. 화재신호를 수신하거나 속보기를 수동으로 동작시키는 경우 자동적으로 적색 화재표시등이 점등되고 음향장치로 화재를 경보하여야 하며 화재표시 및 경보는 수동으로 복구 및 정지시키지 않는 한 지속되어야 한다.

5. 연동 또는 수동으로 소방관서에 화재발생 음성정보를 속보중인 경우에도 송수화장치를 이용한 통화가 우선적으로 가능하여야 한다.

6. 예비전원을 병렬로 접속하는 경우에는 역충전 방지 등의 조치를 하여야 한다.

7. 예비전원은 감시상태를 60분간 지속한 후 10분 이상 동작(화재속보 후 화재표시 및 경보를 10분간 유지하는 것을 말한다)이 지속될 수 있는 용량이어야 한다.

8. 속보기는 연동 또는 수동 작동에 의한 다이얼링 후 소방관서와 전화접속이 이루어지지 않는 경우에는 최초 다이얼링을 포함하여 10회 이상 반복적으로 접속을 위한 다이얼링이 이루어져야 한다. 이 경우 매 회 다이얼링 완료 후 호출은 30초 이상 지속되어야 한다.

9. 속보기의 송수화장치가 정상위치가 아닌 경우에도 연동 또는 수동으로 속보가 가능하여야 한다.

10. 음성으로 통보되는 속보내용을 통하여 해당 소방대상물의 위치, 화재발생 및 속보기에 의한 신고임을 확인할 수 있어야 한다.

11. 속보기는 음성속보방식 외에 데이터 또는 코드전송방식 등을 이용한 속보기능을 부가로 설치할 수 있다. 이 경우 데이터 및 코드전송방식은 별표 1에 따른다.

12. 소방관서 등에 구축된 접수시스템 또는 별도의 시험용 시스템을 이용하여 시험한다.

07 유도등 및 유도표지의 화재안전기술기준(NFTC 303)에 따라 객석 내 통로의 직선부분 길이가 85m인 경우 객석유도등을 몇 개 설치하여야 하는가?

① 20개

② 21개

③ 22개

④ 23개

정답 ②

⊕ **핵심 포인트** ⊕

객석유도등 설치기준

1. 객석유도등은 객석의 통로, 바닥 또는 벽에 설치해야 한다.

2. 객석 내의 통로가 경사로 또는 수평로로 되어 있는 부분은 식에 따라 산출한 개수(소수점 이하의 수는 1로 본다)의 유도등을 설치해야 한다.

$$설치개수 = \frac{객석부분의 \ 직선부분 \ 길이(m)}{4} - 1$$

3. 객석 내의 통로가 옥외 또는 이와 유사한 부분에 있는 경우에는 해당 통로 전체에 미칠 수 있는 개수의 유도등을 설치해야 한다.

$$설치개수 = \frac{객석부분의 \ 직선부분 \ 길이(m)}{4} - 1$$

$$= \frac{85}{4} - 1 = 21개$$

08 자동화재속보설비의 속보기의 성능인증 및 제품검사의 기술기준에 따라 속보기는 작동신호를 수신하거나 수동으로 동작시키는 경우 20초 이내에 소방관서에 자동적으로 신호를 발하여 통보하되, 몇 회 이상 속보할 수 있어야 하는가?

① 3회 이상

② 5회 이상

③ 7회 이상

④ 10회 이상

정답 ①

아날로그식 축적형 수신기를 접속하는 속보기는 수동 작동스위치를 작동하거나 예비·축적·화재경보신호를 수신하는 경우 다음에 적합하여야 한다(제5조 제1의2호).

1. 예비경보신호를 수신하거나 축적경보신호를 수신하는 경우 20초 이내에 통신망을 통해 자동적으로 관계인 2명 이상에게 예비경보신호 및 축적경보신호에 의한 작동을 구분하여 통보하여야 하며 각각의 표시장치 및 음향장치에 의해 경보하여야 한다.

2. 화재경보신호를 수신하거나 수동작동스위치를 작동시키는 경우 20초 이내에 소방관서에 자동적으로 신호를 발하여 통보하되 3회 이상 속보하여야 하며 통신망을 통해 자동적으로 관계인 2명 이상에게 화재경보신호에 의한 작동 및 수동작동스위치에 의한 작동을 구분하여 통보하여야 하며 각각의 표시장치 및 음향장치에 의해 경보하여야 한다.

3. 표시장치 점등 및 음향장치에 의한 경보는 수동으로 복구하거나 정지시키지 아니하는 한 지속되어야 하며 음향장치의 작동을 정지된 상태에서도 새로운 예비경보신호, 축적경보신호 또는 화재경보신호를 수신하는 경우 음향장치의 작동정지를 해제하고 음향장치가 작동되어야 한다.

09 자동화재탐지설비 및 시각경보장치의 화재안전기술기준(NFTC 203)에 따른 불꽃감지기의 설치기준으로 틀린 것은?

① 공칭감시거리 및 공칭시야각은 형식승인 내용에 따를 것

② 감지기는 공칭감시거리와 공칭시야각을 기준으로 감시구역이 모두 포용될 수 있도록 설치할 것

③ 수분이 많이 발생할 우려가 있는 장소에는 피복형으로 설치할 것

④ 감지기를 천장에 설치하는 경우에는 감지기는 바닥을 향하여 설치할 것

정답 ③

불꽃감지기는 다음의 기준에 따라 설치할 것

1. 공칭감시거리 및 공칭시야각은 형식승인 내용에 따를 것
2. 감지기는 공칭감시거리와 공칭시야각을 기준으로 감시구역이 모두 포용될 수 있도록 설치할 것
3. 감지기는 화재감지를 유효하게 감지할 수 있는 모서리 또는 벽 등에 설치할 것
4. 감지기를 천장에 설치하는 경우에는 감지기는 바닥을 향하여 설치할 것
5. 수분이 많이 발생할 우려가 있는 장소에는 방수형으로 설치할 것
6. 그 밖의 설치기준은 형식승인 내용에 따르며 형식승인 사항이 아닌 것은 제조사의 시방서에 따라 설치할 것

10 다음은 비상경보설비 및 단독경보형감지기의 화재안전기술기준(NFTC 201)에 따른 단독경보형감지기에 대한 내용이다. ( ) 안에 들어갈 숫자를 모두 합한 것은?

> 각 실(이웃하는 실내의 바닥면적이 각각 (㉠)m² 미만이고 벽체의 상부의 전부 또는 일부가 개방되어 이웃하는 실내와 공기가 상호 유통되는 경우에는 이를 1개의 실로 본다)마다 설치하되, 바닥면적이 (㉡)m²를 초과하는 경우에는 (㉢)m²마다 1개 이상 설치할 것

① 300
② 330
③ 360
④ 390

정답 ②

각 실(이웃하는 실내의 바닥면적이 각각 30m² 미만이고 벽체의 상부의 전부 또는 일부가 개방되어 이웃하는 실내와 공기가 상호 유통되는 경우에는 이를 1개의 실로 본다)마다 설치하되, 바닥면적이 150m²를 초과하는 경우에는 150m²마다 1개 이상 설치할 것

11 비상콘센트설비의 성능인증 및 제품검사의 기술기준에 따른 비상콘센트설비 표시등의 구조 및 기능에 대한 설명으로 틀린 것은?

① 전구에는 적당한 보호커버를 설치하여야 한다.
② 소켓은 접속이 확실하여야 한다.
③ 적색으로 표시되어야 하며 주위의 밝기가 300lx 이상인 장소에서 측정하여 앞면으로부터 3m 떨어진 곳에서 켜진 등이 확실히 식별되어야 한다.
④ 전구를 쉽게 교체할 수 없도록 하여야 한다.

정답 ④

비상콘센트설비 표시등의 구조 및 기능은 다음과 같아야 한다(제4조 제3호).

1. 전구는 사용전압의 130%인 교류전압을 20시간 연속하여 가하는 경우 단선, 현저한 광속변화, 흑화, 전류의 저하 등이 발생하지 아니하여야 한다.
2. 소켓은 접속이 확실하여야 하며 쉽게 전구를 교체할 수 있도록 부착하여야 한다.
3. 전구에는 적당한 보호커버를 설치하여야 한다. 다만, 발광다이오드의 경우에는 그러하지 아니하다.
4. 적색으로 표시되어야 하며 주위의 밝기가 300lx 이상인 장소에서 측정하여 앞면으로부터 3m 떨어진 곳에서 켜진 등이 확실히 식별되어야 한다.

12 비상콘센트설비의 화재안전기술기준(NFTC 504)에 따라 비상콘센트설비를 설치할 때 바닥으로부터 높이는?

① 0.8m 이상 1.5m 이하
② 1.0m 이상 1.4m 이하
③ 1.2m 이상 1.3m 이하
④ 1.4m 이상 1.2m 이하

정답 ①

비상콘센트는 다음의 기준에 따라 설치해야 한다.

1. 바닥으로부터 높이 0.8m 이상 1.5m 이하의 위치에 설치할 것
2. 비상콘센트의 배치는 바닥면적이 1,000m² 미만인 층은 계단의 출입구(계단의 부속실을 포함하며 계단이 2 이상 있는 경우에는 그 중 1개의 계단을 말한다)로부터 5m 이내에, 바닥면적 1,000m² 이상인 층은 각 계단의 출입구 또는 계단부속실의 출입구(계단의 부속실을 포함하며 계단이 3 이상 있는 층의 경우에는 그 중 2개의 계단을 말한다)로부터 5m 이내에 설치하되, 그 비상콘센트로부터 그 층의 각 부분까지의 거리가 다음의 기준을 초과하는 경우에는 그 기준 이하가 되도록 비상콘센트를 추가하여 설치할 것
   ㉠ 지하상가 또는 지하층의 바닥면적의 합계가 3,000m² 이상인 것은 수평거리 25m
   ㉡ ㉠에 해당하지 아니하는 것은 수평거리 50m

13 무선통신보조설비의 화재안전기술기준(NFTC 505)에 따른 용어의 정의로 옳지 않은 것은?

① 혼합기는 2 이상의 입력신호를 원하는 비율로 조합한 출력이 발생하도록 하는 장치를 말한다.
② 분배기는 신호의 전송로가 분기되는 장소에 설치하는 것으로 임피던스 매칭(Matching)과 신호 균등분배를 위해 사용하는 장치를 말한다.
③ 증폭기는 전압·전류의 진폭을 늘려 감도 등을 개선하는 장치를 말한다.
④ 임피던스는 동축케이블의 외부도체에 가느다란 홈을 만들어서 전파가 외부로 새어나갈 수 있도록 한 케이블을 말한다.

정답 ④

임피던스 : 교류 회로에 전압이 가해졌을 때 전류의 흐름

을 방해하는 값으로서 교류 회로에서의 전류에 대한 전압의 비를 말한다.

14 자동화재탐지설비 및 시각경보장치의 화재안전기술기준(NFTC 203)에 따른 발신기의 시설기준에 대한 내용으로 틀린 것은?

① 조작이 쉬운 장소에 설치할 것
② 스위치는 바닥으로부터 1.2m 이상 1.8m 이하의 높이에 설치할 것
③ 특정소방대상물의 층마다 설치하되, 해당 층의 각 부분으로부터 하나의 발신기까지의 수평거리가 25m 이하가 되도록 할 것
④ 복도 또는 별도로 구획된 실로서 보행거리가 40m 이상일 경우에는 추가로 설치할 것

정답 ②

자동화재탐지설비의 발신기는 다음의 기준에 따라 설치해야 한다.

1. 조작이 쉬운 장소에 설치하고, 스위치는 바닥으로부터 0.8m 이상 1.5m 이하의 높이에 설치할 것
2. 특정소방대상물의 층마다 설치하되, 해당 층의 각 부분으로부터 하나의 발신기까지의 수평거리가 25m 이하가 되도록 할 것(다만, 복도 또는 별도로 구획된 실로서 보행거리가 40m 이상일 경우에는 추가로 설치해야 한다.)
3. 2.의 기준을 초과하는 경우로서 기둥 또는 벽이 설치되지 아니한 대형공간의 경우 발신기는 설치대상 장소의 가장 가까운 장소의 벽 또는 기둥 등에 설치할 것

15 누전경보기의 화재안전기술기준(NFTC 205)에 따라 누전경보기의 수신부를 설치할 수 있는 장소는? (단, 해당 누전경보기에 대하여

방폭 · 방식 · 방습 · 방온 · 방진 및 정전기 차폐 등의 방호조치를 하지 않은 경우이다.)

① 화약류를 제조하거나 저장 또는 취급하는 장소
② 습도가 낮고 온도 변화가 거의 없는 장소
③ 가연성의 증기 · 먼지 · 가스 등이나 부식성의 증기 · 가스 등이 다량으로 체류하는 장소
④ 고주파 발생회로 등에 따른 영향을 받을 우려가 있는 장소

정답 ②

누전경보기의 수신부는 다음의 장소 이외의 장소에 설치해야 한다. 다만, 해당 누전경보기에 대하여 방폭 · 방식 · 방습 · 방온 · 방진 및 정전기 차폐 등의 방호조치를 한 것은 그렇지 않다.

1. 가연성의 증기 · 먼지 · 가스 등이나 부식성의 증기 · 가스 등이 다량으로 체류하는 장소
2. 화약류를 제조하거나 저장 또는 취급하는 장소
3. 습도가 높은 장소
4. 온도의 변화가 급격한 장소
5. 대전류회로 · 고주파 발생회로 등에 따른 영향을 받을 우려가 있는 장소

16 비상조명등의 형식승인 및 제품검사의 기술기준에 따라 비상조명등의 일반구조로 광원과 전원부를 별도로 수납하는 구조에 대한 설명으로 틀린 것은?

① 전원함은 불연재료 또는 난연재료의 재질을 사용할 것
② 배선은 충분히 견고한 것을 사용할 것
③ 광원과 전원부 사이의 배선길이는 1m 이하로 할 것
④ 부속장치를 방폭구조로 할 것

④

광원과 전원부를 별도로 수납하는 구조는 다음에 적합하여야 한다(제3조 제25호).
1. 전원함은 불연재료 또는 난연재료의 재질을 사용할 것
2. 광원과 전원부 사이의 배선길이는 1m 이하로 할 것
3. 배선은 충분히 견고한 것을 사용할 것

17 소방시설용 비상전원수전설비의 화재안전기술기준(NFTC 602)에 따라 일반전기사업자로부터 특별고압 또는 고압으로 수전하는 비상전원 수전설비로 큐비클형을 사용하는 경우의 시설기준으로 틀린 것은? (단, 옥내에 설치하는 경우이다.)

① 외함은 두께 5.6mm 이상의 강판과 이와 동등 이상의 강도를 가질 것
② 전용큐비클 또는 공용큐비클식으로 설치할 것
③ 개구부에는 60분＋방화문, 60분 방화문 또는 30분 방화문으로 설치할 것
④ 외함은 내화성능이 있는 것으로 제작할 것

 ①

큐비클형은 다음의 기준에 적합하게 설치해야 한다.
1. 전용큐비클 또는 공용큐비클식으로 설치할 것
2. 외함은 두께 2.3mm 이상의 강판과 이와 동등 이상의 강도와 내화성능이 있는 것으로 제작해야 하며, 개구부에는 방화문으로서 60분＋방화문, 60분 방화문 또는 30분 방화문으로 설치할 것

18 비상조명등의 화재안전기술기준(NFTC 304)에 따른 휴대용비상조명등의 설치기준으로 옳지 않은 것은?

① 외함은 난연성능이 있을 것
② 어둠속에서 위치를 확인할 수 있도록 할 것
③ 건전지 및 충전식 배터리의 용량은 60분 이상 유효하게 사용할 수 있는 것으로 할 것
④ 영화상영관에는 보행거리 50m 이내마다 3개 이상 설치할 것

 ③

휴대용비상조명등은 다음의 기준에 적합해야 한다.
1. 다음 각 기준의 장소에 설치할 것
   ㉠ 숙박시설 또는 다중이용업소에는 객실 또는 영업장 안의 구획된 실마다 잘 보이는 곳(외부에 설치 시 출입문 손잡이로부터 1m 이내 부분)에 1개 이상 설치
   ㉡ 대규모점포(지하상가 및 지하역사는 제외한다)와 영화상영관에는 보행거리 50m 이내마다 3개 이상 설치
   ㉢ 지하상가 및 지하역사에는 보행거리 25m 이내마다 3개 이상 설치
2. 설치높이는 바닥으로부터 0.8m 이상 1.5m 이하의 높이에 설치할 것
3. 어둠속에서 위치를 확인할 수 있도록 할 것
4. 사용 시 자동으로 점등되는 구조일 것
5. 외함은 난연성능이 있을 것
6. 건전지를 사용하는 경우에는 방전 방지조치를 해야 하고, 충전식 배터리의 경우에는 상시 충전되도록 할 것
7. 건전지 및 충전식 배터리의 용량은 20분 이상 유효하게 사용할 수 있는 것으로 할 것

19 무선통신보조설비의 화재안전기술기준 (NFTC 505)에 따른 분배기 · 분파기 및 혼합기 등의 설치기준으로 틀린 것은?

① 부식 등에 따라 기능에 이상을 가져오지 않도록 할 것

② 먼지 등에 따라 기능에 이상을 가져오지 않도록 할 것

③ 임피던스는 100Ω의 것으로 할 것

④ 점검에 편리하고 화재 등의 재해로 인한 피해의 우려가 없는 장소에 설치할 것

 ③

분배기 · 분파기 및 혼합기 등은 다음의 기준에 따라 설치해야 한다.

1. 먼지 · 습기 및 부식 등에 따라 기능에 이상을 가져오지 않도록 할 것
2. 임피던스는 50Ω의 것으로 할 것
3. 점검에 편리하고 화재 등의 재해로 인한 피해의 우려가 없는 장소에 설치할 것

20 자동화재속보설비의 속보기의 성능인증 및 제품검사의 기술기준에 따라 자동화재속보설비의 속보기가 소방관서에 자동적으로 통신망을 통해 통보하는 신호의 내용으로 옳은 것은?

① 해당 소방대상물의 위치

② 해당 소방대상물의 용도

③ 해당 화재예방, 당해 소화구조대의 위치

④ 해당 화재발생, 당해 소방대상물의 위치

 ④

자동화재속보설비의 속보기 : 수동작동 및 자동화재탐지설비 수신기의 화재신호와 연동으로 작동하여 화재발생을 경보하고 소방관서에 자동적으로 통신망을 통한 해당 화재발생, 해당 소방대상물의 위치 등을 음성으로 통보하여 주는 것을 말한다(제2조 제2호).

21 비상경보설비 및 단독경보형감지기의 화재안전기술기준(NFTC 201)에 따라 비상벨설비의 음향장치의 음량은 부착된 음향장치의 중심으로부터 1m 떨어진 위치에서 음압이 몇 dB 이상이 되는 것으로 하여야 하는가?

① 90dB

② 100dB

③ 110dB

④ 120dB

 ①

⊕ 핵심 포인트 ⊕

비상벨설비의 음향장치

1. 비상벨설비 또는 자동식 사이렌설비는 부식성 가스 또는 습기 등으로 인하여 부식의 우려가 없는 장소에 설치해야 한다.
2. 지구음향장치는 특정소방대상물의 층마다 설치하되, 해당 층의 각 부분으로부터 하나의 음향장치까지의 수평거리가 25m 이하가 되도록 하고, 해당 층의 각 부분에 유효하게 경보를 발할 수 있도록 설치해야 한다. 다만, 「비상방송설비의 화재안전기술기준(NFTC 202)」에 적합한 방송설비를 비상벨설비 또는 자동식 사이렌설비와 연동하여 작동하도록 설치한 경우에는 지구음향장치를 설치하지 않을 수 있다.
3. 음향장치는 정격전압의 80% 전압에서도 음향을 발할 수 있도록 해야 한다. 다만, 건전지를 주전원으로 사용하는 음향장치는 그렇지 않다.
4. 음향장치의 음향의 크기는 부착된 음향장치의 중심으로부터 1m 떨어진 위치에서 음압이 90dB 이상이 되는 것으로 해야 한다.

22 소방시설용 비상전원수전설비의 화재안전기술기준(NFTC 602)에 따라 소방회로용의 것으로 수전설비, 변전설비와 그 밖의 기기 및 배선을 금속제 외함에 수납한 것은?

① 공용분전반
② 전용분전반
③ 공용큐비클식
④ 전용큐비클식

정답 ④

④ **전용큐비클식** : 소방회로용의 것으로 수전설비, 변전설비와 그 밖의 기기 및 배선을 금속제 외함에 수납한 것을 말한다.
① **공용분전반** : 소방회로 및 일반회로 겸용의 것으로서 분기개폐기, 분기과전류차단기와 그 밖의 배선용기기 및 배선을 금속제 외함에 수납한 것을 말한다.
② **전용분전반** : 소방회로 전용의 것으로서 분기 개폐기, 분기과전류차단기와 그 밖의 배선용기기 및 배선을 금속제 외함에 수납한 것을 말한다.
③ **공용큐비클식** : 소방회로 및 일반회로 겸용의 것으로서 수전설비, 변전설비와 그 밖의 기기 및 배선을 금속제 외함에 수납한 것을 말한다.

23 비상방송설비의 화재안전기술기준(NFTC 202)에 따라 비상방송설비 개폐기의 표지로 옳은 것은?

① 개폐기에는 "비상방송전원용"이라고 표시한 표지를 할 것
② 개폐기에는 "비상방송상용전원용"이라고 표시한 표지를 할 것
③ 개폐기에는 "비상방송설비용"이라고 표시한 표지를 할 것
④ 개폐기에는 "비상방송비상용전원용"이라고 표시한 표지를 할 것

정답 ③

비상방송설비의 상용전원은 다음의 기준에 따라 설치해야 한다.
1. 상용전원은 전기가 정상적으로 공급되는 축전지설비, 전기저장장치(외부 전기에너지를 저장해 두었다가 필요한 때 전기를 공급하는 장치) 또는 교류전압의 옥내 간선으로 하고, 전원까지의 배선은 전용으로 할 것
2. 개폐기에는 "비상방송설비용"이라고 표시한 표지를 할 것

24 무선통신보조설비의 증폭기 및 무선중계기 설치기준(NFTC)에 따른 무선통신보조설비의 증폭기 설치기준으로 틀린 것은?

① 디지털 방식의 무전기를 사용하는데 지장이 없도록 설치할 것
② 증폭기 후면에는 전원의 정상 여부를 표시할 수 있는 장치를 설치할 것
③ 증폭기 및 무선중계기를 설치하는 경우에는 적합성 평가를 받은 제품으로 설치하고 임의로 변경하지 않도록 할 것
④ 비상전원 용량은 무선통신보조설비를 유효하게 30분 이상 작동시킬 수 있는 것으로 할 것

정답 ②

증폭기 및 무선중계기를 설치하는 경우에는 다음의 기준에 따라 설치해야 한다(제8조).
1. 상용전원은 전기가 정상적으로 공급되는 축전지설비, 전기저장장치 또는 교류전압의 옥내 간선으로 하고, 전원까지의 배선은 전용으로 하며, 증폭기 전면에는 전원의 정상 여부를 표시할 수 있는 장치를 설치할 것
2. 증폭기에는 비상전원이 부착된 것으로 하고 해당 비상전원 용량은 무선통신보조설비를 유효하게 30분 이상 작동시킬 수 있는 것으로 할 것
3. 증폭기 및 무선중계기를 설치하는 경우에는 적합성 평가를 받은 제품으로 설치하고 임의로 변경하지 않도록 할 것

4. 디지털 방식의 무전기를 사용하는데 지장이 없도록 설치할 것

25 누전경보기의 화재안전성능기준(NFPC 205)에 따라 경계전로의 누설전류를 자동적으로 검출하여 이를 누전경보기의 수신부에 송신하는 것을 무엇이라고 하는가?

① 변류기
② 분파기
③ 혼합기
④ 증폭기

정답 ①

① 변류기 : 경계전로의 누설전류를 자동적으로 검출하여 이를 누전경보기의 수신부에 송신하는 것을 말한다.
② 분파기 : 서로 다른 주파수의 합성된 신호를 분리하기 위해서 사용하는 장치를 말한다.
③ 혼합기 : 2 이상의 입력신호를 원하는 비율로 조합한 출력이 발생하도록 하는 장치를 말한다.
④ 증폭기 : 전압 · 전류의 진폭을 늘려 감도 등을 개선하는 장치를 말한다.

26 무선통신보조설비의 화재안전기술기준(NFTC 505)에 따른 서로 다른 주파수의 합성된 신호를 분리하기 위해서 사용하는 장치는?

① 혼합기
② 분파기
③ 증폭기
④ 무선중계기

정답 ②

② 분파기 : 서로 다른 주파수의 합성된 신호를 분리하기 위해서 사용하는 장치를 말한다.
① 혼합기 : 2 이상의 입력신호를 원하는 비율로 조합한 출력이 발생하도록 하는 장치를 말한다.
③ 증폭기 : 전압 · 전류의 진폭을 늘려 감도 등을 개선하는 장치를 말한다.
④ 무선중계기 : 안테나를 통하여 수신된 무전기 신호를 증폭한 후 음영지역에 재방사하여 무전기 상호 간 송수신이 가능하도록 하는 장치를 말한다.

27 비상콘센트설비의 화재안전기술기준(NFTC 504)에 따른 비상콘센트설비 전원회로의 설치기준 중 틀린 것은?

① 전원회로는 3상교류 380V 이상인 것으로서, 그 전원공급용량은 3kVA 이상인 것으로 할 것
② 전원회로는 각층에 2 이상이 되도록 설치할 것
③ 비상콘센트용의 풀박스 등은 방청도장을 한 것으로서, 두께 1.6mm 이상의 철판으로 할 것
④ 하나의 전용회로에 설치하는 비상콘센트는 10개 이하로 할 것

정답 ①

비상콘센트설비의 전원회로(비상콘센트에 전력을 공급하는 회로를 말한다)는 다음의 기준에 따라 설치해야 한다.
1. 비상콘센트설비의 전원회로는 단상교류 220V인 것으로서, 그 공급용량은 1.5kVA 이상인 것으로 할 것
2. 전원회로는 각층에 2 이상이 되도록 설치할 것(다만, 설치해야 할 층의 비상콘센트가 1개인 때에는 하나의 회로로 할 수 있다.)
3. 전원회로는 주배전반에서 전용회로로 할 것(다만, 다른 설비회로의 사고에 따른 영향을 받지 않도록 되어있는 것은 그렇지 않다.)

4. 전원으로부터 각 층의 비상콘센트에 분기되는 경우에는 분기배선용 차단기를 보호함 안에 설치할 것
5. 콘센트마다 배선용 차단기(KS C 8321)를 설치해야 하며, 충전부가 노출되지 않도록 할 것
6. 개폐기에는 "비상콘센트"라고 표시한 표지를 할 것
7. 비상콘센트용의 풀박스 등은 방청도장을 한 것으로서, 두께 1.6mm 이상의 철판으로 할 것
8. 하나의 전용회로에 설치하는 비상콘센트는 10개 이하로 할 것(이 경우 전선의 용량은 각 비상콘센트(비상콘센트가 3개 이상인 경우에는 3개)의 공급용량을 합한 용량 이상의 것으로 해야 한다.)

28 자동화재탐지설비 및 시각경보장치의 화재안전기술기준(NFTC 203)에 따른 자동화재탐지설비 경계구역의 설정기준으로 틀린 것은?

① 하나의 경계구역이 2 이상의 건축물에 미치지 않도록 할 것
② 하나의 경계구역이 2 이상의 층에 미치지 않도록 할 것
③ 하나의 경계구역의 면적은 $600m^2$ 이하로 하고 한 변의 길이는 50m 이하로 할 것
④ $1,000m^2$ 이하의 범위 안에서는 2개의 층을 하나의 경계구역으로 할 수 있다.

정답 ④

자동화재탐지설비의 경계구역은 다음의 기준에 따라 설정해야 한다. 다만, 감지기의 형식승인 시 감지거리, 감지면적 등에 대한 성능을 별도로 인정받은 경우에는 그 성능인정범위를 경계구역으로 할 수 있다.
1. 하나의 경계구역이 2 이상의 건축물에 미치지 않도록 할 것
2. 하나의 경계구역이 2 이상의 층에 미치지 않도록 할 것(다만, $500m^2$ 이하의 범위 안에서는 2개의 층을 하나의 경계구역으로 할 수 있다).
3. 하나의 경계구역의 면적은 $600m^2$ 이하로 하고 한 변의 길이는 50m 이하로 할 것(다만, 해당 특정소방대상물의 주된 출입구에서 그 내부 전체가 보이는

것에 있어서는 한 변의 길이가 50m의 범위 내에서 $1,000m^2$ 이하로 할 수 있다.)

29 비상조명등의 화재안전기술기준(NFTC 304)에 따른 비상조명등의 시설기준에 적합하지 않은 것은?

① 조도는 비상조명등이 설치된 장소의 각 부분의 바닥에서 5lx 이상이 되도록 할 것
② 비상전원은 점검에 편리하고 화재 및 침수 등의 재해로 인한 피해를 받을 우려가 없는 곳에 설치할 것
③ 예비전원을 내장하는 비상조명등에는 평상시 점등 여부를 확인할 수 있는 점검스위치를 설치할 것
④ 예비전원과 비상전원은 비상조명등을 20분 이상 유효하게 작동시킬 수 있는 용량으로 할 것

정답 ①

비상조명등은 다음 각 기준에 따라 설치해야 한다.
1. 특정소방대상물의 각 거실과 그로부터 지상에 이르는 복도·계단 및 그 밖의 통로에 설치할 것
2. 조도는 비상조명등이 설치된 장소의 각 부분의 바닥에서 1lx 이상이 되도록 할 것
3. 예비전원을 내장하는 비상조명등에는 평상시 점등 여부를 확인할 수 있는 점검스위치를 설치하고 해당 조명등을 유효하게 작동시킬 수 있는 용량의 축전지와 예비전원 충전장치를 내장할 것
4. 예비전원을 내장하지 않은 비상조명등의 비상전원은 자가발전설비, 축전지설비 또는 전기저장장치(외부 전기에너지를 저장해 두었다가 필요한 때 전기를 공급하는 장치)를 다음의 기준에 따라 설치해야 한다.
   ㉠ 점검에 편리하고 화재 및 침수 등의 재해로 인한 피해를 받을 우려가 없는 곳에 설치할 것
   ㉡ 상용전원으로부터 전력의 공급이 중단된 때에는 자동으로 비상전원으로부터 전력을 공급받을 수 있도록 할 것

© 비상전원의 설치장소는 다른 장소와 방화구획 할 것(이 경우 그 장소에는 비상전원의 공급에 필요한 기구나 설비 외의 것(열병합발전설비에 필요한 기구나 설비는 제외한다)을 두어서는 아니 된다.)

© 비상전원을 실내에 설치하는 때에는 그 실내에 비상조명등을 설치할 것

5. 예비전원과 비상전원은 비상조명등을 20분 이상 유효하게 작동시킬 수 있는 용량으로 할 것. 다만, 다음의 특정소방대상물의 경우에는 그 부분에서 피난층에 이르는 부분의 비상조명등을 60분 이상 유효하게 작동시킬 수 있는 용량으로 해야 한다.

㉠ 지하층을 제외한 층수가 11층 이상의 층

㉡ 지하층 또는 무창층으로서 용도가 도매시장·소매시장·여객자동차터미널·지하역사 또는 지하상가

6. 비상조명등의 설치면제 요건에서 "그 유도등의 유효범위"란 유도등의 조도가 바닥에서 1lx 이상이 되는 부분을 말한다.

---

30 무선통신보조설비의 화재안전기술기준(NFTC 505)에 따라 무선통신보조설비의 누설동축케이블의 설치기준으로 틀린 것은?

① 소방전용주파수대에서 전파의 전송 또는 복사에 적합한 것으로서 소방전용의 것으로 할 것

② 누설동축케이블의 앞부분에는 무반사 종단저항을 견고하게 설치할 것

③ 누설동축케이블과 이에 접속하는 안테나 또는 동축케이블과 이에 접속하는 안테나로 구성할 것

④ 누설동축케이블 및 안테나는 고압의 전로로부터 1.5m 이상 떨어진 위치에 설치할 것

 정답 ②

무선통신보조설비의 누설동축케이블 등은 다음의 기준에 따라 설치해야 한다.

1. 소방전용주파수대에서 전파의 전송 또는 복사에 적합

한 것으로서 소방전용의 것으로 할 것(다만, 소방대 상호간의 무선 연락에 지장이 없는 경우에는 다른 용도와 겸용할 수 있다.)

2. 누설동축케이블과 이에 접속하는 안테나 또는 동축케이블과 이에 접속하는 안테나로 구성할 것

3. 누설동축케이블 및 동축케이블은 불연 또는 난연성의 것으로서 습기 등의 환경조건에 따라 전기의 특성이 변질되지 않는 것으로 하고, 노출하여 설치한 경우에는 피난 및 통행에 장애가 없도록 할 것

4. 누설동축케이블 및 동축케이블은 화재에 따라 해당 케이블의 피복이 소실된 경우에 케이블 본체가 떨어지지 않도록 4m 이내마다 금속제 또는 자기제 등의 지지금구로 벽·천장·기둥 등에 견고하게 고정할 것(다만, 불연재료로 구획된 반자 안에 설치하는 경우에는 그렇지 않다.)

5. 누설동축케이블 및 안테나는 금속판 등에 따라 전파의 복사 또는 특성이 현저하게 저하되지 않는 위치에 설치할 것

6. 누설동축케이블 및 안테나는 고압의 전로로부터 1.5m 이상 떨어진 위치에 설치할 것(다만, 해당 전로에 정전기 차폐장치를 유효하게 설치한 경우에는 그렇지 않다.)

7. 누설동축케이블의 끝부분에는 무반사 종단저항을 견고하게 설치할 것

---

31 비상방송설비의 화재안전기술기준(NFTC 202)에 따른 비상방송설비의 배선에 대한 설치기준으로 틀린 것은?

① 부속회로의 전로와 대지 사이 및 배선 상호 간의 절연저항은 1경계구역마다 직류 220V의 절연저항측정기를 사용하여 측정한 절연저항이 0.5MΩ 이상이 되도록 할 것

② 전원회로의 배선은 내화배선으로 설치할 것

③ 화재로 인하여 하나의 층의 확성기 또는 배선이 단락 또는 단선되어도 다른 층의 화재통보에 지장이 없도록 할 것

④ 비상방송설비의 배선은 다른 전선과 별도

PART 1 과목별 예상문제

의 관·덕트·몰드 또는 풀박스 등에 설
치할 것

정답 ①

비상방송설비의 배선은 「전기설비기술기준」에서 정한
것 외에 다음의 기준에 따라 설치해야 한다.
1. 화재로 인하여 하나의 층의 확성기 또는 배선이 단락
   또는 단선되어도 다른 층의 화재 통보에 지장이 없도
   록 할 것
2. 전원회로의 배선은 내화배선에 따르고, 그 밖의 배선
   은 내화배선 또는 내열배선에 따를 것
3. 전원회로의 전로와 대지 사이 및 배선 상호 간의 절연
   저항은 「전기설비기술기준」이 정하는 바에 따르고, 부
   속회로의 전로와 대지 사이 및 배선 상호 간의 절연저
   항은 1경계구역마다 직류 250V의 절연저항측정기를
   사용하여 측정한 절연저항이 0.1MΩ 이상이 되도록
   할 것
4. 비상방송설비의 배선은 다른 전선과 별도의 관·덕트
   (절연효력이 있는 것으로 구획한 때에는 그 구획된 부
   분은 별개의 덕트로 본다)·몰드 또는 풀박스 등에 설
   치할 것(다만, 60V 미만의 약전류회로에 사용하는 전
   선으로서 각각의 전압이 같을 때는 그렇지 않다.)

32 누전경보기의 5~10회로까지 사용할 수 있
는 집합형 수신기 내부결선도에서 구성요소
가 아닌 것은?

① 전원부
② 회로접합부
③ 조작부
④ 자동입력 절환부

정답 ③

누전경보기의 집합형 수신기 내부결선도 구성요소 : 자
동입력 절환부, 증폭부, 제어부, 회로접합부, 전원부

33 피난기구의 화재안전기술기준(NFTC 301)에
서 사용자의 몸무게에 따라 자동적으로 내려
올 수 있는 기구 중 사용자가 교대하여 연속
적으로 사용할 수 있는 것은?

① 구조대
② 완강기
③ 간이완강기
④ 피난용트랩

정답 ②

② **완강기** : 사용자의 몸무게에 따라 자동적으로 내려올
   수 있는 기구 중 사용자가 교대하여 연속적으로 사용
   할 수 있는 것을 말한다.
① **구조대** : 포지 등을 사용하여 자루 형태로 만든 것으
   로서 화재 시 사용자가 그 내부에 들어가서 내려옴으
   로써 대피할 수 있는 것을 말한다.
③ **간이완강기** : 사용자의 몸무게에 따라 자동적으로 내
   려올 수 있는 기구 중 사용자가 연속적으로 사용할
   수 없는 것을 말한다.
④ **피난용트랩** : 화재층과 직상층을 연결하는 계단형태
   의 피난기구를 말한다.

34 자동화재탐지설비 및 시각경보장치의 화재
안전기술기준(NFTC 203)에 따른 불꽃감지
기의 설치기준으로 적합하지 않은 것은?

① 공칭감시거리 및 공칭시야각은 형식승인
   내용에 따를 것
② 감지기를 천장에 설치하는 경우에는 감지
   기는 바닥을 향하여 설치할 것
③ 감지기는 화재감지를 유효하게 감지할 수
   있는 모서리 또는 벽 등에 설치할 것
④ 감지기는 공칭감시거리와 공칭시야각을
   기준으로 감시구역이 일부분만 포용될 수
   있도록 설치할 것

PART 1

과목별 예상문제

정답 ④

불꽃감지기는 다음의 기준에 따라 설치할 것
1. 공칭감시거리 및 공칭시야각은 형식승인 내용에 따를 것
2. 감지기는 공칭감시거리와 공칭시야각을 기준으로 감시구역이 모두 포용될 수 있도록 설치할 것
3. 감지기는 화재감지를 유효하게 감지할 수 있는 모서리 또는 벽 등에 설치할 것
4. 감지기를 천장에 설치하는 경우에는 감지기는 바닥을 향하여 설치할 것
5. 수분이 많이 발생할 우려가 있는 장소에는 방수형으로 설치할 것
6. 그 밖의 설치기준은 형식승인 내용에 따르며 형식승인 사항이 아닌 것은 제조사의 시방서에 따라 설치할 것

35 누전경보기의 형식승인 및 제품검사의 기술기준에 따른 누전경보기 수신부의 기능검사 항목이 아닌 것은?

① 반복시험
② 전압강하방지시험
③ 개폐기의 조작시험
④ 진동시험

정답 ②

누전경보기 수신부의 기능검사 항목 : 충격시험, 절연저항시험, 전원전압변동시험, 온도특성시험, 과입력전압시험, 개폐기의 조작시험, 반복시험, 진동시험, 방수시험, 절연내력시험, 충격파내전압시험

36 자동화재탐지설비 및 시각경보장치의 화재안전기술기준(NFTC 203)에 따른 공기관식 차동식분포형 감지기의 설치기준으로 틀린 것은?

① 검출부는 바닥으로부터 0.8m 이상 1.5m 이하의 위치에 설치할 것
② 공기관은 도중에서 분기하지 않도록 할 것
③ 하나의 검출부분에 접속하는 공기관의 길이는 50m 이하로 할 것
④ 공기관 상호 간의 거리는 6m 이하가 되도록 할 것

정답 ③

공기관식 차동식분포형감지기는 다음의 기준에 따를 것
1. 공기관의 노출 부분은 감지구역마다 20m 이상이 되도록 할 것
2. 공기관과 감지구역의 각 변과의 수평거리는 1.5m 이하가 되도록 하고, 공기관 상호 간의 거리는 6m(주요구조부가 내화구조로 된 특정소방대상물 또는 그 부분에 있어서는 9m) 이하가 되도록 할 것
3. 공기관은 도중에서 분기하지 않도록 할 것
4. 하나의 검출 부분에 접속하는 공기관의 길이는 100m 이하로 할 것
5. 검출부는 5° 이상 경사지지 않도록 부착할 것
6. 검출부는 바닥으로부터 0.8m 이상 1.5m 이하의 위치에 설치할 것

37 자동화재탐지설비 및 시각경보장치의 화재안전기술기준(NFTC 203)에 따른 자동화재탐지 설비의 연기감지기를 설치해야 할 곳이 아닌 곳은?

① 계단 · 경사로 및 에스컬레이터 경사로
② 복도(30m 미만의 것을 제외한다)
③ 엘리베이터 승강로
④ 천장 또는 반자의 높이가 20m 이상의 장소

정답 ④

다음의 장소에는 연기감지기를 설치해야 한다. 다만, 교차회로방식에 따른 감지기가 설치된 장소 또는 감지기가 설치된 장소에는 그렇지 않다.
1. 계단 · 경사로 및 에스컬레이터 경사로
2. 복도(30m 미만의 것을 제외한다)
3. 엘리베이터 승강로(권상기실이 있는 경우에는 권상기실) · 린넨슈트 · 파이프 피트 및 덕트 기타 이와 유사한 장소
4. 천장 또는 반자의 높이가 15m 이상 20m 미만의 장소
5. 다음의 어느 하나에 해당하는 특정소방대상물의 취침 · 숙박 · 입원 등 이와 유사한 용도로 사용되는 거실
   ㉠ 공동주택 · 오피스텔 · 숙박시설 · 노유자시설 · 수련시설
   ㉡ 교육연구시설 중 합숙소
   ㉢ 의료시설, 근린생활시설 중 입원실이 있는 의원 · 조산원
   ㉣ 교정 및 군사시설
   ㉤ 근린생활시설 중 고시원

38 비상콘센트설비의 화재안전기술기준(NFTC 504)에 따른 비상콘센트설비의 전원회로의 설치기준으로 틀린 것은?

① 전원회로는 단상교류 220V인 것으로 할 것
② 전원회로는 각층에 2 이상이 되도록 설치할 것
③ 비상콘센트용의 풀박스 등은 방청도장을 한 것으로서, 두께 1.6mm 이상의 철판으로 할 것
④ 하나의 전용회로에 설치하는 비상콘센트는 5개 이하로 할 것

정답 ④

비상콘센트설비의 전원회로(비상콘센트에 전력을 공급하는 회로를 말한다)는 다음의 기준에 따라 설치해야 한다.

1. 비상콘센트설비의 전원회로는 단상교류 220V인 것으로서, 그 공급용량은 1.5kVA 이상인 것으로 할 것
2. 전원회로는 각층에 2 이상이 되도록 설치할 것(다만, 설치해야 할 층의 비상콘센트가 1개인 때에는 하나의 회로로 할 수 있다.)
3. 전원회로는 주배전반에서 전용회로로 할 것(다만, 다른 설비회로의 사고에 따른 영향을 받지 않도록 되어 있는 것은 그렇지 않다.)
4. 전원으로부터 각 층의 비상콘센트에 분기되는 경우에는 분기배선용 차단기를 보호함 안에 설치할 것
5. 콘센트마다 배선용 차단기(KS C 8321)를 설치해야 하며, 충전부가 노출되지 않도록 할 것
6. 개폐기에는 "비상콘센트"라고 표시한 표지를 할 것
7. 비상콘센트용의 풀박스 등은 방청도장을 한 것으로서, 두께 1.6mm 이상의 철판으로 할 것
8. 하나의 전용회로에 설치하는 비상콘센트는 10개 이하로 할 것(이 경우 전선의 용량은 각 비상콘센트(비상콘센트가 3개 이상인 경우에는 3개)의 공급용량을 합한 용량 이상의 것으로 해야 한다.)

39 비상콘센트설비의 화재안전성능기준(NFTC 504)에 따른 비상콘센트설비의 화재안전기준에서 정하고 있는 저압의 정의는?

① 직류는 1.2kV 이하, 교류는 0.7kV 이하인 것
② 직류는 1.5kV 이하, 교류는 1kV 이하인 것
③ 직류는 1.7kV 이하, 교류는 1.2kV 이하인 것
④ 직류는 2.5kV 이하, 교류는 1.5kV 이하인 것

정답 ②

⊕ **핵심 포인트** ⊕

전압의 구분

1. **저압** : 직류는 1.5kV 이하, 교류는 1kV 이하인 것을 말한다.
2. **고압** : 직류는 1.5kV를, 교류는 1kV를 초과하고, 7kV 이하인 것을 말한다.
3. **특고압** : 7kV를 초과하는 것을 말한다.

40 자동화재탐지설비 및 시각경보장치의 화재 안전기술기준(NFTC 203)에 따른 청각장애 인용 시각경보장치의 설치기준으로 적절하지 않은 것은?

① 공연장 · 집회장 · 관람장 또는 이와 유사한 장소에 설치하는 경우에는 시선이 집중되지 않는 무대 후면부에 설치할 것

② 설치 높이는 바닥으로부터 2m 이상 2.5m 이하의 장소에 설치할 것

③ 천장의 높이가 2m 이하인 경우에는 천장으로부터 0.15m 이내의 장소에 설치할 것

④ 시각경보장치의 광원은 전용의 축전지설비 또는 전기저장장치에 의하여 점등되도록 할 것

정답 ①

청각장애인용 시각경보장치는 소방청장이 정하여 고시한 「시각경보장치의 성능인증 및 제품검사의 기술기준」에 적합한 것으로서 다음의 기준에 따라 설치해야 한다.

1. 복도 · 통로 · 청각장애인용 객실 및 공용으로 사용하는 거실(로비, 회의실, 강의실, 식당, 휴게실, 오락실, 대기실, 체력단련실, 접객실, 안내실, 전시실, 기타 이와 유사한 장소를 말한다)에 설치하며, 각 부분으로부터 유효하게 경보를 발할 수 있는 위치에 설치할 것
2. 공연장 · 집회장 · 관람장 또는 이와 유사한 장소에 설치하는 경우에는 시선이 집중되는 무대부 부분 등에 설치할 것
3. 설치 높이는 바닥으로부터 2m 이상 2.5m 이하의 장소에 설치할 것(다만, 천장의 높이가 2m 이하인 경우에는 천장으로부터 0.15m 이내의 장소에 설치해야 한다.)
4. 시각경보장치의 광원은 전용의 축전지설비 또는 전기저장장치(외부 전기에너지를 저장해 두었다가 필요한 때 전기를 공급하는 장치)에 의하여 점등되도록 할 것(다만, 시각경보기에 작동전원을 공급할 수 있도록 형식승인을 얻은 수신기를 설치한 경우에는 그렇지 않다.)

41 비상경보설비 및 단독경보형감지기의 화재 안전기술기준(NFTC 201)에 따른 비상경보설비에 설치하는 음향장치의 음압으로 옳은 것은?

① 30dB

② 60dB

③ 90dB

④ 120dB

정답 ③

음향장치의 음향의 크기는 부착된 음향장치의 중심으로부터 1 m 떨어진 위치에서 음압이 90dB 이상이 되는 것으로 해야 한다.

42 다음은 비상방송설비의 화재안전기술기준 (NFTC 202)에 따른 음향장치의 구조 및 성능에 대한 기준이다. ( ) 안에 들어갈 내용으로 옳은 것은?

> 1. 정격전압의 80% 전압에서 (㉠)을/를 발할 수 있는 것으로 할 것
> 2. 자동화재탐지설비의 작동과 (㉡)하여 작동할 수 있는 것으로 할 것

① ㉠ 음향, ㉡ 연동

② ㉠ 음량, ㉡ 연동

③ ㉠ 음향, ㉡ 연결

④ ㉠ 음량, ㉡ 연결

정답 ①

음향장치는 다음의 기준에 따른 구조 및 성능의 것으로 해야 한다.

1. 정격전압의 80% 전압에서 음향을 발할 수 있는 것을 할 것

PART 1

과목별 예상문제

2. 자동화재탐지설비의 작동과 연동하여 작동할 수 있는 것으로 할 것

43 무선통신보조설비의 화재안전기술기준(NFTC 505)에 따라 무선통신보조설비의 주회로 전원이 정상인지 여부를 확인하기 위해 증폭기의 전면에 설치하는 것은?

① 축전지설비, 전기저장장치
② 표시등 및 전압계
③ 증폭기 및 무선중계기
④ 무선통신보조설비

 정답 ②

증폭기 및 무선중계기를 설치하는 경우에는 다음의 기준에 따라 설치해야 한다.
1. 상용전원은 전기가 정상적으로 공급되는 축전지설비, 전기저장장치(외부 전기에너지를 저장해 두었다가 필요한 때 전기를 공급하는 장치) 또는 교류전압의 옥내 간선으로 하고, 전원까지의 배선은 전용으로 할 것
2. 증폭기의 전면에는 주 회로 전원의 정상 여부를 표시할 수 있는 표시등 및 전압계를 설치할 것
3. 증폭기에는 비상전원이 부착된 것으로 하고 해당 비상전원 용량은 무선통신보조설비를 유효하게 30분 이상 작동시킬 수 있는 것으로 할 것
4. 증폭기 및 무선중계기를 설치하는 경우에는 적합성평가를 받은 제품으로 설치하고 임의로 변경하지 않도록 할 것
5. 디지털 방식의 무전기를 사용하는데 지장이 없도록 설치할 것

44 무선통신보조설비의 화재안전기술기준(NFTC 505)에 따라 지하층으로서 특정소방대상물의 바닥부분 2면 이상이 지표면과 동일하거나 지표면으로부터의 깊이가 몇 m 이하인 경우에는 해당 층에 한하여 무선통신보조설비를 설치하지 않을 수 있는가?

① 1.0m
② 1.2m
③ 1.5m
④ 2.0m

 정답 ①

무선통신보조설비의 설치 제외 : 지하층으로서 특정소방대상물의 바닥부분 2면 이상이 지표면과 동일하거나 지표면으로부터의 깊이가 1m 이하인 경우에는 해당 층에 한해 무선통신보조설비를 설치하지 아니할 수 있다.

45 비상조명등의 화재안전기술기준(NFTC 304)에 따라 비상전원이 비상조명등을 60분 이상 유효하게 작동시킬 수 있는 용량으로 하지 않아도 되는 특정소방대상물은?

① 무창층으로서 용도가 여객자동차터미널
② 복합시설물
③ 지하층으로서 용도가 도매시장
④ 지하층을 제외한 층수가 11층 이상의 층

 정답 ②

예비전원과 비상전원은 비상조명등을 20분 이상 유효하게 작동시킬 수 있는 용량으로 할 것(다만, 다음의 특정소방대상물의 경우에는 그 부분에서 피난층에 이르는 부분의 비상조명등을 60분 이상 유효하게 작동시킬 수 있는 용량으로 해야 한다.)
1. 지하층을 제외한 층수가 11층 이상의 층
2. 지하층 또는 무창층으로서 용도가 도매시장·소매시

장 · 여객자동차터미널 · 지하역사 또는 지하상가

핵심 포인트

부착높이에 따른 감지기의 종류

부착높이	감지기의 종류
4m 미만	차동식(포스트형, 분포형), 보상식 포스트형, 정온식(포스트형, 감지선형), 이온화식 또는 광전식(포스트형, 분리형, 공기흡입형), 열복합형, 연기복합형, 열연기복합형, 불꽃감지기
4m 이상 8m 미만	차동식(포스트형, 분포형), 보상식 포스트형, 정온식(포스트형, 감지선형) 특종 또는 1종, 이온화식 1종 또는 2종, 광전식(포스트형, 분리형, 공기흡입형) 1종 또는 2종, 열복합형, 연기복합형, 열연기복합형, 불꽃감지기
8m 이상 15m 미만	차동식 분포형, 이온화식 1종 또는 2종, 광전식(포스트형, 분리형, 공기흡입형) 1종 또는 2종, 연기복합형, 불꽃감지기
15m 이상 20m 미만	이온화식 1종, 광전식(포스트형, 분리형, 공기흡입형) 1종, 연기복합형, 불꽃감지기
20m 이상	불꽃감지기, 광전식(분리형, 공기흡입형) 중 아날로그방식

46 비상방송설비의 화재안전기술기준(NFTC 202)에 따른 비상방송설비의 음향장치는 어떤 설비의 작동과 연동되어 작동할 수 있어야 하는가?

① 스프링클러설비

② 축전지설비

③ 전기저장장치

④ 자동화재탐지설비

정답 ④

음향장치는 다음의 기준에 따른 구조 및 성능의 것으로 해야 한다.

1. 정격전압의 80% 전압에서 음향을 발할 수 있는 것으로 할 것

2. 자동화재탐지설비의 작동과 연동하여 작동할 수 있는 것으로 할 것

47 자동화재탐지설비 및 시각경보장치의 화재안전기술기준(NFTC 203)에 따른 자동화재탐지설비의 연기복합형 감지기를 설치할 수 없는 부착높이는?

① 20m 이상

② 15m 이상 20m 미만

③ 8m 이상 15m 미만

④ 4m 이상 8m 미만

 정답 ①

48 비상조명등의 화재안전기술기준(NFTC 304)에 따른 휴대용비상조명등의 설치기준 중 틀린 것은?

① 외함은 난연성능이 있을 것

② 어둠속에서 위치를 확인할 수 있도록 할 것

③ 건전지 및 충전식 배터리의 용량은 20분 이상 유효하게 사용할 수 있는 것으로 할 것

④ 지하상가 및 지하역사에서는 보행거리 10m 이내마다 5개 이상 설치할 것

PART 1

과목별 예상문제

정답 ④

휴대용비상조명등은 다음의 기준에 적합해야 한다.
1. 다음 각 기준의 장소에 설치할 것
  ㉠ 숙박시설 또는 다중이용업소에는 객실 또는 영업장 안의 구획된 실마다 잘 보이는 곳(외부에 설치 시 출입문 손잡이로부터 1m 이내 부분)에 1개 이상 설치
  ㉡ 대규모점포(지하상가 및 지하역사는 제외한다)와 영화상영관에는 보행거리 50m 이내마다 3개 이상 설치
  ㉢ 지하상가 및 지하역사에는 보행거리 25m 이내마다 3개 이상 설치
2. 설치높이는 바닥으로부터 0.8m 이상 1.5m 이하의 높이에 설치할 것
3. 어둠속에서 위치를 확인할 수 있도록 할 것
4. 사용 시 자동으로 점등되는 구조일 것
5. 외함은 난연성능이 있을 것
6. 건전지를 사용하는 경우에는 방전 방지조치를 해야 하고, 충전식 배터리의 경우에는 상시 충전되도록 할 것
7. 건전지 및 충전식 배터리의 용량은 20분 이상 유효하게 사용할 수 있는 것으로 할 것

49 비상조명등의 화재안전기술기준(NFTC 304)에 따라 예비전원을 내장하지 않은 비상조명등의 비상전원 설치기준으로 틀린 것은?

① 점검에 편리하고 화재 및 침수 등의 재해로 인한 피해를 받을 우려가 없는 곳에 설치할 것
② 상용전원으로부터 전력의 공급이 중단된 때에는 자동으로 비상전원으로부터 전력을 공급받을 수 있도록 할 것
③ 비상전원의 설치장소는 다른 장소와 통합 구획 할 것
④ 비상전원을 실내에 설치하는 때에는 그 실내에 비상조명등을 설치할 것

정답 ③

예비전원을 내장하지 않은 비상조명등의 비상전원은 자가발전설비, 축전지설비 또는 전기저장장치(외부 전기에너지를 저장해 두었다가 필요한 때 전기를 공급하는 장치)를 다음의 기준에 따라 설치해야 한다.
1. 점검에 편리하고 화재 및 침수 등의 재해로 인한 피해를 받을 우려가 없는 곳에 설치할 것
2. 상용전원으로부터 전력의 공급이 중단된 때에는 자동으로 비상전원으로부터 전력을 공급받을 수 있도록 할 것
3. 비상전원의 설치장소는 다른 장소와 방화구획 할 것 (이 경우 그 장소에는 비상전원의 공급에 필요한 기구나 설비 외의 것(열병합발전설비에 필요한 기구나 설비는 제외한다)을 두어서는 아니 된다.)
4. 비상전원을 실내에 설치하는 때에는 그 실내에 비상조명등을 설치할 것

50 유도등 및 유도표지의 화재안전기술기준 (NFTC 303)에 따라 비상전원의 설치기준으로 틀린 것은?

① 축전지로 할 것
② 유도등을 20분 이상 유효하게 작동시킬 수 있는 용량으로 할 것
③ 지하층을 제외한 층수가 11층 이상의 층에 이르는 부분의 유도등을 60분 이상 유효하게 작동시킬 수 있는 용량으로 할 것
④ 지하상가에 이르는 부분의 유도등을 90분 이상 유효하게 작동시킬 수 있는 용량으로 할 것

정답 ④

비상전원은 다음의 기준에 적합하게 설치해야 한다.
1. 축전지로 할 것
2. 유도등을 20분 이상 유효하게 작동시킬 수 있는 용량으로 할 것 다만, 다음의 특정소방대상물의 경우에는 그 부분에서 피난층에 이르는 부분의 유도등을 60분 이상 유효하게 작동시킬 수 있는 용량으로 해야 한다.

ⓐ 지하층을 제외한 층수가 11층 이상의 층
ⓑ 지하층 또는 무창층으로서 용도가 도매시장·소매
시장·여객자동차터미널·지하역사 또는 지하상가

51 자동화재탐지설비 및 시각 경보장치의 화재
안전기술기준(NFTC 203)에 따른 경계구역
의 설정기준으로 틀린 것은?

① 하나의 경계구역이 2 이상의 건축물에 미
치지 않도록 할 것
② 하나의 경계구역이 2 이상의 층에 미치지
않도록 할 것
③ 1,000m² 이하의 범위 안에서는 2개의 층
을 하나의 경계구역으로 할 것
④ 하나의 경계구역의 면적은 600m² 이하로
하고 한 변의 길이는 50m 이하로 할 것

 ③

자동화재탐지설비의 경계구역은 다음의 기준에 따라 설
정해야 한다. 다만, 감지기의 형식승인 시 감지거리, 감
지면적 등에 대한 성능을 별도로 인정받은 경우에는 그
성능인정범위를 경계구역으로 할 수 있다.
1. 하나의 경계구역이 2 이상의 건축물에 미치지 않도록
할 것
2. 하나의 경계구역이 2 이상의 층에 미치지 않도록 할
것. 다만, 500m² 이하의 범위 안에서는 2개의 층을
하나의 경계구역으로 할 수 있다.
3. 하나의 경계구역의 면적은 600m² 이하로 하고 한 변
의 길이는 50m 이하로 할 것. 다만, 해당 특정소방
대상물의 주된 출입구에서 그 내부 전체가 보이는 것
에 있어서는 한 변의 길이가 50m의 범위 내에서
1,000m² 이하로 할 수 있다.

52 감지기의 형식승인 및 제품검사의 기술기준
에 따른 일국소의 주위온도가 일정한 온도
이상이 되는 경우에 작동하는 것으로서 외관
이 전선으로 되어 있지 않는 감지기는 어떤
것인가?

① 공기흡입형
② 차동식스포트형
③ 보상식스포트형
④ 정온식스포트형

 ④

열감지기는 다음과 같이 구분한다(제3조 제1호).
1. **차동식스포트형** : 주위온도가 일정 상승율 이상이 되
는 경우에 작동하는 것으로서 일국소에서의 열 효과에
의하여 작동되는 것을 말한다.
2. **차동식분포형** : 주위온도가 일정 상승율 이상이 되는 경
우에 작동하는 것으로서 넓은 범위 내에서의 열 효과의
누적에 의하여 작동되는 것을 말한다.
3. **정온식감지선형** : 일국소의 주위온도가 일정한 온도
이상이 되는 경우에 작동하는 것으로서 외관이 전선
과 같이 선형으로 되어 있는 것을 말한다.
4. **정온식스포트형** : 일국소의 주위온도가 일정한 온도
이상이 되는 경우에 작동하는 것으로서 외관이 전선
과 같이 선형으로 되어 있지 않은 것을 말한다.
5. **보상식스포트형** : 1.와 4.의 성능을 겸한 것으로서
1.의 성능 또는 4.의 성능 중 어느 한 기능이 작동되면
작동신호를 발하는 것을 말한다.

53 비상콘센트설비의 화재안전기술기준(NFTC 504)에 따른 자가발전설비, 비상전원수전설비 또는 전기저장장치(외부 전기에너지를 저장해 두었다가 필요한 때 전기를 공급하는 장치)를 비상콘센트설비의 비상전원으로 설치하여야 하는 특정소방대상물로 옳은 것은?

① 지하층을 제외한 층수가 7층 이상으로서 연면적 2,000m² 이상인 특정소방대상물
② 지하층을 제외한 층수가 8층 이상으로서 연면적 2,500m² 이상인 특정소방대상물
③ 지하층을 제외한 층수가 9층 이상으로서 연면적 3,000m² 이상인 특정소방대상물
④ 지하층을 제외한 층수가 11층 이상으로서 연면적 3,500m² 이상인 특정소방대상물

정답 ①

비상콘센트설비에는 다음의 기준에 따른 전원을 설치해야 한다.
1. 상용전원회로의 배선은 저압수전인 경우에는 인입개폐기의 직후에서, 고압수전 또는 특고압수전인 경우에는 전력용변압기 2차 측의 주차단기 1차 측 또는 2차 측에서 분기하여 전용배선으로 할 것
2. 지하층을 제외한 층수가 7층 이상으로서 연면적이 2,000m² 이상이거나 지하층의 바닥면적의 합계가 3,000m² 이상인 특정소방대상물의 비상콘센트설비에는 자가발전설비, 비상전원수전설비, 축전지설비 또는 전기저장장치(외부 전기에너지를 저장해 두었다가 필요한 때 전기를 공급하는 장치를 말한다)를 비상전원으로 설치할 것(다만, 2 이상의 변전소에서 전력을 동시에 공급받을 수 있거나 하나의 변전소로부터 전력의 공급이 중단되는 때에는 자동으로 다른 변전소로부터 전력을 공급받을 수 있도록 상용전원을 설치한 경우에는 비상전원을 설치하지 않을 수 있다.)
3. 비상전원 중 자가발전설비, 축전지설비 또는 전기저장장치는 다음 기준에 따라 설치하고, 비상전원수전설비는 「소방시설용 비상전원수전설비의 화재안전기술기준(NFTC 602)」에 따라 설치할 것
   ㉠ 점검에 편리하고 화재 및 침수 등의 재해로 인한 피해를 받을 우려가 없는 곳에 설치할 것

㉡ 비상콘센트설비를 유효하게 20분 이상 작동시킬 수 있는 용량으로 할 것
㉢ 상용전원으로부터 전력의 공급이 중단된 때에는 자동으로 비상전원으로부터 전력을 공급받을 수 있도록 할 것
㉣ 비상전원의 설치장소는 다른 장소와 방화구획 할 것(이 경우 그 장소에는 비상전원의 공급에 필요한 기구나 설비 외의 것(열병합발전설비에 필요한 기구나 설비는 제외한다)을 두어서는 안 된다.)
㉤ 비상전원을 실내에 설치하는 때에는 그 실내에 비상조명등을 설치할 것

54 비상조명등의 화재안전기술기준(NFTC 304)에 따른 비상조명등의 설치 제외기준으로 틀린 것은?

① 거실의 각 부분으로부터 하나의 출입구에 이르는 보행거리가 15m 이내인 부분
② 학교의 거실
③ 피난층으로서 복도나 통로 또는 창문 등의 개구부를 통하여 피난이 용이한 경우 숙박시설로서 복도에 비상조명등을 설치하지 아니한 경우
④ 공동주택의 거실

정답 ③

다음의 어느 하나에 해당하는 경우에는 비상조명등을 설치하지 않을 수 있다.
1. 거실의 각 부분으로부터 하나의 출입구에 이르는 보행거리가 15m 이내인 부분
2. 의원·경기장·공동주택·의료시설·학교의 거실
3. 지상 1층 또는 피난층으로서 복도나 통로 또는 창문 등의 개구부를 통하여 피난이 용이한 경우 숙박시설로서 복도에 비상조명등을 설치한 경우에는 휴대용비상조명등을 설치하지 않을 수 있다.

55 유도등 및 유도표지의 화재안전기술기준 (NFTC 303)에 따른 객석 내의 통로가 경사로 또는 수평로로 되어 있는 부분에 설치하여야 하는 객석유도등의 설치개수 산출 공식은?

① $\dfrac{\text{객석통로의 직선부분 길이(m)}}{2} - 1$

② $\dfrac{\text{객석통로의 직선부분 길이(m)}}{3} - 1$

③ $\dfrac{\text{객석통로의 직선부분 길이(m)}}{4} - 1$

④ $\dfrac{\text{객석통로의 넓이(m}^2)}{4} - 1$

정답 ③

핵심 포인트

객석유도등 설치기준

1. 객석유도등은 객석의 통로, 바닥 또는 벽에 설치해야 한다.
2. 객석 내의 통로가 경사로 또는 수평로로 되어 있는 부분은 식에 따라 산출한 개수(소수점 이하의 수는 1로 본다)의 유도등을 설치해야 한다.

설치개수 = $\dfrac{\text{객석부분의 직선부분 길이(m)}}{4} - 1$

3. 객석 내의 통로가 옥외 또는 이와 유사한 부분에 있는 경우에는 해당 통로 전체에 미칠 수 있는 개수의 유도등을 설치해야 한다.

56 비상방송설비의 화재안전기술기준(NFTC 202)에 따른 용어의 정의에서 화재감지기, 발신기 등의 상태변화를 전송하는 장치를 말하는 것은?

① 확성기
② 기동장치
③ 증폭기
④ 음량조절기

정답 ②

② **기동장치** : 화재감지기, 발신기 등의 상태변화를 전송하는 장치를 말한다.
① **확성기** : 소리를 크게 하여 멀리까지 전달될 수 있도록 하는 장치로써 일명 스피커를 말한다.
③ **증폭기** : 전압전류의 진폭을 늘려 감도를 좋게 하고 미약한 음성전류를 커다란 음성전류로 변화시켜 소리를 크게 하는 장치를 말한다.
④ **음량조절기** : 가변저항을 이용하여 전류를 변화시켜 음량을 크게 하거나 작게 조절할 수 있는 장치를 말한다.

PART 1

기출복원 예상문제

57 비상경보설비 및 단독경보형감지기의 화재안전기술기준(NFTC 201)에 따라 바닥면적이 450m²일 경우 단독경보형감지기의 최소 설치개수는?

① 3개
② 4개
③ 5개
④ 6개

정답 ①

단독경보형감지기는 다음의 기준에 따라 설치해야 한다.
1. 각 실(이웃하는 실내의 바닥면적이 각각 30m² 미만이고 벽체 상부의 전부 또는 일부가 개방되어 이웃하는 실내와 공기가 상호 유통되는 경우에는 이를 1개의 실로 본다)마다 설치하되, 바닥면적이 150m²를 초과하는 경우에는 150m²마다 1개 이상 설치할 것
2. 계단실은 최상층의 계단실 천장(외기가 상통하는 계단실의 경우를 제외한다)에 설치할 것
3. 건전지를 주전원으로 사용하는 단독경보형감지기는 정상적인 작동상태를 유지할 수 있도록 주기적으로 건전지를 교환할 것
4. 상용전원을 주전원으로 사용하는 단독경보형감지기의 2차전지는 제품검사에 합격한 것을 사용할 것

단독경보형감지기의 최소 설치개수 = $\dfrac{450}{150}$ = 3개

58 누전경보기의 형식승인 및 제품검사의 기술기준에 따라 누전경보기의 경보기구에 내장하는 음향장치의 고장표시장치용 음압은 몇 dB 이상이어야 하는가?

① 60dB

② 80dB

③ 100dB

④ 120dB

정답 ①

핵심 포인트

⊕ **경보기구에 내장하는 음향장치(제4조 제6호)** ⊕

1. 사용전압의 80%인 전압에서 소리를 내어야 한다.
2. 사용전압에서의 음압은 무향실내에서 정위치에 부착된 음향장치의 중심으로부터 1m 떨어진 지점에서 누전경보기는 70dB 이상이어야 한다. 다만, 고장표시장치용 등의 음압은 60dB 이상이어야 한다.
3. 사용전압으로 8시간 연속하여 울리게 하는 시험, 또는 정격전압에서 3분20초 동안 울리고 6분40초 동안 정지하는 작동을 반복하여 통산한 울림시간이 20시간이 되도록 시험하는 경우 그 구조 또는 기능에 이상이 생기지 아니하여야 한다.

---

59 비상콘센트설비의 화재안전기술기준(NFTC 504)에 따른 비상콘센트를 보호하기 위한 비상콘센트 보호함의 설치기준으로 틀린 것은?

① 비상콘센트 보호함에는 쉽게 개폐할 수 있는 문을 설치하여야 한다.

② 비상콘센트 보호함 하부에 청색의 표시등을 설치하여야 한다.

③ 비상콘센트 보호함 표면에 "비상콘센트"라고 표시한 표지를 하여야 한다.

④ 비상콘센트 보호함을 옥내소화전함 등과 접속하여 설치하는 경우에는 옥내소화전함 등의 표시등과 겸용할 수 있다.

정답 ②

비상콘센트를 보호하기 위한 비상콘센트보호함은 다음의 기준에 따라 설치해야 한다.

1. 보호함에는 쉽게 개폐할 수 있는 문을 설치할 것
2. 보호함 표면에 "비상콘센트"라고 표시한 표지를 할 것
3. 보호함 상부에 적색의 표시등을 설치할 것(다만, 비상콘센트의 보호함을 옥내소화전함 등과 접속하여 설치하는 경우에는 옥내소화전함 등의 표시등과 겸용할 수 있다.)

60 자동화재탐지설비 및 시각경보장치의 화재안전기술기준(NFTC 203)에 따른 불꽃감지기의 설치기준으로 틀린 것은?

① 공칭감시거리 및 공칭시야각은 형식승인 내용에 따를 것

② 감지기를 천장에 설치하는 경우에는 감지기는 바닥을 향하여 설치할 것

③ 설치기준은 제조사의 시방서에 따라 설치할 것

④ 수분이 많이 발생할 우려가 있는 장소에는 방수형으로 설치할 것

정답 ③

불꽃감지기는 다음의 기준에 따라 설치할 것

1. 공칭감시거리 및 공칭시야각은 형식승인 내용에 따를 것
2. 감지기는 공칭감시거리와 공칭시야각을 기준으로 감시구역이 모두 포용될 수 있도록 설치할 것
3. 감지기는 화재감지를 유효하게 감지할 수 있는 모서

리 또는 벽 등에 설치할 것
4. 감지기를 천장에 설치하는 경우에는 감지기는 바닥을 향하여 설치할 것
5. 수분이 많이 발생할 우려가 있는 장소에는 방수형으로 설치할 것
6. 그 밖의 설치기준은 형식승인 내용에 따르며 형식승인 사항이 아닌 것은 제조사의 시방서에 따라 설치할 것

61 자동화재탐지설비 및 시각경보장치의 화재안전성능기준(NFPC 203)에 따른 광전식분리형감지기의 설치기준으로 틀린 것은?

① 감지기의 수광면은 햇빛을 직접 받도록 설치할 것
② 광축의 높이는 천장 등 높이의 80% 이상일 것
③ 감지기의 광축의 길이는 공칭감시거리 범위 이내일 것
④ 광축은 나란한 벽으로부터 0.6m 이상 이격하여 설치할 것

정답 ①

광전식분리형감지기는 다음의 기준에 따라 설치할 것(제7조 제3항 제15호)
1. 감지기의 수광면은 햇빛을 직접 받지 않도록 설치할 것
2. 광축(송광면과 수광면의 중심을 연결한 선)은 나란한 벽으로부터 0.6m 이상 이격하여 설치할 것
3. 감지기의 송광부와 수광부는 설치된 뒷벽으로부터 1m 이내 위치에 설치할 것
4. 광축의 높이는 천장 등(천장의 실내에 면한 부분 또는 상층의 바닥 하부면을 말한다) 높이의 80% 이상일 것
5. 감지기의 광축의 길이는 공칭감시거리 범위 이내 일 것
6. 그 밖의 설치기준은 형식승인 내용에 따르며 형식승인 사항이 아닌 것은 제조사의 시방서에 따라 설치할 것

62 유도등 및 유도표지의 화재안전기술기준(NFTC 303)에 따른 유도표지를 설치하지 않을 수 있는 곳이 아닌 것은?

① 유도등이 적합하게 설치된 거실
② 유도등이 적합하게 설치된 통로
③ 유도등이 적합하게 설치된 계단
④ 유도등이 적합하게 설치된 복도

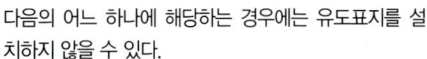 정답 ①

다음의 어느 하나에 해당하는 경우에는 유도표지를 설치하지 않을 수 있다.
1. 유도등이 적합하게 설치된 출입구·복도·계단 및 통로
2. 바닥면적이 1,000m² 미만인 층으로서 옥내로부터 직접 지상으로 통하는 출입구·대각선 길이가 15m 이내인 구획된 실의 출입구와 통로유도등을 설치하지 않는 곳에 해당하는 출입구·복도·계단 및 통로

63 자동화재탐지설비 및 시각경보장치의 화재안전기술기준(NFTC 203)에 따른 중계기에 대한 시설기준으로 틀린 것은?

① 조작에 편리하고 화재의 재해로 인한 피해를 받을 우려가 없는 장소에 설치할 것
② 수신기에서 직접 감지기회로의 도통시험을 행하지 아니하는 것에 있어서는 수신기 앞에 설치할 것
③ 수신기에 따라 감시되지 아니하는 배선을 통하여 전력을 공급받는 것에 있어서는 전원입력측의 배선에 과전류 차단기를 설치할 것
④ 해당 전원의 정전이 즉시 수신기에 표시되는 것으로 할 것

정답 ②

자동화재탐지설비의 중계기는 다음의 기준에 따라 설치해야 한다.
1. 수신기에서 직접 감지기회로의 도통시험을 하지 않는 것에 있어서는 수신기와 감지기 사이에 설치할 것
2. 조작 및 점검에 편리하고 화재 및 침수 등의 재해로 인한 피해를 받을 우려가 없는 장소에 설치할 것
3. 수신기에 따라 감시되지 않는 배선을 통하여 전력을 공급받는 것에 있어서는 전원입력측의 배선에 과전류차단기를 설치하고 해당 전원의 정전이 즉시 수신기에 표시되는 것으로 하며, 상용전원 및 예비전원의 시험을 할 수 있도록 할 것

64 비상방송설비의 배선공사 종류 중 합성수지관공사에 대한 설명으로 틀린 것은?

① 전선은 절연전선일 것
② 단면적 $10mm^2$ 이하의 것을 적용하지 않을 것
③ 중량물의 압력 또는 현저한 기계적 충격을 받을 우려가 없도록 시설할 것
④ 전선관시스템에서 불연시공은 금속관공사, 특종 금속제가요 전선관공사가 해당될 것

정답 ④

전선관시스템에서 불연시공은 금속관공사, 2종 금속제가요 전선관공사가 해당된다.

65 누전경보기의 화재안전기술기준(NFTC 205)의 용어정의에 따라 경계전로의 누설전류를 자동적으로 검출하여 이를 누전경보기의 수신부에 송신하는 것은?

① 누전경보기
② 수신부
③ 경보기
④ 변류기

정답 ④

④ **변류기** : 경계전로의 누설전류를 자동적으로 검출하여 이를 누전경보기의 수신부에 송신하는 것을 말한다.
① **누전경보기** : 내화구조가 아닌 건축물로서 벽, 바닥 또는 천장의 전부나 일부를 불연재료 또는 준불연재료가 아닌 재료에 철망을 넣어 만든 건물의 전기설비로부터 누설전류를 탐지하여 경보를 발하는 기기로서, 변류기와 수신부로 구성된 것을 말한다.
② **수신부** : 변류기로부터 검출된 신호를 수신하여 누전의 발생을 해당 특정소방대상물의 관계인에게 경보하여 주는 것(차단기구를 갖는 것을 포함한다)을 말한다.

66 소방시설용 비상전원수전설비의 화재안전기술기준(NFTC 602)에 따른 소방회로 및 일반회로 겸용의 것으로서 수전설비, 변전설비와 그 밖의 기기 및 배선을 금속제 외함에 수납한 것은?

① 변전설비
② 배전반
③ 공용큐비클식
④ 전용큐비클식

정답 ③

③ **공용큐비클식** : 소방회로 및 일반회로 겸용의 것으로서 수전설비, 변전설비와 그 밖의 기기 및 배선을 금속제 외함에 수납한 것을 말한다.
① **변전설비** : 전력용 변압기 및 그 부속장치를 말한다.
② **배전반** : 전력생산시설 등으로부터 직접 전력을 공급받아 분전반에 전력을 공급해주는 것을 말한다.
④ **전용큐비클식** : 소방회로용의 것으로 수전설비, 변전

설비와 그 밖의 기기 및 배선을 금속제 외함에 수납한 것을 말한다.

67 무선통신보조설비의 화재안전기술기준(NFTC 505)에 따른 옥외안테나의 설치기준으로 적절하지 않은 것은?

① 가까운 곳의 보기 쉬운 곳에 "무선통신주설비 안테나"라는 표시와 함께 통신 가능거리를 표시한 표지를 설치할 것
② 다른 용도로 사용되는 안테나로 인한 통신장애가 발생하지 않도록 설치할 것
③ 견고하게 파손의 우려가 없는 곳에 설치할 것
④ 수신기가 설치된 장소 등 사람이 상시 근무하는 장소에는 옥외안테나의 위치가 모두 표시된 옥외안테나 위치표시도를 비치할 것

정답 ①

옥외안테나는 다음의 기준에 따라 설치해야 한다.
1. 건축물, 지하가, 터널 또는 공동구의 출입구(출구 또는 이와 유사한 출입구를 말한다) 및 출입구 인근에서 통신이 가능한 장소에 설치할 것
2. 다른 용도로 사용되는 안테나로 인한 통신장애가 발생하지 않도록 설치할 것
3. 옥외안테나는 견고하게 파손의 우려가 없는 곳에 설치하고 그 가까운 곳의 보기 쉬운 곳에 "무선통신보조설비 안테나"라는 표시와 함께 통신 가능거리를 표시한 표지를 설치할 것
4. 수신기가 설치된 장소 등 사람이 상시 근무하는 장소에는 옥외안테나의 위치가 모두 표시된 옥외안테나 위치표시도를 비치할 것

68 자동화재탐지설비 및 시각경보장치의 화재안전기준(NFSC 203)에 따른 연기감지기의 설치장소로 틀린 것은?

① 계단 · 경사로 및 에스컬레이터 경사로
② 천장 또는 반자의 높이가 15m 이상 20m 미만의 장소
③ 길이가 25m인 복도
④ 수련시설의 취침 · 숙박 등 이와 유사한 용도로 사용되는 거실

정답 ③

다음의 장소에는 연기감지기를 설치하여야 한다. 다만, 교차회로방식에 따른 감지기가 설치된 장소 또는 그외 감지기가 설치된 장소에는 그러하지 아니하다(제7조 제2항).
1. 계단 · 경사로 및 에스컬레이터 경사로
2. 복도(30m 미만의 것을 제외한다)
3. 엘리베이터 승강로(권상기실이 있는 경우에는 권상기실) · 린넨슈트 · 파이프 피트 및 덕트 기타 이와 유사한 장소
4. 천장 또는 반자의 높이가 15m 이상 20m 미만의 장소
5. 다음의 어느 하나에 해당하는 특정소방대상물의 취침 · 숙박 · 입원 등 이와 유사한 용도로 사용되는 거실
   ㉠ 공동주택 · 오피스텔 · 숙박시설 · 노유자시설 · 수련시설
   ㉡ 교육연구시설 중 합숙소
   ㉢ 의료시설, 근린생활시설 중 입원실이 있는 의원 · 조산원
   ㉣ 교정 및 군사시설
   ㉤ 근린생활시설 중 고시원

69 비상경보설비 및 단독경보형감지기의 화재
안전기술기준(NFTC 201)에 따른 비상벨설
비 또는 자동식 사이렌설비의 상용전원의 설
치기준으로 다음 ( ) 안에 알맞은 것은?

> 비상벨설비 또는 자동식 사이렌설비에
> 는 그 설비에 대한 감시상태를 (㉠)분
> 간 지속한 후 유효하게 (㉡)분 이상 경
> 보할 수 있는 비상전원으로서 축전지설
> 비(수신기에 내장하는 경우를 포함한다)
> 또는 전기저장장치(외부 전기에너지를
> 저장해 두었다가 필요한 때 전기를 공급
> 하는 장치)를 설치해야 한다. 다만, 상용
> 전원이 축전지설비인 경우 또는 건전지
> 를 주전원으로 사용하는 무선식 설비인
> 경우에는 그렇지 않다.

① ㉠ 30, ㉡ 5
② ㉠ 40, ㉡ 6
③ ㉠ 50, ㉡ 8
④ ㉠ 60, ㉡ 10

 ④

비상벨설비 또는 자동식 사이렌설비의 상용전원은 다음
의 기준에 따라 설치해야 한다.
1. 상용전원은 전기가 정상적으로 공급되는 축전지설비,
   전기저장장치(외부 전기에너지를 저장해 두었다가 필
   요한 때 전기를 공급하는 장치) 또는 교류전압의 옥내
   간선으로 하고, 전원까지의 배선은 전용으로 할 것
2. 개폐기에는 "비상벨설비 또는 자동식 사이렌설비용"
   이라고 표시한 표지를 할 것
3. 비상벨설비 또는 자동식 사이렌설비에는 그 설비에
   대한 감시상태를 60분 간 지속한 후 유효하게 10분
   이상 경보할 수 있는 비상전원으로서 축전지설비(수
   신기에 내장하는 경우를 포함한다) 또는 전기저장장
   치(외부 전기에너지를 저장해 두었다가 필요한 때 전
   기를 공급하는 장치)를 설치해야 한다. 다만, 상용전원
   이 축전지설비인 경우 또는 건전지를 주전원으로 사
   용하는 무선식 설비인 경우에는 그렇지 않다.

70 비상콘센트설비의 화재안전기술기준(NFTC
504)에 따른 비상콘센트보호함의 설치기준
으로 틀린 것은?

① 보호함에는 쉽게 개폐할 수 없는 문을 설
치할 것
② 보호함 표면에 "비상콘센트"라고 표시한
표지를 할 것
③ 보호함 상부에 적색의 표시등을 설치할
것
④ 비상콘센트의 보호함을 옥내소화전함등
과 접속하여 설치하는 경우에는 옥내소화
전함등의 표시등과 겸용할 수 있다.

 ①

비상콘센트를 보호하기 위한 비상콘센트보호함은 다음
의 기준에 따라 설치해야 한다.
1. 보호함에는 쉽게 개폐할 수 있는 문을 설치할 것
2. 보호함 표면에 "비상콘센트"라고 표시한 표지를 할 것
3. 보호함 상부에 적색의 표시등을 설치할 것(다만, 비상
   콘센트의 보호함을 옥내소화전함등과 접속하여 설치
   하는 경우에는 옥내소화전함등의 표시등과 겸용할 수
   있다.)

71 자동화재탐지설비 및 시각경보장치의 화재
안전기술기준(NFTC 203)에 따른 자동화재
탐지설비의 발신기 설치기준으로 적절하지
않은 것은?

① 조작이 쉬운 장소에 설치할 것
② 특정소방대상물의 층마다 설치할 것
③ 발신기의 위치를 표시하는 표시등은 함의
상부에 설치하되, 그 불빛은 부착면으로
부터 15° 이상의 범위 안에서 부착지점으
로부터 10m 이내의 어느 곳에서도 쉽게
식별할 수 있는 청색등으로 할 것

④ 복도 또는 별도로 구획된 실로서 보행거리가 40m 이상일 경우에는 추가로 설치할 것

정답 ③

자동화재탐지설비의 발신기는 다음의 기준에 따라 설치해야 한다.

1. 조작이 쉬운 장소에 설치하고, 스위치는 바닥으로부터 0.8m 이상 1.5m 이하의 높이에 설치할 것
2. 특정소방대상물의 층마다 설치하되, 해당 층의 각 부분으로부터 하나의 발신기까지의 수평거리가 25m 이하가 되도록 할 것(다만, 복도 또는 별도로 구획된 실로서 보행거리가 40m 이상일 경우에는 추가로 설치해야 한다.)
3. 2.의 기준을 초과하는 경우로서 기둥 또는 벽이 설치되지 아니한 대형공간의 경우 발신기는 설치대상 장소의 가장 가까운 장소의 벽 또는 기둥 등에 설치할 것
4. 발신기의 위치를 표시하는 표시등은 함의 상부에 설치하되, 그 불빛은 부착면으로부터 15° 이상의 범위 안에서 부착지점으로부터 10m 이내의 어느 곳에서도 쉽게 식별할 수 있는 적색등으로 해야 한다.

72 자동화재속보설비의 속보기의 성능인증 및 제품검사의 기술기준에 따른 자동화재속보설비 속보기의 강판 외함, 합성수지 외함의 최소 두께(mm)는?

① 강판 외함 1.2mm, 합성수지 외함 3mm
② 강판 외함 1.4mm, 합성수지 외함 4mm
③ 강판 외함 1.6mm, 합성수지 외함 5mm
④ 강판 외함 1.8mm, 합성수지 외함 6mm

정답 ①

73 비상방송설비의 화재안전기술기준(NFTC 202)에 따른 비상방송설비 음향장치에 대한 설치기준으로 옳지 않은 것은?

① 엘리베이터 내부에는 별도의 음향장치를 설치할 수 없다.
② 음량조정기를 설치하는 경우 음량조정기의 배선은 3선식으로 한다.
③ 조작부는 기동장치의 작동과 연동하여 해당 기동장치가 작동한 층 또는 구역을 표시할 수 있는 것으로 한다.
④ 기동장치에 따른 화재신고를 수신한 후 필요한 음량으로 화재발생 상황 및 피난에 유효한 방송이 자동으로 개시될 때까지의 소요시간은 10초 이내로 한다.

정답 ①

비상방송설비는 다음의 기준에 따라 설치해야 한다. 이 경우 엘리베이터 내부에는 별도의 음향장치를 설치할 수 있다.

1. 확성기의 음성입력은 3W(실내에 설치하는 것에 있어서는 1W) 이상일 것
2. 확성기는 각 층마다 설치하되, 그 층의 각 부분으로부터 하나의 확성기까지의 수평거리가 25m 이하가 되도록 하고, 해당 층의 각 부분에 유효하게 경보를 발할 수 있도록 설치할 것
3. 음량조정기를 설치하는 경우 음량조정기의 배선은 3선식으로 할 것
4. 조작부의 조작스위치는 바닥으로부터 0.8m 이상 1.5m 이하의 높이에 설치할 것
5. 조작부는 기동장치의 작동과 연동하여 해당 기동장치가 작동한 층 또는 구역을 표시할 수 있는 것으로 할 것

6. 증폭기 및 조작부는 수위실 등 상시 사람이 근무하는 장소로서 점검이 편리하고 방재상 유효한 곳에 설치할 것

7. 층수가 11층(공동주택의 경우에는 16층) 이상의 특정소방대상물은 다음의 기준에 따라 경보를 발할 수 있도록 해야 한다.
   ㉠ 2층 이상의 층에서 발화한 때에는 발화층 및 그 직상 4개층에 경보를 발할 것
   ㉡ 1층에서 발화한 때에는 발화층·그 직상 4개층 및 지하층에 경보를 발할 것
   ㉢ 지하층에서 발화한 때에는 발화층·그 직상층 및 기타의 지하층에 경보를 발할 것

8. 다른 방송설비와 공용하는 것에 있어서는 화재 시 비상경보 외의 방송을 차단할 수 있는 구조로 할 것

9. 다른 전기회로에 따라 유도장애가 생기지 않도록 할 것

10. 하나의 특정소방대상물에 2 이상의 조작부가 설치되어 있는 때에는 각각의 조작부가 있는 장소 상호 간에 동시 통화가 가능한 설비를 설치하고, 어느 조작부에서도 해당 특정소방대상물의 전 구역에 방송을 할 수 있도록 할 것

11. 기동장치에 따른 화재신호를 수신한 후 필요한 음량으로 화재발생상황 및 피난에 유효한 방송이 자동으로 개시될 때까지의 소요시간은 10초 이내로 할 것

12. 음향장치는 다음의 기준에 따른 구조 및 성능의 것으로 해야 한다.
   ㉠ 정격전압의 80% 전압에서 음향을 발할 수 있는 것을 할 것
   ㉡ 자동화재탐지설비의 작동과 연동하여 작동할 수 있는 것으로 할 것

말한다.

③ 주위온도가 일정 상승율 이상이 되는 경우에 작동하는 것으로서 넓은 범위 내에서의 열 효과의 누적에 의하여 작동되는 것을 말한다.

④ 주위온도가 일정 상승율 이상이 되는 경우에 작동하는 것으로서 일국소에서의 열 효과에 의하여 작동되는 것을 말한다.

 ①

열감지기는 다음과 같이 구분한다(제3조 제1호).

1. **차동식스포트형** : 주위온도가 일정 상승율 이상이 되는 경우에 작동하는 것으로서 일국소에서의 열 효과에 의하여 작동되는 것을 말한다.

2. **차동식분포형** : 주위온도가 일정 상승율 이상이 되는 경우에 작동하는 것으로서 넓은 범위 내에서의 열 효과의 누적에 의하여 작동되는 것을 말한다.

3. **정온식감지선형** : 일국소의 주위온도가 일정한 온도 이상이 되는 경우에 작동하는 것으로서 외관이 전선과 같이 선형으로 되어 있는 것을 말한다.

4. **정온식스포트형** : 일국소의 주위온도가 일정한 온도 이상이 되는 경우에 작동하는 것으로서 외관이 전선과 같이 선형으로 되어 있지 않은 것을 말한다.

5. **보상식스포트형** : 1.와 4. 성능을 겸한 것으로서 1.의 성능 또는 4.의 성능 중 어느 한 기능이 작동되면 작동신호를 발하는 것을 말한다.

74 감지기의 형식승인 및 제품검사의 기술기준에 따른 정온식 감지선형 감지기에 관한 설명으로 옳은 것은?

① 일국소의 주위온도가 일정한 온도 이상이 되는 경우에 작동하는 것으로서 외관이 전선과 같이 선형으로 되어 있는 것을 말한다.

② 일국소의 주위온도가 일정한 온도 이상이 되었을 때 작동하는 것으로서 외관이 전선과 같이 선형으로 되어 있지 않은 것을

75 비상콘센트설비의 화재안전기술기준(NFTC 504)에 따른 비상콘센트설비의 설치기준으로 적절하지 않은 것은?

① 전원회로는 주배전반에서 전용회로로 할 것

② 전원회로는 각층에 5 이상이 되도록 설치할 것

③ 전원으로부터 각 층의 비상콘센트에 분기되는 경우에는 분기배선용 차단기를 보호함 안에 설치할 것

④ 하나의 전용회로에 설치하는 비상콘센트 는 10개 이하로 할 것

 ②

비상콘센트설비의 전원회로(비상콘센트에 전력을 공급 하는 회로를 말한다)는 다음의 기준에 따라 설치해야 한 다.

1. 비상콘센트설비의 전원회로는 단상교류 220V인 것 으로서, 그 공급용량은 1.5kVA 이상인 것으로 할 것
2. 전원회로는 각층에 2 이상이 되도록 설치할 것(다만, 설치해야 할 층의 비상콘센트가 1개인 때에는 하나의 회로로 할 수 있다.)
3. 전원회로는 주배전반에서 전용회로로 할 것(다만, 다 른 설비회로의 사고에 따른 영향을 받지 않도록 되어 있는 것은 그렇지 않다.)
4. 전원으로부터 각 층의 비상콘센트에 분기되는 경우에 는 분기배선용 차단기를 보호함 안에 설치할 것
5. 콘센트마다 배선용 차단기(KS C 8321)를 설치해야 하며, 충전부가 노출되지 않도록 할 것
6. 개폐기에는 "비상콘센트"라고 표시한 표지를 할 것
7. 비상콘센트용의 풀박스 등은 방청도장을 한 것으로서, 두께 1.6mm 이상의 철판으로 할 것
8. 하나의 전용회로에 설치하는 비상콘센트는 10개 이 하로 할 것(이 경우 전선의 용량은 각 비상콘센트(비 상콘센트가 3개 이상인 경우에는 3개)의 공급용량을 합한 용량 이상의 것으로 해야 한다.)

76 누전경보기의 화재안전기술기준(NFTC 205) 에 따른 누전경보기의 변류기를 설치하는 곳 은?

① 옥외 인입선의 제1지점의 부하 측
② 옥외 인입선의 제2지점의 부하 측
③ 제1종 접지선 측의 점검이 쉬운 위치
④ 제3종 접지선 측의 점검이 쉬운 위치

 ①

변류기는 특정소방대상물의 형태, 인입선의 시설방법 등 에 따라 옥외 인입선의 제1지점의 부하 측 또는 제2종 접지선 측의 점검이 쉬운 위치에 설치할 것(다만, 인입선 의 형태 또는 특정소방대상물의 구조상 부득이한 경우 에는 인입구에 근접한 옥내에 설치할 수 있다.)

77 누전경보기의 형식승인 및 제품검사의 기술 기준에 따라 누전경보기의 전자계전기에 관 한 설명으로 틀린 것은?

① 접점은 G·S합금 또는 이와 동등 이상이 어야 한다.
② 하중에 의하여 영향을 받지 아니하도록 부착하여야 한다.
③ 접점밀봉형 외의 것은 접점이나 가동부에 먼지가 들어가지 아니하도록 적당한 방진 커버를 설치하여야 한다.
④ 동일접점에서 동시에 내부부하와 외부부 하에 직접 전력을 공급하도록 하여야 한다.

 ④

핵심 포인트

전자계전기(제4조 제3호)

1. 접점은 G·S합금 또는 이와 동등 이상이어야 한다.
2. 하중에 의하여 영향을 받지 아니하도록 부착하 고, 접점밀봉형 외의 것은 접점이나 가동부에 먼지가 들어가지 아니하도록 적당한 방진커버 를 설치하여야 한다.
3. 최대사용전압에서 최대사용전류를 저항부하를 통하여 흘려도 그 구조 또는 기능에 현저한 변 화가 생기지 않아야 한다.
4. 접점의 사용은 다음과 같이 하여야 한다.
㉠ 지구등을 점등시키기 위하여 사용되는 접점 은 보조계전기에 접속하여 사용하는 경우를 제외하고는 다른 용도로 사용할 수 없도록 하여야 한다.
㉡ 동일접점에서 동시에 내부부하와 외부부하에 직접 전력을 공급하지 않도록 하여야 한다.

78 비상경보설비 및 단독경보형감지기의 화재 안전기술기준(NFTC 201)에 따라 비상경보 설비의 발신기 설치 시 복도 또는 별도로 구획된 실로서 보행거리가 몇 m 이상일 경우에는 추가로 설치하여야 하는가?

① 10m

② 20m

③ 25m

④ 40m

정답 ④

발신기는 다음의 기준에 따라 설치해야 한다.
1. 조작이 쉬운 장소에 설치하고, 조작스위치는 바닥으로부터 0.8m 이상 1.5m 이하의 높이에 설치할 것
2. 특정소방대상물의 층마다 설치하되, 해당 층의 각 부분으로부터 하나의 발신기까지의 수평거리가 25m 이하가 되도록 할 것(다만, 복도 또는 별도로 구획된 실로서 보행거리가 40m 이상일 경우에는 추가로 설치해야 한다.)
3. 발신기의 위치표시등은 함의 상부에 설치하되, 그 불빛은 부착 면으로부터 15° 이상의 범위 안에서 부착 지점으로부터 10m 이내의 어느 곳에서도 쉽게 식별할 수 있는 적색등으로 할 것

핵심 포인트

설치장소별 유도등 및 유도표지의 종류

설치장소	유도등 및 유도표지의 종류
1. 공연장, 집회장(종교집회장 포함), 관람장, 운동시설	대형피난구유도등, 통로유도등, 객석유도등
2. 유흥주점영업시설(카바레, 나이트클럽 또는 이와 유사한 시설)	
3. 위락시설, 판매시설, 운수시설, 관광숙박업, 의료시설, 장례식장, 방송통신시설, 전시장, 지하상가, 지하철역사	대형피난구유도등, 통로유도등
4. 숙박시설, 오피스텔	중형피난구유도등, 통로유도등
5. 1.부터 3.까지 외의 건축물로서 지하층, 무창층 또는 층수가 11층 이상인 특정소방대상물	
6. 1.부터 5.까지 외의 건축물로서 근린생활시설, 노유자시설, 업무시설, 발전시설, 종교시설(집회장 용도 제외), 교육연구시설, 수련시설, 공장, 교정 및 군사시설, 자동차정비공장, 운전학원 및 정비학원, 다중이용업소, 복합건축물	소형피난구유도등, 통로유도등
7. 그 밖의 것	피난구유도표지, 통로유도표지

79 유도등 및 유도표지의 화재안전기술기준(NFTC 303)에 따라 유흥주점영업시설에 설치하지 아니할 수 있는 유도등은?

① 통로유도등

② 객석유도등

③ 소형피난구유도등

④ 대형피난구유도등

정답 ③

80 축전지의 자기방전을 보충함과 동시에 상용부하에 대한 전력공급은 충전기가 부담하도록 하되 충전기가 부담하기 어려운 일시적인 대전류 부하는 축전지로 하여금 부담하게 하는 충전방식은?

① 보통충전방식

② 부동충전방식

③ 급속충전방식

④ 세류충전방식

정답 ②

② **부동충전방식** : 상시 부하전류는 정류기가 부담하고 순시 대전류는 충전기와 축전지가 분담하며 정전 시에는 축전지가 전 부하를 부담하고 정전회복 후에는 정류기가 충전과 부하전류를 부담하는 충전방식
① **보통충전방식** : 필요할 때 표준시간율로 소정의 충전전류를 충전하는 방식
③ **급속충전방식** : 단시간에 충전전류의 2~3배로 충전하는 방식
④ **세류충전방식** : 축전지의 자기방전을 보충하기 위해 부하를 제거한 상태로 늘 미소전류로 충전하는 방식

81 자동화재탐지설비 및 시각경보장치의 화재안전성능기준(NFPC 203)에 따른 연기감지기의 설치기준으로 적합하지 않은 것은?

① 감지기의 부착높이에 따라 바닥면적마다 1개 이상으로 할 것
② 천장 또는 반자 부근에 배기구가 있는 경우에는 그 부근에 설치할 것
③ 감지기는 벽 또는 보로부터 0.6m 이상 떨어진 곳에 설치할 것
④ 천장 또는 반자가 낮은 실내 또는 좁은 실내에 있어서는 출입구로부터 먼 부분에 설치할 것

정답 ④

연기감지기는 다음의 기준에 따라 설치할 것(제7조 제3항 제10호)
1. 감지기의 부착높이에 따라 바닥면적마다 1개 이상으로 할 것
2. 감지기는 복도 및 통로에 있어서는 보행거리 30m(3종에 있어서는 20m)마다, 계단 및 경사로에 있어서는 수직거리 15m(3종에 있어서는 10m)마다 1개 이상으로 할 것
3. 천장 또는 반자가 낮은 실내 또는 좁은 실내에 있어서는 출입구의 가까운 부분에 설치할 것
4. 천장 또는 반자 부근에 배기구가 있는 경우에는 그 부근에 설치할 것
5. 감지기는 벽 또는 보로부터 0.6m 이상 떨어진 곳에 설치할 것

82 피난기구의 화재안전기술기준(NFTC 301)에 따라서 피난기구의 2분의 1을 감소할 수 있는 경우가 아닌 것은?

① 주요구조부가 내화구조로 되어 있을 것
② 직통계단인 특별피난계단이 2 이상 설치되어 있을 것
③ 주요구조부가 내력벽으로 되어 있을 것
④ 직통계단인 피난계단이 2 이상 설치되어 있을 것

정답 ③

피난기구를 설치하여야 할 특정소방대상물중 다음의 기준에 적합한 층에는 피난기구의 2분의 1을 감소할 수 있다. 이 경우 설치하여야 할 피난기구의 수에 있어서 소수점 이하의 수는 1로 한다.
1. 주요구조부가 내화구조로 되어 있을 것
2. 직통계단인 피난계단 또는 특별피난계단이 2 이상 설치되어 있을 것

83 자동화재탐지설비 및 시각경보장치의 화재
안전기술기준(NFTC 203)에 따른 배선의 설
치기준으로 틀린 것은?

① 전원회로의 배선은 내화배선에 따를 것
② 점검 및 관리가 쉬운 장소에 설치할 것
③ 피(P)형 수신기 및 지피(G.P.)형 수신기
의 감지기 회로의 배선에 있어서 하나의
공통선에 접속할 수 있는 경계구역은 10
개 이하로 할 것
④ 감지기 사이의 회로의 배선은 송배선식으
로 할 것

정답 ③

배선은 「전기설비기술기준」에서 정한 것 외에 다음의 기
준에 따라 설치해야 한다.
1. 전원회로의 배선은 내화배선에 따르고, 그 밖의 배선
(감지기 상호 간 또는 감지기로부터 수신기에 이르는
감지기회로의 배선을 제외한다)은 내화배선 또는 내열
배선에 따를 것
2. 감지기 상호 간 또는 감지기로부터 수신기에 이르는
감지기 회로의 배선은 다음의 기준에 따라 설치할 것
㉠ 아날로그식, 다신호식 감지기나 R형 수신기용으
로 사용되는 것은 전자파의 방해를 받지 않는 실
드선의 등을 사용해야 하며, 광케이블의 경우에는
전자파 방해를 받지 아니하고 내열성능이 있는 경
우 사용할 것(다만, 전자파 방해를 받지 않는 방식
의 경우에는 그렇지 않다.)
㉡ ㉠ 외의 일반배선을 사용할 때는 내화배선 또는
내열배선으로 사용할 것
3. 감지기회로의 도통시험을 위한 종단저항은 다음의 기
준에 따를 것
㉠ 점검 및 관리가 쉬운 장소에 설치할 것
㉡ 전용함을 설치하는 경우 그 설치 높이는 바닥으로
부터 1.5m 이내로 할 것
㉢ 감지기 회로의 끝부분에 설치하며, 종단감지기에
설치할 경우에는 구별이 쉽도록 해당 감지기의 기
판 및 감지기 외부 등에 별도의 표시를 할 것
4. 감지기 사이의 회로의 배선은 송배선식으로
할 것
5. 전원회로의 전로와 대지 사이 및 배선 상호 간의 절
연저항은 「전기설비기술기준」이 정하는 바에 의하고,
감지기회로 및 부속회로의 전로와 대지 사이 및 배
선 상호 간의 절연저항은 1경계구역마다 직류 250V

의 절연저항측정기를 사용하여 측정한 절연저항이
0.1MΩ 이상이 되도록 할 것
6. 자동화재탐지설비의 배선은 다른 전선과 별도의 관·
덕트(절연효력이 있는 것으로 구획한 때에는 그 구획
된 부분은 별개의 덕트로 본다)·몰드 또는 풀박스 등
에 설치할 것(다만, 60V 미만의 약 전류회로에 사용
하는 전선으로서 각각의 전압이 같을 때에는 그렇지
않다.)
7. P형 수신기 및 G.P 수신기의 감지기 회로의 배선
에 있어서 하나의 공통선에 접속할 수 있는 경계구역
은 7개 이하로 할 것
8. 자동화재탐지설비의 감지기회로의 전로저항은 50Ω
이하가 되도록 해야 하며, 수신기의 각 회로별 종단에
설치되는 감지기에 접속되는 배선의 전압은 감지기
정격전압의 80% 이상이어야 할 것

84 다음은 비상방송설비에서 기동장치에 따른
화재신고에 관한 내용이다. ( ) 안에 들어
갈 내용으로 적절한 것은?

> 기동장치에 따른 화재신호를 수신한 후
> 필요한 음량으로 화재발생상황 및 피난
> 에 유효한 방송이 자동으로 개시될 때까
> 지의 소요시간은 ( )초 이내로 할 것

① 10초
② 20초
③ 30초
④ 40초

정답 ①

기동장치에 따른 화재신호를 수신한 후 필요한 음량으
로 화재발생상황 및 피난에 유효한 방송이 자동으로 개
시될 때까지의 소요시간은 10초 이내로 할 것

85 유도등 및 유도표지의 화재안전기술기준 (NFTC 303)에 따른 복도통로유도등의 설치기준에 대한 설명으로 틀린 것은?

① 바닥으로부터 높이 1m 이하의 위치에 설치할 것

② 구부러진 모퉁이 및 설치된 통로유도등을 기점으로 보행거리 50m마다 설치할 것

③ 피난구유도등이 설치된 출입구의 맞은편 복도에는 입체형으로 설치하거나 바닥에 설치할 것

④ 바닥에 설치하는 통로유도등은 하중에 따라 파괴되지 않는 강도의 것으로 할 것

정답 ②

복도통로유도등은 다음의 기준에 따라 설치할 것

1. 복도에 설치하되 피난구유도등이 설치된 출입구의 맞은편 복도에는 입체형으로 설치하거나 바닥에 설치할 것

2. 구부러진 모퉁이 및 설치된 통로유도등을 기점으로 보행거리 20m마다 설치할 것

3. 바닥으로부터 높이 1m 이하의 위치에 설치할 것(다만, 지하층 또는 무창층의 용도가 도매시장·소매시장·여객자동차터미널·지하역사 또는 지하상가인 경우에는 복도·통로 중앙부분의 바닥에 설치해야 한다.)

4. 바닥에 설치하는 통로유도등은 하중에 따라 파괴되지 않는 강도의 것으로 할 것

정답 ①

핵심 포인트

설치장소별 유도등 및 유도표지의 종류

설치장소	유도등 및 유도표지의 종류
1. 공연장, 집회장(종교집회장 포함), 관람장, 운동시설	대형피난구유도등, 통로유도등, 객석유도등
2. 유흥주점영업시설(카바레, 나이트클럽 또는 이와 유사한 시설)	
3. 위락시설, 판매시설, 운수시설, 관광숙박업, 의료시설, 장례식장, 방송통신시설, 전시장, 지하상가, 지하철역사	대형피난구유도등, 통로유도등
4. 숙박시설, 오피스텔	
5. 1.부터 3.까지 외의 건축물로서 지하층, 무창층 또는 층수가 11층 이상인 특정소방대상물	중형피난구유도등, 통로유도등
6. 1.부터 5.까지 외의 건축물로서 근린생활시설, 노유자시설, 업무시설, 발전시설, 종교시설(집회장 용도 제외), 교육연구시설, 수련시설, 공장, 교정 및 군사시설, 자동차정비공장, 운전학원 및 정비학원, 다중이용업소, 복합건축물	소형피난구유도등, 통로유도등
7. 그 밖의 것	피난구유도표지, 통로유도표지

86 유도등 및 유도표지의 화재안전기술기준 (NFTC 303)에 따라 지하상가, 지하철역사에 설치하여야 하는 유도등 및 유도표지는?

① 대형피난구유도등

② 객석유도등

③ 소형피난구유도등

④ 피난구유도표지

87 감지기의 형식승인 및 제품검사의 기술기준에 따른 단독경보형 감지기 중 연동식감지기의 무선기능에 대한 설명으로 옳지 않은 것은?

① 작동한 단독경보형감지기는 화재경보가 정지하기 전까지 60초 이내 주기마다 화재신호를 발신하여야 한다.

② 화재신호를 수신한 단독경보형감지기는 60초 이내에 경보를 발하여야 한다.

③ 무선통신 점검은 24시간 이내에 자동으로 실시한다.

④ 화재신호를 수신하면 내장된 음향장치에 의하여 화재경보를 하여야 한다.

정답 ②

단독경보형감지기 중 연동식 감지기의 무선기능은 다음에 적합하여야 한다(제5조의4 제1항).

1. 화재신호는 다음에 적합하여야 한다.
   ㉠ 작동한 단독경보형감지기는 화재경보가 정지하기 전까지 60초 이내 주기마다 화재신호를 발신하여야 한다.
   ㉡ 화재신호를 수신한 단독경보형감지기는 10초 이내에 경보를 발하여야 한다.
2. 화재신호의 발신을 쉽게 확인할 수 있는 장치를 설치하여야 하고 화재신호를 수신하면 내장된 음향장치에 의하여 화재경보를 하여야 한다.
3. 통신점검기능이 있어야 하며 다음에 적합하여야 한다.
   ㉠ 무선통신 점검은 24시간 이내에 자동으로 실시하고 이때 통신 이상이 발생하는 경우에는 200초 이내에 통신 이상 상태의 단독경보형감지기를 확인할 수 있도록 표시 및 경보를 하여야 한다.
   ㉡ 무선통신 점검은 단독경보형감지기가 서로 송수신하는 방식으로 한다.

88 다음은 비상방송설비의 화재안전기술기준(NFTC 202)에 따른 비상방송설비의 배선에 관한 설명이다. (   ) 안에 들어갈 내용으로 알맞은 것은?

> 전원회로의 전로와 대지 사이 및 배선상호 간의 절연저항은 「전기설비기술기준」이 정하는 바에 따르고, 부속회로의 전로와 대지 사이 및 배선 상호 간의 절연저항은 1경계구역마다 직류 (㉠)의 절연저항측정기를 사용하여 측정한 절연저항이 (㉡) 이상이 되도록 하여야 한다.

① ㉠ 100V, ㉡ 0.03MΩ
② ㉠ 110V, ㉡ 0.05MΩ
③ ㉠ 220V, ㉡ 0.07MΩ
④ ㉠ 250V, ㉡ 0.1MΩ

정답 ④

비상방송설비의 배선은 「전기설비기술기준」에서 정한 것 외에 다음의 기준에 따라 설치해야 한다.

1. 화재로 인하여 하나의 층의 확성기 또는 배선이 단락 또는 단선되어도 다른 층의 화재 통보에 지장이 없도록 할 것
2. 전원회로의 배선은 내화배선에 따르고, 그 밖의 배선은 내화배선 또는 내열배선에 따를 것
3. 전원회로의 전로와 대지 사이 및 배선 상호 간의 절연저항은 「전기설비기술기준」이 정하는 바에 따르고, 부속회로의 전로와 대지 사이 및 배선 상호 간의 절연저항은 1경계구역마다 직류 250V의 절연저항측정기를 사용하여 측정한 절연저항이 0.1MΩ 이상이 되도록 할 것
4. 비상방송설비의 배선은 다른 전선과 별도의 관·덕트(절연효력이 있는 것으로 구획한 때에는 그 구획된 부분은 별개의 덕트로 본다)·몰드 또는 풀박스 등에 설치할 것(다만, 60V 미만의 약전류회로에 사용하는 전선으로서 각각의 전압이 같을 때는 그렇지 않다.)

89 소방시설용 비상전원수전설비의 화재안전기술기준(NFTC 602)에 따른 소방시설용 비상전원수전설비에서 수전설비가 아닌 것은?

① 계기용변성기
② 변전설비
③ 주차단장치 부속기기
④ 주차단장치

정답

수전설비 : 전력수급용 계기용변성기·주차단장치 및 그 부속기기를 말한다.

90 예비전원의 성능인증 및 제품검사의 기술기준에 따른 예비전원의 구조 및 성능에 대한 설명으로 틀린 것은?

① 취급 및 보수점검이 쉽고 내구성이 있어야 한다.
② 예비전원을 직렬로 접속하는 경우는 역충전방지 등의 조치를 강구하여야 한다.
③ 부착 방향에 따라 누액이 없고 기능에 이상이 없어야 한다.
④ 예비전원에 연결되는 배선의 경우 양극은 적색, 음극은 청색 또는 흑색으로 오접속 방지조치를 하여야 한다.

정답

예비전원의 구조 및 성능은 다음의 기준에 적합하여야 한다.
1. 취급 및 보수점검이 쉽고 내구성이 있어야 한다.
2. 먼지, 습기 등에 의하여 기능에 이상이 생기지 아니하여야 한다.
3. 배선은 충분한 전류 용량을 갖는 것으로서 배선의 접속이 적합하여야 한다.
4. 부착 방향에 따라 누액이 없고 기능에 이상이 없어야

한다.
5. 외부에서 쉽게 접촉할 우려가 있는 충전부는 충분히 보호되도록 하고 외함(축전지의 보호커버를 말한다.)과 단자 사이는 절연물로 보호하여야 한다.
6. 예비전원에 연결되는 배선의 경우 양극은 적색, 음극은 청색 또는 흑색으로 오접속 방지조치를 하여야 한다.
7. 충전장치의 이상 등에 의하여 내부가스압이 이상 상승할 우려가 있는 것은 안전조치를 강구하여야 한다.
8. 축전지에 배선 등을 직접 납땜하지 아니하여야 하며 축전지 개개의 연결부분은 스포트용접 등으로 확실하고 견고하게 접속하여야 한다.
9. 예비전원을 병렬로 접속하는 경우는 역충전방지 등의 조치를 강구하여야 한다.
10. 겉모양은 현저한 오염, 변형 등이 없어야 한다.
11. 축전지를 직렬 또는 병렬로 사용하는 경우에는 용량(전압, 전류)이 균일한 축전지를 사용하여야 한다.

91 비상콘센트설비의 화재안전기술기준(NFTC 504)에 따른 비상콘센트의 시설기준에 적합하지 않은 것은?

① 바닥으로부터 높이 1.2m에 움직이지 않게 고정시켜 설치된 경우
② 바닥면적이 900m²인 층의 계단의 출입구로부터 4m에 설치된 경우
③ 바닥면적의 합계가 12,000m²인 지하상가의 수평거리 30m마다 추가 설치된 경우
④ 바닥면적의 합계가 2,500m²인 지하층의 수평거리 50m마다 추가로 설치한 경우

정답

비상콘센트는 다음의 기준에 따라 설치해야 한다.
1. 바닥으로부터 높이 0.8m 이상 1.5m 이하의 위치에 설치할 것
2. 비상콘센트의 배치는 바닥면적이 1,000m² 미만인 층은 계단의 출입구(계단의 부속실을 포함하며 계단이 2 이상 있는 경우에는 그 중 1개의 계단을 말한다)로부터 5m 이내에, 바닥면적 1,000m² 이상인 층은 각 계

단의 출입구 또는 계단부속실의 출입구(계단의 부속실을 포함하며 계단이 3 이상 있는 층의 경우에는 그 중 2개의 계단을 말한다)로부터 5m 이내에 설치하되, 그 비상콘센트로부터 그 층의 각 부분까지의 거리가 다음의 기준을 초과하는 경우에는 그 기준 이하가 되도록 비상콘센트를 추가하여 설치할 것
ㄱ 지하상가 또는 지하층의 바닥면적의 합계가 3,000m² 이상인 것은 수평거리 25m
ㄴ ㄱ에 해당하지 아니하는 것은 수평거리 50m

92 비상방송설비의 화재안전기술기준(NFTC 202)에 따라 비상방송설비 음향장치의 정격전압이 220V인 경우 최소 몇 V 이상에서 음향을 발할 수 있어야 하는가?

① 176V
② 186V
③ 196V
④ 206V

 정답 ①

음향장치는 다음의 기준에 따른 구조 및 성능의 것으로 해야 한다.
1. 정격전압의 80% 전압에서 음향을 발할 수 있는 것으로 할 것
2. 자동화재탐지설비의 작동과 연동하여 작동할 수 있는 것으로 할 것

음향을 발할 수 있는 전압 $V = 220 \times 0.8 = 176V$

93 자동화재탐지설비 및 시각경보장치의 화재안전기술기준(NFTC 203)에 따라 자동화재탐지설비의 감지기회로에 설치하는 종단저항의 설치기준으로 틀린 것은?

① 감지기 회로 끝부분에 설치한다.
② 점검 및 관리가 쉬운 장소에 설치하여야 한다.
③ 전용함에 설치하는 경우 그 설치 높이는 바닥으로부터 2.8m 이내에 설치하여야 한다.
④ 종단감지기에 설치할 경우에는 구별이 쉽도록 해당 감지기의 기판 및 감지기 외부 등에 별도의 표시를 하여야 한다.

 정답 ③

감지기회로의 도통시험을 위한 종단저항은 다음의 기준에 따를 것
1. 점검 및 관리가 쉬운 장소에 설치할 것
2. 전용함을 설치하는 경우 그 설치 높이는 바닥으로부터 1.5m 이내로 할 것
3. 감지기 회로의 끝부분에 설치하며, 종단감지기에 설치할 경우에는 구별이 쉽도록 해당 감지기의 기판 및 감지기 외부 등에 별도의 표시를 할 것

94 자동화재탐지설비 및 시각경보장치의 화재안전기술기준(NFTC 203)에 따른 감지기의 설치기준으로 적합하지 않은 것은?

① 감지기(차동식분포형의 것을 제외한다)는 실내로의 공기유입구로부터 2.5m 이상 떨어진 위치에 설치할 것
② 감지기는 천장 또는 반자의 옥내에 면하는 부분에 설치할 것
③ 보상식 스포트형감지기는 정온점이 감지기 주위의 평상시 최고온도보다 20℃ 이

상 높은 것으로 설치할 것

④ 정온식감지기는 공칭작동온도가 최고 주위온도보다 20℃ 이상 높은 것으로 설치할 것

정답 ①

감지기는 다음의 기준에 따라 설치해야 한다. 다만, 교차회로방식에 사용되는 감지기, 급속한 연소 확대가 우려되는 장소에 사용되는 감지기 및 축적기능이 있는 수신기에 연결하여 사용하는 감지기는 축적기능이 없는 것으로 설치해야 한다.

1. 감지기(차동식분포형의 것을 제외한다)는 실내로의 공기유입구로부터 1.5m 이상 떨어진 위치에 설치할 것
2. 감지기는 천장 또는 반자의 옥내에 면하는 부분에 설치할 것
3. 보상식 스포트형감지기는 정온점이 감지기 주위의 평상시 최고온도보다 20℃ 이상 높은 것으로 설치할 것
4. 정온식감지기는 주방·보일러실 등으로서 다량의 화기를 취급하는 장소에 설치하되, 공칭작동온도가 최고 주위온도보다 20℃ 이상 높은 것으로 설치할 것
5. 차동식스포트형·보상식스포트형 및 정온식스포트형감지기는 그 부착 높이 및 특정소방대상물에 따라 바닥면적마다 1개 이상을 설치할 것

---

95 피난기구의 화재안전기술기준(NFTC 301)에 따른 7층인 의료시설에 적응성을 갖는 피난기구가 아닌 것은?

① 다수인피난장비
② 피난사다리
③ 피난용트랩
④ 승강식 피난기

정답 ②

핵심 포인트

설치장소별 피난기구의 적응성

구분	1층	2층	3층	4층 이상 10층 이하
노유자시설	미끄럼대, 구조대, 피난교, 다수인피난장비, 승강식피난기	미끄럼대, 구조대, 피난교, 다수인피난장비, 승강식피난기	미끄럼대, 구조대, 피난교, 다수인피난장비, 승강식피난기	구조대, 피난교, 다수인피난장비, 승강식피난기
의료시설, 근린생활시설 중 입원실이 있는 의원·접골원·조산원			미끄럼대, 구조대, 피난교, 피난용트랩, 다수인피난장비, 승강식 피난기	구조대, 피난교, 피난용트랩, 다수인피난장비, 승강식 피난기
다중이용업소로서 영업장의 위치가 4층 이하인 다중이용업소		미끄럼대, 피난사다리, 구조대, 완강기, 다수인피난장비, 승강식 피난기	미끄럼대, 피난사다리, 구조대, 완강기, 다수인피난장비, 승강식 피난기	미끄럼대, 피난사다리, 구조대, 완강기, 다수인피난장비, 승강식 피난기
그 밖의 것			미끄럼대, 피난사다리, 구조대, 완강기, 피난교, 피난용트랩, 간이완강기, 공기안전매트, 다수인피난장비, 승강식 피난기	피난사다리, 구조대, 완강기, 피난교, 간이완강기, 공기안전매트, 다수인피난장비, 승강식 피난기

---

96 비상콘센트설비의 화재안전기술기준(NFTC 504)에 따른 특고압으로 알맞은 것은?

① 1.0kV를 초과하는 것
② 1.5kV를 초과하는 것
③ 7kV를 초과하는 것
④ 9kV를 초과하는 것

정답 ③

특고압 : 7kV를 초과하는 것을 말한다.

97 비상콘센트설비의 성능인증 및 제품검사의 기술기준에 따라 비상콘센트설비에 사용되는 부품의 구조 및 기능에 대한 설명으로 틀린 것은?

① 진공차단기는 KS C 8321(진공차단기)에 적합하여야 한다.

② 전구에는 적당한 보호커버를 설치하여야 한다.

③ 적색으로 표시되어야 하며 주위의 밝기가 300lx 이상인 장소에서 측정하여 앞면으로부터 3m 떨어진 곳에서 켜진 등이 확실히 식별되어야 한다.

④ 단자는 충분한 전류용량을 갖는 것으로 하여야 한다.

정답 ①

비상콘센트설비에 다음의 부품을 사용하는 경우 해당 규정에 적합하거나 이와 동등 이상의 성능이 있는 것이어야 한다(제4조).

1. 배선용 차단기는 KS C 8321(배선용차단기)에 적합하여야 한다.

2. 접속기는 KS C 8305(배선용 꽂음 접속기)에 적합하여야 한다.

3. 표시등의 구조 및 기능은 다음과 같아야 한다.
　㉠ 전구는 사용전압의 130%인 교류전압을 20시간 연속하여 가하는 경우 단선, 현저한 광속변화, 흑화, 전류의 저하 등이 발생하지 않아야 한다.
　㉡ 소켓은 접속이 확실하여야 하며 쉽게 전구를 교체할 수 있도록 부착하여야 한다.
　㉢ 전구에는 적당한 보호커버를 설치하여야 한다. 다만, 발광다이오드의 경우에는 그러하지 아니하다.
　㉣ 적색으로 표시되어야 하며 주위의 밝기가 300lx 이상인 장소에서 측정하여 앞면으로부터 3m 떨어진 곳에서 켜진 등이 확실히 식별되어야 한다.

4. 단자는 충분한 전류용량을 갖는 것으로 하여야 하며 단자의 접속이 정확하고 확실하여야 한다.

98 누전경보기의 형식승인 및 제품검사의 기술기준에 따라 누전경보기의 수신부는 그 정격전압에서 몇 회의 누전작동시험을 실시하는 경우 구조 및 기능에 이상이 생기지 않아야 하는가?

① 10,000회

② 20,000회

③ 30,000회

④ 50,000회

정답 ①

수신부는 그 정격전압에서 1만회의 누전작동시험을 실시하는 경우 그 구조 또는 기능에 이상이 생기지 아니하여야 한다(제31조).

99 유도등 및 유도표지의 화재안전기술기준 (NFTC 303)에 따라 광원점등방식 피난유도선의 설치기준으로 틀린 것은?

① 피난유도 표시부는 바닥으로부터 높이 1m 이하의 위치 또는 바닥 면에 설치할 것

② 피난유도 표시부는 120cm 이내의 간격으로 연속되도록 설치할 것

③ 바닥에 설치되는 피난유도 표시부는 매립하는 방식을 사용할 것

④ 수신기로부터의 화재신호 및 수동조작에 의하여 광원이 점등되도록 설치할 것

정답 ②

광원점등방식의 피난유도선은 다음의 기준에 따라 설치해야 한다.

1. 구획된 각 실로부터 주출입구 또는 비상구까지 설치할 것

2. 피난유도 표시부는 바닥으로부터 높이 1m 이하의 위치 또는 바닥 면에 설치할 것

3. 피난유도 표시부는 50cm 이내의 간격으로 연속되도록 설치하되 실내장식물 등으로 설치가 곤란할 경우 1m 이내로 설치할 것

4. 수신기로부터의 화재신호 및 수동조작에 의하여 광원이 점등되도록 설치할 것

5. 비상전원이 상시 충전상태를 유지하도록 설치할 것

6. 바닥에 설치되는 피난유도 표시부는 매립하는 방식을 사용할 것

7. 피난유도 제어부는 조작 및 관리가 용이하도록 바닥으로부터 0.8m 이상 1.5m 이하의 높이에 설치할 것

100 비상경보설비의 축전지의 성능인증 및 제품검사의 기술기준에 따른 비상경보설비의 축전지설비 구조에 대한 설명으로 틀린 것은?

① 예비전원을 직렬로 접속하는 경우에는 역충전 방지 등의 조치를 하여야 한다.

② 외부에서 쉽게 사람이 접촉할 우려가 있는 충전부는 충분히 보호되어야 한다.

③ 축전지설비는 접지전극에 직류전류를 통하는 회로방식을 사용하여서는 아니된다.

④ 내부에 주전원의 양극을 동시에 개폐할 수 있는 전원스위치를 설치하여야 한다.

정답 ①

축전지설비의 구조는 다음에 적합하여야 한다(제3조).

1. 부식에 의하여 기계적 기능에 영향을 초래할 우려가 있는 부분은 칠, 도금 등으로 기계적 내식가공을 하거나 방청가공을 하여야 하며, 전기적 기능에 영향이 있는 단자, 나사 및 와셔 등은 동합금이나 이와 동등 이상의 내식성능이 있는 재질을 사용하여야 한다.

2. 외부에서 쉽게 사람이 접촉할 우려가 있는 충전부는 충분히 보호되어야 하며 정격전압이 60V를 넘고 금속제 외함을 사용하는 경우에는 외함에 접지단자를 설치하여야 한다.

3. 극성이 있는 배선을 접속하는 경우에는 오접속 방지

를 위한 필요한 조치를 하여야 하며, 커넥터로 접속하는 방식은 구조적으로 오접속이 되지 않는 형태이어야 한다.

4. 극성이 있는 접속단자, 인출선 등은 오접속을 방지하기 위하여 적당한 색상에 의하여 극성을 구분할 수 있도록 하여야 한다.

5. 예비전원회로에는 단락사고 등을 방지하기 위한 퓨즈, 차단기 등과 같은 보호장치를 하여야 하며 퓨즈 및 차단기는 "KS" 또는 "전"자 표시 승인품이어야 한다.

6. 전면에는 주전원 및 예비전원의 상태를 표시할 수 있는 장치와 작동시 작동 여부를 표시하는 장치를 하여야 한다.

7. 내부에 주전원의 양극을 동시에 개폐할 수 있는 전원스위치를 설치하여야 한다.

8. 복귀스위치 또는 음향장치의 울림을 정지시키는 스위치를 설치하는 경우에는 전용의 것이어야 한다.

9. 자동적으로 정위치에 복귀하지 아니하는 스위치를 설치하는 경우에는 음신호장치 또는 점멸하는 주의등을 설치하여야 한다.

10. 예비전원은 축전지설비용 예비전원과 외부부하 공급용 예비전원을 별도로 설치하여야 한다.

11. 예비전원을 병렬로 접속하는 경우에는 역충전 방지 등의 조치를 하여야 한다.

12. 축전지설비는 접지전극에 직류전류를 통하는 회로방식을 사용하여서는 아니된다.

13. 축전지설비에 사용하는 변압기, 퓨즈, 차단기, 지시전기계기는 "KS"품 또는 "전"자 표시 승인품이어야 한다.

101 무선통신보조설비의 화재안전기술기준(NFTC 505)에 따른 무선통신보조설비의 누설동축케이블의 설치기준으로 틀린 것은?

① 소방전용주파수대에서 전파의 전송 또는 복사에 적합한 것으로서 소방전용의 것으로 할 것

② 고압의 전로로부터 1.5m 이상 떨어진 위치에 설치할 것

③ 누설동축케이블과 이에 접속하는 안테나 또는 동축케이블과 이에 접속하는 안테나

로 구성할 것

④ 소방대 상호 간의 무선 연락에 지장이 없는 경우에도 다른 용도와 겸용할 수 없다.

정답 ④

무선통신보조설비의 누설동축케이블 등은 다음의 기준에 따라 설치해야 한다.

1. 소방전용주파수대에서 전파의 전송 또는 복사에 적합한 것으로서 소방전용의 것으로 할 것(다만, 소방대 상호 간의 무선 연락에 지장이 없는 경우에는 다른 용도와 겸용할 수 있다.)

2. 누설동축케이블과 이에 접속하는 안테나 또는 동축케이블과 이에 접속하는 안테나로 구성할 것

3. 누설동축케이블 및 동축케이블은 불연 또는 난연성의 것으로서 습기 등의 환경조건에 따라 전기의 특성이 변질되지 않는 것으로 하고, 노출하여 설치한 경우에는 피난 및 통행에 장애가 없도록 할 것

4. 누설동축케이블 및 동축케이블은 화재에 따라 해당 케이블의 피복이 소실된 경우에 케이블 본체가 떨어지지 않도록 4m 이내마다 금속제 또는 자기제 등의 지지금구로 벽·천장·기둥 등에 견고하게 고정할 것(다만, 불연재료로 구획된 반자 안에 설치하는 경우에는 그렇지 않다.)

5. 누설동축케이블 및 안테나는 금속판 등에 따라 전파의 복사 또는 특성이 현저하게 저하되지 않는 위치에 설치할 것

6. 누설동축케이블 및 안테나는 고압의 전로로부터 1.5m 이상 떨어진 위치에 설치할 것(다만, 해당 전로에 정전기 차폐장치를 유효하게 설치한 경우에는 그렇지 않다.)

7. 누설동축케이블의 끝부분에는 무반사 종단저항을 견고하게 설치할 것

102 비상방송설비의 화재안전기술기준(NFTC 202)에 따른 비상방송설비의 음향장치 구조 및 성능기준 중 다음 ( ) 안에 알맞은 것은?

음향장치

1. 정격전압의 (㉠)% 전압에서 음향을 발할 수 있는 것으로 할 것

2. (㉡)의 작동과 연동하여 작동할 수 있는 것으로 할 것

---

① ㉠ 60%, ㉡ 단독경보형감지기

② ㉠ 70%, ㉡ 연기감지기

③ ㉠ 80%, ㉡ 자동화재탐지설비

④ ㉠ 90%, ㉡ 단독경보형감지기

정답 ③

음향장치는 다음의 기준에 따른 구조 및 성능의 것으로 해야 한다.

1. 정격전압의 80% 전압에서 음향을 발할 수 있는 것으로 할 것

2. 자동화재탐지설비의 작동과 연동하여 작동할 수 있는 것으로 할 것

103 자동화재속보설비의 화재안전기술기준(NFTC 204)에 따른 자동화재속보설비의 설치기준 중 틀린 것은?

① 자동화재탐지설비와 연동으로 작동하여 자동적으로 화재신호가 소방관서에 전달되는 것으로 할 것

② 조작스위치는 바닥으로부터 0.8m 이상 1.5m 이하의 높이에 설치할 것

③ 속보기는 소방청장이 정하여 고시한 「자동화재속보설비의 속보기의 성능인증 및 제품검사의 기술기준」에 적합한 것으로 설치할 것

④ 속보기는 소방관서에 데이터 또는 코드전송방식으로 통보할 것

정답 ④

자동화재속보설비는 다음 기준에 따라 설치해야 한다.

1. 자동화재탐지설비와 연동으로 작동하여 자동적으로 화재신호가 소방관서에 전달되는 것으로 할 것(이 경우 부가적으로 특정소방대상물의 관계인에게 화재신호가 전달되도록 할 수 있다.)
2. 조작스위치는 바닥으로부터 0.8m 이상 1.5m 이하의 높이에 설치할 것
3. 속보기는 소방관서에 통신망으로 통보하도록 하며, 데이터 또는 코드전송방식을 부가적으로 설치할 수 있다. 다만, 데이터 및 코드전송방식의 기준은 소방청장이 정하여 고시한 「자동화재속보설비의 속보기의 성능인증 및 제품검사의 기술기준」에 따른다.
4. 문화재에 설치하는 자동화재속보설비는 속보기에 감지기를 직접 연결하는 방식(자동화재탐지설비 1개의 경계구역에 한한다)으로 할 수 있다.
5. 속보기는 소방청장이 정하여 고시한 「자동화재속보설비의 속보기의 성능인증 및 제품검사의 기술기준」에 적합한 것으로 설치할 것

제1종 배전반 및 제1종 분전반은 다음의 기준에 적합하게 설치해야 한다.

1. 외함은 두께 1.6mm(전면판 및 문은 2.3mm) 이상의 강판과 이와 동등 이상의 강도와 내화성능이 있는 것으로 제작할 것
2. 외함의 내부는 외부의 열에 의해 영향을 받지 않도록 내열성 및 단열성이 있는 재료를 사용하여 단열할 것 (이 경우 단열부분은 열 또는 진동에 따라 쉽게 변형되지 않아야 한다.)
3. 다음의 기준에 해당하는 것은 외함에 노출하여 설치할 수 있다.
   ㉠ 표시등(불연성 또는 난연성재료로 덮개를 설치한 것에 한한다)
   ㉡ 전선의 인입구 및 입출구
4. 외함은 금속관 또는 금속제 가요전선관을 쉽게 접속할 수 있도록 하고, 당해 접속부분에는 단열조치를 할 것
5. 공용배전반 및 공용분전반의 경우 소방회로와 일반회로에 사용하는 배선 및 배선용 기기는 불연재료로 구획되어야 할 것

104 소방시설용 비상전원수전설비의 화재안전기술기준(NFTC 602)에 따른 제1종 배전반 및 제1종 분전반의 시설기준으로 틀린 것은?

① 전선의 인입구 및 입출구는 외함에 노출하여 설치할 수 있다.
② 외함의 내부는 외부의 열에 의해 영향을 받지 않도록 내열성 및 단열성이 있는 재료를 사용하여 단열하여야 한다.
③ 공용배전판 및 공용분전판의 경우 소방회로와 일반회로에 사용하는 배선 및 배선용 기기는 불연재료로 구획되어야 한다.
④ 외함은 금속관 또는 금속제 가요전선관을 쉽게 접속할 수 있도록 하고, 당해 접속부분에는 단열조치를 하지 않은 수 있다.

105 무선통신보조설비의 화재안전기술기준(NFTC 505)에 따라 2 이상의 입력신호를 원하는 비율로 조합한 출력이 발생하도록 하는 장치는?

① 분배기
② 혼합기
③ 증폭기
④ 분파기

정답 ②

② **혼합기** : 2 이상의 입력신호를 원하는 비율로 조합한 출력이 발생하도록 하는 장치를 말한다.
① **분배기** : 신호의 전송로가 분기되는 장소에 설치하는 것으로 임피던스 매칭(Matching)과 신호 균등분배를 위해 사용하는 장치를 말한다.
③ **증폭기** : 전압ㆍ전류의 진폭을 늘려 감도 등을 개선하는 장치를 말한다.
④ **분파기** : 서로 다른 주파수의 합성된 신호를 분리하기 위해서 사용하는 장치를 말한다.

정답 ④

106 비상콘센트설비의 화재안전기술기준(NFTC 504)에 따른 용어의 정의 중 옳지 않은 것은?

① 비상전원은 상용전원으로부터 전력의 공급이 중단된 때에 자동으로 공급되는 전원을 말한다.
② 저압은 직류는 1.5kV 이하, 교류는 1kV 이하인 것을 말한다.
③ 고압은 직류는 1.5kV를, 교류는 3kV를 초과하고, 7kV 이하인 것을 말한다.
④ 특고압은 7kV를 초과하는 것을 말한다.

 ③

고압 : 직류는 1.5kV를, 교류는 1kV를 초과하고, 7kV 이하인 것을 말한다.

107 무선통신보조설비의 화재안전기술기준(NFTC 505)에 따른 분배기 · 분파기 및 혼합기 등의 설치기준으로 틀린 것은?

① 점검에 편리하고 화재 등의 재해로 인한 피해의 우려가 없는 장소에 설치할 것
② 임피던스는 50Ω의 것으로 할 것
③ 먼지 · 습기 등에 따라 기능에 이상을 가져오지 않도록 할 것
④ 전압에 따라 기능에 이상을 가져오지 않도록 할 것

 ④

분배기 · 분파기 및 혼합기 등은 다음의 기준에 따라 설치해야 한다.
1. 먼지 · 습기 및 부식 등에 따라 기능에 이상을 가져오지 않도록 할 것
2. 임피던스는 50Ω의 것으로 할 것
3. 점검에 편리하고 화재 등의 재해로 인한 피해의 우려가 없는 장소에 설치할 것

108 소화활동 시 안내방송에 사용하는 증폭기의 종류로 옳은 것은?

① 탁상형
② 휴대형
③ Desk형
④ Rack형

 ②

소화활동 시 안내방송에 사용하는 증폭기는 이동하면서 사용할 수 있어야 하므로 휴대형이다.

109 비상방송설비의 화재안전기술기준(NFTC 202)에 따른 층수가 11층(공동주택의 경우에는 16층) 이상의 특정소방대상물에 경보를 발할 수 있도록 해야 하는 기준으로 틀린 것은?

① 2층 이상의 층에서 발화한 때에는 발화층에 경보를 발할 것
② 2층 이상의 층에서 발화한 때에는 그 직상 4개층에 경보를 발할 것
③ 1층에서 발화한 때에는 발화층 · 그 직상 4개층 및 지하층에 경보를 발할 것
④ 지하층에서 발화한 때에는 발화층 · 그 직상 4개층에 경보를 발할 것

 ④

층수가 11층(공동주택의 경우에는 16층) 이상의 특정소방대상물은 다음의 기준에 따라 경보를 발할 수 있도록 해야 한다.

1. 2층 이상의 층에서 발화한 때에는 발화층 및 그 직상 4개층에 경보를 발할 것
2. 1층에서 발화한 때에는 발화층·그 직상 4개층 및 지하층에 경보를 발할 것
3. 지하층에서 발화한 때에는 발화층·그 직상층 및 기타의 지하층에 경보를 발할 것

110 비상방송설비의 화재안전기술기준(NFTC 202)에 따라 비상방송설비 음향장치 설치기준 중 지하층에서 발화한 때의 경보기준으로 옳은 것은?

① 발화층·그 직상 4개층 및 지하층에 경보를 발할 것
② 발화층 및 그 직상층에 경보를 발할 것
③ 발화층·그 직상층 및 기타의 지하층에 경보를 발할 것
④ 발화층에 경보를 발할 것

정답 ③

지하층에서 발화한 때에는 발화층·그 직상층 및 기타의 지하층에 경보를 발하여야 한다.

111 비상경보설비 및 단독경보형감지기의 화재안전기술기준(NFTC 201)에 따른 발신기의 시설기준으로 틀린 것은?

① 발신기의 위치표시등은 함의 상부에 설치한다.
② 조작스위치는 바닥으로부터 0.8m 이상 1.5m 이하의 높이에 설치할 것
③ 발신기의 불빛은 부착 면으로부터 90° 이상의 범위 안에서 부착지점으로부터 50m 이내의 어느 곳에서도 쉽게 식별할 수 있는 적색등으로 할 것
④ 특정소방대상물의 층마다 설치하되, 해당 특정소방대상물의 각 부분으로부터 하나의 발신기까지의 수평거리가 25m 이하가 되도록 할 것

정답 ③

발신기는 다음의 기준에 따라 설치해야 한다.

1. 조작이 쉬운 장소에 설치하고, 조작스위치는 바닥으로부터 0.8m 이상 1.5m 이하의 높이에 설치할 것
2. 특정소방대상물의 층마다 설치하되, 해당 층의 각 부분으로부터 하나의 발신기까지의 수평거리가 25m 이하가 되도록 할 것(다만, 복도 또는 별도로 구획된 실로서 보행거리가 40m 이상일 경우에는 추가로 설치해야 한다.)
3. 발신기의 위치표시등은 함의 상부에 설치하되, 그 불빛은 부착 면으로부터 15° 이상의 범위 안에서 부착지점으로부터 10m 이내의 어느 곳에서도 쉽게 식별할 수 있는 적색등으로 할 것

112 비상콘센트설비의 화재안전기술기준 (NFSC 504)에 따라 비상콘센트설비의 전원부와 외함 사이의 절연저항은 전원부와 외함 사이를 500V 절연저항계로 측정할 때 몇 $M\Omega$ 이상이어야 하는가?

① $5M\Omega$

② $1M\Omega$

③ $1M\Omega$

④ $20M\Omega$

정답 ④

비상콘센트설비의 전원부와 외함 사이의 절연저항 및 절연내력은 다음의 기준에 적합해야 한다(제4조 제6항).

1. 절연저항은 전원부와 외함 사이를 500V 절연저항계로 측정할 때 20MΩ 이상일 것
2. 절연내력은 전원부와 외함 사이에 정격전압이 150V 이하인 경우에는 1,000V의 실효전압을, 정격전압이 150V 이상인 경우에는 그 정격전압에 2를 곱하여 1,000을 더한 실효전압을 가하는 시험에서 1분 이상 견디는 것으로 할 것

113 예비전원의 성능인증 및 제품검사의 기술기준에 따른 예비전원의 구조 및 성능으로 옳지 않은 것은?

① 겉모양은 현저한 오염, 변형 등이 없어야 한다.
② 충전장치의 이상 등에 의하여 내부가스압이 이상 상승할 우려가 있는 것은 안전조치를 강구하여야 한다.
③ 부착 방향에 따라 누액이 없고 기능에 이상이 없어야 한다.
④ 예비전원에 연결되는 배선의 경우 양극은 백색, 음극은 적색 또는 흑색으로 오접속 방지 조치를 하여야 한다.

정답 ④

예비전원의 구조 및 성능은 다음에 적합하여야 한다(제4조).

1. 취급 및 보수점검이 쉽고 내구성이 있어야 한다.
2. 먼지, 습기 등에 의하여 기능에 이상이 생기지 않아야 한다.
3. 배선은 충분한 전류 용량을 갖는 것으로서 배선의 접속이 적합하여야 한다.
4. 부착 방향에 따라 누액이 없고 기능에 이상이 없어야 한다.
5. 외부에서 쉽게 접촉할 우려가 있는 충전부는 충분히 보호되도록 하고 외함(축전지의 보호커바를 말한다.)과 단자 사이는 절연물로 보호하여야 한다.
6. 예비전원에 연결되는 배선의 경우 양극은 적색, 음극은 청색 또는 흑색으로 오접속 방지 조치를 하여야 한다.
7. 충전장치의 이상 등에 의하여 내부가스압이 이상 상승할 우려가 있는 것은 안전조치를 강구하여야 한다.
8. 축전지에 배선 등을 직접 납땜하지 아니하여야 하며 축전지 개개의 연결부분은 스포트용접 등으로 확실하고 견고하게 접속하여야 한다.
9. 예비전원을 병렬로 접속하는 경우는 역충전방지 등의 조치를 강구하여야 한다.
10. 겉모양은 현저한 오염, 변형 등이 없어야 한다.
11. 축전지를 직렬 또는 병렬로 사용하는 경우에는 용량(전압, 전류)이 균일한 축전지를 사용하여야 한다.

114 자동화재탐지설비 및 시각경보장치의 화재안전기술기준(NFTC 203)에 따라 부착높이가 20m인 경우 설치하는 감지기는?

① 보상식 포스트형
② 불꽃감지기
③ 차동식 분포형
④ 연기복합형

정답 ②

핵심 포인트

부착높이에 따른 감지기의 종류

부착높이	감지기의 종류
4m 미만	차동식(포스트형, 분포형), 보상식 포스트형, 정온식(포스트형, 감지선형), 이온화식 또는 광전식(포스트형, 분리형, 공기흡입형), 열복합형, 연기복합형, 열연기복합형, 불꽃감지기
4m 이상 8m 미만	차동식(포스트형, 분포형), 보상식 포스트형, 정온식(포스트형, 감지선형) 특종 또는 1종, 이온화식 1종 또는 2종, 광전식(포스트형, 분리형, 공기흡입형) 1종 또는 2종, 열복합형, 연기복합형, 열연기복합형, 불꽃감지기
8m 이상 15m 미만	차동식 분포형, 이온화식 1종 또는 2종, 광전식(포스트형, 분리형, 공기흡입형) 1종 또는 2종, 연기복합형, 불꽃감지기
15m 이상 20m 미만	이온화식 1종, 광전식(포스트형, 분리형, 공기흡입형) 1종, 연기복합형, 불꽃감지기
20m 이상	불꽃감지기, 광전식(분리형, 공기흡입형) 중 아날로그방식

마) 설치할 것
2. 바닥으로부터 높이 1m 이하의 위치에 설치할 것

116 누전경보기의 화재안전기술기준(NFTC 205)에 따른 누전경보기 전원의 설치기준 중 다음 ( ) 안에 알맞은 것은?

> 전원은 분전반으로부터 전용회로로 하고, 각 극에 개폐기 및 (㉠) 이하의 과전류차단기(배선용 차단기에 있어서는 (㉡) 이하의 것으로 각 극을 개폐할 수 있는 것)를 설치할 것

① ㉠ 10A, ㉡ 10A
② ㉠ 15A, ㉡ 20A
③ ㉠ 20A, ㉡ 30A
④ ㉠ 30A, ㉡ 40A

정답 ②

누전경보기의 전원은 「전기설비기술기준」에서 정한 것 외에 다음의 기준에 따라야 한다.
1. 전원은 분전반으로부터 전용회로로 하고, 각 극에 개폐기 및 15A 이하의 과전류차단기(배선용 차단기에 있어서는 20A 이하의 것으로 각 극을 개폐할 수 있는 것)를 설치할 것
2. 전원을 분기할 때는 다른 차단기에 따라 전원이 차단되지 않도록 할 것
3. 전원의 개폐기에는 "누전경보기용"이라고 표시한 표지를 할 것

115 유도등 및 유도표지의 화재안전기술기준(NFTC 303)에 따른 계단통로유도등은 1개 층에 경사로 참 또는 계단참이 2 이상 있는 경우에는 몇 개의 계단참마다 계단통로유도등을 설치하여야 하는가?

① 2개
② 4개
③ 6개
④ 8개

정답 ①

계단통로유도등은 다음의 기준에 따라 설치할 것
1. 각층의 경사로 참 또는 계단참마다(1개 층에 경사로 참 또는 계단참이 2 이상 있는 경우에는 2개의 계단참

117 비상방송설비의 화재안전기술기준(NFTC 202)에 따른 비상방송설비 음향장치의 조작부 조작스위치의 높이로 알맞은 것은?

① 천장으로부터 0.8m 이상 1.5m 이하

② 바닥으로부터 0.8m 이상 1.5m 이하

③ 벽으로부터 0.8m 이상 1.5m 이하

④ 주요구조부로부터 0.8m 이상 1.5m 이하

정답 ②

핵심 포인트

조작부

1. 조작부의 조작스위치는 바닥으로부터 0.8m 이상 1.5m 이하의 높이에 설치할 것
2. 조작부는 기동장치의 작동과 연동하여 해당 기동장치가 작동한 층 또는 구역을 표시할 수 있는 것으로 할 것

118 유도등의 형식승인 및 제품검사의 기술기준에 따른 예비전원의 설치에 관한 내용으로 적합하지 않은 것은?

① 유도등의 주전원으로 사용할 수 있다.

② 인출선을 사용하는 경우에는 적당한 색깔에 의하여 쉽게 구분할 수 있어야 한다.

③ 예비전원을 병렬로 접속하는 경우는 역충전 방지 등의 조치를 강구하여야 한다.

④ 유도등의 예비전원은 알칼리계, 리튬계 2차 축전지 또는 콘덴서이어야 한다.

정답 ①

예비전원은 다음에 적합하게 설치하여야 한다(제3조 제30호).

1. 유도등의 주전원으로 사용하여서는 아니 된다.
2. 인출선을 사용하는 경우에는 적당한 색깔에 의하여

쉽게 구분할 수 있어야 한다.

3. 먼지, 수분 등에 의하여 성능에 지장이 생길 우려가 있는 부분은 적당한 보호커버를 설치하여야 한다.
4. 유도등의 예비전원은 알칼리계, 리튬계 2차 축전지 또는 콘덴서이어야 한다.
5. 전기적 기구에 의한 자동충전장치 및 자동과충전방지 장치를 설치하여야 한다. 다만, 과충전상태가 되어도 성능 또는 구조에 이상이 생기지 아니하는 예비전원을 설치할 경우에는 자동과충전방지 장치를 설치하지 아니할 수 있다.
6. 예비전원을 병렬로 접속하는 경우는 역충전 방지 등의 조치를 강구하여야 한다.

119 다음 중 비상경보설비의 구성요소가 아닌 것은?

① 감지기

② 경종

③ 기동장치

④ 표시등

정답 ①

비상경보설비의 구성요소 : 전원(상용전원, 비상전원), 기동장치, 경종(비상벨, 자동식사이렌), 표시등(위치표시등, 화재표시등)

120 다음 중 차동식 분포형감지기의 동작방식이 아닌 것은?

① 공기관식

② 적외선식

③ 열반도체식

④ 열전대식

정답 ②

차동식 분포형감지기의 동작방식 : 공기관식, 열전대식, 열반도체식

121 유도등 및 유도표지의 화재안전기술기준 (NFTC 303)에 따른 3선식 배선에 따라 상시 충전되는 유도등의 전기회로에 점멸기를 설치하는 경우 유도등이 점등되어야 할 경우와 관계없는 것은?

① 자동화재탐지설비의 감지기 또는 발신기가 작동되는 때
② 자동소화설비가 작동되는 때
③ 비상전원이 정전되거나 전원선이 단선되는 때
④ 방재업무를 통제하는 곳 또는 전기실의 배전반에서 수동으로 점등하는 때

  정답 ③

3선식 배선으로 상시 충전되는 유도등의 전기회로에 점멸기를 설치하는 경우에는 다음의 어느 하나에 해당되는 경우에 자동으로 점등되도록 해야 한다.
1. 자동화재탐지설비의 감지기 또는 발신기가 작동되는 때
2. 비상경보설비의 발신기가 작동되는 때
3. 상용전원이 정전되거나 전원선이 단선되는 때
4. 방재업무를 통제하는 곳 또는 전기실의 배전반에서 수동으로 점등하는 때
5. 자동소화설비가 작동되는 때

122 다음은 자동화재탐지설비 및 시각경보장치의 화재안전기술기준(NFTC 203)에 따른 자동화재탐지설비의 감지기회로에 관한 설명이다. ( ) 안에 알맞은 것은?

> 자동화재탐지설비의 감지기회로의 전로저항은 (㉠)Ω 이하가 되도록 해야 하며, 수신기의 각 회로별 종단에 설치되는 감지기에 접속되는 배선의 전압은 감지기 정격전압의 (㉡)% 이상이어야 할 것

① ㉠ 40Ω, ㉡ 80%
② ㉠ 40Ω, ㉡ 70%
③ ㉠ 50Ω, ㉡ 80%
④ ㉠ 50Ω, ㉡ 70%

 정답 ③

자동화재탐지설비의 감지기회로의 전로저항은 50Ω 이하가 되도록 해야 하며, 수신기의 각 회로별 종단에 설치되는 감지기에 접속되는 배선의 전압은 감지기 정격전압의 80% 이상이어야 할 것

123 유도등 및 유도표지의 화재안전성능기준 (NFPC 303)에 따른 유도등 전원의 배선기준으로 틀린 것은?

① 유도등의 인입선과 옥내배선은 직접 연결할 것
② 유도등은 전기회로에 점멸기를 설치하여 항상 점등상태를 유지할 것
③ 3선식 배선은 내화배선을 사용할 것
④ 3선식 배선은 내열배선을 사용할 것

PART 1

고난도별 예상문제

정답 ②

배선은 「전기설비기술기준」에서 정한 것 외에 다음의 기준에 따라야 한다(제10조 제3항).
1. 유도등의 인입선과 옥내배선은 직접 연결할 것
2. 유도등은 전기회로에 점멸기를 설치하지 않고 항상 점등상태를 유지할 것
3. 3선식 배선은 내화배선 또는 내열배선을 사용할 것

124 다음은 무선통신보조설비의 화재안전기술기준(NFTC 505)에 따른 무선통신보조설비의 설치를 제외할 수 있는 경우이다. ( ) 안에 알맞은 것은?

> 지하층으로서 특정소방대상물의 바닥부분 2면 이상이 지표면과 동일하거나 지표면으로부터의 깊이가 ( )m 이하인 경우에는 해당 층에 한해 무선통신보조설비를 설치하지 아니할 수 있다.

① 0.5m
② 0.7m
③ 1.0m
④ 2.0m

정답 ③

무선통신보조설비의 설치 제외 : 지하층으로서 특정소방대상물의 바닥부분 2면 이상이 지표면과 동일하거나 지표면으로부터의 깊이가 1m 이하인 경우에는 해당 층에 한해 무선통신보조설비를 설치하지 아니할 수 있다.

125 자동화재탐지설비 및 시각경보장치의 화재안전기술기준(NFTC 203)에 따라 감지기를 설치하지 않을 수 있는 장소가 아닌 것은?

① 천장 또는 반자의 높이가 20m 이상인 장소
② 부식성 가스가 체류하고 있는 장소
③ 헛간 등 외부와 기류가 통하는 장소로서 감지기에 따라 화재 발생을 유효하게 감지할 수 있는 장소
④ 수증기가 다량으로 체류하는 장소 또는 주방 등 평상시 연기가 발생하는 장소

정답 ③

다음의 장소에는 감지기를 설치하지 않을 수 있다.
1. 천장 또는 반자의 높이가 20m 이상인 장소(다만, 감지기로서 부착 높이에 따라 적응성이 있는 장소는 제외한다.)
2. 헛간 등 외부와 기류가 통하는 장소로서 감지기에 따라 화재 발생을 유효하게 감지할 수 없는 장소
3. 부식성 가스가 체류하고 있는 장소
4. 고온도 및 저온도로서 감지기의 기능이 정지되기 쉽거나 감지기의 유지관리가 어려운 장소
5. 목욕실·욕조나 샤워시설이 있는 화장실·기타 이와 유사한 장소
6. 파이프덕트 등 그 밖의 이와 비슷한 것으로서 2개 층마다 방화구획된 것이나 수평단면적이 5m² 이하인 것
7. 먼지·가루 또는 수증기가 다량으로 체류하는 장소 또는 주방 등 평상시 연기가 발생하는 장소(연기감지기에 한한다)
8. 프레스공장·주조공장 등 화재 발생의 위험이 적은 장소로서 감지기의 유지관리가 어려운 장소

PART 1

과목별 예상문제

126 다음은 비상경보설비 및 단독경보형감지기의 화재안전기술기준(NFTC 201)에 따른 비상벨설비 또는 자동식 사이렌설비에 대한 설명이다. ㉠, ㉡에 들어갈 내용으로 옳은 것은?

> 비상벨설비 또는 자동식 사이렌설비에는 그 설비에 대한 감시상태를 (㉠)분간 지속한 후 유효하게 (㉡)분 이상 경보할 수 있는 비상전원으로서 축전지설비(수신기에 내장하는 경우를 포함한다) 또는 전기저장장치(외부 전기에너지를 저장해 두었다가 필요한 때 전기를 공급하는 장치)를 설치해야 한다. 다만, 상용전원이 축전지설비인 경우 또는 건전지를 주전원으로 사용하는 무선식 설비인 경우에는 그렇지 않다.

① ㉠ 50, ㉡ 5
② ㉠ 60, ㉡ 5
③ ㉠ 50, ㉡ 10
④ ㉠ 60, ㉡ 10

정답 ④

비상벨설비 또는 자동식 사이렌설비에는 그 설비에 대한 감시상태를 60분간 지속한 후 유효하게 10분 이상 경보할 수 있는 비상전원으로서 축전지설비(수신기에 내장하는 경우를 포함한다) 또는 전기저장장치(외부 전기에너지를 저장해 두었다가 필요한 때 전기를 공급하는 장치)를 설치해야 한다. 다만, 상용전원이 축전지설비인 경우 또는 건전지를 주전원으로 사용하는 무선식 설비인 경우에는 그렇지 않다.

127 자동화재탐지설비 및 시각경보장치의 화재안전기술기준(NFTC 203)에 따른 불꽃감지기의 설치기준으로 틀린 것은?

① 수분이 많이 발생할 우려가 있는 장소에는 방수형으로 설치할 것
② 감지기를 천장에 설치하는 경우에는 감지기는 바닥을 향하여 설치할 것
③ 설치기준은 제조사의 시방서에 따라 설치할 것
④ 감지기는 화재감지를 유효하게 감지할 수 있는 모서리 또는 벽 등에 설치할 것

정답 ③

불꽃감지기는 다음의 기준에 따라 설치할 것
1. 공칭감시거리 및 공칭시야각은 형식승인 내용에 따를 것
2. 감지기는 공칭감시거리와 공칭시야각을 기준으로 감시구역이 모두 포용될 수 있도록 설치할 것
3. 감지기는 화재감지를 유효하게 감지할 수 있는 모서리 또는 벽 등에 설치할 것
4. 감지기를 천장에 설치하는 경우에는 감지기는 바닥을 향하여 설치할 것
5. 수분이 많이 발생할 우려가 있는 장소에는 방수형으로 설치할 것
6. 그 밖의 설치기준은 형식승인 내용에 따르며 형식승인 사항이 아닌 것은 제조사의 시방서에 따라 설치할 것

128 누전경보기의 화재안전기술기준(NFTC 205)에 따른 누전경보기의 전원 기준으로 틀린 것은?

① 전원은 분전반으로부터 전용회로로 한다.
② 전원은 각 극에 개폐기 및 50A 이하의 과전류차단기를 설치한다.
③ 전원을 분기할 때는 다른 차단기에 따라 전원이 차단되지 않도록 한다.

④ 전원의 개폐기에는 "누전경보기용"이라고 표시한 표지로 한다.

 정답 ②

누전경보기의 전원은 「전기설비기술기준」에서 정한 것 외에 다음의 기준에 따라야 한다.
1. 전원은 분전반으로부터 전용회로로 하고, 각 극에 개폐기 및 15A 이하의 과전류차단기(배선용 차단기에 있어서는 20A 이하의 것으로 각 극을 개폐할 수 있는 것)를 설치할 것
2. 전원을 분기할 때는 다른 차단기에 따라 전원이 차단되지 않도록 할 것
3. 전원의 개폐기에는 "누전경보기용"이라고 표시한 표지를 할 것

129 비상경보설비 및 단독경보형감지기의 화재안전기술기준(NFTC 201)에 따른 비상벨설비 또는 자동식 사이렌설비에는 그 설비에 대한 감시상태를 몇 시간 지속한 후 유효하게 10분 이상 경보할 수 있는 축전지 설비(수신기에 내장하는 경우를 포함한다)를 설치하여야 하는가?

① 30분
② 60분
③ 90분
④ 120분

정답 ②

비상벨설비 또는 자동식 사이렌설비에는 그 설비에 대한 감시상태를 60분 간 지속한 후 유효하게 10분 이상 경보할 수 있는 비상전원으로서 축전지설비(수신기에 내장하는 경우를 포함한다) 또는 전기저장장치(외부 전기에너지를 저장해 두었다가 필요한 때 전기를 공급하는 장치)를 설치해야 한다. 다만, 상용전원이 축전지설비인 경우 또는 건전지를 주전원으로 사용하는 무선식 설비인 경우에는 그렇지 않다.

130 유도등 및 유도표지의 화재안전성능기준(NFPC 303)에 따른 축광방식의 피난유도선 설치기준으로 틀린 것은?

① 구획된 각 실로부터 주출입구 또는 비상구까지 설치할 것
② 바닥으로부터 높이 50cm 이하의 위치 또는 바닥 면에 설치할 것
③ 피난유도 표시부는 90cm 이내의 간격으로 연속되도록 설치
④ 부착대에 의하여 견고하게 설치할 것

 정답 ③

축광방식의 피난유도선은 다음의 기준에 따라 설치해야 한다(제9조).
1. 구획된 각 실로부터 주출입구 또는 비상구까지 설치할 것
2. 바닥으로부터 높이 50cm 이하의 위치 또는 바닥 면에 설치할 것
3. 피난유도 표시부는 50cm 이내의 간격으로 연속되도록 설치
4. 부착대에 의하여 견고하게 설치할 것
5. 외광 또는 조명장치에 의하여 상시 조명이 제공되거나 비상조명등에 의한 조명이 제공되도록 설치 할 것

131 자동화재탐지설비 및 시각경보장치의 화재안전기술기준(NFTC 203)에 따른 자동화재탐지설비 감지기의 설치기준 중 연기복합형 감지기를 설치하지 않아도 되는 부착높이는?

① 4m 미만
② 4m 이상 8m 미만
③ 8m 이상 15m 미만
④ 20m 이상

정답 ④

핵심 포인트

부착높이에 따른 감지기의 종류

부착높이	감지기의 종류
4m 미만	차동식(포스트형, 분포형), 보상식 포스트형, 정온식(포스트형, 감지선형), 이온화식 또는 광전식(포스트형, 분리형, 공기흡입형), 열복합형, 연기복합형, 열연기복합형, 불꽃감지기
4m 이상 8m 미만	차동식(포스트형, 분포형), 보상식 포스트형, 정온식(포스트형, 감지선형) 특종 또는 1종, 이온화식 1종 또는 2종, 광전식(포스트형, 분리형, 공기흡입형) 1종 또는 2종, 열복합형, 연기복합형, 열연기복합형, 불꽃감지기
8m 이상 15m 미만	차동식 분포형, 이온화식 1종 또는 2종, 광전식(포스트형, 분리형, 공기흡입형) 1종 또는 2종, 연기복합형, 불꽃감지기
15m 이상 20m 미만	이온화식 1종, 광전식(포스트형, 분리형, 공기흡입형) 1종, 연기복합형, 불꽃감지기
20m 이상	불꽃감지기, 광전식(분리형, 공기흡입형) 중 아날로그방식

132 무선통신보조설비의 화재안전기술기준(NFTC 505)에 따른 증폭기에는 비상전원이 부착된 것으로 하고 해당 비상전원 용량은 무선통신보조설비를 유효하게 몇 분 이상 작동시킬 수 있는 것으로 하여야 하는가?

① 30분 이상
② 50분 이상
③ 60분 이상
④ 90분 이상

정답 ①

증폭기 및 무선중계기를 설치하는 경우에는 다음의 기준에 따라 설치해야 한다.

1. 상용전원은 전기가 정상적으로 공급되는 축전지설비, 전기저장장치(외부 전기에너지를 저장해 두었다가 필요한 때 전기를 공급하는 장치) 또는 교류전압의 옥내 간선으로 하고, 전원까지의 배선은 전용으로 할 것
2. 증폭기의 전면에는 주 회로 전원의 정상 여부를 표시할 수 있는 표시등 및 전압계를 설치할 것
3. 증폭기에는 비상전원이 부착된 것으로 하고 해당 비상전원 용량은 무선통신보조설비를 유효하게 30분 이상 작동시킬 수 있는 것으로 할 것
4. 증폭기 및 무선중계기를 설치하는 경우에는 적합성 평가를 받은 제품으로 설치하고 임의로 변경하지 않도록 할 것
5. 디지털 방식의 무전기를 사용하는데 지장이 없도록 설치할 것

133 비상경보설비 및 단독경보형감지기의 화재안전기술기준(NFTC 201)에 따라 비상벨설비 또는 자동식 사이렌설비의 배선의 설치기준으로 틀린 것은?

① 전원회로의 배선은 내화배선에 따른다.
② 전원회로의 전로와 대지 사이 및 배선상호 간의 절연저항은 「전기설비기술기준」이 정하는 바에 의한다.
③ 부속회로의 전로와 대지 사이 및 배선 상호간의 절연저항은 5경계구역마다 직류 220V의 절연저항측정기를 사용하여 측정한 절연저항이 10MΩ 이상이 되도록 한다.
④ 배선은 다른 전선과 별도의 관·덕트·몰드 또는 풀박스 등에 설치한다.

정답 ③

비상벨설비 또는 자동식 사이렌설비의 배선은 「전기설비기술기준」에서 정한 것 외에 다음의 기준에 따라 설치해야 한다.

1. 전원회로의 배선은 내화배선에 따르고, 그 밖의 배선

은 내화배선 또는 내열배선에 따를 것

2. 전원회로의 전로와 대지 사이 및 배선 상호 간의 절연 저항은 「전기설비기술기준」이 정하는 바에 의하고, 부속회로의 전로와 대지 사이 및 배선 상호 간의 절연저항은 1경계구역마다 직류 250V의 절연저항측정기를 사용하여 측정한 절연저항이 0.1MΩ 이상이 되도록 할 것

3. 배선은 다른 전선과 별도의 관·덕트(절연효력이 있는 것으로 구획한 때에는 그 구획된 부분은 별개의 덕트로 본다)·몰드 또는 풀박스 등에 설치할 것(다만, 60V 미만의 약전류회로에 사용하는 전선으로서 각각의 전압이 같을 때는 그렇지 않다.)

134 비상경보설비 및 단독경보형감지기의 화재안전기술기준(NFTC 201)에 따라 비상벨설비 또는 자동식 사이렌설비의 지구음향장치는 특정소방대상물의 층마다 설치하되, 해당 특정소방대상물의 각 부분으로부터 하나의 음향장치까지의 수평거리가 몇 m 이하가 되도록 하여야 하는가?

① 25m

② 30m

③ 35m

④ 40m

정답 ①

지구음향장치는 특정소방대상물의 층마다 설치하되, 해당 층의 각 부분으로부터 하나의 음향장치까지의 수평거리가 25m 이하가 되도록 하고, 해당 층의 각 부분에 유효하게 경보를 발할 수 있도록 설치해야 한다. 다만, 「비상방송설비의 화재안전기술기준(NFTC 202)」에 적합한 방송설비를 비상벨설비 또는 자동식 사이렌설비와 연동하여 작동하도록 설치한 경우에는 지구음향장치를 설치하지 않을 수 있다.

135 자동화재속보설비의 화재안전기술기준(NFTC 204)에 따른 자동화재속보설비의 설치기준으로 틀린 것은?

① 자동화재탐지설비와 연동으로 작동하여 자동적으로 화재신호를 소방관서에 전달되는 것으로 할 것

② 조작스위치는 바닥으로부터 0.8m 이상 1.5m 이하의 높이에 설치할 것

③ 속보기는 소방관서에 코드전송방식을 주된 통신망으로 하여 통보하도록 할 것

④ 데이터 및 코드전송방식의 기준은 소방청장이 정하여 고시한 「자동화재속보설비의 속보기의 성능인증 및 제품검사의 기술기준」에 따를 것

정답 ③

자동화재속보설비는 다음 기준에 따라 설치해야 한다.

1. 자동화재탐지설비와 연동으로 작동하여 자동적으로 화재신호를 소방관서에 전달되는 것으로 할 것(이 경우 부가적으로 특정소방대상물의 관계인에게 화재신호를 전달되도록 할 수 있다.)

2. 조작스위치는 바닥으로부터 0.8m 이상 1.5m 이하의 높이에 설치할 것

3. 속보기는 소방관서에 통신망으로 통보하도록 하며, 데이터 또는 코드전송방식을 부가적으로 설치할 수 있다. 다만, 데이터 및 코드전송방식의 기준은 소방청장이 정하여 고시한 「자동화재속보설비의 속보기의 성능인증 및 제품검사의 기술기준」에 따른다.

4. 문화재에 설치하는 자동화재속보설비는 속보기에 감지기를 직접 연결하는 방식(자동화재탐지설비 1개의 경계구역에 한한다)으로 할 수 있다.

5. 속보기는 소방청장이 정하여 고시한 「자동화재속보설비의 속보기의 성능인증 및 제품검사의 기술기준」에 적합한 것으로 설치할 것

136 자동화재속보설비의 화재안전기술기준(NFTC 204)에 따른 자동화재속보설비의 설치기준으로 틀린 것은?

① 자동화재탐지설비와 연동으로 작동하여 자동적으로 화재신호를 소방관서에 전달되는 것으로 할 것
② 조작스위치는 바닥으로부터 0.8m 이상 1.5m 이하의 높이에 설치할 것
③ 속보기는 소방관서에 통신망으로 통보하도록 할 것
④ 속보기는 행정안전부장관이 정하여 고시한 「자동화재속보설비의 속보기의 성능인증 및 제품검사의 기술기준」에 적합한 것으로 설치할 것

 ④

속보기는 소방청장이 정하여 고시한 「자동화재속보설비의 속보기의 성능인증 및 제품검사의 기술기준」에 적합한 것으로 설치하여야 한다.

137 무선통신보조설비의 화재안전기술기준(NFTC 505)에 따른 교류 회로에 전압이 가해졌을 때 전류의 흐름을 방해하는 값으로서 교류 회로에서의 전류에 대한 전압의 비는?

① 혼합비
② 증폭비
③ 전압비
④ 임피던스

 ④

임피던스 : 교류 회로에 전압이 가해졌을 때 전류의 흐름을 방해하는 값으로서 교류 회로에서의 전류에 대한 전압의 비를 말한다.

138 피난기구의 화재안전기술기준(NFTC 301)에 따른 피난기구의 설치를 2분의 1로 감소할 수 있는 구조가 아닌 것은?

① 내력벽으로 되어 있을 것
② 직통계단인 피난계단이 2 이상 설치되어 있을 것
③ 직통계단인 특별피난계단이 2 이상 설치되어 있을 것
④ 주요구조부가 내화구조로 되어 있을 것

 ①

피난기구를 설치하여야 할 특정소방대상물 중 다음의 기준에 적합한 층에는 피난기구의 2분의 1을 감소할 수 있다. 이 경우 설치하여야 할 피난기구의 수에 있어서 소수점 이하의 수는 1로 한다.
1. 주요구조부가 내화구조로 되어 있을 것
2. 직통계단인 피난계단 또는 특별피난계단이 2 이상 설치되어 있을 것

139 유도등 및 유도표지의 화재안전기술기준(NFTC 303)에 따른 피난구유도등의 설치장소로 틀린 것은?

① 안전구획된 거실로 통하는 출입구
② 직통계단·직통계단의 계단실 및 그 부속실의 출입구
③ 출입구에 이르는 복도 또는 통로로 통하는 출입구
④ 옥외로부터 직접 지하로 통하는 출입구 및 그 부속실의 출입구

 ④

피난구유도등은 다음의 장소에 설치해야 한다.
1. 옥내로부터 직접 지상으로 통하는 출입구 및 그 부속실의 출입구

2. 직통계단 · 직통계단의 계단실 및 그 부속실의 출입구
3. 출입구에 이르는 복도 또는 통로로 통하는 출입구
4. 안전구획된 거실로 통하는 출입구

140 자동화재탐지설비 및 시각경보장치의 화재안전기술기준(NFTC 203)에 따라 감지기 회로의 도통시험을 위한 종단저항의 설치기준으로 틀린 것은?

① 감지기 회로의 앞부분에 설치할 것
② 점검 및 관리가 쉬운 장소에 설치할 것
③ 전용함을 설치하는 경우 그 설치 높이는 바닥으로부터 1.5m 이내로 할 것
④ 종단감지기에 설치할 경우에는 구별이 쉽도록 해당 감지기의 기판 등에 별도의 표시를 할 것

정답 ①

감지기회로의 도통시험을 위한 종단저항은 다음의 기준에 따를 것
1. 점검 및 관리가 쉬운 장소에 설치할 것
2. 전용함을 설치하는 경우 그 설치 높이는 바닥으로부터 1.5m 이내로 할 것
3. 감지기 회로의 끝부분에 설치하며, 종단감지기에 설치할 경우에는 구별이 쉽도록 해당 감지기의 기판 및 감지기 외부 등에 별도의 표시를 할 것

141 비상콘센트설비의 화재안전기술기준(NFTC 504)에 따라 비상콘셉트설비의 전원회로(비상콘세트에 전력을 공급하는 회로를 말한다.)에 대한 전압과 공급용량으로 옳은 것은?

① 전압 : 단상교류 100V, 공급용량 : 1.0kVA 이상
② 전압 : 단상교류 110V, 공급용량 : 1.2kVA 이상
③ 전압 : 단상교류 220V, 공급용량 : 1.3kVA 이상
④ 전압 : 단상교류 220V, 공급용량 : 1.5kVA 이상

정답 ④

비상콘센트설비의 전원회로(비상콘센트에 전력을 공급하는 회로를 말한다)는 다음의 기준에 따라 설치해야 한다.
1. 비상콘센트설비의 전원회로는 단상교류 220V인 것으로서, 그 공급용량은 1.5kVA 이상인 것으로 할 것
2. 전원회로는 각층에 2 이상이 되도록 설치할 것(다만, 설치해야 할 층의 비상콘센트가 1개인 때에는 하나의 회로로 할 수 있다.)
3. 전원회로는 주배전반에서 전용회로로 할 것(다만, 다른 설비회로의 사고에 따른 영향을 받지 않도록 되어 있는 것은 그렇지 않다.)
4. 전원으로부터 각 층의 비상콘센트에 분기되는 경우에는 분기배선용 차단기를 보호함 안에 설치할 것
5. 콘센트마다 배선용 차단기(KS C 8321)를 설치해야 하며, 충전부가 노출되지 않도록 할 것
6. 개폐기에는 "비상콘센트"라고 표시한 표지를 할 것
7. 비상콘센트용의 풀박스 등은 방청도장을 한 것으로서, 두께 1.6mm 이상의 철판으로 할 것
8. 하나의 전용회로에 설치하는 비상콘센트는 10개 이하로 할 것(이 경우 전선의 용량은 각 비상콘센트(비상콘센트가 3개 이상인 경우에는 3개)의 공급용량을 합한 용량 이상의 것으로 해야 한다.)

142 비상경보설비 및 단독경보형감지기의 화재안전기술기준(NFTC 201)에 따른 비상경보설비에 사용되는 용어로 틀린 것은?

① 비상벨설비는 화재발생 상황을 경종으로 경보하는 설비를 말한다.
② 발신기는 화재발생 신호를 수신기에 수동으로 발신하는 장치를 말한다.
③ 수신기는 발신기에서 발하는 화재신호를 직접 수신하여 화재의 발생을 표시 및 경보하여 주는 장치를 말한다.
④ 신호처리방식에는 유선식, 무선식 2가지가 있다.

 ④

신호처리방식은 화재신호 및 상태신호 등을 송수신하는 방식으로서 다음의 방식을 말한다.
1. 유선식 : 화재신호 등을 배선으로 송 · 수신하는 방식
2. 무선식 : 화재신호 등을 전파에 의해 송 · 수신하는 방식
3. 유 · 무선식 : 유선식과 무선식을 겸용으로 사용하는 방식

143 비상조명등의 화재안전기술기준(NFTC 304)에 따른 휴대용 비상조명등의 기준에 적합하지 않은 것은?

① 지하상가 및 지하역사에는 보행거리 25m 이내마다 3개 이상 설치할 것
② 어둠속에서 위치를 확인할 수 있도록 할 것
③ 외함은 불연성능이 있을 것
④ 건전지 및 충전식 배터리의 용량은 20분 이상 유효하게 사용할 수 있는 것으로 할 것

 ③

휴대용 비상조명등은 다음의 기준에 적합해야 한다.
1. 다음 각 기준의 장소에 설치할 것
    ㉠ 숙박시설 또는 다중이용업소에는 객실 또는 영업장 안의 구획된 실마다 잘 보이는 곳(외부에 설치 시 출입문 손잡이로부터 1m 이내 부분)에 1개 이상 설치
    ㉡ 대규모점포(지하상가 및 지하역사는 제외한다)와 영화상영관에는 보행거리 50m 이내마다 3개 이상 설치
    ㉢ 지하상가 및 지하역사에는 보행거리 25m 이내마다 3개 이상 설치
2. 설치높이는 바닥으로부터 0.8m 이상 1.5m 이하의 높이에 설치할 것
3. 어둠속에서 위치를 확인할 수 있도록 할 것
4. 사용 시 자동으로 점등되는 구조일 것
5. 외함은 난연성능이 있을 것
6. 건전지를 사용하는 경우에는 방전 방지조치를 해야 하고, 충전식 배터리의 경우에는 상시 충전되도록 할 것
7. 건전지 및 충전식 배터리의 용량은 20분 이상 유효하게 사용할 수 있는 것으로 할 것

PART 1

과목별 예상문제

144 비상콘센트설비의 화재안전기술기준(NFTC 504)에 따른 비상콘센트설비의 전원부와 외함 사이의 절연내력 기준 중 다음 ( ) 안에 알맞은 것은?

> 비상콘센트설비의 전원부와 외함 사이의 절연저항 및 절연내력
> 1. 절연저항은 전원부와 외함 사이를 (㉠) 절연저항계로 측정할 때 20MΩ 이상일 것
> 2. 절연내력은 전원부와 외함 사이에 정격전압이 150V 이하인 경우에는 (㉡)의 실효전압을, 정격전압이 (㉢) 이상인 경우에는 그 정격전압에 2를 곱하여 1,000을 더한 실효전압을 가하는 시험에서 1분 이상 견디는 것으로 할 것

① ㉠ 500V, ㉡ 1,000V, ㉢ 150V
② ㉠ 1,000V, ㉡ 1,500V, ㉢ 250V
③ ㉠ 1,500V, ㉡ 2,000V, ㉢ 350V
④ ㉠ 2,000V, ㉡ 2,500V, ㉢ 450V

 ①

비상콘센트설비의 전원부와 외함 사이의 절연저항 및 절연내력은 다음의 기준에 적합해야 한다.
1. 절연저항은 전원부와 외함 사이를 500V 절연저항계로 측정할 때 20MΩ 이상일 것
2. 절연내력은 전원부와 외함 사이에 정격전압이 150V 이하인 경우에는 1,000V의 실효전압을, 정격전압이 150V 이상인 경우에는 그 정격전압에 2를 곱하여 1,000을 더한 실효전압을 가하는 시험에서 1분 이상 견디는 것으로 할 것

145 특별피난계단의 계단실 및 부속실 제연설비의 화재안전기술기준(NFTC 501A)에 따른 제연구역을 선정할 수 있는 것이 아닌 것은?

① 계단실을 단독으로 제연하는 것
② 부속실을 단독으로 제연하는 것
③ 계단실 및 그 부속실을 동시에 제연하는 것
④ 거실을 단독으로 제연하는 것

 ④

> **⊕ 핵심 포인트 ⊕**
>
> **제연구역의 선정**
> 1. 계단실 및 그 부속실을 동시에 제연하는 것
> 2. 부속실을 단독으로 제연하는 것
> 3. 계단실을 단독으로 제연하는 것

146 자동화재속보설비의 속보기의 성능인증 및 제품검사의 기술기준에 따른 자동화재속보설비의 속보기에 대한 설명이다. 작동신호를 수신하거나 수동으로 동작시키는 경우 몇 초 이내에 소방관서에 자동적으로 신호를 발하여 알려야 하는가?

① 10초
② 20초
③ 30초
④ 60초

정답 ②

속보기(아날로그식 축적형 수신기를 접속하는 경우에는 제외한다)는 작동신호를 수신하거나 수동으로 동작시키는 경우 20초 이내에 소방관서에 자동적으로 신호를 발하여 알리되, 3회 이상 속보할 수 있어야 한다(제5조 제1호).

147 소방시설용 비상전원수전설비의 화재안전기술기준(NFTC 602)에 따라 일반전기사업자로부터 특고압 또는 고압으로 수전하는 비상전원 수전설비의 설치기준으로 틀린 것은?

① 전용의 방화구획 내에 설치할 것
② 소방회로배선은 일반회로배선과 불연성의 격벽으로 구획할 것
③ 소방회로용 개폐기 및 과전류차단기에는 "소방전원용"이라 표시할 것
④ 일반회로에서 과부하, 지락사고 또는 단락사고가 발생한 경우에도 이에 영향을 받지 아니하고 계속하여 소방회로에 전원을 공급시켜 줄 수 있어야 할 것

정답 ③

일반전기사업자로부터 특별고압 또는 고압으로 수전하는 비상전원 수전설비는 방화구획형, 옥외개방형 또는 큐비클(Cubicle)형으로서 다음의 기준에 적합하게 설치해야 한다.
1. 전용의 방화구획 내에 설치할 것
2. 소방회로배선은 일반회로배선과 불연성의 격벽으로 구획할 것(다만, 소방회로배선과 일반회로배선을 15cm 이상 떨어져 설치한 경우는 그렇지 않다.)
3. 일반회로에서 과부하, 지락사고 또는 단락사고가 발생한 경우에도 이에 영향을 받지 아니하고 계속하여 소방회로에 전원을 공급시켜 줄 수 있어야 할 것
4. 소방회로용 개폐기 및 과전류차단기에는 "소방시설용"이라 표시할 것

148 다음은 누전경보기의 화재안전기술기준(NFTC 205)에 대한 설명이다. ( ) 안에 공통으로 들어갈 내용으로 옳은 것은?

경계전로의 정격전류가 ( )를 초과하는 전로에 있어서는 1급 누전경보기를, ( ) 이하의 전로에 있어서는 1급 또는 2급 누전경보기를 설치할 것. 다만, 정격전류가 ( )를 초과하는 경계전로가 분기되어 각 분기회로의 정격전류가 ( ) 이하로 되는 경우 당해 분기회로마다 2급 누전경보기를 설치한 때에는 당해 경계전로에 1급 누전경보기를 설치한 것으로 본다.

① 30A
② 60A
③ 90A
④ 120A

정답 ②

경계전로의 정격전류가 60A를 초과하는 전로에 있어서는 1급 누전경보기를, 60A 이하의 전로에 있어서는 1급 또는 2급 누전경보기를 설치할 것(다만, 정격전류가 60A를 초과하는 경계전로가 분기되어 각 분기회로의 정격전류가 60A 이하로 되는 경우 당해 분기회로마다 2급 누전경보기를 설치한 때에는 당해 경계전로에 1급 누전경보기를 설치한 것으로 본다.)

PART 1

과목별 예상문제

149 가스누설경보기의 화재안전기술기준(NFTC 206)에 따른 분리형 경보기의 수신부 설치기준으로 틀린 것은?

① 가스연소기 주위의 경보기의 상태 확인 및 유지관리에 용이한 위치에 설치할 것
② 수신부의 조작 스위치는 바닥으로부터의 높이가 0.8m 이상 1.5m 이하인 장소에 설치할 것
③ 가스누설 경보음향의 음량과 음색이 다른 기기의 소음 등과 명확히 구별될 것
④ 가스누설 경보음향의 크기는 수신부로부터 1m 떨어진 위치에서 음압이 90dB 이상일 것

 정답 ④

분리형 경보기의 수신부는 다음의 기준에 따라 설치해야 한다.
1. 가스연소기 주위의 경보기의 상태 확인 및 유지관리에 용이한 위치에 설치할 것
2. 가스누설 경보음향의 음량과 음색이 다른 기기의 소음 등과 명확히 구별될 것
3. 가스누설 경보음향의 크기는 수신부로부터 1m 떨어진 위치에서 음압이 70dB 이상일 것
4. 수신부의 조작 스위치는 바닥으로부터의 높이가 0.8m 이상 1.5m 이하인 장소에 설치할 것
5. 수신부가 설치된 장소에는 관계자 등에게 신속히 연락할 수 있도록 비상연락번호를 기재한 표를 비치할 것

150 비상조명등의 화재안전기술기준(NFSC 304)에 따라 비상조명등의 비상전원을 설치하는데 있어서 어떤 특정소방대상물의 경우에는 그 부분에서 피난층에 이르는 부분의 비상조명등을 60분 이상 유효하게 작동시킬 수 있는 용량으로 하여야 한다. 이 특정소방대상물에 해당하는 것은?

① 지하역사
② 지하가
③ 지하층인 판매시설
④ 지하층을 제외한 층수가 11층 이상의 층

 정답 ④

예비전원과 비상전원은 비상조명등을 20분 이상 유효하게 작동시킬 수 있는 용량으로 할 것. 다만, 지하층을 제외한 층수가 11층 이상의 층 등의 특정소방대상물의 경우에는 그 부분에서 피난층에 이르는 부분의 비상조명등을 60분 이상 유효하게 작동시킬 수 있는 용량으로 해야 한다(제4조 제5호).

PART 2

빈출
모의고사

제1회 빈출 모의고사

수험번호
수험자명

⏱ 제한 시간 : 2시간   전체 문제 수 : 80   맞춘 문제 수 :

1과목	소방원론

답안 표기란

01	① ② ③ ④
02	① ② ③ ④
03	① ② ③ ④
04	① ② ③ ④

01 내화구조 건물화재의 표준시간−온도곡선에서 화재발생 후 2시간이 경과한 경우 내부 온도는 약 몇 ℃ 정도인가?

① 840℃

② 925℃

③ 1,010℃

④ 1,050℃

02 다음 중 연소할 때 아황산가스를 발생시키는 것은?

① 적린

② 유황

③ 백린

④ 황린

03 다음 중 열전도율이 가장 낮은 것은?

① 알코올

② 물

③ 공기

④ 구리

04 다음 원소 중 수소와의 결합력이 가장 큰 것은?

① Cl

② F

③ Br

④ I

05 다음 중 휘발유의 위험성에 관한 설명으로 틀린 것은?

① 그늘에 보관해야만 폭발과 화재를 막을 수 있다.

② 상온에서 가연성 증기가 발생한다.

③ 완전히 밀폐된 용기에 넣고 증발을 막아야 한다.

④ 물보다 무거워 화재발생 시 물분무소화는 효과가 없다.

06 다음 중 공기 중에서 연소범위가 가장 넓은 물질은?

① 에터

② 산소

③ 아세틸렌

④ 수소

07 다음 중 폭발의 형태상 화학적 폭발이 아닌 것은?

① 수증기폭발

② 화약폭발

③ 중합폭발

④ 산화폭발

08 대두유가 침적된 기름 걸레를 쓰레기통에 장시간 방치한 결과 자연발화에 의하여 화재가 발생하였다. 그 이유로 옳은 것은?

① 분해열 축적

② 발효열 축적

③ 흡착열 축적

④ 산화열 축적

09 다음 중 상온, 상압에서 액체인 물질은?

① CO_2

② Halon 2402

③ Halon 1301

④ Halon 1211

답안 표기란				
05	①	②	③	④
06	①	②	③	④
07	①	②	③	④
08	①	②	③	④
09	①	②	③	④

PART 2

빈출 모의고사

10 다음 중 발화점이 가장 낮은 물질은?

① 휘발유
② 톨루엔
③ 백린
④ 황린

11 다음 중 자연발화 방지대책에 대한 설명으로 틀린 것은?

① 저장실의 습도를 높게 유지한다.
② 저장실의 온도를 낮춘다.
③ 불활성 가스를 주입하여 공기와 접촉을 피한다.
④ 통풍을 잘 시킨다.

12 다음 중 액화석유가스(LPG)에 대한 성질로 틀린 것은?

① 주성분은 프로페인과 뷰테인이다.
② 석유류, 동식물유류, 천연고무를 잘 녹인다.
③ 무색무취로 물에 녹지 않고 유기용제에 녹는다.
④ 공기보다 1.5배 가볍다.

13 피난계획의 일반원칙 중 Fool Proof 원칙에 대한 설명으로 옳은 것은?

① 1가지가 고장이 나도 다른 수단을 이용하는 원칙
② 피난계단을 항상 확보하는 원칙
③ 피난수단을 조작이 간편한 원시적 방법으로 하는 원칙
④ 피난수단을 미리 알아두는 원칙

14 위험물안전관리법령상 지정된 동식물유류의 성질에 대한 설명으로 틀린 것은?

① 요오드가가 작을수록 자연발화의 위험성이 높다.
② 동식물유류의 지정수량은 10,000L이다.
③ 물에는 불용성이지만 에테르 및 벤젠 등의 유기용매에는 잘 녹는다.
④ 인화점은 1기압에서 250℃ 미만이다.

답안 표기란				
10	①	②	③	④
11	①	②	③	④
12	①	②	③	④
13	①	②	③	④
14	①	②	③	④

15 다음 중 분진폭발의 위험성이 가장 낮은 것은?

① 알루미늄분

② 소석회

③ 지르콘

④ 마그네슘

16 다음 중 소화약제로 사용할 수 없는 것은?

① $KHCO_3$

② $NaHCO_3$

③ CO_2

④ NH_3

17 다음에서 설명하는 화재 현상은?

> 유류 탱크의 화재 시 탱크 저부의 물이 뜨거운 열유층에 의하여 수증기로 변하면서 급작스런 부피 팽창을 일으켜 유류가 탱크 외부로 분출하는 현상

① 슬롭 오버(Slop Over)

② 블레비(BLEVE)

③ 보일 오버(Boil Over)

④ 파이어 볼(Fire Ball)

18 방화구획의 설치기준 중 스프링클러 기타 이와 유사한 자동식 소화설비를 설치한 10층 이하의 층은 몇 m² 이내마다 구획하여야 하는가?

① $200m^2$

② $600m^2$

③ $1,500m^2$

④ $3,000m^2$

답안 표기란				
15	①	②	③	④
16	①	②	③	④
17	①	②	③	④
18	①	②	③	④

PART 2

빈출 모의고사

19 다음 중 제2류 위험물에 해당하지 않는 것은?

① 마그네슘

② 황린

③ 적린

④ 황화인

20 다음 중 위험물안전관리법령상 위험물의 지정수량으로 틀린 것은?

① 과염소산 – 300kg

② 적린 – 100kg

③ 마그네슘 – 500kg

④ 탄화알루미늄 – 400kg

2과목 · 소방전기일반

21 다음 그림과 같은 블록선도의 전달함수 $\left(\dfrac{C(s)}{R(s)}\right)$ 는?

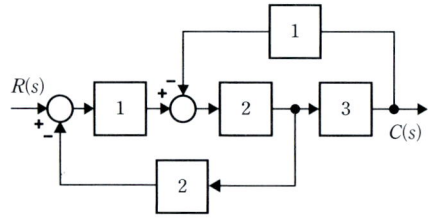

① $\dfrac{6}{7}$

② $\dfrac{6}{9}$

③ $\dfrac{6}{11}$

④ $\dfrac{6}{13}$

22 100V에서 500W를 소비하는 전열기가 있다. 이 전열기에 90V의 전압을 인가했을 때 소비되는 전력(W)은?

① 205W

② 305W

③ 405W

④ 505W

23 어떤 전압계의 측정 범위를 12배로 하려고 할 때 배율기의 저항은 전압계 내부저항의 몇 배로 해야 하는가?

① 9배

② 11배

③ 13배

④ 15배

24 다음의 논리식을 간단히 표현한 것은?

$$Y = \overline{A}\overline{B}C + \overline{A}B\overline{C} + \overline{A}BC$$

① $\overline{A} \cdot (B+C)$

② $\overline{B} \cdot (A+C)$

③ $\overline{C} \cdot (A+B)$

④ $\overline{A} \cdot (B+\overline{C})$

25 동일한 전류가 흐르는 두 평행 도선 사이에 작용하는 힘이 F_1이고, 두 도선 사이의 거리를 2.5배로 늘였을 때 두 도선 사이에 작용하는 힘 F_2는?

① $F_2 = \dfrac{1}{0.25}F_1$

② $F_2 = \dfrac{1}{2.5}F_1$

③ $F_2 = \dfrac{1}{25}F_1$

④ $F_2 = 0.25F_1$

답안 표기란				
22	①	②	③	④
23	①	②	③	④
24	①	②	③	④
25	①	②	③	④

PART **2**

26 다음 그림과 같은 논리회로의 출력 Y는?

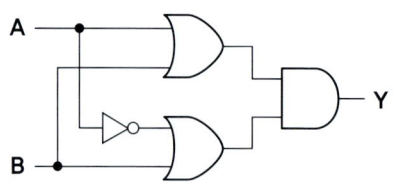

① $A \cdot B$
② $A + B$
③ A
④ B

27 전기화재의 원인 중 하나인 누설전류를 검출하기 위해 사용되는 것은?

① 부족전압계전기
② 영상변류기
③ 계기용변압기
④ 과전류계전기

28 반도체를 이용한 화재감지기 중 서미스터(thermistor)는 무엇을 측정하기 위한 반도체 소자인가?

① 온도
② 연기 농도
③ 가스 농도
④ 불꽃 강도

29 0.5kVA의 수신기용 변압기가 있다. 이 변압기의 철손은 7.5W이고, 전부하동손은 16W이다. 화재가 발생하여 처음 2시간은 전부하로 운전되고, 다음 2시간은 1/2의 부하로 운전되었다고 한다. 4시간에 걸친 이 변압기의 전손실 전력량은 몇 Wh인가?

① 60Wh
② 70Wh
③ 80Wh
④ 90Wh

답안 표기란				
26	①	②	③	④
27	①	②	③	④
28	①	②	③	④
29	①	②	③	④

30 자유공간에서 무한히 넓은 평면에 면전하밀도 σC/m²가 균일하게 분포되어 있는 경우 전계의 세기(E)는 몇 V/m인가? (단, ε_0는 진공의 유전율이다.)

① $E = \dfrac{\sigma}{\varepsilon_0}$

② $E = \dfrac{\sigma}{2\varepsilon_0}$

③ $E = \dfrac{\sigma}{\pi\varepsilon_0}$

④ $E = \dfrac{\sigma}{2\pi\varepsilon_0}$

31 빛이 닿으면 전류가 흐르는 다이오드로서 들어온 빛에 대해 직선적으로 전류가 증가하는 다이오드는?

① 제너다이오드
② 터널다이오드
③ 발광다이오드
④ 포토다이오드

32 정현파 교류전압의 최댓값이 V_mV이고, 평균값이 V_{av}V일 때 이 전압의 실횻값 VrmsV는?

① $Vrms = \dfrac{\pi}{2\sqrt{2}}V_{av}$

② $Vrms = \dfrac{\pi}{\sqrt{2}}V_m$

③ $Vrms = \dfrac{\pi}{2\sqrt{2}}V_m$

④ $Vrms = \dfrac{1}{\pi}V_m$

33 60Hz 4극 3상 유도전동기의 정격 출력이 슬립 2%일 때, 이 전동기의 동기속도(rpm)는?

① 1,600rpm
② 1,700rpm
③ 1,800rpm
④ 1,900rpm

답안 표기란				
30	①	②	③	④
31	①	②	③	④
32	①	②	③	④
33	①	②	③	④

PART **2**

34 내압이 1.0kV이고 정전용량이 각각 0.01μF, 0.02μF, 0.04μF인 3개의 커패시터를 직렬로 연결했을 때 전체 내압은 몇 V인가?

① 1,650V

② 1,750V

③ 1,850V

④ 1,950V

35 다음 그림에서 블록선도의 전달함수 $\dfrac{C(s)}{R(s)}$는?

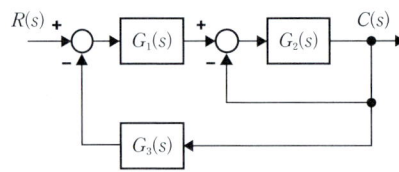

① $\dfrac{G_1(s)G_2(s)}{1+G_1(s)G_2(s)G_3(s)}$

② $\dfrac{G_1(s)G_2(s)}{1+G_1(s)+G_1(s)G_2(s)G_3(s)}$

③ $\dfrac{G_1(s)G_2(s)}{1+G_2(s)+G_1(s)G_2(s)G_3(s)}$

④ $\dfrac{G_1(s)G_2(s)}{1+G_3(s)+G_1(s)G_2(s)G_3(s)}$

36 그림과 같은 다이오드 회로에서 출력전압 Vo는? (단, 다이오드의 전압강하는 무시한다.)

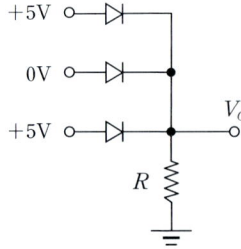

① 0V

② 5V

③ 10V

④ 15V

37 자기 인덕턴스 L_1, L_2가 각각 4mH, 9mH인 두 코일이 이상적인 결합이 되었다면 상호 인덕턴스는 몇 mH인가? (단, 결합계수는 1이다.)

① 6mH

② 7mH

③ 8mH

④ 9mH

38 다음 중 전기자 제어 직류 서보 전동기에 대한 설명으로 옳은 것은?

① 속응성이 나쁘고 시정수가 길며 기계적 응답이 나쁘다.

② 회전자 팬에 의한 냉각효과를 기대할 수 있다.

③ 전기적 신호를 계자권선의 입력 전압으로 한다.

④ 계자권선의 전류가 일정하다.

39 다음 중 옴의 법칙에 대한 설명으로 옳은 것은?

① 전압은 저항에 반비례한다.

② 전압은 전류에 비례한다.

③ 전압은 전류의 제곱에 반비례한다.

④ 전압은 전류의 제곱에 비례한다.

40 다음 중 60Hz의 3상 전압을 전파 정류하였을 때 맥동주파수(Hz)는?

① 60

② 120

③ 180

④ 360

답안 표기란				
37	①	②	③	④
38	①	②	③	④
39	①	②	③	④
40	①	②	③	④

PART **2**

빈출 모의고사

3과목	소방관계법규	답안 표기란

41	① ② ③ ④
42	① ② ③ ④
43	① ② ③ ④
44	① ② ③ ④

41 화재의 예방 및 안전관리에 관한 법령상 보일러에 경유 · 등유 등 액체연료를 사용하는 경우에 연료탱크는 보일러 본체로부터 수평거리 최소 몇 m 이상의 간격을 두어 설치해야 하는가?

① 1m

② 2m

③ 3m

④ 5m

42 위험물안전관리법령에서 정하는 제3류 위험물에 해당하는 것은?

① 유기과산화물

② 과산화수소

③ 아조화합물

④ 칼륨

43 소방시설 설치 및 관리에 관한 법령상 방염성능기준 이상의 실내장식물 등을 설치하여야 하는 특정소방대상물이 아닌 것은?

① 다중이용업의 영업소

② 종교집회장

③ 11층 이상의 아파트

④ 방송국

44 화재의 예방 및 안전관리에 관한 법령상 "대통령령으로 정하는 특정소방대상물"의 관계인은 그 장소에 상시 근무하거나 거주하는 사람에게 소방훈련과 소방안전관리에 필요한 교육을 하여야 한다. 다음 중 "대통령령으로 정하는 특정소방대상물"에 해당하지 않는 것은?

① 의료시설

② 숙박시설

③ 교육연구시설

④ 노유자 시설

45 소방시설공사업법령상 소방시설업자가 소방시설공사 등을 맡긴 특정소방대상물의 관계인에게 지체 없이 그 사실을 알려야 하는 경우가 아닌 것은?

① 소방시설업자의 지위를 승계한 경우
② 소방시설업의 영업정지처분을 받은 경우
③ 소방시설업자의 주소지가 변경된 경우
④ 휴업하거나 폐업한 경우

46 소방시설 설치 및 관리에 관한 법령상 특정소방대상물의 소방시설 설치의 면제기준에 따라 연결살수설비의 설치면제를 받을 수 없는 경우는?

① 송수구를 부설한 간이스프링클러설비를 설치하였을 때
② 송수구를 부설한 연결송수관설비를 설치하였을 때
③ 송수구를 부설한 물분무소화설비를 설치하였을 때
④ 송수구를 부설한 미분무소화설비를 설치하였을 때

47 위험물안전관리법령상 위험물안전관리자에 관한 설명으로 틀린 것은?

① 제조소 등의 관계인은 안전관리자를 해임하거나 안전관리자가 퇴직한 때에는 해임하거나 퇴직한 날부터 15일 이내에 다시 안전관리자를 선임하여야 한다.
② 제조소 등의 관계인이 안전관리자를 선임한 경우에는 선임한 날부터 14일 이내에 소방본부장 또는 소방서장에게 신고하여야 한다.
③ 제조소 등의 관계인은 위험물의 안전관리에 관한 직무를 수행하게 하기 위하여 제조소 등마다 위험물의 취급에 관한 자격이 있는 자를 위험물안전관리자로 선임하여야 한다.
④ 제조소 등의 관계인이 안전관리자를 해임하거나 안전관리자가 퇴직한 경우 그 관계인 또는 안전관리자는 소방본부장이나 소방서장에게 그 사실을 알려 해임되거나 퇴직한 사실을 확인받을 수 있다.

답안 표기란				
45	①	②	③	④
46	①	②	③	④
47	①	②	③	④

PART **2**
빈출 모의고사

48 소방시설 설치 및 관리에 관한 법령상 화재안전기준에 따라 소화기구를 설치해야 하는 특정소방대상물이 아닌 것은?

① 연면적 33m² 이상인 것
② 가스시설, 발전시설 중 전기저장시설 및 국가유산
③ 공동구
④ 지하구

49 다음 중 소방기본법의 목적으로 적절하지 않은 것은?

① 화재를 예방 · 경계하거나 진압
② 구조 · 구급 활동 등을 통하여 국민의 생명 · 신체 · 재산 보호
③ 공공의 안녕 및 질서 유지와 복리증진에 이바지
④ 풍수해의 예방 · 경계 · 진압에 관한 계획 및 예산 지원 활동

50 소방기본법령상 소방활동장비와 설비의 구입 및 설치 시 국조보조의 대상이 아닌 것은?

① 소방자동차
② 소방헬리콥터
③ 사무용집기
④ 소방전용통신설비

51 화재의 예방 및 안전관리에 관한 법령에 따른 특수가연물의 기준 중 다음 (   ) 안에 알맞은 것은?

품명	수량
면화류	(㉠)kg 이상
나무껍질 및 대팻밥	(㉡)kg 이상
넝마 및 종이부스러기	(㉢)kg 이상

① ㉠ 100, ㉡ 300, ㉢ 500
② ㉠ 200, ㉡ 400 ㉢ 1,000
③ ㉠ 300, ㉡ 500 ㉢ 1,500
④ ㉠ 500, ㉡ 1,000 ㉢ 2,000

답안 표기란				
48	①	②	③	④
49	①	②	③	④
50	①	②	③	④
51	①	②	③	④

52 위험물안전관리법령상 위험물별 성질로서 틀린 것은?

① 제1류 : 산화성 고체

② 제2류 : 가연성 고체

③ 제5류 : 금수성 물질

④ 제6류 : 산화성 액체

53 소방시설 설치 및 관리에 관한 법령상 경보설비를 구성하는 제품 또는 기기에 해당하지 않는 것은?

① 가스누설경보기

② 구조대

③ 누전경보기

④ 중계기

54 소방기본법령상 소방신호의 종류 및 방법의 연결이 틀린 것은?

① 경계신호 : 화재조사가 필요하다고 인정되는 때 발령

② 발화신호 : 화재가 발생한 때 발령

③ 해제신호 : 소화활동이 필요없다고 인정되는 때 발령

④ 훈련신호 : 훈련상 필요하다고 인정되는 때 발령

55 화재의 예방 및 안전관리에 관한 법령상 특정소방대상물의 관계인이 수행하여야 하는 소방안전관리 업무가 아닌 것은?

① 피난시설, 방화구획 및 방화시설의 관리

② 화재조사 및 응급복구

③ 화재발생 시 초기대응

④ 자위소방대 및 초기대응체계의 구성, 운영 및 교육

답안 표기란				
52	①	②	③	④
53	①	②	③	④
54	①	②	③	④
55	①	②	③	④

PART **2**

빈출 모의고사

56 화재의 예방 및 안전관리에 관한 법령상 소방안전관리대상물의 소방계획서에 포함되어야 하는 사항이 아닌 것은?

① 소화에 관한 사항과 연소 방지에 관한 사항

② 소방훈련 · 교육에 관한 계획

③ 예방규정을 정하는 제조소 등의 위험물 저장 · 취급에 관한사항

④ 관리의 권원이 분리된 특정소방대상물의 소방안전관리에 관한 사항

57 소방기본법에서 정의하는 소방본부자의 업무가 아닌 것은?

① 화재의 교육

② 화재의 구급

③ 화재의 예방

④ 화재의 구조

58 소방기본법상 소방응원에 관한 설명으로 틀린 것은?

① 소방업무의 응원 요청을 받은 소방본부장 또는 소방서장은 정당한 사유 없이 그 요청을 거절하여서는 아니 된다.

② 소방대장은 소방활동을 할 때에 긴급한 경우에는 이웃한 소방본부장 또는 소방서장에게 소방업무의 응원을 요청할 수 있다.

③ 소방업무의 응원을 위하여 파견된 소방대원은 응원을 요청한 소방본부장 또는 소방서장의 지휘에 따라야 한다.

④ 시 · 도지사는 소방업무의 응원을 요청하는 경우를 대비하여 출동 대상지역 및 규모와 필요한 경비의 부담 등에 관하여 필요한 사항을 행정안전부령으로 정하는 바에 따라 이웃하는 시 · 도지사와 협의하여 미리 규약으로 정하여야 한다.

59 소방시설공사업법령상 정의된 업종 중 소방시설업에 해당되지 않는 것은?

① 방염처리업

② 소방시설공사업

③ 소방시설제조업

④ 소방시설설계업

답안 표기란				
56	①	②	③	④
57	①	②	③	④
58	①	②	③	④
59	①	②	③	④

60 화재의 예방 및 안전관리에 관한 법령상 특수가연물에 관한 내용으로 틀린 것은?

① 면화류는 불연성 또는 난연성이 아닌 면상 또는 팽이모양의 섬유와 마사 원료를 말한다.

② 볏짚류는 마른 볏짚 · 북데기와 이들의 제품 및 건초를 말한다.

③ 가연성 고체류는 인화점이 섭씨 20도 이상 70도 미만인 것을 말한다.

④ 석탄 · 목탄류에는 코크스, 석탄가루를 물에 갠 것, 마세크탄(조개탄), 연탄, 석유코크스, 활성탄 및 이와 유사한 것을 포함한다.

답안 표기란				
60	①	②	③	④
61	①	②	③	④
62	①	②	③	④

4과목   소방전기시설의 구조 및 원리

61 무선통신보조설비의 화재안전기술기준(NFTC 505)에서 정하는 분배기 · 분파기 및 혼합기 등의 설치기준으로 틀린 것은?

① 먼지 등에 따라 기능에 이상을 가져오지 않도록 할 것

② 부식 등에 따라 기능에 이상을 가져오지 않도록 할 것

③ 점검에 편리하고 화재 등의 재해로 인한 피해의 우려가 없는 장소에 설치할 것

④ 임피던스는 10Ω의 것으로 할 것

62 비상조명등의 화재안전성능기준(NFPC 304)에서 정하는 휴대용 비상조명등의 기준으로 적합하지 않은 것은?

① 사용 시 자동으로 점등되는 구조일 것

② 설치높이는 바닥으로부터 1.2m 이상 1.8m 이하의 높이에 설치할 것

③ 외함은 난연성능이 있을 것

④ 지하상가 및 지하역사에는 보행거리 25m 이내마다 3개 이상 설치할 것

PART 2

빈출 모의고사

63 누전경보기의 형식승인 및 제품검사의 기술기준에서 정하는 감도조정장치를 갖는 누전경보기에 있어서 감도조정장치의 조정범위의 최대치는?

① 1A

② 2A

③ 3A

④ 5A

64 자동화재탐지설비 및 시각경보장치의 화재안전기술기준(NFSC 203)에 따라 감지기 상호 간 또는 감지기로부터 수신기에 이르는 감지기회로의 배선 중 전자파 방해를 받지 아니하는 쉴드선 등을 사용하지 않아도 되는 것은?

① R형 수신기용으로 사용되는 감지기

② 다신호식 감지기

③ 정온식 감지기

④ 아날로그식 감지기

65 비상방송설비의 화재안전기술기준(NFTC 202)에 따라 비상방송설비의 설치기준으로 틀린 것은?

① 확성기는 각 층마다 설치하되, 그 층의 각 부분으로부터 하나의 확성기까지의 수평거리가 20m 이하가 되도록 할 것

② 확성기의 음성입력은 3W 이상일 것

③ 음량조정기를 설치하는 경우 음량조정기의 배선은 3선식으로 할 것

④ 증폭기 및 조작부는 수위실 등 상시 사람이 근무하는 장소로서 점검이 편리하고 방화상 유효한 곳에 설치할 것

66 비상콘센트설비의 화재안전기술기준(NFTC 504)에 따른 비상콘센트설비의 전원회로(비상콘센트에 전력을 공급하는 회로를 말한다)의 설치기준으로 틀린 것은?

① 전원회로는 단상교류 220V인 것으로서, 그 공급용량은 1.5KVA 이상인 것으로 할 것

② 전원회로는 각층에 2 이상이 되도록 설치할 것

③ 하나의 전용회로에 설치하는 비상콘센트는 50개 이하로 할 것

④ 전원으로부터 각 층의 비상콘센트에 분기되는 경우에는 분기배선용 차단기를 보호함 안에 설치할 것

67 비상경보설비 및 단독경보형감지기의 화재안전기술기준(NFTC 201)에 따른 용어에 대한 정의로 틀린 것은?

① 수신기는 발신기에서 발하는 화재신호를 간접 수신하여 화재의 발생을 표시 및 경보하여 주는 장치를 말한다.

② 단독경보형감지기는 화재발생 상황을 단독으로 감지하여 자체에 내장된 음향장치로 경보하는 감지기를 말한다.

③ 유선식은 화재신호 등을 배선으로 송·수신하는 방식이다.

④ 발신기는 화재발생 신호를 수신기에 수동으로 발신하는 장치를 말한다.

68 자동화재탐지설비 및 시각경보장치의 화재안전기술기준(NFTC 203)에 따른 감지기의 설치 제외 장소가 아닌 것은?

① 부식성 가스가 체류하고 있는 장소

② 목욕실·욕조나 샤워시설이 있는 화장실·기타 이와 유사한 장소

③ 파이프덕트 등 그 밖의 이와 비슷한 것으로서 2개 층마다 방화구획된 것이나 수평단면적이 50m² 이하인 것

④ 천장 또는 반자의 높이가 20m 이상인 장소

69 비상조명등의 우수품질인증 기술기준에 따라 인출선의 길이는 전선 인출 부분으로 몇 mm 이상이어야 하는가?

① 50mm

② 75mm

③ 100mm

④ 150mm

70 소방시설용 비상전원수전설비의 화재안전기술기준(NFTC 602)에 따른 용어의 정의에서 수전설비에 속하지 않는 것은?

① 계기용변성기

② 개폐기

③ 부속기기

④ 주차단장치

71 비상방송설비의 화재안전기술기준(NFTC 202)에 따라 부속회로의 전로와 대지 사이 및 배선 상호 간의 절연저항은 1경계구역마다 직류 250V의 절연저항측정기를 사용하여 측정한 절연저항이 몇 MΩ 이상이 되도록 하여야 하는가?

① 0.1MΩ

② 0.2MΩ

③ 0.5MΩ

④ 1MΩ

72 자동화재탐지설비 및 시각경보장치의 화재안전기술기준(NFTC 203)에 따라 자동화재탐지설비의 감지기 설치에 있어서 부착높이가 20m 이상일 때 적합한 감지기 종류는?

① 이온화식 1종 또는 2종

② 불꽃감지기

③ 연기복합형

④ 보상식 포스트형

73 비상조명등의 화재안전기술기준(NFTC 304)에 따라 예비전원과 비상전원이 비상조명등을 20분 이상 유효하게 작동시킬 수 있는 용량으로 하여야 하는 특정소방대상물이 아닌 것은?

① 지하층을 포함한 층수가 11층 이상의 층

② 무창층으로서 용도가 도매시장

③ 지하층으로서 용도가 지하역사

④ 지하층으로서 용도가 도매시장

답안 표기란				
70	①	②	③	④
71	①	②	③	④
72	①	②	③	④
73	①	②	③	④

74 비상콘센트설비의 화재안전기술기준(NFTC 504)에 따라 하나의 전용회로에 설치하는 비상콘센트는 몇 개 이하로 하여야 하는가?

① 3개 이하

② 5개 이하

③ 6개 이하

④ 10개 이하

75 자동화재탐지설비 및 시각경보장치의 화재안전기술기준(NFTC 203)에 따라 특정소방대상물 중 화재신호를 발신하고 그 신호를 수신 및 유효하게 제어할 수 있는 구역은?

① 수신구역

② 중계구역

③ 경계구역

④ 방재구역

76 누전경보기의 형식승인 및 제품검사의 기술기준에 따라 집합형 누전경보기의 수신부에 적합한 내용이 아닌 것은?

① 누설전류가 발생한 경계전로를 명확히 표시하는 장치가 있어야 한다.

② 장치는 경계전로를 차단하는 경우 누설전류가 발생한 경계전로의 표시가 없어야 한다.

③ 2개의 경계전로에서 누선전류가 동시에 발생하는 경우 기능에 이상이 생기지 아니하여야 한다.

④ 2개 이상의 경계전로에서 누설전류가 계속하여 발생하는 경우 최대부하에 견디는 용량을 갖는 것이어야 한다.

77 비상방송설비의 화재안전기준에 따른 비상방송설비의 음향장치의 설치기준으로 옳지 않은 것은?

① 확성기의 음성입력은 3와트 이상일 것

② 조작스위치는 바닥으로부터 0.8m 이상 1.5m 이하의 높이에 설치할 것

③ 음향장치는 정격전압의 100% 전압에서 음향을 발할 수 있을 것

④ 다른 전기회로에 따라 유도장애가 생기지 않도록 할 것

78 자동화재탐지설비 및 시각경보장치의 화재안전기술기준(NFTC 203)에 따른 자동화재탐지설비의 중계기 시설기준으로 틀린 것은?

① 조작 및 점검에 편리하고 화재 및 침수 등의 재해로 인한 피해를 받을 우려가 없는 장소에 설치할 것

② 수신기의 음향기구는 그 음량 및 음색이 다른 기기의 소음 등과 명확히 구별될 수 있는 것으로 할 것

③ 수신기에서 직접 감지기회로의 도통시험을 행하지 아니하는 것에 있어서는 수신기와 감지기 사이에 설치할 것

④ 수신기에 따라 감시되지 아니하는 배선을 통하여 전력을 공급받는 것에 있어서는 해당 전원의 정전이 즉시 수신기에 표시되는 것으로 할 것

79 비상방송설비의 화재안전기술기준(NFTC 202)에 따른 정의에서 소리를 크게 하여 멀리까지 전달될 수 있도록 하는 장치로써 일명 스피커를 말하는 것은?

① 증폭기
② 몰드
③ 확성기
④ 음량조절기

80 다음은 유도등의 우수품질인증 기술기준에 따른 유도등의 일반구조 중 외함에 관한 설명이다. (   ) 안에 알맞은 것은?

> 외함은 기기내의 온도상승에 의하여 (㉠), (㉡) 또는 (㉢)되지 아니하여야 한다.

① ㉠ 변형, ㉡ 변색, ㉢ 변질
② ㉠ 용융, ㉡ 변색, ㉢ 파괴
③ ㉠ 파괴, ㉡ 용융, ㉢ 변질
④ ㉠ 변형, ㉡ 변색, ㉢ 용융

답안 표기란				
78	①	②	③	④
79	①	②	③	④
80	①	②	③	④

제2회 빈출 모의고사

수험번호
수험자명

제한 시간 : 2시간　　　전체 문제 수 : 80　　　맞춘 문제 수 :

1과목	소방원론

답안 표기란

01	① ② ③ ④
02	① ② ③ ④
03	① ② ③ ④

01 프로페인 50vol%, 뷰테인 40vol%, 프로필렌 10vol%로 된 혼합가스의 폭발하한계는 약 vol%인가? (단, 각 가스의 폭발하한계는 프로페인은 2.2vol%, 뷰테인은 1.9vol%, 프로필렌은 2.4vol%이다.)

① 2.09vol%

② 2.38vol%

③ 3.15vol%

④ 3.57vol%

02 탄화칼슘이 물과 반응할 때 발생되는 기체는?

① 이산화탄소

② 아르곤

③ 아세틸렌

④ 산소

03 다음 중 건축물의 피난동선에 대한 설명으로 틀린 것은?

① 피난동선은 가급적 단순한 형태일 것

② 피난동선은 가급적 상호 반대 방향으로 다수의 출구와 연결되는 것일 것

③ 피난동선은 수평동선과 수직동선으로 구분될 것

④ 피난동선은 복도, 계단을 제외한 엘리베이터와 같은 피난전용의 통행 구조를 갖출 것

PART 2

빈출 모의고사

04 목재 화재 시 다량의 물을 뿌려 소화할 경우 기대되는 주된 소화효과는?

① 제거효과

② 냉각효과

③ 부촉매효과

④ 질식효과

05 질소 79.2vol%, 산소 20.8vol%로 이루어진 공기의 평균분자량은?

① 21.32vol%

② 24.65vol%

③ 28.83vol%

④ 31.98vol%

06 건축물에 설치하는 방화벽의 구조에 대한 기준 중 틀린 것은?

① 내화구조로서 홀로 설 수 있는 구조일 것

② 방화벽의 양쪽 끝은 지붕면으로부터 0.2m 이상 튀어 나오게 할 것

③ 방화벽의 위쪽 끝은 외벽면으로부터 0.5m 이상 튀어 나오게 할 것

④ 방화벽에 설치하는 출입문은 너비 및 높이가 각각 2.5m 이하인 60분 방화문을 설치할 것

07 연소확대 방지를 위한 방화구획과 관계없는 것은?

① 층 또는 면적별 구획

② 피난용 승강기의 승강로 구획

③ 방화댐퍼 설치

④ 일반 승강기의 승강장 구획

08 다음 그림에서 목조건물의 표준화재온도-시간곡선으로 옳은 것은?

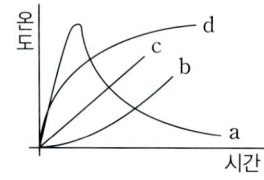

답안 표기란				
04	①	②	③	④
05	①	②	③	④
06	①	②	③	④
07	①	②	③	④
08	①	②	③	④

① a
② b
③ c
④ d

09 MOC(Minimum Oxygen Concentration : 최소 산소 농도)가 가장 작은 물질은?

① 프로페인
② 에테인
③ 메테인
④ 뷰테인

10 위험물안전관리법령에서 정하는 위험물의 한계에 대한 정의로 틀린 것은?

① 제4석유류는 기어유, 실린더유 그 밖에 1기압에서 인화점이 섭씨 200도 이상 섭씨 250도 미만의 것
② 인화성고체는 고형알코올 그 밖에 1기압에서 인화점이 섭씨 40도 미만인 고체
③ 제1석유류는 아세톤, 휘발유 그 밖에 1기압에서 인화점이 섭씨 21도 미만인 것
④ 과산화수소는 그 농도가 35 중량퍼센트 이상인 것

11 건축물의 화재발생 시 인간의 피난 특성으로 틀린 것은?

① 무의식 중 평상 시 사용하는 출입구나 통로를 사용하는 경향이 있다.
② 화재의 공포감으로 인하여 빛을 피해 어두운 곳으로 몸을 숨기는 경향이 있다.
③ 많은 사람이 달아나는 방향으로 쫓아가려는 경향이 있다.
④ 좌측통행을 하고 시계반대방향으로 회전하려는 경향이 있다.

12 다음 중 과산화칼륨이 물과 접촉하였을 때 발생하는 것은?

① 산소

② 아르곤

③ 메테인

④ 이산화탄소

13 물체의 표면온도가 250℃에서 650℃로 상승하면 열 복사량은 약 몇 배 정도 상승하는가?

① 6.7배

② 7.7배

③ 8.7배

④ 9.7배

14 피난로의 안전구획 중 2차 안전구획에 속하는 것은?

① 복도

② 계단부속실(계단전실)

③ 피난계단

④ 승강기

15 다음 중 건축물의 대피공간 기준으로 적합하지 않은 것은?

① 대피공간의 면적은 지붕 수평투영면적의 10분의 3 이상일 것

② 내부마감재료는 불연재료로 할 것

③ 방화문에 비상문자동개폐장치를 설치할 것

④ 출입구에는 60＋방화문 또는 60분방화문을 설치할 것

16 염소산염류, 과염소산염류, 알칼리 금속의 과산화물, 질산염류, 과망간산염류의 특징과 화재 시 소화방법에 대한 설명 중 틀린 것은?

① 모두 산소를 가지고 있는 무기화합물로서 산화제로 작용한다.

② 대부분 무색 결정이거나 백색 분말이다.

③ 알칼리금속의 과산화물을 제외하고 다량의 물로 냉각소화한다.

④ 그 자체가 가연성이며 폭발성을 지니고 있어 화약류 취급 시와 같이

답안 표기란				
12	①	②	③	④
13	①	②	③	④
14	①	②	③	④
15	①	②	③	④
16	①	②	③	④

주의를 요한다.

17 건축물의 피난·방화구조 등의 기준에 따른 철망모르타르로서 그 바름 두께가 최소 몇 cm 이상인 것을 방화구조로 규정하는가?

① 1.0cm

② 2.0cm

③ 2.5cm

④ 3.0cm

18 탄화칼슘의 화재 시 물을 주수하였을 때 발생하는 가스로 옳은 것은?

① C_2H_2

② H_2

③ O_2

④ C_2H_6

19 건축물의 피난층 외의 층에서는 피난층 또는 지상으로 통하는 직통계단에 이르는 보행거리가 몇 m 이하이어야 하는가?

① 10m

② 20m

③ 30m

④ 50m

20 연면적이 1,000m² 이상인 목조건축물은 그 외벽 및 처마 밑의 연소할 우려가 있는 부분을 방화구조로 하여야 하는데, 이때 연소우려가 있는 부분은? (단, 동일한 대지 안에 2동 이상의 건물이 있는 경우이며, 공원·광장, 하천의 공지나 수면 또는 내화구조의 벽 기타 이와 유사한 것에 접하는 부분을 제외한다.)

① 상호의 외벽 간 중심선으로부터 1층은 3m 이내의 부분

② 상호의 외벽 간 중심선으로부터 2층은 6m 이내의 부분

③ 상호의 외벽 간 중심선으로부터 3층은 7m 이내의 부분

④ 상호의 외벽 간 중심선으로부터 4층은 9m 이내의 부분

PART **2**

빈출 모의고사

2과목	소방전기일반	답안 표기란

21 그림의 단상 반파 정류회로에서 R에 흐르는 전류의 평균값은 약 몇 A인가? (단, $v(t)=220\sqrt{2}\sin wt(V)$, $R=16\sqrt{2}\,\Omega$, 다이오드의 전압강하는 무시한다.)

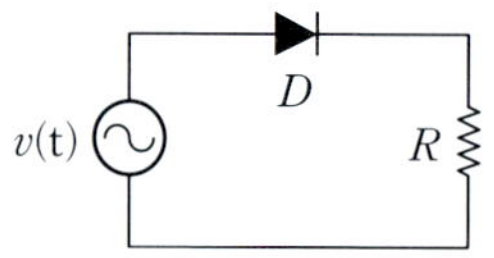

① 4.2A

② 4.4A

③ 4.6A

④ 4.8A

22 4극 직류 발전기의 전기자 도체 수가 500개, 각 자극의 자속이 0.01Wb, 회전수가 1,800rpm일 때 이 발전기의 유도 기전력(V)은? (단, 전기자 권선법은 파권이다.)

① 100V

② 200V

③ 300V

④ 500V

23 각 상의 임피던스가 $Z=4+j3\Omega$인 △결선의 평형 3상 부하에 선간전압이 200V인 대칭 3상 전압을 가했을 때, 이 부하로 흐르는 선전류의 크기는 몇 A인가?

① $\dfrac{40}{3}$A

② $\dfrac{40}{\sqrt{3}}$A

③ 40A

④ $40\sqrt{3}$A

24 그림과 같은 회로에서 단자 a, b 사이에 주파수 f(Hz)의 정현파 전압을 가했을 때 전류계 A_1, A_2의 값이 같았다. 이 경우 f, L, C 사이의 관계로 옳은 것은?

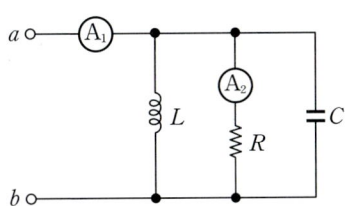

① $f = \dfrac{1}{2\pi LC}$

② $f = \dfrac{1}{2\pi\sqrt{LC}}$

③ $f = \dfrac{1}{4\pi\sqrt{LC}}$

④ $f = \dfrac{1}{\sqrt{2\pi^2 LC}}$

25 다음 그림의 회로에서 a와 c 사이의 합성저항은?

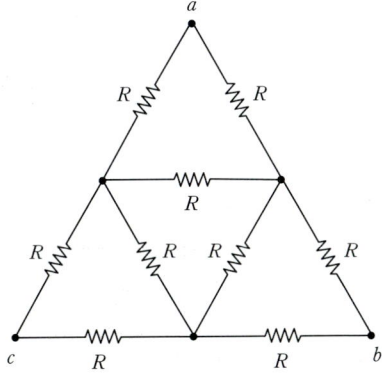

① $\dfrac{10}{9}R$

② $\dfrac{11}{9}R$

③ $\dfrac{12}{9}R$

④ $\dfrac{13}{9}R$

PART **2**

26 3상 농형 유도전동기를 Y−△ 기동방식으로 기동할 때 전류 I_1A와 △결선으로 직입(전전압) 기동할 때 전류 I_2A의 관계는?

① $I_1 = \dfrac{1}{\sqrt{3}} I_2$

② $I_1 = \dfrac{1}{3} I_2$

③ $I_1 = \sqrt{3} I_2$

④ $I_1 = 3 I_2$

27 다음 그림의 블록선도에서 $\dfrac{C(s)}{R(s)}$ 을 구하면?

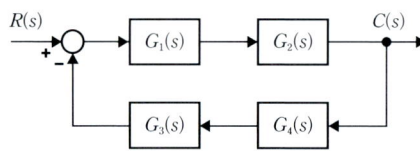

① $\dfrac{G_1(s) + G_2(s)}{1 + G_1(s)G_2(s)G_3(s)G_4(s)}$

② $\dfrac{G_3(s) + G_4(s)}{1 + G_1(s)G_2(s)G_3(s)G_4(s)}$

③ $\dfrac{G_1(s)G_2(s)}{1 + G_1(s)G_2(s)G_3(s)G_4(s)}$

④ $\dfrac{G_1(s)G_2(s)}{1 + G_1(s)G_2(s) + G_3(s)G_4(s)}$

28 다음 회로에서 a와 b 사이의 합성저항(Ω)은?

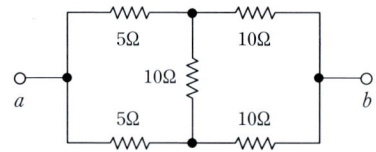

① 5.5Ω

② 7.5Ω

③ 9.5Ω

④ 10.5Ω

29 테브난의 정리를 이용하여 그림 (a)의 회로를 그림 (b)와 같은 등가회로로 만들고자 할 때 V_{th}V와 R_{th}Ω은?

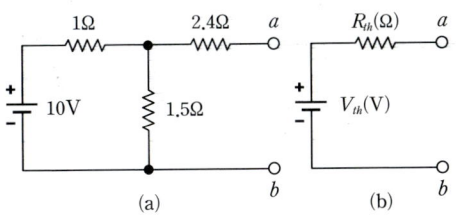

(a)   (b)

① 3V, 0.1Ω

② 4V, 1Ω

③ 5V, 2Ω

④ 6V, 3Ω

30 50Hz의 주파수에서 유도성 리액턴스가 4Ω인 인덕터와 용량성 리액턴스가 1Ω인 커패시터와 4Ω의 저항이 모두 직렬로 연결되어 있다. 이 회로에 100V, 50Hz의 교류전압을 인가했을 때 무효전력(Var)은?

① 1,000Var

② 1,100Var

③ 1,200Var

④ 1,300Var

31 그림과 같이 접속된 회로에서 a, b 사이의 합성저항은 몇 Ω인가?

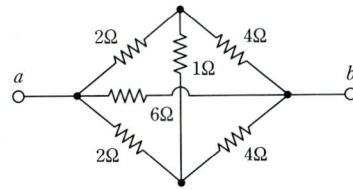

① 2Ω

② 4Ω

③ 6Ω

④ 8Ω

답안 표기란

29	①	②	③	④
30	①	②	③	④
31	①	②	③	④

PART **2**

빈출 모의고사

32 그림 (a)와 그림 (b)의 각 블록선도가 등가인 경우 전달함수 G(s)는?

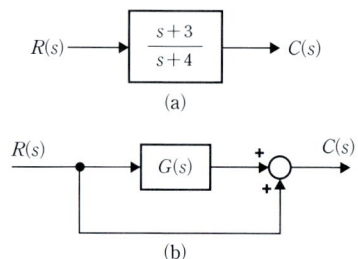

$R(s) \longrightarrow \boxed{\dfrac{s+3}{s+4}} \longrightarrow C(s)$

(a)

(b)

① $\dfrac{-4}{s+4}$

② $\dfrac{-3}{s+4}$

③ $\dfrac{-2}{s+4}$

④ $\dfrac{-1}{s+4}$

33 다음 중 논리식 $A \cdot (A+B)$를 간단히 하면?

① A

② B

③ A+B

④ A · B

34 다음 중 논리식 $(X+Y)(X+\overline{Y})$을 간단히 하면?

① 1

② XY

③ X

④ Y

35 3상 유도전동기의 특성에서 토크, 2차 입력, 동기속도의 관계로 옳은 것은?

① 토크는 2차 입력과 동기속도에 반비례한다.

② 토크는 2차 입력에 반비례하고 동기속도에 비례한다.

③ 토크는 2차 입력에 비례하고 동기속도에 반비례한다.

④ 토크는 2차 입력의 제곱에 비례하고 동기속도의 제곱에 반비례한다.

36 테브난의 정리를 이용하여 그림 (a)의 회로를 그림 (b)와 같은 등가회로로 만들고자 할 때, V_{th}V와 R_{th}Ω은?

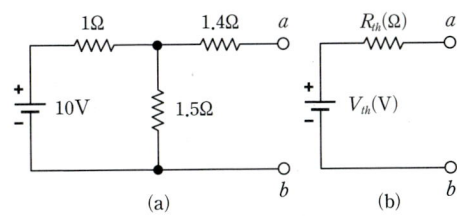

(a)　　　　(b)

① 3V, 1.8Ω

② 3V, 2.0Ω

③ 5V, 1.8Ω

④ 5V, 2.0Ω

37 분류기를 사용하여 내부저항이 RA인 전류계의 배율을 9로 하기 위한 분류기의 저항 R_sΩ은?

① $R_S = \dfrac{1}{6} R_A$

② $R_S = \dfrac{1}{7} R_A$

③ $R_S = \dfrac{1}{8} R_A$

④ $R_S = \dfrac{1}{9} R_A$

38 다음 중 절연저항을 측정할 때 사용하는 계기는?

① 전류계

② 메거

③ 전위차계

④ 휘트스톤브리지

39 3상 직권 정류자 전동기에서 고정자 권선과 회전자 권선 사이에 중간 변압기를 사용하는 주된 이유가 아닌 것은?

① 경부하 시 속도의 이상 상승 방지

② 전원전압의 크기에 관계없이 정류에 알맞은 회전자전압 선택

③ 중간 변압기의 권수비를 바꾸어서 전동기 특성을 조정

④ 철심을 포화시켜 회전자 상수를 감소

40 두 개의 입력신호 중 한 개의 입력만이 1일 때 출력신호가 1이 되는 논리 게이트는?

① EXCLUSIVE NOR

② NAND

③ EXCLUSIVE OR

④ AND

답안 표기란				
38	①	②	③	④
39	①	②	③	④
40	①	②	③	④
41	①	②	③	④

3과목	소방관계법규

41 다음은 소방기본법령상 소방본부에 대한 설명이다. (   ) 안에 알맞은 내용은?

소방업무를 수행하는 소방본부장 또는 소방서장은 (   )의 지휘와 감독을 받는다.

① 시 · 도경찰청장

② 시 · 도지사

③ 행정안전부장관

④ 소방청장

42 소방시설 설치 및 관리에 관한 법령상 자동화재탐지설비를 설치하여야 하는 특정소방대상물의 기준으로 틀린 것은?

① 지하가(터널은 제외한다)로서 연면적 600m² 이상인 것
② 층수가 6층 이상인 건축물의 경우에는 모든 층
③ 숙박시설이 있는 수련시설로서 수용인원 100명 이상인 것
④ 장례시설 및 복합건축물로서 연면적 600m² 이상인 것

43 소방시설 설치 및 관리에 관한 법령상 소방본부장 또는 소방서장의 동의를 받아야 하는 동의대상에서 제외되는 특정소방대상물이 아닌 것은?

① 노유자시설 및 수련시설로서 연면적 500m² 이상인 건축물
② 피난구조설비가 화재안전기준에 적합한 경우 해당 특정소방대상물
③ 용도변경으로 인하여 해당 특정소방대상물에 추가로 소방시설이 설치되지 않는 경우 해당 특정소방대상물
④ 소방시설공사의 착공신고 대상에 해당하지 않는 경우 해당 특정소방대상물

44 소방시설 설치 및 관리에 관한 법령상 건축허가 등을 할 때 미리 소방본부장 또는 소방서장의 동의를 받아야 하는 건축물 등의 범위가 아닌 것은?

① 연면적 200m² 이상인 노유자시설 및 수련시설
② 방송용 송수신탑
③ 승강기 등 기계장치에 의한 주차시설로서 자동차 10대 이상을 주차할 수 있는 시설
④ 지하층 또는 무창층이 있는 건축물로서 바닥면적이 150m² 이상인 층이 있는 것

45 화재의 예방 및 안전관리에 관한 법령에 따라 2급 소방안전관리대상물의 소방안전관리자 선임 기준으로 틀린 것은?

① 소방안전관리자로 선임된 사람
② 의용소방대원으로 3년 이상 근무한 경력이 있는 사람
③ 소방공무원으로 3년 이상 근무한 경력이 있는 사람
④ 소방청장이 실시하는 2급 소방안전관리대상물의 소방안전관리에 관한 시험에 합격한 사람

답안 표기란 42 ① ② ③ ④ 43 ① ② ③ ④ 44 ① ② ③ ④ 45 ① ② ③ ④

PART 2 빈출 모의고사

답안 표기란				
46	①	②	③	④
47	①	②	③	④
48	①	②	③	④
49	①	②	③	④

46 소방시설공사업법령상 소방공사감리업을 등록한 자가 수행하여야 할 업무가 아닌 것은?

① 피난시설 및 방화시설의 적법성 검토

② 소방시설 등 설계 변경 사항의 적합성 검토

③ 소방용품의 위치 · 규격 및 사용 자재의 적합성 검토

④ 소방용품의 기술기준에 대한 적합성 검토

47 다음 중 소방기본법령상 한국소방안전원의 업무가 아닌 것은?

① 소방안전에 관한 국제협력

② 위험물 관련 법령의 정비에 관한 업무

③ 소방업무에 관하여 행정기관이 위탁하는 업무

④ 화재 예방과 안전관리의식 고취를 위한 대국민 홍보

48 화재의 예방 및 안전관리에 관한 법령상 천재지변 및 그 밖에 대통령령으로 정하는 사유로 소방특별조사를 받기 곤란하여 소방특별조사의 연기를 신청하는 경우가 아닌 것은?

① 소화기구가 비치되어 있지 않는 경우

② 관계인의 질병

③ 권한 있는 기관에 자체점검기록부, 교육 · 훈련일지 등 화재안전조사에 필요한 장부 · 서류 등이 압수되거나 영치되어 있는 경우

④ 재난이 발생한 경우

49 소방기본법령상 소방본부 종합상황실의 실장이 서면 · 팩스 또는 컴퓨터통신 등으로 소방청 종합상황실에 보고하여야 하는 화재의 기준이 아닌 것은?

① 다중이용업소의 화재

② 관공서 · 학교 · 정부미도정공장 · 문화재 · 지하철 또는 지하구의 화재

③ 가스 및 화약류의 폭발에 의한 화재

④ 사망자가 3인 이상 발생하거나 사상자가 5인 이상 발생한 화재

50 화재의 예방 및 안전관리에 관한 법령상 소방청장이 기본계획 및 시행계획의 수립·시행에 필요한 기초자료를 확보하기 위하여 실시하는 실태조사 사항이 아닌 것은?

① 소방대상물의 용도별·규모별 현황
② 자율소방대의 인원 및 활성화 현황
③ 소방대상물의 소방시설 등 설치·관리 현황
④ 소방대상물의 화재의 예방 및 안전관리 현황

51 소방시설 설치 및 관리에 관한 법령상 스프링클러설비를 설치하여야 할 특정소방대상물에 다음 어떤 소방시설을 화재안전기준에 적합하게 설치하면 스프링클러설비의 설치를 면제 받을 수 있는가?

① 자동소화장치
② 옥외소화전설비
③ 간이스프링클러설비
④ 자동화재탐지설비

52 소방시설 설치 및 관리에 관한 법령상 시·도지사가 소방시설 등의 자체점검을 하지 아니한 관리업자에게 영업정지를 명할 수 있으나, 이로 인해 국민에게 심한 불편을 줄 때에는 영업정지 처분에 갈음하여 과징금 처분을 한다. 과징금의 기준은?

① 2,000만원 이하
② 3,000만원 이하
③ 5,000만원 이하
④ 1억원 이하

53 소방시설공사업법령상 하자보수를 하여야 하는 소방시설 중 하자보수 보증기간이 3년인 것은?

① 무선통신보조설비
② 비상방송설비
③ 유도등
④ 상수도소화용수설비

답안 표기란				
50	①	②	③	④
51	①	②	③	④
52	①	②	③	④
53	①	②	③	④

PART 2
빈출 모의고사

54 소방기본법령상 저수조의 설치기준으로 틀린 것은?

① 소방펌프자동차가 쉽게 접근할 수 있도록 할 것

② 흡수부분의 수심이 1.5m 이상일 것

③ 저수조에 물을 공급하는 방법은 상수도에 연결하여 자동으로 급수되는 구조일 것

④ 흡수관의 투입구가 사각형의 경우에는 한변의 길이가 60cm 이상, 원형의 경우에는 지름이 60cm 이상일 것

55 소방기본법에서 정의하는 소방대의 조직구성원이 아닌 것은?

① 의무소방원

② 소방공무원

③ 자율소방대원

④ 의용소방대원

56 위험물안전관리법상 업무상 과실로 제조소 등에서 위험물을 유출 · 방출 또는 확산시켜 사람을 상해에 이르게 한 때의 벌칙기준은?

① 무기 또는 3년 이상의 징역

② 무기 또는 5년 이상의 징역

③ 7년 이하의 금고 또는 7000만원 이하의 벌금

④ 10년 이하의 금고 또는 1억원 이하의 벌금

57 소방시설 설치 및 관리에 관한 법령상 특정소방대상물의 소방시설 설치의 면제기준 중 다음 ( ) 안에 들어갈 내용이 아닌 것은?

> 옥외소화전설비를 설치해야 하는 문화유산인 목조건축물에 상수도소화용수설비를 화재안전기준에서 정하는 ( ) · ( ) · ( ) 및 호스의 기준에 적합하게 설치한 경우에는 설치가 면제된다.

① 방수압력

② 방수량

③ 옥외소화전함

④ 물분무소화설비

답안 표기란				
54	①	②	③	④
55	①	②	③	④
56	①	②	③	④
57	①	②	③	④

답안 표기란				
58	①	②	③	④
59	①	②	③	④
60	①	②	③	④

58 위험물안전관리법령상 제조소 등이 아닌 장소에서 지정수량 이상의 위험물을 취급할 수 있는 경우에 대한 기준으로 맞는 것은? (단, 시·도의 조례가 정하는 바에 따른다.)

① 관할 소방본부장의 승인을 받아 지정수량 이상의 위험물을 60일 이내의 기간 동안 임시로 저장 또는 취급하는 경우

② 관할 소방대장의 승인을 받아 지정수량 이상의 위험물을 60일 이내의 기간 동안 임시로 저장 또는 취급하는 경우

③ 관할 소방서장의 승인을 받아 지정수량 이상의 위험물을 90일 이내의 기간 동안 임시로 저장 또는 취급하는 경우

④ 관할 소방대장의 승인을 받아 지정수량 이상의 위험물을 90일 이내의 기간 동안 임시로 저장 또는 취급하는 경우

59 소방시설 설치 및 관리에 관한 법령상 특정소방대상물로서 숙박시설에 해당되지 않는 것은?

① 근린생활시설에 해당하지 않는 고시원

② 일반형 숙박시설

③ 생활형 숙박시설

④ 오피스텔

60 소방기본법령상 소방안전교육사의 배치대상별 배치기준으로 틀린 것은?

① 소방청 : 2명 이상 배치

② 소방서 : 1명 이상 배치

③ 한국소방산업기술원 : 1명 이상 배치

④ 소방본부 : 2명 이상 배치

PART 2

빈출 모의고사

4과목	소방전기시설의 구조 및 원리

61 비상콘센트설비의 화재안전성능기준(NFPC 504)에 따라 절연저항 시험 부위의 절연내력은 정격전압 150V 이상의 경우 정격전압에 2를 곱하여 1,000을 더한 실효전압을 가하는 시험에서 몇 분간 견디는 것이어야 하는가?

① 1분

② 2분

③ 20분

④ 30분

62 자동화재탐지설비 및 시각경보장치의 화재안전기술기준(NFTC 203)에 따라 부착 높이가 4m 미만으로 연기감지기 1종을 설치할 때, 바닥면적 몇 m^2마다 1개 이상 설치하여야 하는가?

① $50m^2$

② $100m^2$

③ $150m^2$

④ $200m^2$

63 다음 중 자동화재속보설비의 속보기의 성능인증 및 제품검사의 기술기준에 따른 속보기의 예비전원 용량으로 옳은 것은?

① 50분간 지속한 후 5분 이상 동작이 지속될 수 있는 용량

② 60분간 지속한 후 10분 이상 동작이 지속될 수 있는 용량

③ 70분간 지속한 후 15분 이상 동작이 지속될 수 있는 용량

④ 90분간 지속한 후 30분 이상 동작이 지속될 수 있는 용량

64 비상콘센트설비의 성능인증 및 제품검사의 기술기준에 따라 비상콘센트설비의 외함(수납형은 부품지지판) 전면에 표시할 사항이 아닌 것은?

① 제조업체명
② 정격전압
③ 제조년월일
④ 제조자성명

65 자동화재탐지설비 및 시각경보장치의 화재안전기술기준(NFTC 203)에 따라 감지기회로의 도통시험을 위한 종단저항의 설치기준으로 틀린 것은?

① 점검 및 관리가 쉬운 장소에 설치할 것
② 감지기회로의 앞부분에 설치할 것
③ 전용함을 설치하는 경우 그 설치 높이는 바닥으로부터 1.5m 이내로 할 것
④ 종단감지기에 설치할 경우에는 구별이 쉽도록 해당 감지기의 기판 등에 별도의 표시를 할 것

66 무선통신보조설비의 화재안전기술기준(NFTC 505)에 따라 분배기 · 분파기 및 혼합기 등의 임피던스는 몇 Ω의 것으로 하여야 하는가?

① 20Ω
② 30Ω
③ 40Ω
④ 50Ω

67 다음의 무선통신보조설비 그림에서 ⓐ에 해당하는 것은?

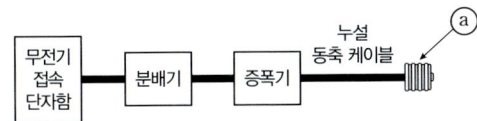

① 무반사종단저항
② 혼합기
③ 중계기
④ 분파기

답안 표기란				
64	①	②	③	④
65	①	②	③	④
66	①	②	③	④
67	①	②	③	④

PART **2**

빈출 모의고사

68 비상콘센트를 보호하기 위한 비상콘센트보호함의 설치기준으로 비상콘센트설비의 화재안전기술기준(NFTC 504)에 적합하지 않은 것은?

① 보호함에는 쉽게 개폐할 수 있는 문을 설치할 것
② 보호함 표면에 "비상콘센트"라고 표시한 표지를 할 것
③ 보호함 상부에 적색의 표시등을 설치할 것
④ 비상콘센트의 보호함을 옥내소화전함 등과 접속하여 설치하는 경우에는 옥내소화전함 등의 표시등과 겸용할 수 없다.

69 다음은 누전경보기의 형식승인 및 제품검사의 기술기준에 따른 과누전시험에 대한 설명이다. (   ) 안에 들어갈 내용으로 옳은 것은?

> (㉠)은/는 1개의 전선을 변류기에 부착시킨 회로를 설치하고 출력단자에 부하저항을 접속한 상태로 당해 1개의 전선에 변류기의 정격전압의 (㉡)에 해당하는 수치의 전류를 5분간 흘리는 경우 그 구조 또는 기능에 이상이 생기지 아니하여야 한다.

① ㉠ 변류기, ㉡ 20%
② ㉠ 정류기, ㉡ 30%
③ ㉠ 계전기, ㉡ 40%
④ ㉠ 감도기, ㉡ 50%

70 누전경보기의 형식승인 및 제품검사의 기술기준에 따라 누전경보기의 변류기는 직류 500V의 절연저항계로 절연된 1차권선과 외부금속부 간의 절연저항 시험을 할 때 몇 MΩ 이상이어야 하는가?

① 5MΩ
② 10MΩ
③ 15MΩ
④ 20MΩ

71 자동화재탐지설비 및 시각경보장치의 화재안전기술기준(NFTC 203)에 따라 환경상태가 현저하게 고온으로 되어 연기감지기를 설치할 수 없는 건조실 또는 살균실 등에 적응성 있는 열감지기가 아닌 것은?

① 정온식 1종
② 정온식 특종
③ 불꽃감지기
④ 열아날로그식

72 비상경보설비 및 단독경보형감지기의 화재안전기술기준(NFTC 201)에 따른 비상벨설비에 대한 설명으로 틀린 것은?

① 비상벨설비는 화재발생 상황을 경종으로 경보하는 설비를 말한다.
② 비상벨설비는 부식성 가스 또는 습기 등으로 인하여 부식의 우려가 없는 장소에 설치하여야 한다.
③ 음향장치의 음량은 부착된 음향장치의 중심으로부터 1m 떨어진 위치에서 90dB 이상이 되는 것으로 하여야 한다.
④ 특정소방대상물의 층마다 설치하되, 해당 특정소방대상물의 각 부분으로부터 하나의 발신기까지의 수평거리가 30m 이하가 되도록 하여야 한다.

73 가스누설경보기의 화재안전기술기준(NFTC 206)에 따른 분리형 경보기의 탐지부 및 단독형 경보기를 설치할 수 있는 곳은?

① 출입구 부근 등으로서 외부의 기류가 통하지 않는 곳
② 연소기의 폐가스에 접촉하기 쉬운 곳
③ 가구·보·설비 등에 가려져 누설가스의 유통이 원활하지 못한 곳
④ 환기구 등 공기가 들어오는 곳으로부터 1.5m 이내인 곳

74 무선통신보조설비의 화재안전기술기준(NFTC 505)에 따라 지표면으로부터의 깊이가 몇 m 이하인 경우에는 해당 층에 한하여 무선통신보조설비를 설치하지 아니할 수 있는가?

① 1m
② 2m
③ 3m
④ 5m

답안 표기란

71	①	②	③	④
72	①	②	③	④
73	①	②	③	④
74	①	②	③	④

PART 2

실전모의고사

75 소방시설용 비상전원수전설비의 화재안전기술기준(NFTC 602)에 따른 용어의 정의에 따라 소방회로 및 일반회로 겸용의 것으로서 개폐기, 과전류차단기, 계기와 그 밖의 배선용기기 및 배선을 금속제 외함에 수납한 것은 무엇인가?

① 전용배전반

② 공용배전반

③ 배전반

④ 분전반

76 유도등의 형식승인 및 제품검사의 기술기준에 따라 광원의 빛이 통과하는 투과면에 피난유도표시 형상을 인쇄하는 방식은?

① 투광식

② 패널식

③ 단일표시형

④ 방수형

77 비상경보설비 및 단독경보형감지기의 화재안전기술기준(NFTC 201)에 따라 화재신호 및 상태신호 등을 송수신하는 방식이 아닌 것은?

① 유선식

② 수동식

③ 무선식

④ 유·무선식

78 자동화재탐지설비 및 시각경보장치의 화재안전기술기준(NFTC 203)에 따라 부착높이 15m 이상 20m 미만에 설치 가능한 감지기가 아닌 것은?

① 열연기복합형

② 불꽃감지기

③ 연기복합형

④ 광전식 분리형 1종 감지기

답안 표기란				
75	①	②	③	④
76	①	②	③	④
77	①	②	③	④
78	①	②	③	④

79 소방시설용 비상전원수전설비의 화재안전기술기준(NFTC 602)에 따라 큐비클형의 설치기준으로 틀린 것은?

① 전선 인입구 및 인출구에는 금속관 또는 금속제 가요전선관을 쉽게 접속할 수 있도록 할 것

② 외함은 건축물의 바닥 등에 견고하게 고정할 것

③ 외함은 두께 2.3mm 이상의 강판과 이와 동등 이상의 강도와 내화성능이 있는 것으로 제작할 것

④ 공용큐비클식의 소방회로와 일반회로에 사용되는 배선 및 배선용기기는 난연재료로 구획할 것

80 유도등 및 유도표지의 화재안전기술기준(NFTC 303)에 따른 통로유도등에 해당하지 않는 것은?

① 복도통로유도등

② 비상통로유도등

③ 거실통로유도등

④ 계단통로유도등

답안 표기란				
79	①	②	③	④
80	①	②	③	④

제3회 빈출 모의고사

수험번호

수험자명

⏱ 제한 시간 : 2시간　　전체 문제 수 : 80　　맞춘 문제 수 :

1과목	소방원론

답안 표기란

01	① ② ③ ④
02	① ② ③ ④
03	① ② ③ ④

01 유류탱크에 화재 시 발생하는 슬롭 오버(Slop over) 현상에 관한 설명으로 틀린 것은?

① 소화 시 외부에서 방사하는 물, 포말에 의해 발생한다.

② 연소유가 비산되어 탱크 외부까지 화재가 확산된다.

③ 탱크의 바닥에 고인 물의 비등 팽창에 의해 발생한다.

④ 연소면의 온도가 100℃ 이상일 때 물이 포함되어 있는 소화약제를 방사할 경우 발생한다.

02 주성분이 인산염류인 제3종 분말소화약제가 다른 분말소화약제와 다르게 A급 화재에 적용할 수 있는 이유로 옳지 않은 것은?

① 열분해 시 흡열반응에 의한 냉각효과로 소화가 된다.

② 열분해 시 발생되는 불연성 가스(NH_3, H_2O 등)에 의한 질식효과로 소화가 된다.

③ 열분해 생성물인 메타인산(HPO_3)이 산소의 차단 역할을 하므로 소화가 된다.

④ 열분해 생성물인 암모니아가 부촉매작용을 하므로 소화가 된다.

03 공기와 할론 1301의 혼합기체에서 할론 1301에 비해 공기의 확산속도는 약 몇 배인가? (단, 공기의 평균분자량은 29, 할론 1301의 분자량은 149이다.)

① 2.27배

② 3.13배

③ 3.69배

④ 4.13배

04 다음의 포소화약제 중 고팽창포로 사용할 수 있는 것은?

① 수성막포
② 단백포
③ 내알코올포
④ 합성계면활성제포

05 고비점 유류의 탱크화재 시 열유층에 의해 탱크 아래의 물이 비등·팽창하여 유류를 탱크 외부로 분출시켜 화재를 확대시키는 현상은?

① 보일 오버(Boil over)
② 플래시 오버(Flash over)
③ 백 드래프트(Back draft)
④ 롤 오버(Roll over)

06 다음 중 분말소화약제에 관한 설명으로 틀린 것은?

① 일반화재에도 사용할 수 있는 분말소화약제는 제3종 분말이다.
② 제3종 분말은 제1인산암모늄을 주성분으로 한다.
③ 제1종 분말은 담홍색 또는 회색으로 착색되어 있다.
④ 제2종 분말의 열분해식은 $2KHCO_3 \rightarrow K2CO_3 + CO_2 + H_2O$이다.

07 다음 중 피난층에 대한 정의로 옳은 것은?

① 옥상으로 통하는 피난계단이 있는 층
② 비상용 피난 공간이 있는 층
③ 비상용 출입구가 설치되어 있는 층
④ 직접 지상으로 통하는 출입구가 있는 층

08 다음 중 포소화약제가 갖추어야 할 조건이 아닌 것은?

① 독성이 없고 인체에 무해할 것
② 소포성이 있고 기화가 용이할 것
③ 유류와의 점착성이 좋고 유류의 표면에 잘 분산될 것
④ 유동성과 내열성이 있을 것

답안 표기란

04	① ② ③ ④
05	① ② ③ ④
06	① ② ③ ④
07	① ② ③ ④
08	① ② ③ ④

PART **2**

09 다음 중 분진폭발의 위험성이 가장 낮은 것은?

① 알루미늄분

② 석탄산수지

③ 팽창질석

④ 전분

10 건축물 내 방화벽에 설치하는 출입문의 너비 및 높이의 기준은 각각 몇 m 이하인가?

① 0.5m

② 1.0m

③ 1.5m

④ 2.5m

11 건축물에 설치하는 방화구획의 설치기준 중 스프링클러설비를 설치한 11층 이상의 층은 바닥면적 몇 m^2 이내마다 방화구획을 하여야 하는가? (단, 벽 및 반자의 실내에 접하는 부분의 마감은 불연재료가 아닌 경우이다.)

① 200m^2

② 500m^2

③ 600m^2

④ 1,500m^2

12 다음 중 제2류 위험물에 해당되는 것은?

① 유황

② 나트륨

③ 과산화수소

④ 톨루엔

답안 표기란				
09	①	②	③	④
10	①	②	③	④
11	①	②	③	④
12	①	②	③	④

13 다음 중 화재발생 시 발생하는 연기에 대한 설명으로 틀린 것은?

① 피난활동 중 인체 시각의 제약요인 중 가장 큰 것은 연기이다.

② 연기의 유동속도는 수평방향이 수직방향보다 빠르다.

③ 고온 상태의 연기는 천장의 하면을 따라 순방향으로 이동한다.

④ 연기는 공기 중 부유하는 0.01~10μm 크기의 고체 또는 액체의 미립자이다.

14 어떤 기체가 0℃, 1기압에서 부피가 11.2L, 기체질량이 22g이었다면 이 기체의 분자량은? (단, 이상기체로 가정한다.)

① 42

② 43

③ 44

④ 45

15 경유화재가 발생했을 때 주수소화가 오히려 위험할 수 있는 이유는?

① 경유는 물과 반응하여 포스겐 가스가 발생하기 때문이다.

② 경유의 연소열로 인하여 산소가 방출되어 연소를 돕기 때문이다.

③ 경유가 연소할 때 일산화탄소가 발생하여 연소를 돕기 때문이다.

④ 경유는 물보다 비중이 가벼워 화재면의 확대 우려가 있기 때문이다.

16 다음 중 내화구조에 해당하지 않는 것은?

① 철근콘크리트조로 두께가 10cm 이상인 벽

② 철근콘크리트조로 두께가 5cm 이상인 비내력벽

③ 벽돌조로서 두께가 19cm 이상인 벽

④ 석조로서 그 두께가 7cm 이상인 비내력벽

17 제4류 위험물의 물리 · 화학적 특성에 대한 설명으로 틀린 것은?

① 인화성 액체이다.

② 증기비중은 공기보다 크다.

③ 정전기에 의한 화재발생 위험이 거의 없다.

④ 인화점이 낮을수록 증기발생이 용이하다.

답안 표기란				
13	①	②	③	④
14	①	②	③	④
15	①	②	③	④
16	①	②	③	④
17	①	②	③	④

PART **2**

빈출 모의고사

18 이산화탄소의 질식 및 냉각효과에 대한 설명 중 틀린 것은?

① 이산화탄소의 증기비중이 산소보다 크기 때문에 가연물과 산소의 접촉을 방해한다.

② 질식소화가 주체이고 줄톰슨효과에 의한 냉각효과는 부수적인 소화효과이다.

③ 공기보다 비중이 크며 가스 상태로 심부까지 침투가 용이하다.

④ 이산화탄소는 산소와 반응하며 이 과정에서 발생한 연소열을 흡수하므로 냉각효과를 나타낸다.

19 다음 중 분말소화약제 분말입도의 소화성능에 관한 설명으로 옳은 것은?

① 입도가 너무 미세하거나 너무 커도 소화 성능은 저하된다.

② 입도가 클수록 소화성능이 우수하다.

③ 분말입자의 크기는 유동특성에 영향을 미치지 않는다.

④ 최적의 효과를 나타내는 입도는 $1 \sim 10\mu$이다.

20 다음 중 물의 기화열이 539.6cal/g이라는 의미로 옳은 것은?

① 100℃의 수증기가 1g의 물로 변화하는데 539.6cal의 열량이 필요하다.

② 0℃의 얼음 1g이 물로 변화하는데 539.6cal의 열량이 필요하다.

③ 0℃의 물 1g이 100℃의 물로 변화하는데 539.6cal의 열량이 필요하다.

④ 100℃의 물 1g이 수증기로 변화하는데 539.6cal의 열량이 필요하다.

2과목	소방전기일반

21 3상 유도 전동기를 Y 결선으로 운전했을 때 토크가 T_Y이다. 이 전동기를 동일한 전원에서 △결선으로 운전했을 때의 토크($T_\triangle$)는?

① $T_\triangle = 3T_Y$

② $T_\triangle = \sqrt{3}\,T_Y$

답안 표기란				
18	①	②	③	④
19	①	②	③	④
20	①	②	③	④
21	①	②	③	④

③ $T_\triangle = \dfrac{1}{3} T_Y$

④ $T_\triangle = \dfrac{1}{\sqrt{3}} T_Y$

22 진공 중에서 원점에 10^{-7}C의 전하가 있을 때 점(1, 2, 2)m에서의 전계의 세기는 약 몇 V/m인가?

① 1.0V/m

② 10V/m

③ 50V/m

④ 100V/m

23 다음의 시퀀스회로를 논리식으로 표현하면?

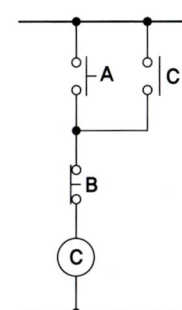

① $C=(A+C) \cdot \overline{B}$

② $C=A \cdot \overline{B}+C$

③ $C=A \cdot C+\overline{B}$

④ $C=A+\overline{B} \cdot C$

24 논리식 $Y=\overline{A}\,\overline{B}C+AB\overline{C}+ABC$를 간단히 표현한 것은?

① $\overline{A} \cdot (B+C)$

② $C \cdot (A+\overline{B})$

③ $\overline{C} \cdot (A+B)$

④ $\overline{B} \cdot (A+C)$

265

25 다음 중 잔류편차가 있는 제어동작은?

① 적분제어

② 비례제어

③ 비례적분제어

④ 비례적분미분제어

26 유도전동기의 슬립이 5.6%이고 회전자 속도가 1,700rpm일 때, 이 유도전동기의 동기속도는 약 몇 rpm인가?

① 1,200rpm

② 1,400rpm

③ 1,600rpm

④ 1,800rpm

27 한 변의 길이가 150mm인 정방형 회로에 1A의 전류가 흐를 때, 회로 중심에서의 자계의 세기는 약 몇 AT/m인가?

① 5AT/m

② 6AT/m

③ 7AT/m

④ 8AT/m

28 1개의 용량의 25W인 객석유도등 10개가 설치되어 있을 경우 이 회로에 흐르는 전류는 약 몇 A인가? (단, 전원 전압은 220V이고, 기타 선로손실 등은 무시한다.)

① 1.14A

② 1.24A

③ 1.34A

④ 1.44A

29 블록선도에서 외란 $D(s)$의 입력에 대한 출력 $C(s)$의 전달함수 $\dfrac{C(s)}{D(s)}$는?

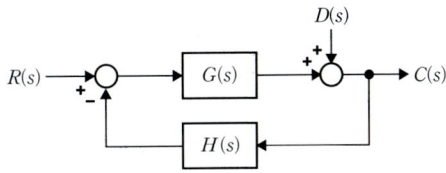

① $\dfrac{G(s)}{H(s)}$

② $\dfrac{1}{1+G(s)H(s)}$

③ $\dfrac{H(s)}{G(s)}$

④ $\dfrac{G(s)}{1+G(s)H(s)}$

30 다음의 단상 유도전동기 중 기동 토크가 가장 큰 것은?

① 반발 유도형

② 콘덴서 기동형

③ 분상 기동형

④ 반발 기동형

31 다음 회로에서 저항 5Ω의 양단 전압 V_RV은?

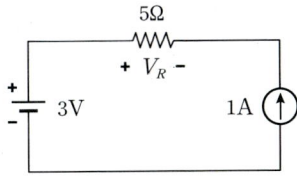

① -3V

② -5V

③ -7V

④ -9V

PART 2

빈출 모의고사

32 다음 회로에서 a와 b 사이에 나타나는 전압 V_{ab}V는?

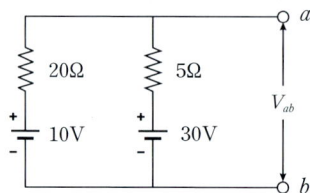

① 22V

② 24V

③ 26V

④ 28V

33 0℃에서 저항이 10Ω이고, 저항의 온도계수가 0.0043인 전선이 있을 때, 30℃에서 이 전선의 저항은 약 몇 Ω인가?

① 0.3Ω

② 5.3Ω

③ 8.3Ω

④ 11.3Ω

34 어떤 측정계기의 지시값을 M, 참값을 T라 할 때 보정률(%)은?

① $\dfrac{T-M}{M} \times 100\%$

② $\dfrac{M}{M-T} \times 100\%$

③ $\dfrac{T-M}{T} \times 100\%$

④ $\dfrac{T}{M-T} \times 100\%$

답안 표기란				
32	①	②	③	④
33	①	②	③	④
34	①	②	③	④

35 어떤 회로에 v(t)=150 sinωtV의 전압을 가하니 i(t)=12 sin(ωt−30℃)A의 전류가 흘렀을 때, 이 회로의 소비전력(유효전력)은 약 몇 W인가?

① 760W

② 770W

③ 780W

④ 790W

36 LC 직렬회로에 직류전압 E를 t=0(s)에 인가했을 때 흐르는 전류 I(t)는?

① $\dfrac{E}{\sqrt{L/C}}\cos\dfrac{1}{\sqrt{LC}}t$

② $\dfrac{E}{\sqrt{L/C}}\sin\dfrac{1}{\sqrt{LC}}t$

③ $\dfrac{E}{\sqrt{C/L}}\cos\dfrac{1}{\sqrt{LC}}t$

④ $\dfrac{E}{\sqrt{C/L}}\sin\dfrac{1}{\sqrt{LC}}t$

37 다음 그림의 논리회로와 등가인 논리 게이트는?

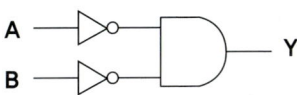

① NOR

② NAND

③ NOT

④ OR

38 R=10Ω, ωL=20Ω인 직렬회로에 220∠0˚V의 교류 전압을 가하는 경우 이 회로에 흐르는 전류는 약 몇 A인가?

① $8.5∠−26.5˚$

② $9.8∠−63.4˚$

③ $10.2∠−13.2˚$

④ $12.6∠−79.6˚$

답안 표기란

35	①	②	③	④
36	①	②	③	④
37	①	②	③	④
38	①	②	③	④

PART **2**

39 공기 중에 10μC과 20μC인 두 개의 점전하를 1m 간격으로 놓았을 때 발생되는 정전기력은 몇 N인가?

① 1.8N

② 2.0N

③ 2.2N

④ 2.4N

40 진공 중 대전된 도체의 표면에 면전하밀도 σ(C/m²)가 균일하게 분포되어 있을 때, 이 도체 표면에서의 전계의 세기 E(V/m)는? (단, ε_0는 진공의 유전율이다.)

① $E = \dfrac{\sigma}{\varepsilon_0}$

② $E = \dfrac{\sigma}{2\varepsilon_0}$

③ $E = \dfrac{\sigma}{2\pi\varepsilon_0}$

④ $E = \dfrac{\sigma}{4\pi\varepsilon_0}$

3과목   소방관계법규

41 다음 중 소방기본법령상 용어에 관한 설명으로 옳지 않은 것은?

① 소방대상물이란 건축물, 차량, 선박(항구에 매어둔 선박은 제외) 등을 말한다.

② 관계인이란 소방대상물의 소유자·관리자 또는 점유자를 말한다.

③ 소방대란 소방공무원, 의무소방원, 의용소방대원으로 구성된 조직체이다.

④ 소방대장이란 소방본부장 또는 소방서장 등 화재, 재난·재해, 그 밖의 위급한 상황이 발생한 현장에서 소방대를 지휘하는 사람을 말한다.

답안 표기란				
39	①	②	③	④
40	①	②	③	④
41	①	②	③	④

42 다음은 소방시설 설치 및 관리에 관한 법령상 종합점검 실시 대상이 되는 특정소방대상물의 기준이다. ( ) 안에 알맞은 것은?

> 물분무등소화설비[호스릴(hose reel) 방식의 물분무등소화설비만을 설치한 경우는 제외한다]가 설치된 연면적 ( ) 이상인 특정소방대상물(제조소 등은 제외한다)

① 1,000m²

② 3,000m²

③ 5,000m²

④ 7,000m²

43 위험물안전관리법령상 관계인이 예방규정을 정하여야 하는 위험물 제조소 등에 해당하지 않는 것은?

① 지정수량 10배의 특수인화물을 취급하는 일반취급소

② 지정수량 20배의 휘발유를 고정된 탱크에 주입하는 일반 취급소

③ 지정수량 40배의 제3석유류를 용기에 옮겨 담는 일반취급소

④ 지정수량 15배의 알코올을 버너에 소비하는 장치로 이루어진 일반취급소

44 화재의 예방 및 안전관리에 관한 법령상 일반음식점에서 음식조리를 위해 불을 사용하는 설비를 설치하는 경우 지켜야 하는 사항으로 틀린 것은?

① 주방시설에는 동물 또는 식물의 기름을 제거할 수 있는 필터 등을 설치할 것

② 열을 발생하는 조리기구는 반자 또는 선반으로부터 0.2m 이상 떨어지게 할 것

③ 주방설비에 부속된 배출덕트는 0.5mm 이상의 아연도금강판으로 설치할 것

④ 열을 발생하는 조리기구로부터 0.15m 이내의 거리에 있는 가연성 주요구조부는 단열성이 있는 불연재료로 덮어 씌울 것

답안 표기란				
42	①	②	③	④
43	①	②	③	④
44	①	②	③	④

PART **2**

빈출 모의고사

45 소방시설공사업법령상 감리업자는 소방시설공사가 설계도서 또는 화재안전기준에 적합하지 아니한 때에는 가장 먼저 누구에게 알려야 하는가?

① 시 · 도지사

② 소방본부장

③ 관계인

④ 소방서장

46 소방기본법령상 소방업무의 응원에 대한 설명 중 틀린 것은?

① 소방본부장이나 소방서장은 소방활동을 할 때에 긴급한 경우에는 이웃한 소방본부장 또는 소방서장에게 소방업무의 응원을 요청할 수 있다.

② 소방업무의 응원 요청을 받은 소방본부장 또는 소방서장은 소방 출동이 없는 경우에는 그 요청을 거절하여서는 아니 된다.

③ 소방업무의 응원을 위하여 파견된 소방대원은 응원을 요청한 소방본부장 또는 소방서장의 지휘에 따라야 한다.

④ 시 · 도지사는 소방업무의 응원을 요청하는 경우를 대비하여 출동 대상지역 및 규모와 필요한 경비의 부담 등에 관하여 필요한 사항을 행정안전부령으로 정하는 바에 따라 이웃하는 시 · 도지사와 협의하여 미리 규약으로 정하여야 한다.

47 소방시설 설치 및 관리에 관한 법령상 소방시설의 종류에 대한 설명으로 옳은 것은?

① 스프링클러설비, 자동소화장치는 소화설비에 해당된다.

② 휴대용 비상조명등, 비상조명등은 경보설비에 해당된다.

③ 통합감시시설, 저수조는 소화활동설비에 해당된다.

④ 연결송수관설비, 연결살수설비는 소화용수설비에 해당된다.

답안 표기란				
45	①	②	③	④
46	①	②	③	④
47	①	②	③	④

48 위험물안전관리법령상 정기점검의 대상인 제조소 등의 기준으로 틀린 것은?

① 위험물을 취급하는 탱크로서 지하에 매설된 탱크가 있는 제조소 · 주유취급소 또는 일반취급소
② 이동탱크저장소
③ 지정수량의 10배 이상의 위험물을 취급하는 제조소
④ 지정수량의 20배 이상의 위험물을 저장하는 옥외탱크저장소

49 소방시설 설치 및 관리에 관한 법령상 방염성능검사에 합격하지 아니한 물품에 합격표시를 하거나 합격표시를 위조하거나 변조하여 사용한 자에 대한 벌칙 기준은?

① 200만원 이하의 벌금
② 250만원 이하의 벌금
③ 300만원 이하의 벌금
④ 500만원 이하의 벌금

50 위험물안전관리법령상 위험물을 취급함에 있어서 정전기가 발생할 우려가 있는 설비에 설치할 수 있는 정전기 제거설비 방법이 아닌 것은?

① 자동적으로 공기를 순환시키는 방법
② 공기를 이온화하는 방법
③ 접지에 의한 방법
④ 공기 중의 상대습도를 70% 이상으로 하는 방법

51 소방기본법령상 소방자동차의 출동을 방해한 사람에 대한 벌칙 기준은?

① 1년 이하의 징역 또는 1,000만원 이하의 벌금
② 2년 이하의 징역 또는 2,000만원 이하의 벌금
③ 3년 이하의 징역 또는 3,000만원 이하의 벌금
④ 5년 이하의 징역 또는 5,000만원 이하의 벌금

답안 표기란				
48	①	②	③	④
49	①	②	③	④
50	①	②	③	④
51	①	②	③	④

PART **2**

빈출 모의고사

52 소방기본법령상 소방대장은 화재, 재난 · 재해 그 밖의 위급한 상황이 발생한 현장에 소방활동구역을 정하여 소방활동에 필요한 자로서 대통령령으로 정하는 사람 외에는 그 구역에의 출입을 제한할 수 있다. 다음 중 소방활동구역에 출입할 수 없는 사람은?

① 수사업무에 종사하는 사람
② 의사 · 간호사 그 밖의 구조 · 구급업무에 종사하는 사람
③ 시 · 도지사가 소방활동을 위하여 출입을 허가한 사람
④ 소방대장이 소방활동을 위하여 출입을 허가한 사람

53 위험물안전관리법령상 소화난이도등급 Ⅰ의 옥내탱크저장소에서 황만을 저장 · 취급할 경우 설치하여야 하는 소화설비로 옳은 것은?

① 물분무소화설비
② 할로젠화합물소화설비
③ 분말소화설비
④ 옥외소화전설비

54 소방시설공사업법령상 부정한 청탁을 받고 재물 또는 재산상의 이익을 취득하거나 부정한 청탁을 하면서 재물 또는 재산상의 이익을 제공한 자에 대한 벌칙은?

① 1년 이하의 징역 또는 1,000만원 이하의 벌금
② 2년 이하의 징역 또는 2,000만원 이하의 벌금
③ 3년 이하의 징역 또는 3,000만원 이하의 벌금
④ 5년 이하의 징역 또는 5,000만원 이하의 벌금

55 위험물안전관리법령상 인화성 액체위험물(이황화탄소 제외)의 옥외탱크저장소의 탱크주위에 설치하여야 하는 방유제의 기준 중 틀린 것은?

① 방유제 내에 설치하는 옥외저장탱크의 수는 10 이하로 할 것
② 방유제의 용량은 방유제 안에 설치된 탱크가 2기 이상인 때에는 그 탱크 중 용량이 최대인 것의 용량의 110% 이상으로 할 것
③ 방유제는 높이 0.5m 이상 3m 이하, 두께 0.2m 이상, 지하매설 깊이 1m 이상으로 할 것
④ 방유제 내의 면적은 5만m^2 이하로 할 것

답안 표기란				
52	①	②	③	④
53	①	②	③	④
54	①	②	③	④
55	①	②	③	④

56 소방기본법령상 소방용수시설의 설치기준 중 급수탑의 개폐밸브 설치기준으로 바른 것은?

① 지상에서 1.3m 이상 1.5m 이하

② 지상에서 1.4m 이상 1.6m 이하

③ 지상에서 1.5m 이상 1.7m 이하

④ 지상에서 1.7m 이상 1.8m 이하

57 위험물안전관리법령상 제6류 산화성 액체에 해당하지 않는 것은?

① 과염소산

② 황린

③ 과산화수소

④ 질산

58 위험물안전관리법령상 제2류 위험물별 지정수량 기준의 연결이 틀린 것은?

① 황화인 – 50kg

② 황 – 100kg

③ 마그네슘 – 500kg

④ 인화성고체 – 1,000kg

59 화재의 예방 및 안전관리에 관한 법률상 화재안전조사를 정당한 사유 없이 거부 · 방해 또는 기피한 자에 대한 벌칙은?

① 200만원 이하의 벌금

② 300만원 이하의 벌금

③ 400만원 이하의 벌금

④ 500만원 이하의 벌금

답안 표기란				
56	①	②	③	④
57	①	②	③	④
58	①	②	③	④
59	①	②	③	④

PART 2

빈출 모의고사

60 화재의 예방 및 안전관리에 관한 법령상 특급 소방안전관리대상물의 범위가 아닌 것은?

① 복합건축물로서 연면적이 5,000m² 이상인 것

② 30층 이상(지하층을 포함한다)이거나 지상으로부터 높이가 120m 이상인 특정소방대상물

③ 특정소방대상물로서 연면적이 10만m² 이상인 특정소방대상물(아파트는 제외한다)

④ 50층 이상(지하층은 제외한다)이거나 지상으로부터 높이가 200m 이상인 아파트

답안 표기란				
60	①	②	③	④
61	①	②	③	④
62	①	②	③	④

4과목   소방전기시설의 구조 및 원리

61 누전경보기의 화재안전성능기준(NFPC 205)에 따른 누전경보기의 전원 기준으로 틀린 것은?

① 전원의 개폐기에는 누전경보기용임을 표시한 표지를 할 것

② 전원은 분전반으로부터 전용회로로 할 것

③ 각 극에 개폐기 및 50A 이하의 과전류차단기를 설치할 것

④ 전원을 분기할 때에는 다른 차단기에 따라 전원이 차단되지 아니하도록 할 것

62 비상방송설비의 화재안전기술기준(NFTC 202)에서 음향장치의 구조 성능으로 적합한 것은?

① 정격전압의 50% 전압에서 음향을 발할 수 있는 것으로 할 것

② 정격전압의 60% 전압에서 음향을 발할 수 있는 것으로 할 것

③ 정격전압의 70% 전압에서 음향을 발할 수 있는 것으로 할 것

④ 정격전압의 80% 전압에서 음향을 발할 수 있는 것으로 할 것

63 비상경보설비 및 단독경보형감지기의 화재안전성능기준(NFPC 201)에 따른 단독경보형감지기의 설치기준으로 틀린 것은?

① 최상층의 계단실의 바닥(외기가 상통하는 계단실의 경우 제외)에 설치할 것

② 각 실마다 설치하되, 바닥면적이 150m²를 초과하는 경우에는 150m²마다 1개 이상 설치할 것

③ 건전지를 주전원으로 사용하는 단독경보형감지기는 정상적인 작동상태를 유지할 수 있도록 주기적으로 건전지를 교환할 것

④ 상용전원을 주전원으로 사용하는 단독경보형감지기의 2차전지는 제품검사에 합격한 것을 사용할 것

64 누전경보기의 형식승인 및 제품검사의 기술기준에 따라 호환성형 수신부는 신호입력회로에 공칭작동전류치의 52%에 대응하는 변류기의 설계출력전압을 가하는 경우 몇 초 이내에 작동하지 아니하여야 하는가?

① 10초

② 20초

③ 30초

④ 50초

65 경종의 우수품질인증 기술기준에 따른 주위온도시험에 대한 내용이다. 옥내형 온도범위로 적합한 것은?

① −(10±2)℃에서 (50±2)℃까지

② −(15±2)℃에서 (60±2)℃까지

③ −(20±2)℃에서 (70±2)℃까지

④ −(25±2)℃에서 (80±2)℃까지

답안 표기란				
63	①	②	③	④
64	①	②	③	④
65	①	②	③	④

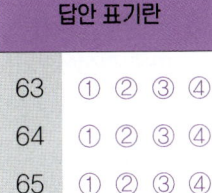

PART 2

빈출 모의고사

66 자동화재탐지설비 및 시각경보장치의 화재안전기술기준(NFTC 203)에 따른 광전식분리형감지기의 설치기준에 대한 설명으로 틀린 것은?

① 감지기의 송광부와 수광부는 설치된 뒷벽으로부터 5m 이내 위치에 설치할 것

② 감지기의 수광면은 햇빛을 직접 받지 않도록 설치할 것

③ 감지기의 광축의 길이는 공칭감시거리 범위 이내일 것

④ 형식승인 내용에 따르며 형식승인 사항이 아닌 것은 제조사의 시방서 에 따라 설치할 것

67 축전지의 자기방전을 보충하기 위해 부하를 제거한 상태로 항상 미소전 류로 충전하는 방식은?

① 급속충전방식

② 보통충전방식

③ 전자동충전방식

④ 세류충전방식

68 자동화재탐지설비 및 시각경보장치의 화재안전기술기준(NFTC 203)에 따라 제3종 연기감지기를 부착높이가 4m 미만인 장소에 설치 시 기준 바 닥면적은?

① $30m^2$

② $50m^2$

③ $70m^2$

④ $100m^2$

69 비상방송설비의 화재안전기술기준(NFTC 202)에 따른 비상방송설비의 음향장치의 구조 및 성능으로 적합한 것은?

① 배선은 3선식으로 할 것

② 화재 시 비상경보 외의 방송을 차단할 수 있는 구조로 할 것

③ 다른 전기회로에 따라 유도장애가 생기지 않도록 할 것

④ 자동화재탐지설비의 작동과 연동하여 작동할 수 있는 것으로 할 것

답안 표기란				
66	①	②	③	④
67	①	②	③	④
68	①	②	③	④
69	①	②	③	④

70 소방시설용 비상전원수전설비의 화재안전기술기준(NFTC 602)에 따라 어떤 배선으로 하여야 하는가?

① 나전선
② 내화배선
③ 내열배선
④ 차폐배선

71 자동화재속보설비의 속보기의 성능인증 및 제품검사의 기술기준에서 정하는 속보기의 충격전압시험 시간은?

① 10초
② 15초
③ 20초
④ 25초

72 비상방송설비의 화재안전기술기준(NFTC 202)에 따라 비상방송설비가 기동장치에 따른 화재신고를 수신한 후 필요한 음량으로 화재발생상황 및 피난에 유효한 방송이 자동으로 개시될 때까지의 소요시간은 몇 초 이하로 하여야 하는가?

① 3초
② 5초
③ 10초
④ 20초

73 비상경보설비 및 단독경보형감지기의 화재안전기술기준(NFTC 201)에 따른 단독경보형감지기의 시설기준으로 옳지 않은 것은?

① 계단실은 최상층의 계단실 천장에 설치할 것
② 바닥면적이 150m²를 초과하는 경우에는 20m²마다 1개 이상 설치할 것
③ 건전지를 주전원으로 사용하는 단독경보형감지기는 정상적인 작동상태를 유지할 수 있도록 주기적으로 건전지를 교환할 것
④ 상용전원을 주전원으로 사용하는 단독경보형감지기의 2차전지는 제품검사에 합격한 것을 사용할 것

답안 표기란				
70	①	②	③	④
71	①	②	③	④
72	①	②	③	④
73	①	②	③	④

PART **2**

74 자동화재속보설비의 속보기의 성능인증 및 제품검사의 기술기준에 따른 속보기의 구조에 대한 설명으로 틀린 것은?

① 작동 시 작동 여부를 표시하는 장치를 하여야 한다.
② 작동 시 그 작동시간과 작동횟수를 표시할 수 있는 장치를 하여야 한다.
③ 수신기에 접속되는 외부배선과 다른 설비의 외부배선을 공용으로 하는 회로방식을 사용해야 한다.
④ 속보기의 기능에 유해한 영향을 주는 부속장치는 설치하지 않아야 한다.

75 비상콘센트설비의 성능인증 및 제품검사의 기술기준에 따른 표시등의 구조 및 기능에 대한 내용으로 틀린 것은?

① 소켓은 접속이 확실하여야 하며 쉽게 전구를 교체할 수 있도록 부착하여야 한다.
② 발광다이오드는 보호커버를 설치하여야 한다.
③ 적색으로 표시되어야 한다.
④ 전구는 사용전압의 130%인 교류전압을 20시간 연속하여 가하는 경우 단선, 현저한 광속변화, 흑화, 전류의 저하 등이 발생하지 아니하여야 한다.

76 발신기의 형식승인 및 제품검사의 기술기준에 따른 발신기의 작동기능에 대한 설명으로 옳지 않은 것은?

① 발신기의 조작부는 작동스위치의 동작 방향으로 가하는 힘이 2kg을 초과하고 8kg 이하인 범위에서 확실하게 동작되어야 한다.
② 발신기의 조작부는 2kg의 힘을 가하는 경우 동작되지 아니하여야 한다.
③ 발신기는 조작부의 작동스위치가 작동되는 경우 화재신호를 전송하여야 한다.
④ 발신기는 수신기와 통화가 가능한 장치를 설치하여야 한다.

답안 표기란				
74	①	②	③	④
75	①	②	③	④
76	①	②	③	④

77 감지기의 형식승인 및 제품검사의 기술기준에 따른 연기감지기의 종류가
아닌 것은?

① 이온화식포스트형

② 보상식스포트형

③ 광전식포스트형

④ 공기흡입형

78 예비전원의 성능인증 및 제품검사의 기술기준에서 정의하는 "예비전원"
에 해당하지 않는 것은?

① 리튬계 2차 축전지

② 알칼리계 2차 축전지

③ 무보수 밀폐형 연축전지

④ 건식 연축전지

79 비상경보설비 및 단독경보형감지기의 화재안전기술기준(NFTC 201)에
따른 발신기의 설치기준에 대한 내용으로 옳지 않은 것은?

① 조작이 쉬운 장소에 설치할 것

② 조작스위치는 바닥으로부터 0.8m 이상 1.5m 이하의 높이에 설치할
것

③ 특정소방대상물의 2개층마다 설치할 것

④ 불빛은 부착 면으로부터 15° 이상의 범위 안에서 부착지점으로부터
10m 이내의 어느 곳에서도 쉽게 식별할 수 있는 적색등으로 할 것

80 무선통신보조설비의 화재안전기술기준(NFTC 505)에 따라 증폭기의 설
치기준으로 틀린 것은?

① 비상전원 용량은 무선통신보조설비를 유효하게 10분 이상 작동시킬
수 있는 것으로 할 것

② 증폭기의 전면에는 주 회로 전원의 정상 여부를 표시할 수 있는 표시
등 및 전압계를 설치할 것

③ 상용전원은 교류전압의 옥내 간선으로 하고, 전원까지의 배선은 전용
으로 할 것

④ 디지털 방식의 무전기를 사용하는데 지장이 없도록 설치할 것

답안 표기란				
77	①	②	③	④
78	①	②	③	④
79	①	②	③	④
80	①	②	③	④

PART **2**

제4회 빈출 모의고사

수험번호

수험자명

⏱ 제한 시간 : 2시간   전체 문제 수 : 80   맞춘 문제 수 :

1과목 소방원론

답안 표기란

01 에탄올, 아세톤, 에터, 케톤, 에스터, 알데하이드, 카르복실산, 아민 등과 같은 가연성인 수용성 용매에 유효한 포소화약제는?

① 합성계면활성제포

② 화학포

③ 불화단백포

④ 내알코올포

01 ① ② ③ ④

02 표면온도가 300℃에서 안전하게 작동하도록 설계된 히터의 표면온도가 360℃로 상승하면 300℃에 비하여 약 몇 배의 열을 방출할 수 있는가?

① 1.3배

② 1.5배

③ 1.9배

④ 2.3배

02 ① ② ③ ④

03 내화구조의 기준 중 벽의 경우 벽돌조로서 두께가 최소 몇 cm 이상이어야 하는가?

① 4cm

② 5cm

③ 10cm

④ 19cm

03 ① ② ③ ④

04 FM200이라는 상품명을 가지며 오존파괴 지수(ODP)가 0인 할론 대체 소화약제는 무슨 계열인가?

① HFC 계열
② HCFC 계열
③ FC 계열
④ Blend 계열

05 전기불꽃, 아크 등이 발생하는 부분을 기름 속에 넣어 폭발을 방지하는 방폭구조는?

① 내압방폭구조
② 유입방폭구조
③ 안전증방폭구조
④ 몰드방폭구조

06 다음 중 공기 중에서 자연발화 위험성이 높은 물질은?

① 염소산염류
② 철분
③ 질산
④ 트리 에틸알루미늄

07 pH9 정도의 물을 보호액으로 하여 보호액 속에 저장하는 물질은?

① 나트륨
② 탄화칼슘
③ 황린
④ 칼륨

08 탄화칼슘이 물과 반응 시 발생하는 가연성 가스는?

① 아르곤
② 포스핀
③ 산소
④ 아세틸렌

답안 표기란				
04	①	②	③	④
05	①	②	③	④
06	①	②	③	④
07	①	②	③	④
08	①	②	③	④

PART **2**

빈출 모의고사

09 다음 중 소화방법으로 틀린 것은?

① 가연물의 농도를 희석시킨다.
② 불연성 가스의 공기 중 농도를 높인다.
③ 산소의 공급을 원활히 한다.
④ 산화반응의 진행을 차단한다.

10 Fourier법칙(전도)에 대한 설명으로 옳은 것은?

① 이동열량은 전열체의 단면적에 반비례한다.
② 이동열량은 전열체의 두께에 반비례한다.
③ 이동열량은 전열체의 열전도도에 반비례한다.
④ 이동열량은 전열체 내·외부의 온도차에 반비례한다.

11 다음 중 인화점이 낮은 것부터 높은 순서대로 옳게 나열한 것은?

① 에틸알코올<이황화탄소<아세톤
② 이황화탄소<에틸알코올<아세톤
③ 아세톤<에틸알코올<이황화탄소
④ 이황화탄소<아세톤<에틸알코올

12 다음 중 물리적 폭발에 해당되는 것은?

① 중합폭발
② 전선폭발
③ 분무폭발
④ 분진폭발

13 다음의 소화방법 중 제거소화에 해당되지 않는 것은?

① 방안에서 화재가 발생하여 이불이나 담요로 덮었다.
② 산림화재에서 화염이 진행하는 방향에 있는 나무 등의 가연물을 미리 옮기거나 미리 태워서 추가확산을 막았다.
③ 화재현장에서 대상물을 파괴하거나 제거하여 연소를 방지하였다.
④ 불타지 않는 장작더미 속에서 아직 타지 않는 것을 안전한 곳으로 운반하였다.

답안 표기란			
09	① ② ③ ④		
10	① ② ③ ④		
11	① ② ③ ④		
12	① ② ③ ④		
13	① ② ③ ④		

14 다음 중 제3종 분말소화약제에 대한 설명으로 틀린 것은?

① A, B, C급 화재에 모두 적응한다.

② 주성분은 탄산수소칼륨과 요소이다.

③ 반응과정에서 생성된 메타인산에 의한 방진효과가 있다.

④ 분말운무에 의한 열방사를 차단하는 효과가 있다.

15 다음 중 비열이 가장 큰 물질은?

① 금

② 알코올

③ 물

④ 알루미늄

16 다음의 소방시설 중 피난구조설비에 해당하지 않는 것은?

① 무선통신보조설비

② 피난사다리

③ 피난용 트랩

④ 공기안전매트

17 다음 중 불활성 가스에 해당하는 것은?

① 질소

② 이산화탄소

③ 아르곤

④ 아세틸렌

18 다음 중 증기비중의 정의로 옳은 것은? (단, 분자, 분모의 단위는 모두 g/mol이다.)

① $\dfrac{분자량}{27}$

② $\dfrac{분자량}{29}$

③ $\dfrac{분자량}{31}$

④ $\dfrac{분자량}{33}$

답안 표기란				
14	①	②	③	④
15	①	②	③	④
16	①	②	③	④
17	①	②	③	④
18	①	②	③	④

PART 2

빈출 모의고사

19 마그네슘의 화재에 주수하였을 때 물과 마그네슘의 반응으로 인하여 생성되는 가스는?

① 질소
② 이산화탄소
③ 아르곤
④ 수소

20 다음 설명에 해당하는 방폭구조는?

> 인화점이 40℃ 이하인 위험물을 저장·취급하는 장소에 설치하는 전기설비는 방폭구조로 설치하는데, 용기의 내부에 기체를 압입하여 압력을 유지하도록 함으로써 폭발성가스가 침입하는 것을 방지하는 구조이다.

① 압력 방폭구조
② 유입 방폭구조
③ 안전증 방폭구조
④ 본질안전 방폭구조

2과목	소방전기일반

21 제어요소가 제어대상에 가하는 제어신호로 제어장치의 출력인 동시에 제어대상의 입력이 되는 것은?

① 동작신호
② 제어량
③ 기준입력
④ 조작량

답안 표기란				
19	①	②	③	④
20	①	②	③	④
21	①	②	③	④

22

정현파 교류전압 $e_1(t)$과 $e_2(t)$의 합$(e_1(t)+e_2(t))$은 몇 V인가?

$$e_1(t)=10\sqrt{2}\sin\left(wt+\frac{\pi}{3}\right)\mathrm{V}$$
$$e_2(t)=20\sqrt{2}\cos\left(wt-\frac{\pi}{6}\right)\mathrm{V}$$

① $30\sqrt{2}\sin\left(wt+\dfrac{\pi}{3}\right)\mathrm{V}$

② $30\sqrt{2}\sin\left(wt-\dfrac{\pi}{3}\right)\mathrm{V}$

③ $30\sqrt{2}\sin\left(wt+\dfrac{2\pi}{3}\right)\mathrm{V}$

④ $30\sqrt{2}\sin\left(wt-\dfrac{2\pi}{3}\right)\mathrm{V}$

23

다음 그림의 회로에서 a−b 간에 V_{ab}V를 인가했을 때 c−d 간의 전압이 100V이었다. 이때 a−b 간에 인가한 전압(V_{ab})은 몇 V인가?

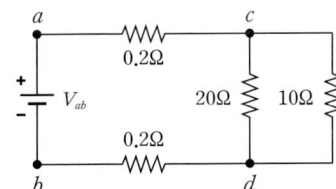

① 105V

② 106V

③ 107V

④ 108V

24

다음 회로에서 전류 I는 약 몇 A인가?

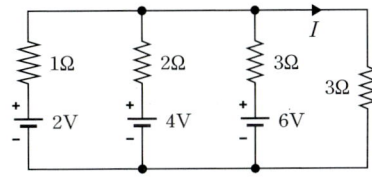

① 0.92A

② 0.93A

③ 0.94A

④ 0.95A

답안 표기란				
22	①	②	③	④
23	①	②	③	④
24	①	②	③	④

PART **2**

빈출 모의고사

25 그림과 같은 정류회로에서 R에 걸리는 전압의 최대값은 몇 V인가? (단, $v_2t = 20\sqrt{2}\sin\omega t$이다.)

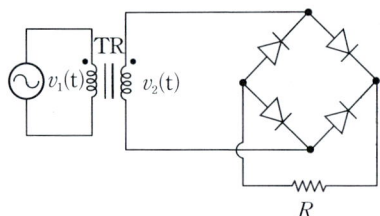

① $10\sqrt{2}\,\mathrm{V}$

② $20\sqrt{2}\,\mathrm{V}$

③ $30\sqrt{2}\,\mathrm{V}$

④ $40\sqrt{2}\,\mathrm{V}$

26 목표값이 다른 양과 일정한 비율 관계를 가지고 변화하는 제어방식은?

① 추종제어

② 정치제어

③ 프로그램제어

④ 비율제어

27 단상 반파 정류회로를 통해 평균 26V의 직류전압을 출력하는 경우, 정류 다이오드에 인가되는 역방향 최대전압은 약 몇 V인가? (단, 직류 측에 평활회로(필터)가 없는 정류회로이고, 다이오드의 순방향 전압은 무시한다.)

① 72V

② 82V

③ 92V

④ 102V

28 다음 중 PD(비례 미분) 제어 동작의 특징으로 옳은 것은?

① 잔류편차 제거

② 간헐현상 제거

③ 불연속 제어

④ 속응성 개선

답안 표기란				
25	①	②	③	④
26	①	②	③	④
27	①	②	③	④
28	①	②	③	④

29 다음 회로에서 전압계 ⓥ가 지시하는 전압의 크기는 몇 V인가?

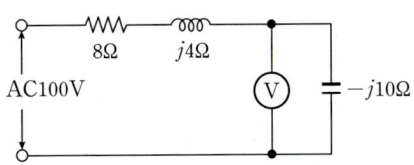

① 90V

② 100V

③ 110V

④ 120V

30 다음 중 무한장 솔레노이드에서 자계의 세기에 대한 설명으로 틀린 것은?

① 솔레노이드 내부에서의 자계의 세기는 전류의 세기에 비례한다.

② 솔레노이드 내부에서의 자계의 세기는 코일의 권수에 비례한다.

③ 솔레노이드 내부에서의 자계의 세기는 위치에 관계없이 일정한 평등 자계이다.

④ 자계의 방향과 암페어 적분 경로가 서로 수직인 경우 자계의 세기가 최대이다.

31 그림과 같은 회로에 평형 3상 전압 200V를 인가한 경우 소비된 유효전력(kW)은? (단, $R=20\,\Omega$, $X=10\,\Omega$)

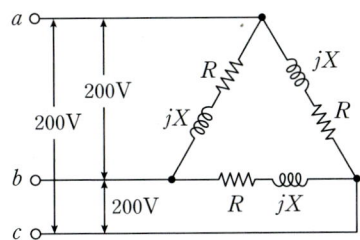

① 1.8kW

② 2.8kW

③ 3.8kW

④ 4.8kW

답안 표기란				
29	①	②	③	④
30	①	②	③	④
31	①	②	③	④

PART **2**

32 단방향 대전류의 전력용 스위칭 소자로서 교류의 위상 제어용으로 사용되는 정류소자는?

① 서미스터

② SCR

③ 제너다이오드

④ UJT

33 길이 1cm마다 감은 권선수가 50회인 무한장 솔레노이드에 500mA의 전류를 흘릴 때, 솔레노이드 내부에서의 자계의 세기는 몇 AT/m인가?

① 2,500AT/m

② 4,500AT/m

③ 5,000AT/m

④ 7,500AT/m

34 다음 그림과 같이 반지름 r(m)인 원의 원주상 임의의 2점 a, b 사이에 전류 I(A)가 흐른다. 원의 중심에서의 자계의 세기는 몇 A/m인가?

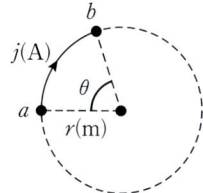

① $\dfrac{I\theta}{4\pi r}$

② $\dfrac{I\theta}{4\pi r^2}$

③ $\dfrac{I\theta}{2\pi r}$

④ $\dfrac{I\theta}{2\pi r^2}$

32	①	②	③	④
33	①	②	③	④
34	①	②	③	④

답안 표기란				
35	①	②	③	④
36	①	②	③	④
37	①	②	③	④
38	①	②	③	④

35 평행한 두 도선 사이의 거리가 r이고, 각 도선에 흐르는 전류에 의해 두 도선 간의 작용력이 F_1일 때, 두 도선 사이의 거리를 2r로 하면 두 도선 간의 작용력 F_2는?

① $F_2 = \dfrac{1}{5}F_1$

② $F_2 = \dfrac{1}{4}F_1$

③ $F_2 = \dfrac{1}{3}F_1$

④ $F_2 = \dfrac{1}{2}F_1$

36 다음의 소자 중에서 온도 보상용으로 쓰이는 것은?

① 터널다이오드
② 바리스터
③ 서미스터
④ 제너다이오드

37 다음 중 쌍방향성 전력용 반도체 소자인 것은?

① SCR
② IGBT
③ TRIAC
④ DIODE

38 다음의 논리식 중에서 틀린 것은?

① $(\overline{A}+B) \cdot (A+B) = B$

② $(A+B) \cdot \overline{B} = A\overline{B}$

③ $\overline{\overline{AB}+AC} + \overline{A} = \overline{A} + \overline{B}C$

④ $\overline{(\overline{A}+B)} + CD = A\overline{B}(C+D)$

39 교류회로에 연결되어 있는 부하의 역률을 측정하는 경우 필요한 계측기의 구성은?

① 전압계, 전력계, 회로시험기

② 훅온미터, 전력계, 전류계

③ 전압계, 전류계, 전력계

④ 전류계, 어스테스터, 주파수계

40 3상 유도 전동기의 출력이 25HP, 전압이 220V, 효율이 85%, 역률이 85%일 때, 이 전동기로 흐르는 전류는 약 몇 A인가? (단, 1HP = 0.746kW)

① 68A

② 70A

③ 72A

④ 74A

3과목 소방관계법규

41 소방기본법령상 주거지역에 소방용수시설 설치 시 소방대상물과의 수평거리 기준은 몇 m 이하인가?

① 60m

② 80m

③ 100m

④ 140m

답안 표기란				
39	①	②	③	④
40	①	②	③	④
41	①	②	③	④

42 화재의 예방 및 안전관리에 관한 법령상 특수가연물의 저장 및 취급의 기준 중 (　) 안에 들어갈 내용으로 옳은 것은? (단, 석탄·목탄류를 발전용으로 저장하는 경우는 제외한다.)

> 살수설비를 설치하거나 방사능력 범위에 해당 특수 가연물이 포함되도록 대형 수동식 수화기를 설치하는 경우 쌓는 높이가 (㉠) 이하가 되도록 하고 쌓는 부분의 바닥면적은 (㉡) 이하가 되도록 할 것

① ㉠ 15m, ㉡ 200m²

② ㉠ 20m, ㉡ 200m²

③ ㉠ 15m, ㉡ 300m²

④ ㉠ 20m, ㉡ 300m²

43 소방시설 설치 및 관리에 관한 법령상 제조 또는 가공 공정에서 방염처리를 한 물품 중 방염대상물품이 아닌 것은?

① 전시용 합판·목재

② 암막·무대막

③ 창문에 설치하는 커튼류

④ 두께가 2mm 미만인 종이벽지

44 소방시설공사업법령상 소방시설업의 감독을 위하여 필요할 때에 소방시설업자나 관계인에게 필요한 보고나 자료 제출을 명할 수 있는 자가 아닌 것은?

① 시·도지사

② 소방청장

③ 소방본부장

④ 소방서장

PART 2

빈출 모의고사

45 소방시설 설치 및 관리에 관한 법령상 특정소방대상물의 수용인원 산정 방법으로 틀린 것은?

① 침대가 있는 숙박시설은 해당 특정소방대상물의 종사자의 수에 침대수를 합한 수로 한다.

② 강의실로 쓰이는 특정소방대상물은 해당용도로 사용하는 바닥면적의 합계를 $1.9m^2$로 나누어 얻은 수로 한다.

③ 관람석이 없을 경우 강당, 문화 및 집회시설, 운동시설, 종교시설은 해당용도로 사용하는 바닥면적의 합계를 $4.6m^2$로 나누어 얻은 수로 한다.

④ 백화점은 해당 용도로 사용하는 바닥면적의 합계를 $5m^2$로 나누어 얻은 수로 한다.

46 소방기본법령상 이웃하는 다른 시·도지사와 소방업무에 관하여 시·도지사가 체결할 상호응원협정에 포함되어야 할 사항이 아닌 것은?

① 소방교육 및 응원출동훈련

② 출동대원의 수당·식사 및 의복의 수선

③ 화재의 경계·진압활동

④ 응원출동 훈련 및 평가

47 위험물안전관리법령의 자체소방대 기준에 대한 다음 설명 중 틀린 것은?

> 자체소방대 : 다량의 위험물을 저장·취급하는 제조소 등으로서 ㉠ 대통령령이 정하는 제조소 등이 있는 동일한 사업소에서 ㉡ 대통령령이 정하는 수량 이상의 위험물을 저장 또는 취급하는 경우 당해 사업소의 관계인은 대통령령이 정하는 바에 따라 당해 사업소에 자체소방대를 설치하여야 한다.

① ㉠ 제4류 위험물을 취급하는 제조소를 포함한다.

② ㉠ 제4류 위험물을 취급하는 일반취급소를 포함한다.

③ ㉡ 제4류 위험물의 최대수량의 합이 지정수량의 3천배 이상인 것을 포함한다.

④ ㉠ 보일러로 위험물을 소비하는 일반취급소를 포함한다.

답안 표기란

45	①	②	③	④
46	①	②	③	④
47	①	②	③	④

48 위험물안전관리법령상 경유는 제4류 위험물 중 지정수량이 몇 리터인가?

① 1,000리터
② 1,500리터
③ 2,000리터
④ 2,500리터

49 소방시설 설치 및 관리에 관한 법령상 분말형태의 소화약제를 사용하는 소화기의 내용연수로 옳은 것은?

① 4년
② 6년
③ 8년
④ 10년

50 화재의 예방 및 안전관리에 관한 법령상 특수가연물의 수량 기준으로 옳지 않은 것은?

① 면화류 : 200kg 이상
② 볏짚류 : 1,000kg 이상
③ 나무껍질 및 대팻밥 : 300kg 이상
④ 석탄 · 목탄류 : 1,000kg 이상

51 위험물안전관리법령상 제조소 또는 일반 취급소에서 취급하는 제4류 위험물의 최대 수량의 합이 지정수량의 3천배 이상 12만배 미만인 사업소의 자체소방대에 두는 화학소방자동차 및 인원기준으로 알맞은 것은?

① ㉠ 1대, ㉡ 5인
② ㉠ 2대, ㉡ 10인
③ ㉠ 3대, ㉡ 15인
④ ㉠ 4대, ㉡ 20인

답안 표기란				
48	①	②	③	④
49	①	②	③	④
50	①	②	③	④
51	①	②	③	④

PART 2

빈출 모의고사

52 위험물안전관리법령상 취급하는 위험물의 최대수량이 지정수량의 10배 초과인 경우 공지의 너비 기준은?

① 2m 이하

② 3m 이상

③ 5m 이하

④ 5m 이상

53 소방시설 설치 및 관리에 관한 법령상 특정소방대상물 가운데 대통령령으로 정하는 소방시설을 설치하지 아니할 수 있는 특정소방대상물이 아닌 것은?

① 화재안전기준을 같게 적용하여야 하는 특수한 용도 또는 구조를 가진 특정소방대상물

② 화재안전기준을 적용하기 어려운 특정소방대상물

③ 자체소방대가 설치된 특정소방대상물

④ 화재 위험도가 낮은 특정소방대상물

54 소방시설 설치 및 관리에 관한 법령상 대통령령 또는 화재안전기준이 변경되어 그 기준이 강화되는 경우 기존 특정소방대상물의 소방시설 중 강화된 기준을 적용하여야 하는 소방시설은?

① 자동화재탐지설비

② 비상경보설비

③ 소화기구

④ 경보설비

55 위험물안전관리법상 시 · 도지사의 허가를 받지 아니하고 당해 제조소 등을 설치하거나 신고를 하지 않고 위험물의 지정수량을 변경할 수 있는 곳이 아닌 것은?

① 주택의 난방시설을 위한 저장소

② 농예용으로 필요한 난방시설을 위한 지정수량 50배 이하의 저장소

③ 수산용으로 필요한 건조시설을 위한 지정수량 20배 이하의 저장소

④ 축산용으로 필요한 난방시설 또는 건조시설을 위한 지정수량 20배 이하의 저장소

답안 표기란				
52	①	②	③	④
53	①	②	③	④
54	①	②	③	④
55	①	②	③	④

56 소방시설공사업법령상 공사감리자 지정대상 특정소방대상물의 범위가 아닌 것은?

① 옥내소화전설비를 신설 · 개설 또는 증설할 때

② 옥외소화전설비를 신설 · 개설 또는 증설할 때

③ 통합감시시설을 신설 또는 개설할 때

④ 호스릴 방식의 소화설비를 신설 · 개설하거나 방호 · 방수 구역을 증설할 때

57 위험물안전관리법령상 위험물 중 제3석유류에 속하는 것은?

① 경유

② 등유

③ 중유

④ 아세톤

58 화재의 예방 및 안전관리에 관한 법률상 화재예방강화지구의 지정권자는?

① 소방청장

② 시 · 도지사

③ 소방본부장

④ 소방서장

59 소방시설 설치 및 관리에 관한 법령상 수용인원 산정 방법 중 다음과 같은 시설의 수용인원은 몇 명인가?

> 숙박시설이 있는 특정소방대상물로서 종사자수는 5명, 숙박시설은 모두 2인용 침대이며 침대수량은 20개이다.

① 25명

② 35명

③ 45명

④ 55명

60 소방시설공사업법상 도급을 받은 자가 제3자에게 소방시설공사의 시공을 하도급한 경우에 대한 벌칙 기준으로 옳은 것은? (단, 대통령령으로 정하는 경우는 제외한다.)

① 100만원 이하의 벌금

② 300만원 이하의 벌금

③ 1년 이하의 징역 또는 1,000만원 이하의 벌금

④ 3년 이하의 징역 또는 3,000만원 이하의 벌금

답안 표기란				
60	①	②	③	④
61	①	②	③	④
62	①	②	③	④

4과목　소방전기시설의 구조 및 원리

61 무선통신보조설비의 화재안전기술기준(NFTC 505)에 따라 무선통신보조설비의 누설동축케이블 및 동축케이블안테나는 고압전류로부터 몇 m 이상 떨어진 위치에 설치해야 하는가?

① 1m

② 1.5m

③ 2.0m

④ 2.5m

62 유도등 및 유도표지의 화재안전성능기준(NFPC 303)에서 정하는 피난유도등의 설치장소로 적합하지 않은 것은?

① 직통계단·직통계단의 계단실 및 그 부속실의 출입구

② 안전구획된 거실로 통하는 출입구

③ 옥내로부터 직접 지하로 통하는 출입구 및 그 부속실의 출입구

④ 출입구에 이르는 복도 또는 통로로 통하는 출입구

63 비상방송설비의 화재안전기술기준(NFTC 202)에서 비상방송설비의 음향장치는 정격전압의 몇 % 전압에서 음향을 발할 수 있는 것으로 하여야 하는가?

① 50%

② 60%

③ 70%

④ 80%

64 자동화재탐지설비 및 시각경보장치의 화재안전기술기준(NFTC 203)에 따른 연기감지기의 설치기준으로 옳지 않은 것은?

① 연기감지기의 부착 높이에 따라 바닥면적마다 1개 이상으로 할 것

② 감지기는 벽 또는 보로부터 0.5m 이상 떨어진 곳에 설치할 것

③ 천장 또는 반자가 낮은 실내 또는 좁은 실내에 있어서는 출입구의 가까운 부분에 설치할 것

④ 천장 또는 반자 부근에 배기구가 있는 경우에는 그 부근에 설치할 것

65 비상조명등의 화재안전기술기준(NFTC 304)에 따른 대규모점포(지하상가 및 지하역사 제외)와 영화상영관에는 보행거리 몇 m 이내마다 휴대용 비상조명등을 몇 개 이상 설치하여야 하는가?

① 30m, 1개

② 40m, 2개

③ 50m, 3개

④ 60m, 5개

66 유도등의 형식승인 및 제품검사의 기술기준에 따라 객석유도등의 구조로 적합하지 않은 것은?

① 바닥에 견고하게 부착할 수 있어야 한다.

② 바닥면을 비출 수 있어야 한다.

③ 벽에 견고하게 부착할 수 있어야 한다.

④ 천장을 비출 수 있어야 한다.

답안 표기란				
63	①	②	③	④
64	①	②	③	④
65	①	②	③	④
66	①	②	③	④

PART **2**

빈출 모의고사

67 감지기의 형식승인 및 제품검사의 기술기준에 따라 단독경보형감지기를 스위치 조작에 의하여 화재경보를 정지시킬 경우 화재경보 정지 후 몇 분 이내에 화재경보 정지기능이 자동적으로 해제되어 정상상태로 복귀되어야 하는가?

① 5분 이내
② 10분 이내
③ 15분 이내
④ 20분 이내

68 다음은 비상방송설비의 화재안전기술기준(NFTC 202)에 따른 비상방송설비 음향장치의 설치기준이다. ( ) 안에 들어갈 내용으로 옳은 것은?

> 층수가 (㉠)층(공동주택의 경우에는 16층) 이상의 특정소방대상물은 다음의 기준에 따라 경보를 발할 수 있도록 해야 한다.
> 1. 2층 이상의 층에서 발화한 때에는 발화층 및 그 직상 (㉡)개층에 경보를 발할 것
> 2. (㉢)층에서 발화한 때에는 발화층·그 직상 4개층 및 지하층에 경보를 발할 것
> 3. 지하층에서 발화한 때에는 발화층·그 직상층 및 기타의 지하층에 경보를 발할 것

① ㉠ 11층, ㉡ 4개층, ㉢ 1층
② ㉠ 12층, ㉡ 5개층, ㉢ 2층
③ ㉠ 15층, ㉡ 6개층, ㉢ 3층
④ ㉠ 16층, ㉡ 7개층, ㉢ 4층

69 무선통신보조설비의 화재안전기술기준(NFTC 505)에 따른 용어의 정의 중 서로 다른 주파수의 합성된 신호를 분리하기 위해서 사용하는 장치를 말하는 것은?

① 혼합기
② 분파기
③ 증폭기
④ 옥외안테나

답안 표기란				
67	①	②	③	④
68	①	②	③	④
69	①	②	③	④

70 유도등 및 유도표지의 화재안전기술기준(NFTC 303)에 따라 설치하는 유도표지는 계단에 설치하는 것을 제외하고는 각 층마다 복도 및 통로의 각 부분으로부터 하나의 유도표지까지의 보행거리가 몇 m 이하가 되는 곳과 구부러진 모퉁이의 벽에 설치하여야 하는가?

① 5m 이하

② 10m 이하

③ 15m 이하

④ 20m 이하

71 유도등 및 유도표지의 화재안전기술기준(NFTC 303)에 따른 객석유도등을 설치하는 곳으로 틀린 것은?

① 통로

② 바닥

③ 벽

④ 출입구

72 누전경보기의 형식승인 및 제품검사의 기술기준에 따라 누전경보기의 실온 시험조건으로 적절한 것은?

① 5℃ 이상 35℃ 이하

② 10℃ 이상 40℃ 이하

③ 15℃ 이상 45℃ 이하

④ 20℃ 이상 50℃ 이하

73 무선통신보조설비의 화재안전기술기준(NFTC 505)에 따라 무선통신보조설비의 누설동축케이블 및 안테나는 고압의 전로로부터 1.5m 이상 떨어진 위치에 설치해야 하나 그렇게 하지 않아도 되는 경우는?

① 해당 전로에 정전기 차폐장치를 유효하게 설치한 경우

② 난연재료로 구획된 반자 안에 설치한 경우

③ 끝부분에 무반사 종단저항을 설치한 경우

④ 금속제 등의 지지금구로 일정한 간격으로 고정한 경우

답안 표기란				
70	①	②	③	④
71	①	②	③	④
72	①	②	③	④
73	①	②	③	④

PART 2

빈출 모의고사

74 공기관식 차동식 분포형감지기의 기능시험을 하였더니 검출기의 접점 수고치가 규정 이상으로 되어 있다. 이때 발생되는 장애로 볼 수 있는 것은?

① 동작이 전혀 되지 않는다.
② 장애는 발생되지 않는다.
③ 작동이 늦어진다.
④ 화재도 아닌데 작동하는 일이 있다.

75 다음은 감지기의 형식승인 및 제품검사의 기술기준에 따른 단독경보형감지기의 일반기능에 대한 설명이다. ( ) 안에 들어갈 내용으로 옳은 것은?

건전지를 주전원으로 하는 감지기는 건전지의 성능이 저하되어 건전지의 교체가 필요한 경우에는 음성안내를 포함한 음향 및 표시등에 의하여 (㉠)시간 이상 경보할 수 있어야 한다. 이 경우 음향경보는 (㉡)m 떨어진 거리에서 (㉢)dB(음성안내는 60dB) 이상이어야 한다.

① ㉠ 12시간, ㉡ 0.1m, ㉢ 40dB
② ㉠ 24시간, ㉡ 0.5m, ㉢ 50dB
③ ㉠ 48시간, ㉡ 0.7m, ㉢ 60dB
④ ㉠ 72시간, ㉡ 1m, ㉢ 70dB

76 유도등의 형식승인 및 제품검사의 기술기준에 따라 객석유도등은 바닥면 또는 디딤바닥면에서 높이 몇 m의 위치에 설치하는가?

① 0.1m
② 0.2m
③ 0.5m
④ 1m

77 비상콘센트설비의 화재안전기술기준(NFTC 504)에 따른 비상콘센트설비의 전원회로(비상콘센트에 전력을 공급하는 회로를 말한다)의 설치기준으로 옳지 않은 것은?

① 전원회로는 각 층에 2 이상이 되도록 설치할 것
② 전원회로는 주배전반에서 전용회로로 할 것
③ 하나의 전용회로에 설치하는 비상콘센트는 10개 이하로 할 것
④ 비상콘센트용의 풀박스 등은 방청도장을 한 것으로서, 두께 0.8mm 이상의 철판으로 할 것

78 누전경보기의 형식승인 및 제품검사의 기술기준에 따라 누전경보기에서 사용되는 표시등에 대한 설명으로 틀린 것은?

① 지구등은 백색으로 표시되어야 한다.
② 전구는 2개 이상을 병렬로 접속하여야 한다.
③ 누전등 및 지구등과 쉽게 구별할 수 있도록 부착된 기타의 표시등은 적색으로도 표시할 수 있다.
④ 주위의 밝기가 300lx인 장소에서 측정하여 앞면으로부터 3m 떨어진 곳에서 켜진 등이 확실히 식별되어야 한다.

79 누전경보기의 형식승인 및 제품검사의 기술기준에 따라 누전경보기에 차단기구를 설치하는 경우 차단기구에 대한 설명으로 틀린 것은?

① 개폐부는 정지점이 명확하여야 한다.
② 개폐부는 자동으로 개폐되어야 한다.
③ 개폐부는 KS C 4613(누전차단기)에 적합한 것이어야 한다.
④ 개폐부는 원활하고 확실하게 작동하여야 한다.

80 자동화재속보설비의 속보기의 성능인증 및 제품검사의 기술기준에 따른 속보기의 합성수지 외함과 강판 외함의 두께를 합한 값은?

① 1.2mm
② 3.2mm
③ 4.2mm
④ 5.4mm

답안 표기란				
77	①	②	③	④
78	①	②	③	④
79	①	②	③	④
80	①	②	③	④

PART **2**

빈출 모의고사

제5회 빈출 모의고사

수험번호
수험자명

제한 시간 : 2시간   전체 문제 수 : 80   맞춘 문제 수 :

1과목	소방원론

답안 표기란

01	① ② ③ ④
02	① ② ③ ④
03	① ② ③ ④
04	① ② ③ ④

01 화재 시 소화원리에 따른 소화방법의 적용으로 틀린 것은?

① 제거소화 : 포소화설비

② 질식소화 : 포말 소화설비

③ 냉각소화 : 스프링클러설비

④ 억제소화 : 할로겐화합물 소화설비

02 화재를 소화하는 방법 중 화학적 방법에 해당하는 것은?

① 질식소화

② 제거소화

③ 억제소화

④ 냉각소화

03 다음 중 가연물이 연소가 잘 되기 위한 구비조건으로 틀린 것은?

① 열전도율이 클 것

② 열반응이 커야 할 것

③ 활성화 에너지가 적을 것

④ 연쇄반응이 일어날 수 있는 물질일 것

04 화재 시 소화에 관한 설명으로 틀린 것은?

① 분말소화약제는 습기를 방지하지 못하면 소화효과가 떨어진다.

② 제4종 분말소화약제는 다른 약제에 비해 비싸다.

③ 제3종 분말소화약제는 식용유 화재에 적합하다.

④ 할로겐화합물 소화약제는 연쇄반응을 억제하여 소화한다.

05 다음 중 할로겐원소의 소화효과가 큰 순서대로 배열된 것은?

① I > Br > Cl > F

② Cl > F > I > Br

③ Br > I > F > Cl

④ F > Cl > Br > I

답안 표기란				
05	①	②	③	④
06	①	②	③	④
07	①	②	③	④
08	①	②	③	④
09	①	②	③	④

06 제3류 위험물로서 자연발화성만 있고 금수성이 없기 때문에 물속에 보관하는 물질은?

① 유기금속화합물

② 황린

③ 칼륨

④ 나트륨

07 다음 중 고분자 재료와 열적 특성의 연결이 옳지 않은 것은?

① 폴리염화비닐 수지 – 열가소성

② 페놀 수지 – 열경화성

③ 폴리에틸렌 수지 – 열경화성

④ 멜라민 수지 – 열경화성

08 건축물의 바깥쪽에 설치하는 피난계단의 구조 기준 중 계단의 유효너비는 몇 m 이상으로 하여야 하는가?

① 0.8m

② 0.9m

③ 1.2m

④ 2.0m

09 다음 중 수성막포 소화약제의 특성에 대한 설명으로 틀린 것은?

① 내열성이 우수하여 고온에서 수성막의 형성이 용이하다.

② 유동성이 좋아 초기 소화속도가 빠르다.

③ 다른 소화약제와 병용하여 사용이 가능하다.

④ 가격이 높다.

PART 2

빈출 모의고사

10 다음의 가연성 물질 중 위험도가 가장 높은 것은?

① 수소
② 에틸렌
③ 아세틸렌
④ 이황화탄소

11 다음 중 분말소화약제로서 ABC급 화재에 적응성이 있는 소화약제는?

① $NH_4H_2PO_4$
② $KHCO_3$
③ Na_2CO_3
④ $NaHCO_3$

12 산림화재 시 소화효과를 증대시키기 위해 물에 첨가하는 증점제로 적합한 것은?

① Ethylene Glycol
② Potassium Carbonate
③ Ammonium Phosphate
④ Sodium Carboxy Methyl Cellulose

13 주수소화 시 가연물에 따라 발생하는 가연성 가스의 연결이 틀린 것은?

① 인화아연 – 프로판
② 탄화칼슘 – 아세틸렌
③ 인화칼슘 – 포스핀
④ 수소화리튬 – 수소

14 연소의 4요소 중 자유활성기(free radical)의 생성을 저하시켜 연쇄반응을 중지시키는 소화방법은?

① 희석소화
② 냉각소화
③ 제거소화
④ 억제소화

15 다음 중 TLV(Threshold Limit Value)가 가장 높은 가스는?

① 불화수소

② 이산화탄소

③ 일산화탄소

④ 포스겐

답안 표기란				
15	①	②	③	④
16	①	②	③	④
17	①	②	③	④
18	①	②	③	④
19	①	②	③	④

16 폭연에서 폭굉으로 전이되기 위한 조건에 대한 설명으로 틀린 것은?

① 정상연소속도가 큰 가스일수록 폭굉으로 전이가 용이하다.

② 배관 내에 장애물이 존재할 경우 폭굉으로 전이가 용이하다.

③ 배관의 관경이 클수록 폭굉으로 전이가 용이하다.

④ 배관내 압력이 높을수록 폭굉으로 전이가 용이하다.

17 다음 중 이산화탄소소화약제의 임계온도로 옳은 것은?

① 29.2℃

② 31.2℃

③ 33.9℃

④ 41.2℃

18 다음 화재의 분류방법 중 전기화재를 나타내는 것은?

① A급 화재

② B급 화재

③ C급 화재

④ D급 화재

19 다음 중 물질의 취급 또는 위험성에 대한 설명으로 틀린 것은?

① 융해열은 점화원이다.

② 질산은 물과 반응시 발열 반응하므로 주의를 해야 한다.

③ 네온, 헬륨, 아르곤은 불연성 가스로 취급한다.

④ 암모니아는 가연성 가스로 폭발범위는 15~28%이다.

20 다음 중 화재하중에 대한 설명으로 틀린 것은?

① 화재하중이 크면 단위면적당 발열량이 크다.

② 화재하중이 크다는 것은 화재구획의 공간이 넓다는 것이다.

③ 건축물에 다양한 가연물질이 있고 이들은 발열량이 각각 다르기 때문에 동일한 발열량을 가진 목재의 중량값을 화재하중을 계산할 때 사용한다.

④ 화재하중에서 발열량은 목재의 발열량이다.

답안 표기란				
20	①	②	③	④
21	①	②	③	④
22	①	②	③	④
23	①	②	③	④

2과목 　　　　소방전기일반

21 어떤 코일의 임피던스를 측정하고자 하는 경우 이 코일에 30V의 직류전압을 가했을 때 300W가 소비되었고, 100V의 실효치 교류전압을 가했을 때 1,200W가 소비되었다. 이 코일의 리액턴스(Ω)는?

① 3Ω

② 4Ω

③ 5Ω

④ 6Ω

22 60Hz의 3상 전압을 반파 정류하였을 때 리플(맥동) 주파수(Hz)는?

① 140Hz

② 160Hz

③ 180Hz

④ 200Hz

23 다음의 설명과 관련이 있는 법칙은?

> 균일한 자기장 내에서 운동하는 도체에 유도된 기전력의 방향을 나타내는 법칙

① 플레밍의 오른손 법칙

② 플레밍의 왼손 법칙

③ 암페어의 오른나사 법칙

④ 패러데이의 전자유도 법칙

24 절연저항 시험에서 "전로의 사용전압이 500V 이하인 경우 1.0MΩ 이상" 이 뜻하는 것으로 가장 알맞은 것은?

① 누설전류가 0.5mA 이하이다.

② 누설전류가 5mA 이하이다.

③ 누설전류가 15mA 이하이다.

④ 누설전류가 25mA 이하이다.

25 다음 회로에서 저항 20Ω에 흐르는 전류(A)는?

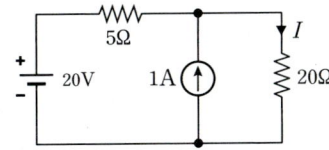

① 0.8A

② 1.0A

③ 1.2A

④ 1.4A

26 축전지의 자기 방전을 보충함과 동시에 일반 부하로 공급하는 전력은 충전기가 부담하고, 충전기가 부담하기 어려운 일시적인 대전류는 축전지가 부담하는 충전방식은?

① 부동충전

② 급속충전

③ 균등충전

④ 세류충전

PART 2

빈출 모의고사

27 다음의 시퀀스회로를 논리식으로 표현하면?

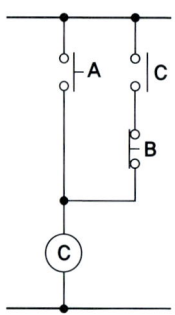

① $C = A \cdot C + \overline{B} \cdot C$

② $C = A \cdot \overline{B} + C$

③ $C = A \cdot C + \overline{B}$

④ $C = A + \overline{B} \cdot C$

28 다음 회로에서 저항 20Ω에 흐르는 전류(A)는?

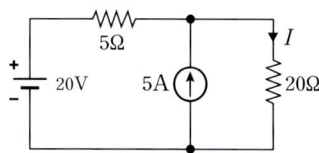

① 1.4A

② 1.6A

③ 1.8A

④ 2.0A

29 다음 중 지시계기에 대한 동작원리가 아닌 것은?

① 열전형 계기 : 대전된 도체 사이에 작용하는 정전력을 이용한다.

② 가동 철편형 계기 : 전류에 의한 자기장에서 고정 철편과 가동 철편 사이에 작용하는 힘을 이용한다.

③ 전류력계형 계기 : 고정 코일에 흐르는 전류에 의한 자기장과 가동 코일에 흐르는 전류 사이에 작용하는 힘을 이용한다.

④ 유도형 계기 : 회전 자기장 또는 이동 자기장과 이것에 의한 유도 전류와의 상호작용을 이용한다.

답안 표기란				
27	①	②	③	④
28	①	②	③	④
29	①	②	③	④

30 다음의 논리식을 간소화하면?

$$Y = \overline{(\overline{A} + B) \cdot \overline{B}}$$

① $Y = \overline{A} + B$

② $Y = A + B$

③ $Y = \overline{A} + \overline{B}$

④ $Y = A + \overline{B}$

31 자기용량이 10kVA인 단권변압기를 그림과 같이 접속하였을 때 역률 80%의 부하에 몇 kW의 전력을 공급할 수 있는가?

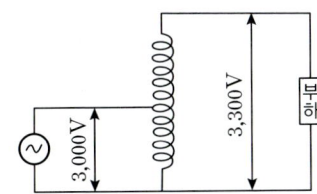

① 58kW

② 68kW

③ 78kW

④ 88kW

32 입력이 $r(t)$이고, 출력이 $c(t)$인 제어시스템이 다음의 식과 같이 표현될 때, 이 제어시스템의 전달함수 $G(s) = \dfrac{C(s)}{R(s)}$는? (단, 초기값은 0이다.)

$$2\frac{d^2 c(t)}{dt^2} + 2\frac{dc(t)}{dt} + c(t) = 3\frac{2dr(t)}{dt} + r(t)$$

① $\dfrac{3s+1}{2s^2+3s+1}$

② $\dfrac{3s+1}{s^2+3s+2}$

③ $\dfrac{s+3}{s^2+3s+2}$

④ $\dfrac{2s^2+3s+1}{s+3}$

답안 표기란				
30	①	②	③	④
31	①	②	③	④
32	①	②	③	④

33 다음 중 회로의 전압과 전류를 측정하기 위한 계측기의 연결방법으로 옳은 것은?

① 전압계 : 부하와 직렬, 전류계 : 부하와 직렬
② 전압계 : 부하와 병렬, 전류계 : 부하와 직렬
③ 전압계 : 부하와 직렬, 전류계 : 부하와 병렬
④ 전압계 : 부하와 병렬, 전류계 : 부하와 병렬

34 다음 회로에서 a, b 간의 합성저항(Ω)은? (단, R_1=3Ω, R_2=9Ω이다.)

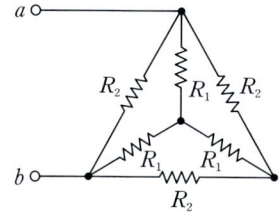

① 3Ω
② 4Ω
③ 5Ω
④ 6Ω

35 200V의 교류전압에서 30A의 전류가 흐르는 부하가 4.8KW의 유효전력을 소비하고 있을 때, 이 부하의 리액턴스(Ω)는?

① 3.0Ω
② 3.5Ω
③ 4.0Ω
④ 4.5Ω

36 다음 중 변위를 압력으로 변환하는 장치로 옳은 것은?

① 포텐셔미터
② 가변 저항기
③ 전위차계
④ 노즐 플래퍼

답안 표기란				
33	①	②	③	④
34	①	②	③	④
35	①	②	③	④
36	①	②	③	④

37 다음 그림의 시퀀스(계전기 접점) 회로를 논리식으로 표현하면?

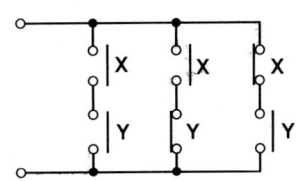

① $X+Y$

② $(XY)+(X\overline{Y})(\overline{X}Y)$

③ $(X+Y)(X+\overline{Y})(\overline{X}+Y)$

④ $(X+Y)+(X+\overline{Y})+(\overline{X}+Y)$

38 R=4Ω, $\dfrac{1}{\omega C}$=9Ω인 RC 직렬회로에 전압 e(t)를 인가할 때, 제3고 조파 전류의 실효값 크기는 몇 A인가? (단, e(t)=50+10$\sqrt{2}$sinωt+120$\sqrt{2}$sin 3ωtV)

① 22A

② 23.8A

③ 24A

④ 25.2A

39 평형 3상 회로에서 측정된 선간전압과 전류의 실효값이 각각 28.87V, 10A이고, 역률이 0.8일 때 3상 무효전력의 크기는 약 몇 Var인가?

① 200Var

② 300Var

③ 400Var

④ 500Var

40 최대눈금이 200mA, 내부저항이 0.8Ω인 전류계가 있다. 8mΩ의 분류 기를 사용하여 전류계의 측정범위를 넓히면 몇 A까지 측정할 수 있는가?

① 19.2A

② 20.2A

③ 21.2A

④ 22.2A

PART **2**

빈출 모의고사

3과목   소방관계법규

41 소방시설공사업법령상 일반 소방시설설계업(전기분야)의 영업범위에 대한 기준 중 ( ) 안에 알맞은 내용은? (단, 공장의 경우는 제외한다.)

> 연면적 ( ) 미만의 특정소방대상물에 설치되는 전기분야 소방시설의 설계

① 5,000m^2

② 10,000m^2

③ 20,000m^2

④ 30,000m^2

42 위험물안전관리법령상 제3류 위험물 중 금수성물질을 저장·취급하는 제조소에 "물기엄금"이란 주의사항을 표시하는 게시판을 설치할 경우 게시판의 색상은?

① 청색 바탕에 백색 문자

② 적색 바탕에 백색 문자

③ 백색 바탕에 적색 문자

④ 백색 바탕에 흑색 문자

43 소방시설 설치 및 관리에 관한 법령상 무창층으로 판정하기 위한 개구부가 갖추어야 할 요건으로 틀린 것은?

① 크기는 반지름 50cm 이상의 원이 통과할 수 있을 것

② 해당 층의 바닥면으로부터 개구부 밑부분까지 높이가 1.5m 이내일 것

③ 도로 또는 차량이 진입할 수 있는 빈터를 향할 것

④ 내부 또는 외부에서 쉽게 부수거나 열 수 있을 것

44 화재의 예방 및 안전관리에 관한 법령상 화재발생 우려가 크거나 화재가 발생할 경우 피해가 클 것으로 예상되는 지역에 대하여 화재의 예방 및 안전관리를 강화하기 위해 화재예방강화지구로 지정할 수 있는 자는?

① 소방청장
② 행정안전부장관
③ 시 · 도지사
④ 소방본부장

45 위험물안전관리법령상 제조소 등이 아닌 장소에서 지정수량 이상의 위험물 취급에 대한 설명으로 틀린 것은?

① 지정수량 이상의 위험물을 저장소가 아닌 장소에서 저장하거나 제조소 등이 아닌 장소에서 취급하여서는 아니된다.
② 필요한 승인을 받아 지정수량 이상의 위험물을 120일 이내의 기간 동안 임시로 저장 또는 취급하는 경우 제조소 등이 아닌 장소에서 지정수량 이상의 위험물을 취급할 수 있다.
③ 임시로 저장 또는 취급하는 장소에서의 저장 또는 취급의 기준은 시 · 도의 조례로 정한다.
④ 군부대가 지정수량 이상의 위험물을 군사목적으로 임시로 저장 또는 취급하는 경우 제조소 등이 아닌 장소에서 지정수량 이상의 위험물을 취급할 수 있다.

46 위험물안전관리법령상 옥내주유취급소에 있어서 당해 사무소 등의 출입구 및 피난구와 당해 피난구로 통하는 통로 · 계단 및 출입구에 설치해야 하는 피난설비는?

① 승강식 피난기
② 미끄럼대
③ 피난사다리
④ 유도등

답안 표기란				
44	①	②	③	④
45	①	②	③	④
46	①	②	③	④

PART **2**

빈출 모의고사

47 위험물안전관리법령상 제조소 등에 설치하여야 할 자동화재탐지설비의 설치기준 중 ( ) 안에 알맞은 내용은? (단, 광전식분리형 감지기 설치는 제외한다.)

> 하나의 경계구역의 면적은 (㉠) 이하로 하고 그 한 변의 길이는 (㉡)(광전식분리형 감지기를 설치할 경우에는 100m) 이하로 할 것 (다만, 당해 건축물 그 밖의 공작물의 주요한 출입구에서 그 내부의 전체를 볼 수 있는 경우에 있어서는 그 면적을 (㉢) 이하로 할 수 있다.)

① ㉠ 400m², ㉡ 30m, ㉢ 1,000m²
② ㉠ 500m², ㉡ 40m, ㉢ 1,000m²
③ ㉠ 600m², ㉡ 50m, ㉢ 1,000m²
④ ㉠ 700m², ㉡ 60m, ㉢ 1,000m²

48 화재의 예방 및 안전관리에 관한 법령상 1급 소방안전관리대상물의 소방안전관리자 선임대상 기준으로 적합하지 않는 사람은?

① 소방설비산업기사의 자격이 있는 사람
② 소방공무원으로 5년 이상 근무한 경력이 있는 사람
③ 소방설비기사의 자격이 있는 사람
④ 소방청장이 실시하는 1급 소방안전관리대상물의 소방안전관리에 관한 시험에 합격한 사람

49 소방시설공사업법령상 감리 관계 서류를 인수 · 인계하지 아니한 자의 과태료 기준은?

① 200만원 이하
② 300만원 이하
③ 400만원 이하
④ 500만원 이하

답안 표기란				
47	①	②	③	④
48	①	②	③	④
49	①	②	③	④

50 화재의 예방 및 안전관리에 관한 법령상 화재안전조사의 방법·절차 등에 관한 내용으로 틀린 것은?

① 소방관서장은 화재안전조사의 목적에 따라 화재안전조사를 실시할 수 있다.

② 소방관서장은 사전 통지 없이 화재안전조사를 실시하는 경우에는 화재안전조사를 실시하기 전에 관계인에게 조사사유 및 조사범위 등을 현장에서 설명해야 한다.

③ 화재안전조사 계획의 수립 등 화재안전조사에 필요한 사항은 소방청장이 정한다.

④ 소방관서장은 화재안전조사를 실시하려는 경우 사전에 조사대상, 조사기간 및 조사사유 등 조사계획을 소방청, 소방본부 또는 소방서의 인터넷 홈페이지나 전산시스템을 통해 30일 이상 공개해야 한다.

51 소방시설 설치 및 관리에 관한 법령상 석재, 불연성금속, 불연성 건축재료 등의 가공공장·기계조립공장 또는 불연성 물품을 저장하는 창고 등과 같이 화재위험도가 낮은 특정소방대상물에 설치하지 아니할 수 있는 소방시설은?

① 상수도소화용수설비

② 연결살수설비

③ 연결송수관설비

④ 스프링클러설비

52 화재의 예방 및 안전관리에 관한 법령상 화재안전조사위원회의 위원에 해당하지 아니하는 사람은?

① 소방 관련 법인 또는 단체에서 소방 관련 업무에 2년 이상 종사한 사람

② 과장급 직위 이상의 소방공무원

③ 소방 관련 분야의 석사학위 이상을 취득한 사람

④ 소방시설관리사

답안 표기란				
50	①	②	③	④
51	①	②	③	④
52	①	②	③	④

PART **2**

빈출 모의고사

53 소방시설 설치 및 관리에 관한 법령상 소방시설 등의 종합점검 대상에 해당하지 않는 특정소방대상물은?

① 스프링클러설비가 설치된 특정소방대상물

② 소방대가 근무하는 공공기관

③ 제연설비가 설치된 터널

④ 다중이용업의 영업장이 설치된 특정소방대상물로서 연면적이 2,000m² 이상인 것

54 소방기본법령상 소방지원활동에 해당하지 않는 것은?

① 발화원인에 대한 설문 조사

② 산불에 대한 예방 · 진압 등 지원활동

③ 화재, 재난 · 재해로 인한 피해복구 지원활동

④ 자연재해에 따른 급수 · 배수 및 제설 등 지원활동

55 소방시설 설치 및 관리에 관한 법령상 주택용 소방시설에 해당하는 것은?

① 누전경보기

② 스프링클러

③ 단독경보형 감지기

④ 공기호흡기

56 소방시설 설치 및 관리에 관한 법령상 자동화재탐지설비를 설치하여야 하는 특정소방대상물이 아닌 것은?

① 공동주택 중 아파트등 · 기숙사 및 숙박시설의 경우에는 모든 층

② 층수가 4층 이상인 건축물의 경우에는 모든 층

③ 복합건축물로서 연면적 600m² 이상인 경우에는 모든 층

④ 노유자 생활시설의 경우에는 모든 층

답안 표기란				
53	①	②	③	④
54	①	②	③	④
55	①	②	③	④
56	①	②	③	④

57 소방시설 설치 및 관리에 관한 법령상 소방시설 등의 자체점검 중 종합점검을 받아야 하는 특정소방대상물 대상 기준으로 틀린 것은?

① 다중이용업의 영업장이 설치된 특정소방대상물로서 연면적이 2,000m² 이상인 것

② 스프링클러설비가 설치된 특정소방대상물

③ 소방시설 등이 신설된 경우에 해당하는 특정소방대상물

④ 호스릴 방식의 물분무등소화설비만이 설치된 연면적 5,000m² 이상인 특정소방대상물 (단, 위험물 제조소 등은 제외한다.)

58 위험물안전관리법령상 관계인이 예방규정을 정하여야 하는 위험물을 저장하는 옥외탱크저장소의 지정수량 기준으로 옳은 것은?

① 지정수량의 200배 이상

② 지정수량의 300배 이상

③ 지정수량의 400배 이상

④ 지정수량의 500배 이상

59 소방시설 설치 및 관리에 관한 법령상 특정소방대상물의 관계인이 소방시설의 폐쇄·차단 등의 행위를 한 자에 대한 벌칙 기준으로 옳은 것은?

① 6개월 이하의 징역 또는 500만원 이하의 벌금

② 1년 이하의 징역 또는 1,000만원 이하의 벌금

③ 3년 이하의 징역 또는 3,000만원 이하의 벌금

④ 5년 이하의 징역 또는 5,000만원 이하의 벌금

60 소방시설 설치 및 관리에 관한 법령상 청문을 실시하여야 하는 사유가 아닌 것은?

① 성능인증의 취소

② 우수품질인증 소방용품에 대한 지원 취소

③ 소방시설관리사 자격의 취소 및 정지

④ 소방시설관리업의 등록취소 및 영업정지

답안 표기란				
57	①	②	③	④
58	①	②	③	④
59	①	②	③	④
60	①	②	③	④

PART **2**

빈출모의고사

4과목	소방전기시설의 구조 및 원리	답안 표기란

61 비상콘센트설비의 화재안전기술기준(NFTC 504)에 따른 비상콘센트용 설비의 전원회로 설치기준으로 틀린 것은?

① 비상콘센트설비의 전원회로는 단상교류 220V인 것으로서, 그 공급 용량은 1.5KVA 이상인 것으로 할 것

② 전원회로는 각 층에 2 이상이 되도록 설치할 것

③ 전원회로는 주배전반에서 전용회로로 할 것

④ 하나의 전용회로에 설치하는 비상콘센트는 10개 이상으로 할 것

62 축광표지의 성능인증 및 제품검사의 기술기준에 따라 피난방향 또는 소방용품 등의 위치를 추가적으로 알려주는 보조역할을 하는 축광보조표지의 설치 위치로 틀린 것은?

① 천장

② 바닥

③ 계단

④ 벽면

63 소방시설용 비상전원수전설비의 화재안전기술기준(NFSC 602)에 따라 소방회로배선은 일반회로배선과 불연성 벽으로 구획하여야 하나, 소방회로배선과 일반회로배선을 몇 cm 이상 떨어져 설치한 경우에는 그러하지 아니하는가?

① 10cm

② 15cm

③ 20cm

④ 30cm

64 누전경보기의 화재안전기술기준(NFTC 205)에 따라 경계전로의 누설전류를 자동적으로 검출하여 이를 누전경보기의 수신부에 송신하는 것은?

① 분전반
② 인입선
③ 변류기
④ 경계전로

65 자동화재탐지설비 및 시각경보장치의 화재안전기술기준(NFTC 203)에 따라 전화기기실, 통신기기실 등과 같은 훈소화재의 우려가 있는 장소에 적응성이 없는 감지기는?

① 광전식스포트형
② 차동식포스트형
③ 광전아날로그식스포트형
④ 광전식분리형

66 비상경보설비의 축전지의 성능인증 및 제품검사의 기술기준에 따른 축전지설비의 외함 두께는 합성수지인 경우 몇 mm 이상이어야 하는가?

① 1mm
② 2mm
③ 3mm
④ 5mm

67 비상콘센트설비의 화재안전기술기준(NFTC 504)에 따라 비상콘센트설비의 전원회로는 단상교류 220V이고 그 공급용량은 몇 KVA 이상이어야 하는가?

① 1.2kVA
② 1.5kVA
③ 1.8kVA
④ 2.1kVA

답안 표기란				
64	①	②	③	④
65	①	②	③	④
66	①	②	③	④
67	①	②	③	④

PART **2**

빈출 모의고사

68 유도등의 형식승인 및 제품검사의 기술기준에 따른 용어의 정의로 옳지 않은 것은?

① 방수형은 그 구조가 독립구조로 되어 있는 것을 말한다.

② 조사면은 유도등에 있어서 표시면 외 조명에 사용되는 면을 말한다.

③ 방폭형은 폭발성가스가 용기내부에서 폭발하였을 때 용기가 그 압력에 견디거나 또는 외부의 폭발성가스에 인화될 우려가 없도록 만들어진 형태의 제품을 말한다.

④ 단일표시형은 한 가지 형상의 표시만으로 피난유도표시를 구현하는 방식을 말한다.

69 무선통신보조설비의 화재안전기술기준(NFTC 505)에 따라 누설동축케이블 및 안테나는 고압의 전로로부터 몇 m 이상 떨어진 위치에 설치하여야 하는가?

① 1.0m 이상

② 1.2m 이상

③ 1.5m 이상

④ 1.8m 이상

70 소방시설용 비상전원수전설비의 화재안전기술기준(NFTC 602)에 따라 일반전기사업자로부터 특별고압 또는 고압으로 수전하는 비상전원수전설비의 종류에 해당하지 않는 것은?

① 큐비클형

② 변전설비형

③ 방화구획형

④ 옥외개방형

71 누전경보기의 형식승인 및 제품검사의 기술기준에 따른 외함에 관한 설명으로 틀린 것은?

① 외함은 불연성 또는 난연성 재질로 만들어져야 한다.

② 누전경보기의 외함의 두께는 1.0mm 이상이어야 한다.

③ 직접 벽면에 접하여 벽속에 매립되는 외함의 두께는 1.2mm 이상이어야 한다.

④ 외함에 합성수지를 사용하는 경우 자기소화성이 있는 재료이어야 한다.

답안 표기란				
68	①	②	③	④
69	①	②	③	④
70	①	②	③	④
71	①	②	③	④

72 자동화재탐지설비 및 시각경보장치의 화재안전기술기준(NFTC 203)에 따른 배선의 시설기준으로 틀린 것은?

① 피(P)형 수신기의 감지기 회로의 배선에 있어서 하나의 공통선에 접속할 수 있는 경계구역은 5개 이하로 할 것

② 감지기회로의 도통시험을 위한 종단저항은 감지기회로의 끝 부분에 설치할 것

③ 감지기 사이의 회로의 배선은 송배전식으로 할 것

④ 전원회로의 배선은 내화배선으로 할 것

73 유도등 및 유도표지의 화재안전기술기준(NFTC 303)에 따른 유도표지의 설치기준으로 적절하지 않은 것은?

① 피난구유도표지는 출입구 상단에 설치할 것

② 통로유도표지는 바닥으로부터 높이 1m 이하의 위치에 설치할 것

③ 주위에는 이와 유사한 등화 · 광고물 · 게시물 등을 함께 설치할 것

④ 계단에 설치하는 것을 제외하고는 각 층마다 복도 및 통로의 각 부분으로부터 하나의 유도표지까지의 보행거리가 15m 이하가 되는 곳과 구부러진 모퉁이의 벽에 설치할 것

74 경종의 형식승인 및 제품검사의 기술기준에 따라 경종은 전원전압이 정격전압의 몇 % 범위에서 변동하는 경우 기능에 이상이 생기지 않아야 하는가?

① ±20%

② ±30%

③ ±40%

④ ±50%

75 자동화재탐지설비 및 시각경보장치의 화재안전기술기준(NFTC 203)에 따른 자동화재탐지설비의 주음향장치 설치 장소로 옳은 것은?

① 시각경보장치의 내부

② 수신기의 내부

③ 누전경보기의 내부

④ 감지기의 내부

답안 표기란				
72	①	②	③	④
73	①	②	③	④
74	①	②	③	④
75	①	②	③	④

PART **2**

빈출 모의고사

76 무선통신보조설비의 화재안전기술기준(NFTC 505)에 따른 무선통신보조설비의 주요 구성요소가 아닌 것은?

① 수신기
② 분배기
③ 옥외안테나
④ 누설동축케이블

77 비상방송설비의 화재안전기술기준(NFTC 202)에 따라 비상방송설비는 그 설비에 대한 감시상태를 60분간 지속한 후 몇 분간 유효하게 경보할 수 있는 비상전원을 설치하여야 하는가?

① 5분
② 10분
③ 15분
④ 20분

78 비상콘센트설비의 화재안전기술기준(NFTC 504)에 따라 비상콘센트의 설치기준으로 틀린 것은?

① 바닥으로부터 높이 0.8m 이상 1.5m 이하의 위치에 설치할 것
② 바닥면적이 $1,000m^2$ 미만인 층은 계단의 출입구로부터 5m 이내에 설치할 것
③ 지하상가의 바닥면적의 합계가 $3,000m^2$ 이상인 것은 수평거리 25m
④ 지하층의 바닥면적의 합계가 $3,000m^2$ 이상인 것은 수평거리 30m

79 감지기의 형식승인 및 제품검사의 기술기준에 따른 단독경보형감지기(주전원이 교류전원 또는 건전지인 것을 포함한다)의 일반기능에 대한 설명으로 틀린 것은?

① 주기적으로 섬광하는 전원표시등에 의하여 전원의 정상 여부를 감시할 수 있는 기능이 있어야 한다.
② 화재경보음은 감지기로부터 1m 떨어진 위치에서 85㏈ 이상으로 10분 이상 계속하여 경보할 수 있어야 한다.
③ 전원의 정상상태를 표시하는 전원표시등의 섬광주기는 3초 이내의 점등과 60초 이내의 소등으로 이루어져야 한다.

답안 표기란				
76	①	②	③	④
77	①	②	③	④
78	①	②	③	④
79	①	②	③	④

④ 자동복귀형 스위치에 의하여 수동으로 작동시험을 할 수 있는 기능이 있어야 한다.

80 무선통신보조설비의 화재안전기술기준(NFTC 505)에 따라 금속제 지지금구를 사용하여 무선통신 보조설비의 누설동축케이블을 벽에 고정시키고자 하는 경우 몇 m 이내마다 고정시켜야 하는가? (단, 불연재료로 구획된 반자 안에 설치하는 경우는 제외한다.)

① 2m

② 4m

③ 6m

④ 8m

소방설비기사 빈출 1000제 [전기편]

Enginner Fire Fighting Facilities [Electrical]

PART 3

정답 및 해설

ENGINNER
FIRE FIGHTING
FACILITIES
[ELECTRICAL]

제1회 빈출 모의고사

1과목 소방원론

01 ③	02 ②	03 ③	04 ②	05 ④
06 ③	07 ①	08 ④	09 ②	10 ④
11 ①	12 ④	13 ③	14 ①	15 ②
16 ④	17 ③	18 ④	19 ②	20 ④

---

01 정답 ③

핵심 포인트

내화건축물의 표준시간-온도곡선의 내부온도

1. **30분 후** : 840℃
2. **1시간 후** : 925~950℃
3. **2시간 후** : 1,010℃
4. **3시간 후** : 1,050℃

---

02 정답 ②

유황의 연소반응식 $S+O_2 \to SO_2$(아황산가스, 이산화황)

---

03 정답 ③

기압 293K(=20℃) 조건에서 공기의 열전도율은 0.025W/(m · K)로 낮으며, 물의 열전도율은 대략 0.5918W/(m · K)이고, 알코올과 기름은 0.100W/(m · K), 구리의 열전도율은 약 401W/(m · K)이다.

---

04 정답 ②

수소 결합 : 수소 원자가 전기음성도가 큰 원자(F, O, N 등)와 결합하여 상호작용할 때 형성되는 결합으로, 수소와의 결합력이 가장 큰 것은 F이다. F>Cl>Br>I이다.

---

05 정답 ④

④ 제4류 위험물로 물보다 가벼워 물분무소화가 가능하다.
① 휘발유를 취급할 때는 반드시 완전히 밀폐된 용기에 넣고 증발을 막아서 그늘에 보관해야만 폭발과 화재를 막을 수 있다.
② 상온에서 쉽게 증발하는 성질이 있다.
③ 밀폐된 용기에 넣고 증발을 막아야 한다.

---

06 정답 ③

핵심 포인트

연소범위

1. **수소** : 4.0~75
2. **에터** : 1.7~48
3. **아세틸렌** : 2.5~81
4. **산소** : 5~80

---

07 정답 ①

화학적 폭발 : 산화폭발, 분해폭발, 중합폭발, 분해폭발, 가스폭발, 화약폭발, 분진폭발 등

---

08 정답 ④

④ 산화열 축적은 대두유가 침적된 기름 걸레를 쓰레기통에 장시간 방치한 결과 자연발화에 의하여 화재가 발생한 것은 산화열이 축적되었기 때문이다.
① **분해열 축적** : 자연분해 시 발생하는 열로 셀룰로즈, 질화면, 유기과산화물, 니트로글리세린 등에서 발생한다.
② **발효열 축적** : 미생물의 활동으로 발생하는 열로 퇴비, 건초, 분진 등에서 발생한다.
③ **흡착열 축적** : 물질이 주위의 기체를 흡착할 때 생기는 열로 활성탄, 유연탄 등에서 발생한다.

---

09 정답 ②

상온, 상압에서의 상태 : CO_2-기체, Halon 1211-기체, Halon 1301-기체, Halon 2402-액체

10 정답 ④

④ 황린 : 34℃
① 휘발유 : 280～456℃
② 톨루엔 : 480℃
③ 백린 : 60℃

11 정답 ①

⊕ **핵심 포인트** ⊕

자연발화 방지대책

1. 습도를 낮게 할 것
2. 주위의 온도를 낮출 것
3. 통풍을 잘 시킬 것
4. 가능한 입자를 크게 할 것
5. 불활성 가스를 주입하여 공기와 접촉을 피할 것

12 정답 ④

⊕ **핵심 포인트** ⊕

액화석유가스(LPG)의 성질

1. 주성분은 프로페인과 뷰테인이다.
2. 무색무취로 물에 녹지 않고 유기용제에 녹는다.
3. 물보다 가볍고 공기보다 무겁다.
4. 공기 중에서 쉽게 연소한다.
5. 액체에서 기체로 될 때 체적은 250배 팽창한다.
6. 석유류, 동식물유류, 천연고무를 잘 녹인다.

13 정답 ③

Fool Proof 원칙은 누구나 실수 없이 안전하게 사용할 수 있도록 설계된 것을 의미한다. 사용자의 실수나 무지한 동작으로 인한 오작동을 최소화하거나 없애기 위해 중요한 디자인 원칙이다.

14 정답 ①

요오드값이 높을수록 자연발화의 위험이 높다. 동식물유류는 동물의 지육 등 또는 식물의 종자나 과육으로부터 추출한 것

으로서 1기압에서 인화점이 섭씨 250℃ 미만인 것을 말한다.

15 정답 ②

분진폭발을 일으키는 중요한 물질에는 마그네슘, 티탄, 지르콘, 알루뮴, 황, 비누, 석탄산수지, 폴리에틸렌, 경질고무, 송진, 석탄, 전분, 소맥분 등의 분말이다. 소석회는 수산화칼슘으로 백색의 분말로 물에 약간 녹으며, 분진폭발의 위험은 없다.

16 정답 ④

④ NH_3는 암모니아로 프레온, 메틸클로라이드 등과 냉매에 속한다.
① $KHCO_3$는 제2종 분말에 사용되는 탄산수소칼륨이다.
② $NaHCO_3$는 제1종 분말에 사용되는 탄산수소나트륨이다.
③ CO_2는 이산화탄소로 이산화탄소 소화약제이다.

17 정답 ③

③ 보일 오버(Boil Over) : 점성이 큰 유류탱크 화재 시 기름하부의 물이 비등하여 불붙은 기름이 분출되어 화재가 확대되는 현상
① 슬롭 오버(Slop Over) : 액체위험물 화재 시 연소유면이 가열된 상태에서 물이 포함되어 있는 소화약제를 방사할 경우 물이 비등 · 기화하면서 액체위험물을 탱크 밖으로 비산시키는 현상
② 블레비(BLEVE) : 고압 상태인 액화가스용기가 가열되어 물리적 폭발이 순간적으로 화학적으로 폭발로 이어지는 현상
④ 파이어 볼(Fire Ball) : 탱크로부터 액화가스가 누출되어 착화하면서 폭발할 때 화염이 급속히 확대되어 공기를 끌어올려 버섯모양의 화구를 형성하며 폭발하는 현상

18 정답 ④

방화구획의 설치기준(건축물의 피난 · 방화구조 등의 기준에 관한 규칙 제14조 제1항)

1. 10층 이하의 층은 바닥면적 1천m²(스프링클러 기타 이와 유사한 자동식 소화설비를 설치한 경우에는 바닥면적 3천m²) 이내마다 구획할 것

PART **3**

정답 및 해설

2. 매층마다 구획할 것(다만, 지하 1층에서 지상으로 직접 연결하는 경사로 부위는 제외한다.)

3. 11층 이상의 층은 바닥면적 200m²(스프링클러 기타 이와 유사한 자동식 소화설비를 설치한 경우에는 600m²) 이내마다 구획할 것. 다만(벽 및 반자의 실내에 접하는 부분의 마감을 불연재료로 한 경우에는 바닥면적 500m²(스프링클러 기타 이와 유사한 자동식 소화설비를 설치한 경우에는 1천500m²) 이내마다 구획하여야 한다.)

4. 필로티나 그 밖에 이와 비슷한 구조(벽면적의 2분의 1 이상이 그 층의 바닥면에서 위층 바닥 아래면까지 공간으로 된 것만 해당한다)의 부분을 주차장으로 사용하는 경우 그 부분은 건축물의 다른 부분과 구획할 것

---

19 정답 ②

제2류 위험물(가연성 고체) : 황화인, 적린, 황, 철분, 금속분, 마그네슘, 인화성 고체(위험물안전관리법 시행령 별표 1)

---

20 정답 ④

칼슘 또는 알루미늄의 탄화물 : 300kg(위험물안전관리법 시행령 별표 1)

제1회 빈출 모의고사

2과목 소방전기일반

21 ③	22 ③	23 ②	24 ①	25 ②
26 ④	27 ②	28 ①	29 ②	30 ②
31 ④	32 ①	33 ③	34 ②	35 ③
36 ②	37 ①	38 ④	39 ②	40 ④

---

21 정답 ③

출력 $C(s)$를 정리하면

$$C(s)=1\times2\times3R(s)-1\times2\times3C(s)-\frac{2}{3}\times1\times2\times3C(s)$$

$$C(s)=6R(s)-6C(s)-4C(s), \quad 11C(s)=6R(s)$$

그러므로 전달함수 $\dfrac{C(s)}{R(s)}=\dfrac{6}{11}$

---

22 정답 ③

소비전력 $P=IV=\dfrac{V^2}{R}$에서 저항은 $R=\dfrac{V^2}{P}=\dfrac{100^2}{500}=20$ 이다.

전압 90V일 때 소비전력은 $P=\dfrac{V^2}{R}=\dfrac{90^2}{20}=405W$이다.

---

23 정답 ②

배율기는 전압계의 측정범위를 확대하기 위해서 계기의 내부 회로에 직렬로 접속하는 저항기이다.

전류 $\dfrac{V_m}{R_m+R}=\dfrac{V}{R}$에서 $m=\dfrac{V_m}{V}=\dfrac{R_m+R}{R}=1+\dfrac{R_m}{R}$ 이다.

따라서 배율기의 저항은 $R_m=(m-1)R=(12-1)R=11R$ 이다.

---

24 정답 ①

논리식을 간단히 하면

$$Y=\overline{A}BC+\overline{A}B\overline{C}+\overline{A}B$$

$$=\overline{A}BC+\overline{A}B(\overline{C}+C)=\overline{A}BC+\overline{A}B\cdot1$$

$$=\overline{A}BC+\overline{A}B=\overline{A}\cdot(BC+B)=\overline{A}(B+B)\cdot(B+C)$$

$$=\overline{A}\cdot1\cdot(B+C)=\overline{A}\cdot(B+C)$$

---

25 정답 ②

두 평행 도선 사이에 작용하는 힘 $F=\dfrac{2I_1I_2}{r}\times10^{-7}N/m$,

$F_1\propto\dfrac{1}{r_1}$이고, 거리가 $r_2=2.5r_1$이다. 따라서 두 도선 사이에

작용하는 힘 $F_2=\dfrac{1}{r_2}=\dfrac{1}{2.5r_1}$에서

$$\dfrac{F_2}{F_1}=\dfrac{\dfrac{1}{r_2}}{\dfrac{1}{r_1}}=\dfrac{\dfrac{1}{2.5r_1}}{\dfrac{1}{r_1}}=\dfrac{1}{2.5}$$

그러므로 $F_2=\dfrac{1}{2.5}F_1$이다.

26   정답 ④

$Y=(A+B)\cdot(\overline{A}+B)=(A\cdot\overline{A})+B=0+B=B$

논리대수의 흡수법칙

1. $(A+\overline{B})\cdot B=(A\cdot B)+(\overline{B}\cdot B)=A\cdot B$
2. $(A\cdot\overline{B})+B=(A+B)\cdot(B+\overline{B})=A+B$

27   정답 ②

② **영상변류기** : CT의 일종으로 접지사고(지락) 발생 시 나타나는 영상전류를 검출하여 보호장치에 입력시키는 전류변성기
① **부족전압계전기** : 입력전압이 규정치보다 작아졌을 때에 동작하는 계전기
③ **계기용변압기** : 병렬 연결된 유형의 계기용 변성기
④ **과전류계전기** : 부하전류가 규정치 이상 흘렀을 때 동작하여 전기회로를 차단하고 기기를 보호하는 계전기

28   정답 ①

서미스터(thermistor)는 저항기의 일종으로, 온도에 따라 물질의 저항이 변화하는 성질을 이용한 전기적 장치이다.

29   정답 ②

전손실 전력량 $P=(P_i+P_c)\times T+P_i+\left(\dfrac{1}{m}\right)^2 P_c\times T$

변압기 철손 $P_i=7.5W$, 동손 $P_c=16W$

운전시간 $T=2h$, $\dfrac{1}{m}$부하$=\dfrac{1}{2}$

따라서 전손실 전력량

$\mathrm{P}=(7.5+16)\times2+2\times7.5+\left(\dfrac{1}{2}\right)^2\times16=70\mathrm{Wh}$

30   정답 ②

면전하밀도 $\sigma=\dfrac{Q}{A}$(Q : 전하, A : 도체의 면적)

가우스 법칙을 이용하면 $\Phi_E=\Phi_{뒷면}+\Phi_{아랫면}+\Phi_{옆면}=EA$ $+EA+0=\dfrac{Q}{\varepsilon_0}$

$2EA=\dfrac{Q}{\varepsilon_0}$, $2EA=\dfrac{\sigma A}{\varepsilon_0}$이므로 전계의 세기는 $\mathrm{E}=\dfrac{\sigma}{2\varepsilon_0}$

이다.

31   정답 ④

④ **포토다이오드** : 광다이오드라고도 하며, 빛에너지를 전기에너지로 변환하는 광센서의 한 종류이다.
① **제너다이오드** : 일정한 전압을 얻을 목적으로 사용되는 소자이다.
② **터널다이오드** : 불순물 반도체에서 부성(負性) 저항 특성이 나타나는 현상을 응용한 p–n 접합 다이오드이다.
③ **발광다이오드** : 전류를 순방향으로 흘려 주었을 때, 빛을 발하는 반도체 소자이다.

32   정답 ①

- 최댓값 $V_m=\sqrt{2}\,Vrms=\dfrac{\pi}{2}V_{av}$
- 평균값 $V_{av}=\dfrac{2V_m}{\pi}=\dfrac{2\sqrt{2}}{\pi}Vrms$
- 실효값 $Vrms=\dfrac{V_m}{\sqrt{2}}=\dfrac{\pi}{2\sqrt{2}}V_{av}$

33   정답 ③

유도전동기 동기속도 $N_s=\dfrac{120f}{P}$(f : 주파수, P : 극수)

$N_s=\dfrac{120\times60}{4}=1,800rpm$

34   정답 ②

정전용량이 각각 0.01μF, 0.02μF, 0.04μF일 때 전기량과 전압은 $Q=CV$, $V=\dfrac{Q}{C}$이다. 전압의 비율은 $V_1:V_2:V_3=\dfrac{Q}{C_1}:\dfrac{Q}{C_3}:\dfrac{Q}{C_3}$에서

$V_1:V_2:V_3=\dfrac{Q}{0.01}:\dfrac{Q}{0.02}:\dfrac{Q}{0.04}=4:2:1$

전체 내압은 콘덴서에 가할 수 있는 최대 전압이므로 전압이 가장 크게 걸리는 정전용량은 $C_1=0.01$에 의해 결정된다. 정전용량 C_1에 걸리는 전압 $V_1=\dfrac{4}{4+2+1}V_{max}$에서 전체 전압은 $V_{max}=\dfrac{7}{4}V_1=\dfrac{7}{4}\times1,000=1,750V$

35 정답 ③

출력 $C(s)=G_1(s)G_2(s)R(s)-G_2(s)C(s)-G_1(s)G_2(s)G_3(s)C(s)$

$C(s)+G_2(s)C(s)-G_1(s)G_2(s)G_3(s)C(s)=G_1(s)G_2(s)C(s)$

$1+G_2(s)+G_1(s)G_2(s)G_3(s)C(s)=G_1(s)G_2(s)R(s)$

따라서 전달함수는 $\dfrac{C(s)}{R(s)}=\dfrac{G_1(s)G_2(s)}{1+G_2(s)+G_1(s)G_2(s)G_3(s)}$

36 정답 ②

OR회로 : 3개의 입력신호 중 1개만 작동되어도 출력신호가 1이 되는 논리회로이다.

논리식 $X=A+B+C$, 셋 중 1개라도 5V 전압에 인가되면 출력전압이 5V가 된다.

37 정답 ①

결합계수 $k=\dfrac{M}{\sqrt{L_1L_2}}$, 인덕턴스 $M=k\sqrt{L_1L_2}$

$=1\times\sqrt{(4\times10^{-3})\times(9\times10^{-3})}=6\times10^{-3}H=6mH$

38 정답 ④

핵심 포인트

전기자 제어 직류 서보 전동기의 특징

1. 기동 토크가 크고 효율적이다.
2. 회전자 관성 모멘트가 작다.
3. 제어권선전압이 0에서는 기동이 안 되고 곧 정지해야 한다.
4. 기동 토크는 교류보다 크다.
5. 속응성이 좋고 시정수가 짧다.
6. 기계적 응답이 좋다.
7. 회전자 팬에 의한 냉각효과를 기대할 수 없다.
8. 계자권선의 전류가 일정하다.

39 정답 ②

옴의 법칙(Ohm's law)은 도체의 두 지점 사이에 나타나는 전위차(전압)에 의해 흐르는 전류가 일정한 법칙에 따르는 것을 말한다. 전류 $I=\dfrac{V}{R}A$, 즉 전류는 전압에 비례하고 저항에 반비례한다.

40 정답 ④

핵심 포인트

맥동률과 주파수

구분	맥동률 %	주파수 Hz
단상 반파	121	60
단상 전파	48	120
3상 반파	17	180
3상 전파	4	360

제1회 빈출 모의고사

3과목 소방관계법규

41 ①	42 ④	43 ③	44 ②	45 ③
46 ②	47 ①	48 ③	49 ④	50 ③
51 ②	52 ③	53 ②	54 ①	55 ②
56 ③	57 ①	58 ②	59 ③	60 ③

41 정답 ①

경유·등유 등 액체연료를 사용할 때에는 다음 사항을 지켜야 한다(영 별표 1).

1. 연료탱크는 보일러 본체로부터 수평거리 1m 이상의 간격을 두어 설치할 것
2. 연료탱크에는 화재 등 긴급상황이 발생하는 경우 연료를 차단할 수 있는 개폐밸브를 연료탱크로부터 0.5m 이내에 설치할 것
3. 연료탱크 또는 보일러 등에 연료를 공급하는 배관에는 여과장치를 설치할 것
4. 사용이 허용된 연료 외의 것을 사용하지 않을 것

5. 연료탱크가 넘어지지 않도록 받침대를 설치하고, 연료탱크 및 연료탱크 받침대는 불연재료로 할 것

42 정답 ④

제3류 위험물(영 별표 1) : 칼륨, 나트륨, 알킬알루미늄, 알킬리튬, 알칼리금속 및 알칼리토금속, 유기금속화합물, 금속의 수소화물, 금속의 인화물, 칼슘 또는 알루미늄의 탄화물

43 정답 ③

방염성능기준 이상의 실내장식물 등을 설치해야 하는 특정소방대상물(영 제30조)
1. 근린생활시설 중 의원, 조산원, 산후조리원, 체력단련장, 공연장 및 종교집회장
2. 건축물의 옥내에 있는 다음의 시설 : 문화 및 집회시설, 종교시설, 운동시설(수영장은 제외한다)
3. 의료시설
4. 교육연구시설 중 합숙소
5. 노유자 시설
6. 숙박이 가능한 수련시설
7. 숙박시설
8. 방송통신시설 중 방송국 및 촬영소
9. 다중이용업의 영업소
10. 1.부터 9.까지의 시설에 해당하지 않는 것으로서 층수가 11층 이상인 것(아파트 등은 제외한다)

44 정답 ②

대통령령으로 정하는 특정소방대상물이란 소방안전관리대상물 중 다음의 특정소방대상물을 말한다(영 제39조).
1. 의료시설
2. 교육연구시설
3. 노유자 시설
4. 그 밖에 화재 발생 시 불특정 다수의 인명피해가 예상되어 소방본부장 또는 소방서장이 소방훈련 · 교육이 필요하다고 인정하는 특정소방대상물

45 정답 ③

소방시설업자는 다음의 어느 하나에 해당하는 경우에는 소방

시설공사 등을 맡긴 특정소방대상물의 관계인에게 지체 없이 그 사실을 알려야 한다(법 제8조 제3항).
1. 소방시설업자의 지위를 승계한 경우
2. 소방시설업의 등록취소처분 또는 영업정지처분을 받은 경우
3. 휴업하거나 폐업한 경우

46 정답 ②

연결살수설비를 설치면제 받을 수 있는 경우(영 별표 5)
1. 연결살수설비를 설치해야 하는 특정소방대상물에 송수구를 부설한 스프링클러설비, 간이스프링클러설비, 물분무소화설비 또는 미분무소화설비를 화재안전기준에 적합하게 설치한 경우에는 그 설비의 유효범위에서 설치가 면제된다.
2. 가스 관계 법령에 따라 설치되는 물분무장치 등에 소방대가 사용할 수 있는 연결송수구가 설치되거나 물분무장치 등에 6시간 이상 공급할 수 있는 수원이 확보된 경우에는 설치가 면제된다.

47 정답 ①

안전관리자를 선임한 제조소 등의 관계인은 그 안전관리자를 해임하거나 안전관리자가 퇴직한 때에는 해임하거나 퇴직한 날부터 30일 이내에 다시 안전관리자를 선임하여야 한다(법 제15조 제2항).

48 정답 ③

화재안전기준에 따라 소화기구를 설치해야 하는 특정소방대상물은 다음의 어느 하나에 해당하는 것으로 한다(영 별표 4).
1. 연면적 33m² 이상인 것. 다만, 노유자 시설의 경우에는 투척용 소화용구 등을 화재안전기준에 따라 산정된 소화기 수량의 2분의 1 이상으로 설치할 수 있다.
2. 1.에 해당하지 않는 시설로서 가스시설, 발전시설 중 전기저장시설 및 국가유산
3. 터널
4. 지하구

49 정답 ④

소방기본법은 화재를 예방·경계하거나 진압하고 화재, 재난·재해, 그 밖의 위급한 상황에서의 구조·구급 활동 등을 통하여 국민의 생명·신체 및 재산을 보호함으로써 공공의 안녕 및 질서 유지와 복리증진에 이바지함을 목적으로 한다(법 제1조).

50 정답 ③

국조보조의 대상이 되는 소방활동장비(규칙 별표 1의2) : 소방자동차, 소방정, 소방 헬리콥터, 통신설비

51 정답 ②

⊕ 핵심 포인트 ⊕

특수가연물의 기준(영 별표 2)

품명		수량
면화류		200kg 이상
나무껍질 및 대팻밥		400kg 이상
넝마 및 종이부스러기		1,000kg 이상
사류(絲類)		1,000kg 이상
볏짚류		1,000kg 이상
가연성 고체류		3,000kg 이상
석탄·목탄류		10,000kg 이상
가연성 액체류		$2m^3$ 이상
목재가공품 및 나무부스러기		$10m^3$ 이상
고무류·플라스틱류	발포시킨 것	$20m^3$ 이상
	그 밖의 것	3,000kg 이상

52 정답 ③

⊕ 핵심 포인트 ⊕

위험물별 성질(영 별표 1)

1. **제1류** : 산화성 고체
2. **제2류** : 가연성 고체
3. **제3류** : 자연발화성 및 금수성 물질
4. **제4류** : 인화성 액체
5. **제5류** : 자기반응성 물질
6. **제6류** : 산화성 액체

53 정답 ②

⊕ 핵심 포인트 ⊕

경보설비를 구성하는 제품 또는 기기(영 별표 3)

1. 누전경보기 및 가스누설경보기
2. 경보설비를 구성하는 발신기, 수신기, 중계기, 감지기 및 음향장치(경종만 해당한다)

54 정답 ①

소방신호의 종류 및 방법(규칙 제10조 제1항)
1. **경계신호** : 화재예방상 필요하다고 인정되거나 화재위험경보시 발령
2. **발화신호** : 화재가 발생한 때 발령
3. **해제신호** : 소화활동이 필요없다고 인정되는 때 발령
4. **훈련신호** : 훈련상 필요하다고 인정되는 때 발령

55 정답 ②

특정소방대상물(소방안전관리대상물은 제외한다)의 관계인과 소방안전관리대상물의 소방안전관리자는 다음의 업무를 수행한다. 다만, 1.·2.·5. 및 7.의 업무는 소방안전관리대상물의 경우에만 해당한다(법 제24조 제5항).
1. 피난계획에 관한 사항과 소방계획서의 작성 및 시행
2. 자위소방대 및 초기대응체계의 구성, 운영 및 교육
3. 피난시설, 방화구획 및 방화시설의 관리
4. 소방시설이나 그 밖의 소방 관련 시설의 관리
5. 소방훈련 및 교육
6. 화기취급의 감독

7. 소방안전관리에 관한 업무수행에 관한 기록 · 유지(3. · 4. 및 6.의 업무를 말한다)
8. 화재발생 시 초기대응
9. 그 밖에 소방안전관리에 필요한 업무

56   정답 ③

소방계획서에 포함되어야 하는 사항(영 제27조 제1항)
1. 소방안전관리대상물의 위치 · 구조 · 연면적 · 용도 및 수용 인원 등 일반 현황
2. 소방안전관리대상물에 설치한 소방시설, 방화시설, 전기시설, 가스시설 및 위험물시설의 현황
3. 화재 예방을 위한 자체점검계획 및 대응대책
4. 소방시설 · 피난시설 및 방화시설의 점검 · 정비계획
5. 피난층 및 피난시설의 위치와 피난경로의 설정, 화재안전취약자의 피난계획 등을 포함한 피난계획
6. 방화구획, 제연구획, 건축물의 내부 마감재료 및 방염대상물품의 사용 현황과 그 밖의 방화구조 및 설비의 유지 · 관리계획
7. 관리의 권원이 분리된 특정소방대상물의 소방안전관리에 관한 사항
8. 소방훈련 · 교육에 관한 계획
9. 소방안전관리대상물의 근무자 및 거주자의 자위소방대 조직과 대원의 임무(화재안전취약자의 피난 보조 임무를 포함한다)에 관한 사항
10. 화기 취급 작업에 대한 사전 안전조치 및 감독 등 공사 중 소방안전관리에 관한 사항
11. 소화에 관한 사항과 연소 방지에 관한 사항
12. 위험물의 저장 · 취급에 관한 사항(예방규정을 정하는 제 조소등은 제외한다)
13. 소방안전관리에 대한 업무수행에 관한 기록 및 유지에 관한 사항
14. 화재발생 시 화재경보, 초기소화 및 피난유도 등 초기대응에 관한 사항
15. 그 밖에 소방본부장 또는 소방서장이 소방안전관리대상물의 위치 · 구조 · 설비 또는 관리 상황 등을 고려하여 소방안전관리에 필요하여 요청하는 사항

57   정답 ①

소방본부장: 특별시 · 광역시 · 특별자치시 · 도 또는 특별자치도(시 · 도)에서 화재의 예방 · 경계 · 진압 · 조사 및 구조 · 구급 등의 업무를 담당하는 부서의 장을 말한다(법 제2

조 제4호).

58   정답 ②

소방본부장이나 소방서장은 소방활동을 할 때에 긴급한 경우에는 이웃한 소방본부장 또는 소방서장에게 소방업무의 응원을 요청할 수 있다(법 제11조 제1항).

59   정답 ③

소방시설업(법 제2조 제1항 제1호)
1. **소방시설설계업**: 소방시설공사에 기본이 되는 공사계획, 설계도면, 설계 설명서, 기술계산서 및 이와 관련된 서류를 작성하는 영업
2. **소방시설공사업**: 설계도서에 따라 소방시설을 신설, 증설, 개설, 이전 및 정비하는 영업
3. **소방공사감리업**: 소방시설공사에 관한 발주자의 권한을 대행하여 소방시설공사가 설계도서와 관계 법령에 따라 적법하게 시공되는지를 확인하고, 품질 · 시공 관리에 대한 기술지도를 하는 영업
4. **방염처리업**: 방염대상물품에 대하여 방염처리하는 영업

60   정답 ③

⊕   **핵심 포인트**   ⊕

가연성 고체류(영 별표 2)
1. 인화점이 섭씨 40도 이상 100도 미만인 것
2. 인화점이 섭씨 100도 이상 200도 미만이고, 연소열량이 1그램당 8킬로칼로리 이상인 것
3. 인화점이 섭씨 200도 이상이고 연소열량이 1그램당 8킬로칼로리 이상인 것으로서 녹는점(융점)이 100도 미만인 것
4. 1기압과 섭씨 20도 초과 40도 이하에서 액상인 것으로서 인화점이 섭씨 70도 이상 섭씨 200도 미만이거나 2. 또는 3.에 해당하는 것

PART **3**

업무 및 해설

제1회 빈출 모의고사

4과목 소방전기시설의 구조 및 원리

61 ④	62 ②	63 ①	64 ③	65 ①
66 ③	67 ①	68 ③	69 ④	70 ②
71 ①	72 ②	73 ①	74 ④	75 ③
76 ②	77 ③	78 ②	79 ③	80 ①

61 정답 ④

분배기 · 분파기 및 혼합기 등은 다음의 기준에 따라 설치해야 한다.

1. 먼지 · 습기 및 부식 등에 따라 기능에 이상을 가져오지 않도록 할 것
2. 임피던스는 50Ω의 것으로 할 것
3. 점검에 편리하고 화재 등의 재해로 인한 피해의 우려가 없는 장소에 설치할 것

62 정답 ②

휴대용 비상조명등은 다음의 기준에 적합하여야 한다(제4조 제2항).

1. 다음의 장소에 설치할 것
   ㉠ 숙박시설 또는 다중이용업소에는 객실 또는 영업장 안의 구획된 실마다 잘 보이는 곳(외부에 설치 시 출입문 손잡이로부터 1m 이내 부분)에 1개 이상 설치
   ㉡ 대규모점포(지하상가 및 지하역사는 제외한다)와 영화상영관에는 보행거리 50m 이내마다 3개 이상 설치
   ㉢ 지하상가 및 지하역사에는 보행거리 25m 이내마다 3개 이상 설치
2. 설치높이는 바닥으로부터 0.8m 이상 1.5m 이하의 높이에 설치할 것
3. 어둠 속에서 위치를 확인할 수 있도록 할 것
4. 사용 시 자동으로 점등되는 구조일 것
5. 외함은 난연성능이 있을 것
6. 건전지를 사용하는 경우에는 방전방지조치를 하여야 하고, 충전식 밧데리의 경우에는 상시 충전되도록 할 것
7. 건전지 및 충전식 배터리의 용량은 20분 이상 유효하게 사용할 수 있는 것으로 할 것

63 정답 ①

감도조정장치 : 감도조정장치를 갖는 누전경보기에 있어서 감도조정장치의 조정범위는 최대치가 1A이어야 한다(제8조).

64 정답 ③

감지기 상호간 또는 감지기로부터 수신기에 이르는 감지기회로의 배선은 다음의 기준에 따라 설치할 것

1. 아날로그식, 다신호식 감지기나 R형 수신기용으로 사용되는 것은 전자파 방해를 받지 않는 실드선 등을 사용해야 하며, 광케이블의 경우에는 전자파 방해를 받지 아니하고 내열성능이 있는 경우 사용할 것(다만, 전자파 방해를 받지 않는 방식의 경우에는 그렇지 않다.)
2. 1. 외의 일반배선을 사용할 때는 내화배선 또는 내열배선으로 사용할 것

65 정답 ①

비상방송설비는 다음의 기준에 따라 설치해야 한다. 이 경우 엘리베이터 내부에는 별도의 음향장치를 설치할 수 있다.

1. 확성기의 음성입력은 3W(실내에 설치하는 것에 있어서는 1W) 이상일 것
2. 확성기는 각 층마다 설치하되, 그 층의 각 부분으로부터 하나의 확성기까지의 수평거리가 25m 이하가 되도록 하고, 해당 층의 각 부분에 유효하게 경보를 발할 수 있도록 설치할 것
3. 음량조정기를 설치하는 경우 음량조정기의 배선은 3선식으로 할 것
4. 조작부의 조작스위치는 바닥으로부터 0.8m 이상 1.5m 이하의 높이에 설치할 것
5. 조작부는 기동장치의 작동과 연동하여 해당 기동장치가 작동한 층 또는 구역을 표시할 수 있는 것으로 할 것
6. 증폭기 및 조작부는 수위실 등 상시 사람이 근무하는 장소로서 점검이 편리하고 방화상 유효한 곳에 설치할 것

66 　　　　　　　　　　　　　　　정답 ③

비상콘센트설비의 전원회로(비상콘센트에 전력을 공급하는 회로를 말한다)는 다음의 기준에 따라 설치해야 한다.

1. 비상콘센트설비의 전원회로는 단상교류 220V인 것으로서, 그 공급용량은 1.5kVA 이상인 것으로 할 것
2. 전원회로는 각층에 2 이상이 되도록 설치할 것(다만, 설치해야 할 층의 비상콘센트가 1개인 때에는 하나의 회로로 할 수 있다.)
3. 전원회로는 주배전반에서 전용회로로 할 것(다만, 다른 설비회로의 사고에 따른 영향을 받지 않도록 되어 있는 것은 그렇지 않다.)
4. 전원으로부터 각 층의 비상콘센트에 분기되는 경우에는 분기배선용 차단기를 보호함 안에 설치할 것
5. 콘센트마다 배선용 차단기(KS C 8321)를 설치해야 하며, 충전부가 노출되지 않도록 할 것
6. 개폐기에는 "비상콘센트"라고 표시한 표지를 할 것
7. 비상콘센트용의 풀박스 등은 방청도장을 한 것으로서, 두께 1.6mm 이상의 철판으로 할 것
8. 하나의 전용회로에 설치하는 비상콘센트는 10개 이하로 할 것(이 경우 전선의 용량은 각 비상콘센트(비상콘센트가 3개 이상인 경우에는 3개)의 공급용량을 합한 용량 이상의 것으로 해야 한다.)

67 　　　　　　　　　　　　　　　정답 ①

수신기 : 발신기에서 발하는 화재신호를 직접 수신하여 화재의 발생을 표시 및 경보하여 주는 장치를 말한다.

68 　　　　　　　　　　　　　　　정답 ③

다음의 장소에는 감지기를 설치하지 않을 수 있다.

1. 천장 또는 반자의 높이가 20m 이상인 장소(다만, 감지기로서 부착 높이에 따라 적응성이 있는 장소는 제외한다.)
2. 헛간 등 외부와 기류가 통하는 장소로서 감지기에 따라 화재 발생을 유효하게 감지할 수 없는 장소
3. 부식성 가스가 체류하고 있는 장소
4. 고온도 및 저온도로서 감지기의 기능이 정지되기 쉽거나 감지기의 유지관리가 어려운 장소
5. 목욕실·욕조나 샤워시설이 있는 화장실·기타 이와 유사한 장소
6. 파이프덕트 등 그 밖의 이와 비슷한 것으로서 2개 층마다 방화구획된 것이나 수평단면적이 5m² 이하인 것

7. 먼지·가루 또는 수증기가 다량으로 체류하는 장소 또는 주방 등 평상시 연기가 발생하는 장소(연기감지기에 한한다)
8. 프레스공장·주조공장 등 화재 발생의 위험이 적은 장소로서 감지기의 유지관리가 어려운 장소

69 　　　　　　　　　　　　　　　정답 ④

전선의 굵기는 인출선인 경우에는 단면적이 0.75m² 이상, 인출선 외의 경우에는 면적이 0.5m² 이상이어야 한다. 인출선의 길이는 전선 인출 부분으로부터 150mm 이상이어야 한다. 다만, 인출선으로 하지 아니할 경우에는 풀어지지 아니하는 방법으로 전선을 쉽고 확실하게 부착할 수 있도록 접속단자를 설치하여야 한다.

70 　　　　　　　　　　　　　　　정답 ②

수전설비 : 전력수급용 계기용변성기·주차단장치 및 그 부속기기를 말한다(1.7.1.8).

71 　　　　　　　　　　　　　　　정답 ①

전원회로의 전로와 대지 사이 및 배선 상호 간의 절연저항은 「전기사업법」 제67조에 따른 「전기설비기술기준」이 정하는 바에 따르고, 부속회로의 전로와 대지 사이 및 배선 상호 간의 절연저항은 1경계구역마다 직류 250V의 절연저항측정기를 사용하여 측정한 절연저항이 0.1MΩ 이상이 되도록 할 것

PART 3

정답 및 해설

72 정답 ②

부착높이	감지기의 종류

부착높이에 따른 감지기의 종류(2.4.1)

부착높이	감지기의 종류
4m 미만	차동식(스포트형, 분포형), 보상식 스포트형, 정온식(스포트형, 감지선형), 이온화식 또는 광전식(스포트형, 분리형, 공기흡입형), 열복합형, 연기복합형, 열연기복합형, 불꽃감지기
4m 이상 8m 미만	차동식(스포트형, 분포형), 보상식 스포트형, 정온식(스포트형, 감지선형) 특종 또는 1종, 이온화식 1종 또는 2종, 광전식(스포트형, 분리형, 공기흡입형) 1종 또는 2종, 열복합형, 연기복합형, 열연기복합형, 불꽃감지기
8m 이상 15m 미만	차동식 분포형, 이온화식 1종 또는 2종, 광전식(스포트형, 분리형, 공기흡입형) 1종 또는 2종, 연기복합형, 불꽃감지기
15m 이상 20m 미만	이온화식 1종, 광전식(스포트형, 분리형, 공기흡입형) 1종, 연기복합형, 불꽃감지기
20m 이상	불꽃감지기, 광전식(분리형, 공기흡입형) 중 아날로그방식

73 정답 ①

예비전원과 비상전원은 비상조명등을 20분 이상 유효하게 작동시킬 수 있는 용량으로 할 것(다만, 다음의 특정소방대상물의 경우에는 그 부분에서 피난층에 이르는 부분의 비상조명등을 60분 이상 유효하게 작동시킬 수 있는 용량으로 해야 한다.)
1. 지하층을 제외한 층수가 11층 이상의 층
2. 지하층 또는 무창층으로서 용도가 도매시장·소매시장·여객자동차터미널·지하역사 또는 지하상가

74 정답 ④

하나의 전용회로에 설치하는 비상콘센트는 10개 이하로 할 것(이 경우 전선의 용량은 각 비상콘센트(비상콘센트가 3개 이상인 경우에는 3개)의 공급용량을 합한 용량 이상의 것으로 해야 한다.)

75 정답 ③

경계구역 : 특정소방대상물 중 화재신호를 발신하고 그 신호를 수신 및 유효하게 제어할 수 있는 구역을 말한다.

76 정답 ②

집합형 누전경보기의 수신부는 다음에 적합하여야 한다(제26조 제3항).
1. 누설전류가 발생한 경계전로를 명확히 표시하는 장치가 있어야 한다.
2. 장치는 경계전로를 차단하는 경우 누설전류가 발생한 경계전로의 표시가 계속되어 있어야 한다.
3. 2개의 경계전로에서 누선전류가 동시에 발생하는 경우 기능에 이상이 생기지 아니하여야 한다.
4. 2개 이상의 경계전로에서 누설전류가 계속하여 발생하는 경우 최대부하에 견디는 용량을 갖는 것이어야 한다.

77 정답 ③

비상방송설비의 음향장치 설치기준(제4조)
1. 확성기의 음성입력은 3와트(실내에 설치하는 것에 있어서는 1와트) 이상일 것
2. 확성기는 각 층마다 설치하되, 해당 층의 각 부분으로부터 하나의 확성기까지의 수평거리가 25m 이하가 되도록 하고, 해당 층의 각 부분에 유효하게 경보를 발할 수 있도록 설치할 것
3. 음량조정기를 설치하는 경우 음량조정기의 배선은 3선식으로 할 것
4. 조작부의 조작스위치는 바닥으로부터 0.8m 이상 1.5m 이하의 높이에 설치할 것
5. 층수가 11층(공동주택의 경우에는 16층) 이상의 특정소방대상물은 발화층에 따라 경보하는 층을 달리하여 경보를 발할 수 있도록 할 것
6. 다른 방송설비와 공용하는 것에 있어서는 화재 시 비상경보 외의 방송을 차단할 수 있는 구조로 할 것
7. 다른 전기회로에 따라 유도장애가 생기지 않도록 할 것
8. 하나의 특정소방대상물에 둘 이상의 조작부가 설치되어 있는 때에는 각각의 조작부가 있는 장소 상호 간에 동시통화가 가능한 설비를 설치하고, 어느 조작부에서도 해당 특정소방대상물의 전 구역에 방송을 할 수 있도록 할 것
9. 기동장치에 따른 화재신호를 수신한 후 신속하게 필요한 음량으로 화재발생 상황 및 피난에 유효한 방송이 자동으

로 개시될 때까지의 소요시간은 10초 이하로 할 것

10. 음향장치는 정격전압의 80% 전압에서 음향을 발할 수 있고, 자동화재탐지설비의 작동과 연동하여 작동할 수 있는 것으로 할 것

78　　정답 ②

자동화재탐지설비의 중계기는 다음의 기준에 따라 설치해야 한다.

1. 수신기에서 직접 감지기회로의 도통시험을 하지 않는 것에 있어서는 수신기와 감지기 사이에 설치할 것
2. 조작 및 점검에 편리하고 화재 및 침수 등의 재해로 인한 피해를 받을 우려가 없는 장소에 설치할 것
3. 수신기에 따라 감시되지 않는 배선을 통하여 전력을 공급받는 것에 있어서는 전원입력측의 배선에 과전류차단기를 설치하고 해당 전원의 정전이 즉시 수신기에 표시되는 것으로 하며, 상용전원 및 예비전원의 시험을 할 수 있도록 할 것

79　　정답 ③

③ 확성기 : 소리를 크게 하여 멀리까지 전달될 수 있도록 하는 장치로써 일명 스피커를 말한다.
① 증폭기 : 전압전류의 진폭을 늘려 감도를 좋게 하고 미약한 음성전류를 커다란 음성전류로 변화시켜 소리를 크게 하는 장치를 말한다.
② 몰드 : 전선을 물리적으로 보호하기 위해 사용되는 통형 구조물을 말한다.
④ 음량조절기 : 가변저항을 이용하여 전류를 변화시켜 음량을 크게 하거나 작게 조절할 수 있는 장치를 말한다.

80　　정답 ①

외함은 기기내의 온도상승에 의하여 변형, 변색 또는 변질되지 아니하여야 한다(제2조 제4호).

제2회 빈출 모의고사

1과목 소방원론

01 ①	02 ③	03 ④	04 ②	05 ③
06 ②	07 ④	08 ①	09 ③	10 ④
11 ②	12 ①	13 ④	14 ①	15 ①
16 ④	17 ②	18 ①	19 ③	20 ①

01　　정답 ①

혼합가스의 폭발범위 $L_m = \dfrac{100}{\dfrac{V_1}{L_1} + \dfrac{V_2}{L_2} + \cdots + \dfrac{V_n}{L_n}}$

L_m : 혼합가스의 폭발한계(하한값, 상한값 vol%),
$V_1 + V_2 + \cdots + V_n$: 가연성 가스의 용량 vol%,
$L_1 + L_2 + \cdots + L_n$: 가연성 가스의 하한값 또는 상한값 vol%

하한값 $L_m = \dfrac{100}{\dfrac{V_1}{L_1} + \dfrac{V_2}{L_2} + \dfrac{V_3}{L_3}} = \dfrac{100}{\dfrac{50}{2.2} + \dfrac{40}{1.9} + \dfrac{10}{2.4}}$

　　≒2.09vol%

02　　정답 ③

탄화칼슘과 물의 반응식
$CaC_2 + 2H_2O \rightarrow Ca(OH)_2 + C_2H_2 \uparrow$
　　　수산화칼슘＋아세틸렌

03　　정답 ④

⊕　　**핵심 포인트**　　⊕

피난동선의 요건

1. 가급적 단순한 형태일 것
2. 수평동선과 수직동선으로 구분할 것
3. 다수의 출구방향과 연결될 것
4. 2개 이상의 방향으로 피난할 수 있을 것
5. 복도, 직통계단, 피난계단, 특별피난계단, 엘리베이터, 완강기 등의 피난전용의 통행구조를 갖추고 있을 것

PART **3**
정답 및 해설

04 정답 ②

② 냉각효과 : 타고 있는 물체가 냉각되어 가연증기가 연소하
한계 이하로 농도가 떨어져 소화하는 방법
① 제거효과 : 가연물을 제거하는 방법으로 가연물의 격리,
소멸, 파괴, 희석 등으로 소화
③ 부촉매효과(억제효과) : 불꽃을 만드는 자유 활성기에 의
한 연쇄반응을 차단, 억제하는 화학적 소화 방법
④ 질식효과 : 가연물 주위의 공기 중 산소농도를 낮추어 소
화하는 방법

05 정답 ③

질소 분자량이 28, 산소 분자량이 32이므로,
평균분자량 $=(28 \times 0.792)+(32 \times 0.208)=28.83(vol\%)$

06 정답 ②

핵심 포인트

방화벽의 구조(건축법 규칙 제21조 제1항)

1. 내화구조로서 홀로 설 수 있는 구조일 것
2. 방화벽의 양쪽 끝과 윗쪽 끝을 건축물의 외벽면 및 지
붕면으로부터 0.5미터 이상 튀어 나오게 할 것
3. 방화벽에 설치하는 출입문의 너비 및 높이는 각각 2.5
미터 이하로 하고, 해당 출입문에는 60+방화문 또는
60분방화문을 설치할 것

07 정답 ④

핵심 포인트

연소확대 방지를 위한 방화구획

1. 층 또는 면적별 구획
2. 방화댐퍼 설치
3. 용도별 구획
4. 피난용 승강기의 승강로 구획

08 정답 ①

핵심 포인트

표준화재온도-시간곡선

1. 목조건축물(고온단기형) : a
2. 내화건축물(저온장기형) : d

09 정답 ③

MOC(Minimum Oxygen Concentration : 최소 산소 농도)
는 화염을 전파하기 위해 요구되는 최소한의 산소농도이다.

$$MOC = 하한값 \times \frac{산소의몰수}{연료의몰수}$$

③ 메테인 : 10.0
① 프로페인 : 10.5
② 에테인 : 10.5
④ 뷰테인 : 11.7

10 정답 ④

과산화수소는 그 농도가 36중량퍼센트 이상인 것에 한하며,
제21호의 성상이 있는 것으로 본다(위험물안전관리법 시행
령 별표 1).

11 정답 ②

건축물의 화재발생 시 인간의 피난 특성 : 귀소본능, 지광본
능, 퇴피본능, 추종본능, 좌회본능, 폐쇄공간 지향본능, 초능
력본능, 공격본능, 패닉현상
지광본능은 화재 시 밝은 쪽으로 지향하는 행동을 하는 것
이다.

12 정답 ①

과산화칼륨과 물의 반응
$2K_2O_2+2H_2O \rightarrow 4KOH+O_2\uparrow$

13 정답 ④

복사열은 절대온도의 4제곱에 비례하므로 250℃에서의 열량을 Q_1, 650℃에서의 열량을 Q_2라 하면

$$\frac{Q_2}{Q_1} = \frac{(273+650)^4}{(273+250)^4} ≒ 9.7(배)$$

14 정답 ②

⊕ 핵심 포인트 ⊕

안전구획

1. 1차 안전구획 : 복도
2. 2차 안전구획 : 계단부속실
3. 3차 안전구획 : 피난계단

15 정답 ①

대피공간의 기준(건축물의 피난 · 방화구조 등의 기준에 관한 규칙 제13조 제3항)

1. 대피공간의 면적은 지붕 수평투영면적의 10분의 1 이상일 것
2. 특별피난계단 또는 피난계단과 연결되도록 할 것
3. 출입구 · 창문을 제외한 부분은 해당 건축물의 다른 부분과 내화구조의 바닥 및 벽으로 구획할 것
4. 출입구는 유효너비 0.9미터 이상으로 하고, 그 출입구에는 60＋방화문 또는 60분방화문을 설치할 것
5. 방화문에 비상문자동개폐장치를 설치할 것
6. 내부마감재료는 불연재료로 할 것
7. 예비전원으로 작동하는 조명설비를 설치할 것
8. 관리사무소 등과 긴급 연락이 가능한 통신시설을 설치할 것

16 정답 ④

염소산염류, 과염소산염류, 알칼리 금속의 과산화물, 질산염류, 과망간산염류는 제1류 산화성 고체이다. 제1류 위험물은 불연성, 산화고체성, 무기화합물, 조해성의 갖고 있으며 물에 녹는다.

17 정답 ②

방화구조(건축물의 피난 · 방화구조 등의 기준에 관한 규칙 제4조)

1. 철망모르타르로서 그 바름 두께가 2cm 이상인 것
2. 석고판 위에 시멘트모르타르 또는 회반죽을 바른 것으로서 그 두께의 합계가 2.5cm 이상인 것
3. 시멘트모르타르 위에 타일을 붙인 것으로서 그 두께의 합계가 2.5cm 이상인 것
4. 심벽에 흙으로 맞벽치기한 것
5. 한국산업표준에 따라 시험한 결과 방화 2급 이상에 해당하는 것

18 정답 ①

탄화칼슘이 물과 반응하면

$$CaC_2 + 2H_2O \rightarrow Ca(OH)_2 + C_2H_2\uparrow$$

수산화칼슘＋아세틸렌

19 정답 ③

건축물의 피난층(직접 지상으로 통하는 출입구가 있는 층 및 피난안전구역을 말한다.) 외의 층에서는 피난층 또는 지상으로 통하는 직통계단(경사로를 포함한다.)을 거실의 각 부분으로부터 계단(거실로부터 가장 가까운 거리에 있는 1개소의 계단을 말한다)에 이르는 보행거리가 30m 이하가 되도록 설치해야 한다. 다만, 건축물(지하층에 설치하는 것으로서 바닥면적의 합계가 300m² 이상인 공연장 · 집회장 · 관람장 및 전시장은 제외한다)의 주요구조부가 내화구조 또는 불연재료로 된 건축물은 그 보행거리가 50m(층수가 16층 이상인 공동주택의 경우 16층 이상인 층에 대해서는 40m) 이하가 되도록 설치할 수 있으며, 자동화 생산시설에 스프링클러 등 자동식 소화설비를 설치한 공장으로서 국토교통부령으로 정하는 공장인 경우에는 그 보행거리가 75m(무인화 공장인 경우에는 100m) 이하가 되도록 설치할 수 있다(건축법 시행령 제34조 제1항).

20 정답 ①

연면적이 1천m² 이상인 목조건축물은 그 외벽 및 처마밑의 연소할 우려가 있는 부분을 방화구조로 하되, 그 지붕은 불연재료로 하여야 한다. 연소할 우려가 있는 부분은 인접대지경

계선 · 도로중심선 또는 동일한 대지 안에 있는 2동 이상의 건축물(연면적의 합계가 500m² 이하인 건축물은 이를 하나의 건축물로 본다) 상호의 외벽 간의 중심선으로부터 1층에 있어서는 3미터 이내, 2층 이상에 있어서는 5미터 이내의 거리에 있는 건축물의 각 부분을 말한다. 다만, 공원 · 광장 · 하천의 공지나 수면 또는 내화구조의 벽 기타 이와 유사한 것에 접하는 부분을 제외한다(건축물의 피난 · 방화구조 등의 기준에 관한 규칙 제22조).

제2회 빈출 모의고사

2과목 소방전기일반

21 ②	22 ③	23 ④	24 ②	25 ①
26 ②	27 ③	28 ②	29 ④	30 ③
31 ①	32 ④	33 ①	34 ③	35 ②
36 ④	37 ③	38 ②	39 ④	40 ③

21 정답 ②

핵심 포인트

최대전압, 실효전압, 평균전압

1. 최대전압 $V_m = \sqrt{2}V = \frac{\pi}{2}V_a$

2. 실효전압 $V = \frac{V_m}{\sqrt{2}} = \frac{220\sqrt{2}V}{2} = 220V$

3. 평균전류 $I_d = \frac{\sqrt{2}}{\pi} \times \frac{V}{R} = \frac{\sqrt{2}}{\pi} \times \frac{220}{16\sqrt{2}} = 4.38V$

22 정답 ③

유도기전력 $E = \frac{Pz}{60a}ØN$(P : 극수, z : 전기자 총 도체수, a : 병렬회로수(중권 a=P, 파권 a=2), Ø : 자속, N : 회전수)

$E = \frac{4 \times 500}{60 \times 2} \times 0.01 \times 1,800 = 300V$

23 정답 ④

△결선에서 선간전압 $V_l = V_p$, 상전류 $I_p = \frac{V}{Z} = \frac{V}{\sqrt{R^2 + X^2}}$,

선전류 $I_l = \sqrt{3}I_p$, 임피던스 $Z = R + jX = \sqrt{R^2 + X^2} = 5\Omega$

따라서 선전류 $I_l = \sqrt{3}I_p = \sqrt{3}\frac{V_p}{Z} = \sqrt{3}\frac{V_l}{Z} = \sqrt{3}\frac{200}{5}$

$= 40\sqrt{3}$이다.

24 정답 ②

전류계 A_1과 A_2가 같으므로 공진회로이다. 병렬 공진회로의

조건은 $\frac{1}{X_C} = \frac{1}{X_L}$, $\frac{1}{\frac{1}{2\pi fC}} = \frac{1}{2\pi fL}$, $2\pi fC = \frac{1}{2\pi fL}$이

므로 공진주파수 $f^2 = \frac{1}{(2\pi)^2 LC}$, $f = \frac{1}{2\pi\sqrt{LC}}$이다.

25 정답 ①

핵심 포인트

합성저항

1. 병렬회로에서 직렬로 접속된 합성저항

$R_{10} = R_2 + R_3 = \frac{1}{3}R + \frac{1}{3}R = \frac{2}{3}R$

2. 병렬회로에서 직렬로 접속된 합성저항

$R_{11} = R_5 + R_6 + R_7 + R_8$

$= \frac{1}{3}R + \frac{1}{3}R + \frac{1}{3}R + \frac{1}{3}R = \frac{4}{3}R$

3. 합성저항 $R = R_1 + \frac{R_{10} \times R_{11}}{R_{10} + R_{11}} + R_4$

$= \frac{1}{3}R + \frac{\frac{2}{3}R \times \frac{4}{3}R}{\frac{2}{3}R + \frac{4}{3}R} + \frac{1}{3}R = \frac{10}{9}R$

26 정답 ②

• Y결선으로 기동 시 선전류 $I_1 = \frac{V}{\sqrt{3}Z}$

• △결선으로 기동 시 선전류 $I_2 = \frac{\sqrt{3}V}{Z}$

• $\frac{I_1}{I_2} = \frac{\frac{V}{\sqrt{3}Z}}{\frac{\sqrt{3}V}{Z}} = \frac{V}{\sqrt{3}Z} \times \frac{Z}{\sqrt{3}V} = \frac{1}{3}$, 따라서 $I_1 = \frac{1}{3}I_2$

27 정답 ③

전달함수 $\dfrac{C(s)}{R(s)}$

출력 $C(s)=G_1(s)G_2R(s)-G_1(s)G_2(s)G_3(s)G_4(s)C(s)$

$C(s)+G_1(s)G_2(s)G_3(s)G_4(s)C(s)=G_1(s)G_2(s)R(s)$

$1+G_1(s)G_2(s)G_3(s)G_4(s)C(s)=G_1(s)G_2(s)R(s)$

따라서 $\dfrac{C(s)}{R(s)}=\dfrac{G_1(s)G_2(s)}{1+G_1(s)G_2(s)G_3(s)G_4(s)}$

28 정답 ②

직렬회로의 합성저항 $R_{직렬}=5+10=15\Omega$

a와 b 사이의 합성저항(Ω)은 $R_{직렬}=\dfrac{15\times15}{15+15}=7.5\Omega$

29 정답 ④

저항 2.4Ω은 직렬로 연결되어 있고, 1Ω과 1.5Ω은 병렬로 연결되어 있다.

합성저항 $R_{th}=R_1+\dfrac{R_2\times R_3}{R_2+R_3}=2.4+\dfrac{1\times1.5}{1+1.5}≒3\Omega$

저항 1.5Ω에 걸리는 전압이 개방전압이므로 개방전압

$V_{th}=V_3=\dfrac{R_3}{R_2+R_3}\times V=\dfrac{1.5}{1+1.5}\times10=6V$

30 정답 ③

• 임피던스 $Z=\sqrt{R^2+(X_L-X_C)^2}=\sqrt{4^2+(4-1)^2}=5\Omega$

• 무효율 $\sin\theta=\dfrac{X_L-X_C}{Z}=\dfrac{4-1}{5}=0.6$

• 무효전력 $P_r=IV\sin\theta=\dfrac{V^2}{Z}\sin\theta=\dfrac{100^2}{5}\times0.6$

$=1,200Var$

31 정답 ①

a−b 사이의 합성저항을 구하므로 저항 1Ω은 무시하고 직렬로 연결된 저항의 합성저항을 계산하면

$R_6=R_1+R_2=2+4=6\Omega$, $R_7=R_4+R_5=2+4=6\Omega$

병렬로 연결된 저항의 합성저항을 계산하면

$\dfrac{1}{R_{a-b}}=\dfrac{1}{R_6}+\dfrac{1}{R_3}+\dfrac{1}{R_7}=\dfrac{1}{6}+\dfrac{1}{6}+\dfrac{1}{6}=\dfrac{1}{2}\Omega$

따라서 a, b 사이의 합성저항 $R_{a-b}=2\Omega$

32 정답 ④

그림 (a)의 출력 $C(s)=\dfrac{s+3}{s+4}R(s)$, 전달함수 $\dfrac{C(s)}{R(s)}=\dfrac{s+3}{s+4}$

그림 (b)의 출력 $C(s)=G(s)R(s)+R(s)=1+G(s)R(s)$, 전달함수 $\dfrac{C(s)}{R(s)}=1+G(s)$

그림 (a)와 그림 (b)는 등가이므로 전달함수는 $1+G(s)=\dfrac{s+3}{s+4}$이므로 $G(s)=\dfrac{s+3}{s+4}-1=\dfrac{-1}{s+4}$

33 정답 ①

논리식을 간소화하면 $A\cdot(A+B)=AA+AB=A(+B)$
$=A\cdot1=A$

34 정답 ③

논리식을 간단히 하면

$(X+Y)(X+\overline{Y})=XX+X\overline{Y}+XY+Y\overline{Y}=X+X\overline{Y}+XY$
$=X(1+\overline{Y})+XY=X+XY=X(1+Y)=X$

35 정답 ③

3상 유도전동기의 토크 $T=\dfrac{P_2}{\omega}=\dfrac{P_2}{2\pi N_s}$($P_2$: 2차 입력, ω : 각속도, N_s : 동기속도)

따라서 토크(T)는 2차 입력에 비례하고 동기속도에 반비례한다.

36 정답 ④

⊕ **핵심 포인트** ⊕

테브난의 정리

1. 전압 $V_{th}=\dfrac{1.5}{1.5+1.5}\times10=5V$

2. 저항 $R_{th}=1.4+\dfrac{1.5\times1}{1.5+1}=2\Omega$

PART 3

정답 및 해설

37 정답 ③

전압 $I_S \dfrac{R_A \cdot R_S}{R_A + R_S} = I_A R_A$, 배율 $m = \dfrac{I_S}{I_A} = \dfrac{R_A + R_S}{R_S} = 1 + \dfrac{R_A}{R_S}$, $m - 1 = \dfrac{R_A}{R_S}$

분류기의 저항 $R_S = \dfrac{1}{m-1} R_A = \dfrac{1}{9-1} R_A = \dfrac{1}{8} R_A$

38 정답 ②

② **메거** : 충전부와 접지부분에 절연저항을 측정하는 기기이다.

① **전류계** : 전기회로의 전류를 측정하는 도구이다.

③ **전위차계** : 회로의 원하는 단자 사이의 전위차를 변화시키기 위한 전자 장치이다.

④ **휘트스톤브리지** : 4개의 저항이 사각형의 형태를 이루며, 대각선을 연결하는 브리지(bridge)로 저항이나 전압계, 검류계를 사용한다.

39 정답 ④

3상 직권 정류자 전동기에서 고정자 권선과 회전자 권선 사이에 중간 변압기를 사용하는 주된 이유

1. 전원 전압의 크기에 관계없이 정류에 알맞은 회전자 전압을 선택할 수 있다.
2. 중간 변압기의 권수비를 바꾸어 전동기의 특성을 조정할 수 있다.
3. 직권 특성이기 때문에 경부하에서는 속도가 매우 상승하나 중간 변압기를 사용하여 그 철심을 포화하도록 하면 그 속도 상승을 제한할 수 있다.

40 정답 ③

③ **EXCLUSIVE OR** : 배타적 논리합에는 역원이 존재하고, 이항이 가능하며 1의 입력이 1개일 때 1을 반환한다.

① **EXCLUSIVE NOR** : 일치회로는 두 입력이 같은 상태로 일치할 때만 1이 되는 회로이다.

② **NAND** : 모든 입력이 참일 때에만 거짓인 출력을 내보내는 논리회로이다.

④ **AND** : 두 개의 입력신호가 1일 때에만 출력신호가 1이 되는 논리회로로 직렬회로이다.

제2회 빈출 모의고사

3과목 소방관계법규

41 ②	42 ①	43 ①	44 ③	45 ②
46 ④	47 ②	48 ①	49 ④	50 ②
51 ①	52 ②	53 ④	54 ②	55 ③
56 ①	57 ④	58 ③	59 ④	60 ③

41 정답 ②

소방업무를 수행하는 소방본부장 또는 소방서장은 그 소재지를 관할하는 특별시장 · 광역시장 · 특별자치시장 · 도지사 또는 특별자치도지사(시 · 도지사)의 지휘와 감독을 받는다(법 제3조 제2항).

42 정답 ①

자동화재탐지설비를 설치하여야 하는 특정소방대상물(영 별표 4) : 근린생활시설 중 목욕장, 문화 및 집회시설, 종교시설, 판매시설, 운수시설, 운동시설, 업무시설, 공장, 창고시설, 위험물 저장 및 처리 시설, 항공기 및 자동차 관련 시설, 교정 및 군사시설 중 국방 · 군사시설, 방송통신시설, 발전시설, 관광 휴게시설, 지하가(터널은 제외한다)로서 연면적 1천m² 이상인 경우에는 모든 층

43 정답 ①

다음의 어느 하나에 해당하는 특정소방대상물은 소방본부장 또는 소방서장의 건축허가 등의 동의대상에서 제외한다(영 제7조 제2항).

1. 특정소방대상물에 설치되는 소화기구, 자동소화장치, 누전경보기, 단독경보형감지기, 가스누설경보기 및 피난구조설비가 화재안전기준에 적합한 경우 해당 특정소방대상물
2. 건축물의 증축 또는 용도변경으로 인하여 해당 특정소방대상물에 추가로 소방시설이 설치되지 않는 경우 해당 특정소방대상물
3. 소방시설공사의 착공신고 대상에 해당하지 않는 경우 해당 특정소방대상물

44 정답 ③

건축허가 등을 할 때 미리 소방본부장 또는 소방서장의 동의를 받아야 하는 건축물(영 제7조 제1항)
1. 특정소방대상물 중 노유자 시설 및 수련시설 : 200m²
2. 항공기 격납고, 관망탑, 항공관제탑, 방송용 송수신탑
3. 차고 · 주차장으로 사용되는 바닥면적이 200m² 이상인 층이 있는 건축물이나 주차시설
4. 승강기 등 기계장치에 의한 주차시설로서 자동차 20대 이상을 주차할 수 있는 시설
5. 지하층 또는 무창층이 있는 건축물로서 바닥면적이 150m²(공연장의 경우에는 100m²) 이상인 층이 있는 것

45 정답 ②

2급 소방안전관리대상물에 선임해야 하는 소방안전관리자의 자격(영 별표 4)
1. 위험물기능장 · 위험물산업기사 또는 위험물기능사 자격이 있는 사람
2. 소방공무원으로 3년 이상 근무한 경력이 있는 사람
3. 소방청장이 실시하는 2급 소방안전관리대상물의 소방안전관리에 관한 시험에 합격한 사람
4. 소방안전관리자로 선임된 사람(소방안전관리자로 선임된 기간으로 한정한다)

46 정답 ④

소방공사감리업을 등록한 자는 소방공사를 감리할 때 다음의 업무를 수행하여야 한다(법 제16조 제1항).
1. 소방시설 등의 설치계획표의 적법성 검토
2. 소방시설 등 설계도서의 적합성(적법성과 기술상의 합리성을 말한다.) 검토
3. 소방시설 등 설계 변경 사항의 적합성 검토
4. 소방용품의 위치 · 규격 및 사용 자재의 적합성 검토
5. 공사업자가 한 소방시설 등의 시공이 설계도서와 화재안전기준에 맞는지에 대한 지도 · 감독
6. 완공된 소방시설 등의 성능시험
7. 공사업자가 작성한 시공 상세 도면의 적합성 검토
8. 피난시설 및 방화시설의 적법성 검토
9. 실내장식물의 불연화와 방염 물품의 적법성 검토

47 정답 ②

한국소방안전원의 업무(법 제41조)
1. 소방기술과 안전관리에 관한 교육 및 조사 · 연구
2. 소방기술과 안전관리에 관한 각종 간행물 발간
3. 화재 예방과 안전관리의식 고취를 위한 대국민 홍보
4. 소방업무에 관하여 행정기관이 위탁하는 업무
5. 소방안전에 관한 국제협력
6. 그 밖에 회원에 대한 기술지원 등 정관으로 정하는 사항

48 정답 ①

화재안전조사의 연기사유(영 제9조 제1항)
1. 재난이 발생한 경우
2. 관계인의 질병, 사고, 장기출장의 경우
3. 권한 있는 기관에 자체점검기록부, 교육 · 훈련일지 등 화재안전조사에 필요한 장부 · 서류 등이 압수되거나 영치되어 있는 경우
4. 소방대상물의 증축 · 용도변경 또는 대수선 등의 공사로 화재안전조사를 실시하기 어려운 경우

49 정답 ④

종합상황실의 실장은 다음의 어느 하나에 해당하는 상황이 발생하는 때에는 그 사실을 지체 없이 서면 · 팩스 또는 컴퓨터통신 등으로 소방서의 종합상황실의 경우는 소방본부의 종합상황실에, 소방본부의 종합상황실의 경우는 소방청의 종합상황실에 각각 보고해야 한다.
1. 사망자가 5인 이상 발생하거나 사상자가 10인 이상 발생한 화재
2. 이재민이 100인 이상 발생한 화재
3. 재산피해액이 50억원 이상 발생한 화재
4. 관공서 · 학교 · 정부미도정공장 · 문화재 · 지하철 또는 지하구의 화재
5. 관광호텔, 층수가 11층 이상인 건축물, 지하상가, 시장, 백화점, 지정수량의 3천배 이상의 위험물의 제조소 · 저장소 · 취급소, 층수가 5층 이상이거나 객실이 30실 이상인 숙박시설, 층수가 5층 이상이거나 병상이 30개 이상인 종합병원 · 정신병원 · 한방병원 · 요양소, 연면적이 1만5천제곱미터 이상인 공장 또는 화재경계지구에서 발생한 화재
6. 철도차량, 항구에 매어둔 총 톤수가 1천톤 이상인 선박, 항공기, 발전소 또는 변전소에서 발생한 화재
7. 가스 및 화약류의 폭발에 의한 화재

PART **3**

업무 및 해설

8. 다중이용업소의 화재

50 　　　　　　　　　　　정답 ②

소방청장은 기본계획 및 시행계획의 수립·시행에 필요한 기초자료를 확보하기 위하여 다음의 사항에 대하여 실태조사를 할 수 있다. 이 경우 관계 중앙행정기관의 장의 요청이 있는 때에는 합동으로 실태조사를 할 수 있다(법 제5조 제1항).
1. 소방대상물의 용도별·규모별 현황
2. 소방대상물의 화재의 예방 및 안전관리 현황
3. 소방대상물의 소방시설 등 설치·관리 현황
4. 그 밖에 기본계획 및 시행계획의 수립·시행을 위하여 필요한 사항

51 　　　　　　　　　　　정답 ①

⊕　　　　핵심 포인트　　　　⊕

스프링클러설비(영 별표 5)

1. 스프링클러설비를 설치해야 하는 특정소방대상물(발전시설 중 전기저장시설은 제외한다)에 적응성 있는 자동소화장치 또는 물분무등소화설비를 화재안전기준에 적합하게 설치한 경우에는 그 설비의 유효범위에서 설치가 면제된다.
2. 스프링클러설비를 설치해야 하는 전기저장시설에 소화설비를 소방청장이 정하여 고시하는 방법에 따라 설치한 경우에는 그 설비의 유효범위에서 설치가 면제된다.

52 　　　　　　　　　　　정답 ②

시·도지사는 영업정지를 명하는 경우로서 그 영업정지가 이용자에게 불편을 주거나 그 밖에 공익을 해칠 우려가 있을 때에는 영업정지처분에 갈음하여 3천만원 이하의 과징금을 부과할 수 있다(법 제36조 제1항).

53 　　　　　　　　　　　정답 ④

하자보수 대상 소방시설과 하자보수 보증기간(영 제6조)
1. 피난기구, 유도등, 유도표지, 비상경보설비, 비상조명등, 비상방송설비 및 무선통신보조설비 : **2년**

2. 자동소화장치, 옥내소화전설비, 스프링클러설비, 간이스프링클러설비, 물분무등소화설비, 옥외소화전설비, 자동화재탐지설비, 상수도소화용수설비 및 소화활동설비(무선통신보조설비는 제외한다) : **3년**

54 　　　　　　　　　　　정답 ②

⊕　　　　핵심 포인트　　　　⊕

저수조의 설치기준

1. 지면으로부터의 낙차가 4.5m 이하일 것
2. 흡수부분의 수심이 0.5m 이상일 것
3. 소방펌프자동차가 쉽게 접근할 수 있도록 할 것
4. 흡수에 지장이 없도록 토사 및 쓰레기 등을 제거할 수 있는 설비를 갖출 것
5. 흡수관의 투입구가 사각형의 경우에는 한 변의 길이가 60cm 이상, 원형의 경우에는 지름이 60cm 이상일 것
6. 저수조에 물을 공급하는 방법은 상수도에 연결하여 자동으로 급수되는 구조일 것

55 　　　　　　　　　　　정답 ③

소방대 : 화재를 진압하고 화재, 재난·재해, 그 밖의 위급한 상황에서 구조·구급 활동 등을 하기 위하여 다음의 사람으로 구성된 조직체를 말한다(법 제2조 제5호).
1. 소방공무원
2. 의무소방원
3. 의용소방대원

56 　　　　　　　　　　　정답 ①

⊕　　　　핵심 포인트　　　　⊕

벌칙(법 제33조)

1. 제조소 등 또는허가를 받지 않고 지정수량 이상의 위험물을 저장 또는 취급하는 장소에서 위험물을 유출·방출 또는 확산시켜 사람의 생명·신체 또는 재산에 대하여 위험을 발생시킨 자는 1년 이상 10년 이하의 징역에 처한다.
2. 1.에 따른 죄를 범하여 사람을 상해에 이르게 한 때에는 무기 또는 3년 이상의 징역에 처하며, 사망에 이르게 한 때에는 무기 또는 5년 이상의 징역에 처한다.

57 정답 ④

옥외소화전설비를 설치해야 하는 문화유산인 목조건축물에 상수도소화용수설비를 화재안전기준에서 정하는 방수압력·방수량·옥외소화전함 및 호스의 기준에 적합하게 설치한 경우에는 설치가 면제된다(영 별표 5).

58 정답 ③

다음의 어느 하나에 해당하는 경우에는 제조소 등이 아닌 장소에서 지정수량 이상의 위험물을 취급할 수 있다. 이 경우 임시로 저장 또는 취급하는 장소에서의 저장 또는 취급의 기준과 임시로 저장 또는 취급하는 장소의 위치·구조 및 설비의 기준은 시·도의 조례로 정한다(법 제5조 제2항).
1. 시·도의 조례가 정하는 바에 따라 관할소방서장의 승인을 받아 지정수량 이상의 위험물을 90일 이내의 기간동안 임시로 저장 또는 취급하는 경우
2. 군부대가 지정수량 이상의 위험물을 군사목적으로 임시로 저장 또는 취급하는 경우

59 정답 ④

핵심 포인트
숙박시설

1. 일반형 숙박시설
2. 생활형 숙박시설
3. 고시원(근린생활시설에 해당하지 않는 것을 말한다)
4. 그 밖에 1.부터 3.까지의 시설과 비슷한 것

60 정답 ③

핵심 포인트	
소방안전교육사의 배치대상별 배치기준(영 별표 2의3)	
배치대상	배치기준(단위 : 명)
1. 소방청	2 이상
2. 소방본부	2 이상
3. 소방서	1 이상
4. 한국소방안전원	본회 : 2 이상 시·도지부 : 1 이상
5. 한국소방산업기술원	2 이상

제2회 빈출 모의고사
4과목 소방전기시설의 구조 및 원리

61 ①	62 ③	63 ②	64 ④	65 ②
66 ④	67 ①	68 ④	69 ①	70 ①
71 ③	72 ④	73 ①	74 ①	75 ②
76 ①	77 ②	78 ①	79 ④	80 ②

61 정답 ①

비상콘센트설비의 전원부와 외함 사이의 절연저항 및 절연내력은 다음의 기준에 적합해야 한다(비상콘센트설비의 화재안전성능기준(NFPC 504 제4조 제6항)).
1. 절연저항은 전원부와 외함 사이를 500V 절연저항계로 측정할 때 20MΩ 이상일 것
2. 절연내력은 전원부와 외함 사이에 정격전압이 150V 이하인 경우에는 1,000V의 실효전압을, 정격전압이 150V 이상인 경우에는 그 정격전압에 2를 곱하여 1,000을 더한 실효전압을 가하는 시험에서 1분 이상 견디는 것으로 할 것

62 정답 ③

핵심 포인트		
부착 높이에 따른 연기감지기의 종류		
부착높이	감지기의 종류(단위 : m²)	
	1종 및 2종	3종
4m 미만	150	50
4m 이상 20m 미만	75	–

63 정답 ②

예비전원은 감시상태를 60분간 지속한 후 10분 이상 동작(화재속보 후 화재표시 및 경보를 10분간 유지하는 것을 말한다)이 지속될 수 있는 용량이어야 한다(제5조 제7호).

64 　　　　　　　정답 ④

비상콘센트설비의 외함(수납형은 부품지지판) 전면에는 다음의 사항을 쉽게 지워지지 아니하도록 표시하여야 한다(제9조).

1. 종별(함표면에 "비상콘센트" 표기 별도) 및 성능인증번호
2. 제조년월일, 제조번호 및 로트번호
3. 제조업체명
4. 정격전압 및 정격전류

65 　　　　　　　정답 ②

감지기회로의 도통시험을 위한 종단저항은 다음의 기준에 따를 것

1. 점검 및 관리가 쉬운 장소에 설치할 것
2. 전용함을 설치하는 경우 그 설치 높이는 바닥으로부터 1.5m 이내로 할 것
3. 감지기 회로의 끝부분에 설치하며, 종단감지기에 설치할 경우에는 구별이 쉽도록 해당 감지기의 기판 및 감지기 외부 등에 별도의 표시를 할 것

66 　　　　　　　정답 ④

분배기·분파기 및 혼합기 등은 다음의 기준에 따라 설치해야 한다.

1. 먼지·습기 및 부식 등에 따라 기능에 이상을 가져오지 않도록 할 것
2. 임피던스는 50Ω의 것으로 할 것
3. 점검에 편리하고 화재 등의 재해로 인한 피해의 우려가 없는 장소에 설치할 것

67 　　　　　　　정답 ①

누설동축케이블 방식

68 　　　　　　　정답 ④

비상콘센트를 보호하기 위한 비상콘센트보호함은 다음의 기준에 따라 설치해야 한다.

1. 보호함에는 쉽게 개폐할 수 있는 문을 설치할 것
2. 보호함 표면에 "비상콘센트"라고 표시한 표지를 할 것
3. 보호함 상부에 적색의 표시등을 설치할 것(다만, 비상콘센트의 보호함을 옥내소화전함 등과 접속하여 설치하는 경우에는 옥내소화전함 등의 표시등과 겸용할 수 있다.)

69 　　　　　　　정답 ①

과누전시험 : 변류기는 1개의 전선을 변류기에 부착시킨 회로를 설치하고 출력단자에 부하저항을 접속한 상태로 당해 1개의 전선에 변류기의 정격전압의 20%에 해당하는 수치의 전류를 5분간 흘리는 경우 그 구조 또는 기능에 이상이 생기지 아니하여야 한다(제14조).

70 　　　　　　　정답 ①

절연저항시험 : 변류기는 DC 500V의 절연저항계로 다음에 의한 시험을 하는 경우 5MΩ 이상이어야 한다(제19조).

1. 절연된 1차권선과 2차권선 간의 절연저항
2. 절연된 1차권선과 외부금속부 간의 절연저항
3. 절연된 2차권선과 외부금속부 간의 절연저항

71 　　　　　　　정답 ③

건조실 또는 살균실 등에 적응성 있는 열감지기 : 정온식 특종, 정온식 1종, 열아날로그식

72 　　　　　　　정답 ④

비상벨설비 또는 자동식 사이렌설비

1. 비상벨설비 또는 자동식 사이렌설비는 부식성 가스 또는 습기 등으로 인하여 부식의 우려가 없는 장소에 설치해야 한다.
2. 지구음향장치는 특정소방대상물의 층마다 설치하되, 해당 층의 각 부분으로부터 하나의 음향장치까지의 수평거리가 25m 이하가 되도록 하고, 해당 층의 각 부분에 유효하게 경보를 발할 수 있도록 설치해야 한다. 다만, 「비상방송

설비의 화재안전기술기준(NFTC 202)」에 적합한 방송설비를 비상벨설비 또는 자동식 사이렌설비와 연동하여 작동하도록 설치한 경우에는 지구음향장치를 설치하지 않을 수 있다.

3. 음향장치는 정격전압의 80% 전압에서도 음향을 발할 수 있도록 해야 한다. 다만, 건전지를 주전원으로 사용하는 음향장치는 그렇지 않다.

4. 음향장치의 음향의 크기는 부착된 음향장치의 중심으로부터 1m 떨어진 위치에서 음압이 90dB 이상이 되는 것으로 해야 한다.

73   정답 ①

분리형 경보기의 탐지부 및 단독형 경보기는 다음의 장소 이외의 장소에 설치해야 한다.

1. 출입구 부근 등으로서 외부의 기류가 통하는 곳
2. 환기구 등 공기가 들어오는 곳으로부터 1.5m 이내인 곳
3. 연소기의 폐가스에 접촉하기 쉬운 곳
4. 가구 · 보 · 설비 등에 가려져 누설가스의 유통이 원활하지 못한 곳
5. 수증기 또는 기름 섞인 연기 등이 직접 접촉될 우려가 있는 곳

74   정답 ①

무선통신보조설비의 설치 제외 : 지하층으로서 특정소방대상물의 바닥부분 2면 이상이 지표면과 동일하거나 지표면으로부터의 깊이가 1m 이하인 경우에는 해당 층에 한해 무선통신보조설비를 설치하지 아니할 수 있다.

75   정답 ②

② **공용배전반** : 소방회로 및 일반회로 겸용의 것으로서 개폐기, 과전류차단기, 계기와 그 밖의 배선용기기 및 배선을 금속제 외함에 수납한 것을 말한다.

① **전용배전반** : 소방회로 전용의 것으로서 개폐기, 과전류차단기, 계기와 그 밖의 배선용기기 및 배선을 금속제 외함에 수납한 것을 말한다.

③ **배전반** : 전력생산시설 등으로부터 직접 전력을 공급받아 분전반에 전력을 공급해주는 배전반을 말한다.

④ **분전반** : 배전반으로부터 전력을 공급받아 부하에 전력을 공급해주는 배전반을 말한다.

76   정답 ①

① **투광식** : 광원의 빛이 통과하는 투과면에 피난유도표시 형상을 인쇄하는 방식을 말한다(제2조 제17호).

② **패널식** : 영상표시소자(LED, LCD 및 PDP 등)를 이용하여 피난유도표시 형상을 영상으로 구현하는 방식을 말한다(제2조 제18호).

③ **단일표시형** : 한 가지 형상의 표시만으로 피난유도표시를 구현하는 방식을 말한다(제2조 제14호).

④ **방수형** : 그 구조가 방수구조로 되어 있는 것을 말한다(제2조 제12호).

77   정답 ②

신호처리방식 : 화재신호 및 상태신호 등을 송수신하는 방식으로서 다음의 방식을 말한다.

1. 유선식은 화재신호 등을 배선으로 송 · 수신하는 방식
2. 무선식은 화재신호 등을 전파에 의해 송 · 수신하는 방식
3. 유 · 무선식은 유선식과 무선식을 겸용으로 사용하는 방식

78   정답 ①

⊕ 핵심 포인트 ⊕

부착높이에 따른 감지기의 종류(2.4.1)

부착높이	감지기의 종류
4m 미만	차동식(포스트형, 분포형), 보상식 포스트형, 정온식(포스트형, 감지선형), 이온화식 또는 광전식(포스트형, 분리형, 공기흡입형), 열복합형, 연기복합형, 열연기복합형, 불꽃감지기
4m 이상 8m 미만	차동식(포스트형, 분포형), 보상식 포스트형, 정온식(포스트형, 감지선형) 특종 또는 1종, 이온화식 1종 또는 2종, 광전식(포스트형, 분리형, 공기흡입형) 1종 또는 2종, 열복합형, 연기복합형, 열연기복합형, 불꽃감지기
8m 이상 15m 미만	차동식 분포형, 이온화식 1종 또는 2종, 광전식(포스트형, 분리형, 공기흡입형) 1종 또는 2종, 연기복합형, 불꽃감지기

PART **3**

정답 및 해설

79 정답 ④

큐비클형의 설치기준

1. 전용큐비클 또는 공용큐비클식으로 설치할 것
2. 외함은 두께 2.3mm 이상의 강판과 이와 동등 이상의 강도와 내화성능이 있는 것으로 제작해야 하며, 개구부에는 방화문으로서 60분＋방화문, 60분 방화문 또는 30분 방화문으로 설치할 것
3. 다음의 기준(옥외에 설치하는 것에 있어서는 ㉠부터 ㉢까지)에 해당하는 것은 외함에 노출하여 설치할 수 있다.
    ㉠ 표시등(불연성 또는 난연성재료로 덮개를 설치한 것에 한한다)
    ㉡ 전선의 인입구 및 인출구
    ㉢ 환기장치
    ㉣ 전압계(퓨즈 등으로 보호한 것에 한한다)
    ㉤ 전류계(변류기의 2차 측에 접속된 것에 한한다)
    ㉥ 계기용 전환스위치(불연성 또는 난연성재료로 제작된 것에 한한다)
4. 외함은 건축물의 바닥 등에 견고하게 고정할 것
5. 외함에 수납하는 수전설비, 변전설비와 그 밖의 기기 및 배선은 다음의 기준에 적합하게 설치할 것
    ㉠ 외함 또는 프레임(Frame) 등에 견고하게 고정할 것
    ㉡ 외함의 바닥에서 10cm(시험단자, 단자대 등의 충전부는 15cm) 이상의 높이에 설치할 것
6. 전선 인입구 및 인출구에는 금속관 또는 금속제 가요전선관을 쉽게 접속할 수 있도록 할 것
7. 환기장치는 다음의 기준에 적합하게 설치할 것
    ㉠ 내부의 온도가 상승하지 않도록 환기장치를 할 것
    ㉡ 자연환기구의 개구부 면적의 합계는 외함의 한 면에 대하여 해당 면적의 3분의 1 이하로 할 것(이 경우 하나의 통기구의 크기는 직경 10mm 이상의 둥근 막대가 들어가서는 안 된다.)
    ㉢ 자연환기구에 따라 충분히 환기할 수 없는 경우에는 환기설비를 설치할 것
    ㉣ 환기구에는 금속망, 방화댐퍼 등으로 방화조치를 하고, 옥외에 설치하는 것은 빗물 등이 들어가지 않도록 할 것
8. 공용큐비클식의 소방회로와 일반회로에 사용되는 배선 및 배선용기기는 불연재료로 구획할 것
9. 그 밖의 큐비클형의 설치에 관하여는 한국산업표준에 적합할 것

80 정답 ②

통로유도등 : 피난통로를 안내하기 위한 유도등으로 복도통로유도등, 거실통로유도등, 계단통로유도등을 말한다.

제3회 빈출 모의고사

1과목 소방원론

01 ③	02 ④	03 ①	04 ④	05 ①
06 ③	07 ④	08 ②	09 ③	10 ④
11 ③	12 ③	13 ②	14 ⑤	15 ⑤
16 ②	17 ③	18 ④	19 ①	20 ④

01   정답 ③

탱크의 바닥에 고인 물의 비등 팽창에 의해 발생하는 것은 보일 오버(boil over) 현상이다. 유류탱크 화재 시 액체위험물의 밑부분에 존재하고 있던 물이 열파에 의해 비점 이상으로 되면 급격히 증발하면서 액체를 탱크 밖으로 비산시켜 화재를 확대시키는 현상이다.

슬롭 오버(Slop over)현상 : 온도가 상승하면서 기름이 타게 되고, 이런 상황에서 물을 뿌리게 되면 물이 수증기로 급변하면서 상승하게 되는데 이렇게 폭발하듯이 불길이 퍼지는 현상이다.

02   정답 ④

제3종 분말소화약제는 A급, B급, C급의 어떤 화재에도 사용할 수 있는 일명 ABC 분말 소화약제이다. 열분해 시 흡열반응에 의한 냉각효과, 열분해 시 발생되는 불연성 가스(NH_3, H_2O 등)에 의한 질식효과, 반응과정에서 생성된 메타인산(HPO_3)의 방진효과, 열분해 시 유리된 NH_4+와 분말 표면의 흡착에 의한 부촉매효과, 분말 운무에 의한 열방사의 차단효과, 오르쏘인산에 의한 섬유소의 탈수 · 탄화작용 등의 소화효과가 나타난다.

03   정답 ①

확산속도는 분자량의 제곱근에 반비례하므로

$$\frac{U_B}{U_A} = \sqrt{\frac{M_A}{M_B}}$$

(U_B : 공기의 확산속도, U_A : 할론 1301의 확산속도, M_B : 공기의 분자량, M_A : 할론 1301의 분자량)

$$U_B = U_A \times \sqrt{\frac{M_A}{M_B}} = 1 \times \sqrt{\frac{149}{29}} = 2.27배$$

04   정답 ④

합성계면활성제포는 사람이 접근하기 어려운 곳의 화재에 고발포로 빠르게 질식, 소화시킬 수 있다.

05   정답 ①

① 보일 오버(Boil over) : 점성이 큰 유류탱크 화재 시 기름하부의 물이 비등하여 불붙은 기름이 분출되어 화재가 확대되는 현상
② 플래시 오버(Flash over) : 건축물의 실내에서 화재가 발생하였을 때 발화로부터 화재가 서서히 진행하다가 어느 정도 시간이 경과함에 따라 대류와 복사현상에 의해 일정 공간 안에 열과 가연성 가스가 축적되고 발화온도에 이르게 되어 일순간에 폭발적으로 전체가 화염에 휩싸이는 화재현상이다.
③ 백 드래프트(Back draft) : 산소가 부족하거나 훈소상태에 있는 실내에 산소가 일시적으로 다량 공급될 때 연소가스가 순간적으로 발화하는 현상이다.

06   정답 ③

③ 제1종 분말은 백색이고 BC급 화재에 적응한다.
① 제3종 분말은 ABC급 화재에 적응한다.
② 제3종 분말은 제1인산암모늄이 주성분이다.
④ 제2종 분말의 주성분은 중탄산칼륨이다.

07   정답 ④

피난층 : 직접 지상으로 통하는 출입구가 있는 층 및 피난안전구역을 말한다(건축법 시행령 제34조 제1항).

PART 3

정답 및 해설

08 정답 ②

핵심 포인트

포소화약제가 갖추어야 할 조건

1. 부착성이 있을 것
2. 유동성과 내열성이 있을 것
3. 응집성과 안정성이 있을 것
4. 포의 소포성이 적어야 할 것
5. 유류와의 점착성이 좋고 유류의 표면에 잘 분산될 것
6. 독성이 없고 인체에 무해할 것

09 정답 ③

분진폭발을 일으키는 중요한 물질에는 마그네슘, 티탄, 지르콘, 알루미늄, 황, 비누, 석탄산수지, 폴리에틸렌, 경질고무, 송진, 석탄, 전분, 소맥분 등의 분말이다. 팽창질석과 팽창진주암은 D급 화재의 소화약제이다.

10 정답 ④

방화벽의 구조(건축물의 피난·방화구조 등의 기준에 관한 규칙 제21조 제1항)

1. 내화구조로서 홀로 설 수 있는 구조일 것
2. 방화벽의 양쪽 끝과 윗쪽 끝을 건축물의 외벽면 및 지붕면으로부터 0.5미터 이상 튀어 나오게 할 것
3. 방화벽에 설치하는 출입문의 너비 및 높이는 각각 2.5미터 이하로 하고, 해당 출입문에는 60＋방화문 또는 60분방화문을 설치할 것

11 정답 ③

방화구획의 설치기준(건축물의 피난·방화구조 등의 기준에 관한 규칙 제14조 제1항)

1. 10층 이하의 층은 바닥면적 1천m^2(스프링클러 기타 이와 유사한 자동식 소화설비를 설치한 경우에는 바닥면적 3천m^2) 이내마다 구획할 것
2. 매층마다 구획할 것(다만, 지하 1층에서 지상으로 직접 연결하는 경사로 부위는 제외한다.)
3. 11층 이상의 층은 바닥면적 200m^2(스프링클러 기타 이와 유사한 자동식 소화설비를 설치한 경우에는 600m^2)이내마다 구획할 것(다만, 벽 및 반자의 실내에 접하는 부분의

마감을 불연재료로 한 경우에는 바닥면적 500m^2(스프링클러 기타 이와 유사한 자동식 소화설비를 설치한 경우에는 1천500m^2) 이내마다 구획하여야 한다.

4. 필로티나 그 밖에 이와 비슷한 구조(벽면적의 2분의 1 이상이 그 층의 바닥면에서 위층 바닥 아래면까지 공간으로 된 것만 해당한다)의 부분을 주차장으로 사용하는 경우 그 부분은 건축물의 다른 부분과 구획할 것

12 정답 ①

제2류 위험물(가연성 고체) : 황화인, 적린, 황, 철분, 금속분, 마그네슘, 인화성 고체

13 정답 ②

연기의 유동속도는 수평방향 0.5~1m/s, 수직방향 2~3m/s, 실내계단 3~5m/s이다.

14 정답 ③

이상기체 방정식은 $PV=nRT=\dfrac{W}{M}RT$, $M=\dfrac{WRT}{PV}$

(P : 압력, V : 부피, n : mol수, R : 기체상수, T : 절대온도, W : 무게, M : 분자량)

$M=\dfrac{WRT}{PV}=\dfrac{22\times0.08205\times273}{1\times11.2}=44$

15 정답 ④

경유화재가 발생했을 때 주수소화가 오히려 위험할 수 있는 이유는 물보다 비중이 가벼워 물 위에 떠서 화재면 확대의 우려가 있기 때문이다.

16 정답 ②

내화구조와 방화벽(건축법시행령 제3조)

1. 모든 벽
   ㄱ. 철근콘크리트조 또는 철골철근콘크리트조로서 두께가 10cm 이상인 것
   ㄴ. 골구를 철골조로 하고 그 양면을 두께 4cm 이상의 철망모르타르(그 바름바탕을 불연재료로 한 것으로 한정

한다.) 또는 두께 5cm 이상의 콘크리트블록 · 벽돌 또는 석재로 덮은 것

ⓒ 철재로 보강된 콘크리트블록조 · 벽돌조 또는 석조로서 철재에 덮은 콘크리트블록 등의 두께가 5cm 이상인 것

ⓔ 벽돌조로서 두께가 19cm 이상인 것

ⓜ 고온 · 고압의 증기로 양생된 경량기포 콘크리트패널 또는 경량기포 콘크리트블록조로서 두께가 10cm 이상인 것

2. 비내력벽

ⓖ 철근콘크리트조 또는 철골철근콘크리트조로서 두께가 7cm 이상인 것

ⓛ 골구를 철골조로 하고 그 양면을 두께 3cm 이상의 철망모르타르 또는 두께 4cm 이상의 콘크리트블록 · 벽돌 또는 석재로 덮은 것

ⓒ 철재로 보강된 콘크리트블록조 · 벽돌조 또는 석조로서 철재에 덮은 콘크리트블록 등의 두께가 4cm 이상인 것

ⓔ 무근콘크리트조 · 콘크리트블록조 · 벽돌조 또는 석조로서 그 두께가 7cm 이상인 것

---

17 정답 ③

제4류 위험물인 인화성액체는 액체(제3석유류, 제4석유류 및 동식물유류의 경우 1기압과 섭씨 20도에서 액체인 것만 해당한다)로서 인화의 위험성이 있는 것을 말한다. 인화점이 낮을수록 증기발생이 용이하므로 위험하다. 인화성 액체이므로 정전기에 의한 화재발생 위험이 있다.

---

18 정답 ④

④ 이산화탄소는 산소와 반응하지 않고 불연성 가스로 공기보다 무겁다.

⊕ **핵심 포인트** ⊕

이산화탄소의 질식 및 냉각효과

1. 이산화탄소의 증기비중이 산소보다 크기 때문에 가연물과 산소의 접촉을 방해한다.
2. 액체 이산화탄소가 기화되는 과정에서 열을 흡수한다.
3. 이산화탄소는 불연성 가스로서 가연물의 연소반응을 방해한다.
4. 이산화탄소는 산소와 더 이상 반응하지 않는다.

---

19 정답 ①

약제 분말의 크기는 10μ에서 75μ까지의 범위이고, 최적의 효과를 나타내는 입도는 $20{\sim}25\mu$이다. 분말 크기는 소화효능에 절대적인 영향을 미치므로 분말이 성능에 영향을 주는 이러한 범위에 벗어나지 않도록 해야 한다.

---

20 정답 ④

물의 기화열은 약 40.65kJ/mol, 2,260kJ/kg 또는 약 540cal/g이다. 100℃에서 물 1g을 완전히 기화시키려면 539.6cal의 열량을 가해 주어야 하는데, 이것을 물의 기화열(또는 증발열)이라고 한다.

제3회 빈출 모의고사

2과목 소방전기일반

21 ①	22 ④	23 ①	24 ④	25 ②
26 ④	27 ②	28 ①	29 ②	30 ④
31 ②	32 ①	33 ④	34 ①	35 ③
36 ②	37 ①	38 ②	39 ①	40 ①

PART 3

정답 및 해설

---

21 정답 ①

선간전압 V, 기동 시 1상 임피던스 Z, 선전류 I는 Y결선 $I_Y = \dfrac{V}{\sqrt{3}Z}$, △결선 $I_\triangle = \dfrac{\sqrt{3}V}{Z}$이다.

전류비는 $\dfrac{I_Y}{I_\triangle} = \dfrac{\dfrac{V}{\sqrt{3}Z}}{I_\triangle \dfrac{\sqrt{3}V}{Z}} = \dfrac{V}{\sqrt{3}Z} \times \dfrac{Z}{\sqrt{3}V} = \dfrac{1}{3}$,

$I_Y = \dfrac{1}{3}I_\triangle$ 토크 T는 각 상전압의 제공에 비례하므로

$T_Y = \dfrac{1}{3}T_\triangle$, $T_\triangle = 3T_Y$이다.

22 정답 ④

전계의 세기는 $E=9\times10^9\times\dfrac{Q}{r^2}$이다.

위치벡터는 $r=1i+2j+2k$이므로

$|r|=\sqrt{1^2+2^2+2^2}=3$이다.

따라서 $E=9\times10^9\times\dfrac{10^{-7}}{3^2}=100V/m$이다.

23 정답 ①

핵심 포인트

시퀀스회로 논리식

1. 병렬(OR)회로이므로 논리식은 $A+C$이다.
2. 직렬(AND)회로이므로 논리식은 $(A+C)\cdot\overline{B}$이다. 누름버튼 스위치 B는 b접점이므로 $\overline{B}$이다.

24 정답 ④

논리식을 간단히 하면

$$Y=\overline{A}\overline{B}C+A\overline{B}\,\overline{C}+A\overline{B}C$$
$$=\overline{A}\overline{B}C+A\overline{B}(\overline{C}+C)=\overline{A}\overline{B}C+A\overline{B}\cdot1=\overline{A}\overline{B}C+A\overline{B}$$
$$=\overline{B}\cdot(\overline{A}C+A)=\overline{B}\cdot(\overline{A}+A)\cdot(A+C)$$
$$=\overline{B}\cdot1\cdot(A+C)=\overline{B}\cdot(A+C)$$

25 정답 ②

② 비례제어 : 비례 동작을 가하여 하는 제어방식으로 잔류편차가 있다.
① 적분제어 : 비례제어에서 발생하는 잔류편차를 적분 동작으로 제거해 오차를 줄이기 위한 제어방법이다.
③ 비례적분제어 : 리셋부+비례동작 또는 단순히 PI 동작이라고도 하며 비례 제어에 적분 동작을 가미한 것이다.
④ 비례적분미분제어 : 편차의 크기에 따라 제어기구의 게인(gain)을 결정하여 제어한다든지, 편차의 시간변화(미분량)에 대응시켜 제어한다든지, 편차를 시간적으로 적산한 양에 대응해서 제어하는 방법이다.

26 정답 ④

실제속도 $N=N_s(1-s)=\dfrac{120f}{P}(1-s)$ (N_s : 동기속도, s : 슬립, f : 주파수, P : 극수)

동기속도 $Ns=\dfrac{N}{1-s}=\dfrac{1,700}{1-0.056}=1,800.85\,rpm$

27 정답 ②

자계의 세기 $H=2\sqrt{2}\dfrac{I}{\pi L}=2\sqrt{2}\dfrac{1}{\pi\times0.15}\fallingdotseq6AT/m$

28 정답 ①

- 소비전력 $P=IV=\dfrac{V^2}{R}=I^2R$
- 객석유도등 10개의 소비전력 $\text{P}=10\times25=250W$
- 전류 $I=\dfrac{P}{V}=\dfrac{250}{220}\fallingdotseq1.14A$

29 정답 ②

출력 $C(s)=G(s)R(s)-G(s)H(s)C(s)+D(s)$

$C(s)+G(s)H(s)C(s)=G(s)R(s)+D(s)$

$1+G(s)H(s)C(s)=G(s)R(s)+D(s)$

$C(s)=\dfrac{G(s)}{1+G(s)H(s)}R(s)+\dfrac{1}{1+G(s)H(s)}D(s)$

입력 $R(s)$를 0으로 하고 외란 $D(s)$를 입력으로 하면 전달함수 $\dfrac{C(s)}{D(s)}$는 $C(s)=\dfrac{1}{1+G(s)H(s)}D(s)$에서

$\dfrac{C(s)}{D(s)}=\dfrac{1}{1+G(s)H(s)}$이다.

30 정답 ④

단상 유도전동기의 기동 토크 순서 : 반발 기동형>반발 유도형>콘덴서 기동형>분상 기동형>세이딩 코일형

31 정답 ②

전압원을 단락시키면 전류는 반시계방향으로 흐르기 때문에

전류 $I=-1A$이다. 전압 $V=IR$, $I_1=(-1)\times5=-5V$

32　　　　　정답 ③

밀만의 정리 : 다수의 전압원이 병렬로 접속된 회로를 간단하게 전압원의 등가회로(테브난의 등가회로)로 대치시키는 방법이다.

$$V_{ab}=\cfrac{\cfrac{V_1}{R_1}+\cfrac{V_2}{R_2}}{\cfrac{1}{R_1}+\cfrac{1}{R_2}}=\cfrac{\cfrac{10}{20}+\cfrac{30}{5}}{\cfrac{1}{20}+\cfrac{1}{5}}=26V$$

33　　　　　정답 ④

온도변화 후의 전선의 저항 $R=R_0(1+\alpha\Delta t)$,
30℃에서 전선의 저항 $R=10\times[1+0.0043\times(30-0)]=$
11.29Ω

34　　　　　정답 ①

핵심 포인트

오차율과 보정률

1. 오차율은 참값에 대한 오차의 비율이다.

$$오차율=\frac{M-T}{T}\times100\%$$

2. 보정률은 보정을 측정값으로 나눈 값이다.

$$보정률=\frac{T-M}{M}\times100\%$$

35　　　　　정답 ③

순시전류 $i(t)=I_m\sin(\omega t-\theta)$, 순시전압 $v(t)=V_m\sin\omega tV$,
실효전류 $I=\cfrac{12}{\sqrt{2}}A$, 실효전압 $V=\cfrac{150}{\sqrt{2}}V$,
위상차 $\theta=\theta_1-\theta_2$, $\theta=30°-0°=30°$, 역률 $\cos30°=0.866$
유효전력 $P=IV\cos\theta$, $P=\cfrac{12}{\sqrt{2}}\times\cfrac{150}{\sqrt{2}}\times0.866=779.4W$

36　　　　　정답 ②

핵심 포인트

LC 직렬회로의 과도현상

1. 전류 $I(t)=\cfrac{E}{\sqrt{L/C}}\sin\cfrac{1}{\sqrt{LC}}t$

2. 전하량 $Q(t)=CE\left(1-\cos\cfrac{1}{\sqrt{LC}}t\right)C$

37　　　　　정답 ①

NOR 회로 : OR회로의 출력에서 NOT회로를 조합시킨 논리합의 부정회로로 2개의 입력신호가 모두 0일 때 출력이 1인 회로이다. $Y=\overline{A+B}=\overline{A}\cdot\overline{B}$

38　　　　　정답 ②

핵심 포인트

R-L 직렬회로

- 전류 $I=\cfrac{V}{Z}=\cfrac{V}{\sqrt{R^2+(\omega L)^2}}=\cfrac{220}{\sqrt{10^2+20^2}}=9.84A$

- 위상 $\tan\theta=\cfrac{\omega L}{R}$, $\theta=\tan^{-1}\cfrac{\omega L}{R}=\tan^{-1}\cfrac{20}{10}$
$=63.43°$

- 전류 $I=9.84\angle(0°-63.43°)=9.84\angle-63.43°A$

39　　　　　정답 ①

핵심 포인트

쿨롱의 법칙

정전기력 $F=9\times10^9\times\cfrac{Q_1Q_2}{r^2}$

$$=9\times10^9\times\cfrac{(10\times10^{-6})\times(20\times10^{-6})}{1^2}$$

$$=1.8N$$

40　　　　　정답 ①

면전하밀도 $\sigma=\cfrac{Q}{A}=\cfrac{Q}{4\pi r^2}C/m^2$

PART **3**
정답 및 해설

도체 표면에서의 전계의 세기 E(V/m)

$$E = \frac{Q}{4\pi r^2} = \frac{Q}{4\pi \varepsilon_0 \varepsilon_r r^2} = \frac{Q}{4\pi \varepsilon_0 r^2} = \frac{4\pi r^2 \sigma}{4\pi \varepsilon_0 r^2} = \frac{\sigma}{\varepsilon_0}$$

제3회 빈출 모의고사

3과목 소방관계법규

41 ①	42 ③	43 ③	44 ②	45 ③
46 ②	47 ①	48 ④	49 ③	50 ①
51 ④	52 ③	53 ①	54 ③	55 ④
56 ③	57 ②	58 ①	59 ②	60 ①

41   정답 ①

소방대상물 : 건축물, 차량, 선박(선박으로서 항구에 매어둔 선박만 해당한다), 선박 건조 구조물, 산림, 그 밖의 인공 구조물 또는 물건을 말한다(법 제2조 제1호).

42   정답 ③

종합점검에 해당하는 특정소방대상물 대상(규칙 별표 3)
1. 소방시설이 신설된 특정소방대상물
2. 스프링클러설비가 설치된 특정소방대상물
3. 물분무등소화설비[호스릴(hose reel) 방식의 물분무등소화설비만을 설치한 경우는 제외한다]가 설치된 연면적 5,000m² 이상인 특정소방대상물(제조소 등은 제외한다)
4. 다중이용업의 영업장이 설치된 특정소방대상물로서 연면적이 2,000m² 이상인 것
5. 제연설비가 설치된 터널
6. 공공기관 중 연면적(터널·지하구의 경우 그 길이와 평균 폭을 곱하여 계산한 값을 말한다)이 1,000m² 이상인 것으로서 옥내소화전설비 또는 자동화재탐지설비가 설치된 것(다만, 소방대가 근무하는 공공기관은 제외한다.)

43   정답 ③

예방규정을 정하여야 하는 위험물 제조소 등(영 제15조 제1항)
1. 지정수량의 10배 이상의 위험물을 취급하는 제조소
2. 지정수량의 100배 이상의 위험물을 저장하는 옥외저장소
3. 지정수량의 150배 이상의 위험물을 저장하는 옥내저장소
4. 지정수량의 200배 이상의 위험물을 저장하는 옥외탱크저장소
5. 암반탱크저장소
6. 이송취급소
7. 지정수량의 10배 이상의 위험물을 취급하는 일반취급소. 다만, 제4류 위험물(특수인화물을 제외한다)만을 지정수량의 50배 이하로 취급하는 일반취급소(제1석유류·알코올류의 취급량이 지정수량의 10배 이하인 경우에 한한다)로서 다음의 어느 하나에 해당하는 것을 제외한다.
   ㉠ 보일러·버너 또는 이와 비슷한 것으로서 위험물을 소비하는 장치로 이루어진 일반취급소
   ㉡ 위험물을 용기에 옮겨 담거나 차량에 고정된 탱크에 주입하는 일반취급소

44   정답 ②

식품접객업 중 일반음식점 주방에서 조리를 위하여 불을 사용하는 설비를 설치하는 경우에는 다음의 사항을 지켜야 한다.
1. 주방설비에 부속된 배출덕트(공기 배출통로)는 0.5mm 이상의 아연도금강판 또는 이와 같거나 그 이상의 내식성 불연재료로 설치할 것
2. 주방시설에는 동물 또는 식물의 기름을 제거할 수 있는 필터 등을 설치할 것
3. 열을 발생하는 조리기구는 반자 또는 선반으로부터 0.6m 이상 떨어지게 할 것
4. 열을 발생하는 조리기구로부터 0.15m 이내의 거리에 있는 가연성 주요구조부는 단열성이 있는 불연재료로 덮어씌울 것

45   정답 ③

감리업자는 감리를 할 때 소방시설공사가 설계도서나 화재안전기준에 맞지 아니할 때에는 관계인에게 알리고, 공사업자에게 그 공사의 시정 또는 보완 등을 요구하여야 한다(법 제19조 제1항).

46　정답 ②

소방업무의 응원 요청을 받은 소방본부장 또는 소방서장은 정당한 사유 없이 그 요청을 거절하여서는 아니 된다(법 제11조 제2항).

47　정답 ①

핵심 포인트

소방시설의 종류(영 별표 1)

1. **소화설비** : 소화기구, 자동소화장치, 옥내소화전설비, 스프링클러설비, 물분무등소화설비, 옥외소화전설비
2. **경보설비** : 단독경보형 감지기, 비상경보설비, 자동화재탐지설비, 시각경보기, 화재알림설비, 비상방송설비, 자동화재속보설비, 통합감시시설, 누전경보기, 가스누설경보기
3. **피난구조설비** : 피난기구, 인명구조기구, 유도등, 비상조명등 및 휴대용 비상조명등
4. **소화용수설비** : 상수도소화용수설비, 소화수조·저수조, 그 밖의 소화용수설비
5. **소화활동설비** : 제연설비, 연결송수관설비, 연결살수설비, 비상콘센트설비, 무선통신보조설비, 연소방지설비

48　정답 ④

지정수량의 200배 이상의 위험물을 저장하는 옥외탱크저장소(영 제15조 제1항 제4호)

핵심 포인트

정기점검의 대상인 제조소 등(영 제16조)

1. 예방규정에 해당하는 제조소 등
2. 지하탱크저장소
3. 이동탱크저장소
4. 위험물을 취급하는 탱크로서 지하에 매설된 탱크가 있는 제조소·주유취급소 또는 일반취급소

49　정답 ③

다음의 어느 하나에 해당하는 자는 300만원 이하의 벌금에 처한다(법 제59조).

1. 업무를 수행하면서 알게 된 비밀을 이 법에서 정한 목적 외의 용도로 사용하거나 다른 사람 또는 기관에 제공하거나 누설한 자
2. 방염성능검사에 합격하지 아니한 물품에 합격표시를 하거나 합격표시를 위조하거나 변조하여 사용한 자
3. 거짓 시료를 제출한 자
4. 필요한 조치를 하지 아니한 관계인 또는 관계인에게 중대 위반사항을 알리지 아니한 관리업자 등

50　정답 ①

정전기 제거설비 : 위험물을 취급함에 있어서 정전기가 발생할 우려가 있는 설비에는 다음에 해당하는 방법으로 정전기를 유효하게 제거할 수 있는 설비를 설치하여야 한다(규칙 별표 4).

1. 접지에 의한 방법
2. 공기 중의 상대습도를 70% 이상으로 하는 방법
3. 공기를 이온화하는 방법

51　정답 ④

5년 이하의 징역 또는 5천만원 이하의 벌금(법 제50조)

1. 위력을 사용하여 출동한 소방대의 화재진압·인명구조 또는 구급활동을 방해하는 행위
2. 소방대가 화재진압·인명구조 또는 구급활동을 위하여 현장에 출동하거나 현장에 출입하는 것을 고의로 방해하는 행위
3. 출동한 소방대원에게 폭행 또는 협박을 행사하여 화재진압·인명구조 또는 구급활동을 방해하는 행위
4. 출동한 소방대의 소방장비를 파손하거나 그 효용을 해하여 화재진압·인명구조 또는 구급활동을 방해하는 행위
5. 소방자동차의 출동을 방해한 사람
6. 사람을 구출하는 일 또는 불을 끄거나 불이 번지지 아니하도록 하는 일을 방해한 사람
7. 정당한 사유 없이 소방용수시설 또는 비상소화장치를 사용하거나 소방용수시설 또는 비상소화장치의 효용을 해치거나 그 정당한 사용을 방해한 사람

52 정답 ③

53 정답 ①

소화난이도등급 I 의 제조소 등에 설치하여야 하는 소화설비(규칙 별표 17)

옥내 탱크 저장소	황만을 저장취급하는 것	물분무소화설비
	인화점 70℃ 이상의 제4류 위험물만을 저장취급하는 것	물분무소화설비, 고정식 포소화설비, 이동식 이외의 불활성가스소화설비, 이동식 이외의 할로젠화합물소화설비 또는 이동식 이외의 분말소화설비
	그 밖의 것	고정식 포소화설비, 이동식 이외의 불활성가스소화설비, 이동식 이외의 할로젠화합물소화설비 또는 이동식 이외의 분말소화설비

54 정답 ③

3년 이하의 징역 또는 3천만원 이하의 벌금(법 제35조)

1. 소방시설업 등록을 하지 아니하고 영업을 한 자
2. 부정한 청탁을 받고 재물 또는 재산상의 이익을 취득하거나 부정한 청탁을 하면서 재물 또는 재산상의 이익을 제공한 자

55 정답 ④

제3류, 제4류 및 제5류 위험물 중 인화성이 있는 액체(이황화탄소를 제외한다)의 옥외탱크저장소의 탱크 주위에는 다음의 기준에 의하여 방유제를 설치하여야 한다(규칙 별표 6).

1. 방유제의 용량은 방유제 안에 설치된 탱크가 하나인 때에는 그 탱크 용량의 110% 이상, 2기 이상인 때에는 그 탱크 중 용량이 최대인 것의 용량의 110% 이상으로 할 것(이 경우 방유제의 용량은 당해 방유제의 내용적에서 용량이 최대인 탱크 외의 탱크의 방유제 높이 이하 부분의 용적, 당해 방유제 내에 있는 모든 탱크의 지반면 이상 부분의 기초의 체적, 간막이 둑의 체적 및 당해 방유제 내에 있는 배관 등의 체적을 뺀 것으로 한다.)
2. 방유제는 높이 0.5m 이상 3m 이하, 두께 0.2m 이상, 지하매설깊이가 1m 이상으로 할 것(다만, 방유제와 옥외저장탱크 사이의 지반면 아래에 불침윤성(수분 흡수를 막는 성질) 구조물을 설치하는 경우에는 지하매설깊이를 해당 불침윤성 구조물까지로 할 수 있다.)
3. 방유제 내의 면적은 8만m^2 이하로 할 것
4. 방유제 내에 설치하는 옥외저장탱크의 수는 10(방유제 내에 설치하는 모든 옥외저장탱크의 용량이 20만이하이고, 당해 옥외저장탱크에 저장 또는 취급하는 위험물의 인화점이 70℃ 이상 200℃ 미만인 경우에는 20) 이하로 할 것(다만, 인화점이 200℃ 이상인 위험물을 저장 또는 취급하는 옥외저장탱크에 있어서는 그러하지 아니하다.)

56 정답 ③

57 정답 ②

제6류 산화성 액체 : 과염소산, 과산화수소, 질산

58 정답 ①

핵심 포인트

위험물 및 지정수량(영 별표 1)

제2류	가연성 고체	1. 황화인	100킬로그램
		2. 적린	100킬로그램
		3. 황	100킬로그램
		4. 철분	500킬로그램
		5. 금속분	500킬로그램
		6. 마그네슘	500킬로그램
		7. 그 밖에 행정안전부령으로 정하는 것 8. 제1호부터 제7호까지의 어느 하나에 해당하는 위험물을 하나 이상 함유한 것	100킬로그램 또는 500킬로그램
		9. 인화성고체	1,000킬로그램

59 정답 ②

핵심 포인트

300만원 이하의 벌금(법 제50조 제3항)

1. 화재안전조사를 정당한 사유 없이 거부·방해 또는 기피한 자
2. 명령을 정당한 사유 없이 따르지 아니하거나 방해한 자
3. 소방안전관리자, 총괄소방안전관리자 또는 소방안전관리보조자를 선임하지 아니한 자
4. 소방시설·피난시설·방화시설 및 방화구획 등이 법령에 위반된 것을 발견하였음에도 필요한 조치를 할 것을 요구하지 아니한 소방안전관리자
5. 소방안전관리자에게 불이익한 처우를 한 관계인
6. 업무를 수행하면서 알게 된 비밀을 이 법에서 정한 목적 외의 용도로 사용하거나 다른 사람 또는 기관에 제공하거나 누설한 자

60 정답 ①

핵심 포인트

특급 소방안전관리대상물의 범위

1. 50층 이상(지하층은 제외한다)이거나 지상으로부터 높이가 200m 이상인 아파트
2. 30층 이상(지하층을 포함한다)이거나 지상으로부터 높이가 120m 이상인 특정소방대상물(아파트는 제외한다)
3. 2.에 해당하지 않는 특정소방대상물로서 연면적이 10만m² 이상인 특정소방대상물(아파트는 제외한다)

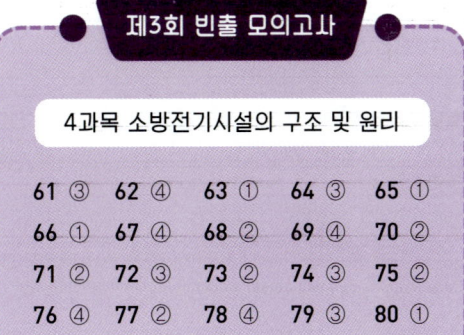

제3회 빈출 모의고사

4과목 소방전기시설의 구조 및 원리

61 ③	62 ④	63 ①	64 ③	65 ①
66 ①	67 ④	68 ②	69 ④	70 ②
71 ②	72 ③	73 ①	74 ②	75 ②
76 ④	77 ②	78 ①	79 ③	80 ①

61 정답 ③

누전경보기의 전원은 기술기준에서 정한 것 외에 다음의 기준에 따라야 한다(제6조).

1. 전원은 분전반으로부터 전용회로로 하고, 각 극에 개폐기 및 15A 이하의 과전류차단기(배선용 차단기에 있어서는 20A 이하의 것으로 각 극을 개폐할 수 있는 것)를 설치할 것
2. 전원을 분기할 때에는 다른 차단기에 따라 전원이 차단되지 아니하도록 할 것
3. 전원의 개폐기에는 누전경보기용임을 표시한 표지를 할 것

62 정답 ④

음향장치는 다음의 기준에 따른 구조 및 성능의 것으로 해야

한다.

1. 정격전압의 80% 전압에서 음향을 발할 수 있는 것으로 할 것

2. 자동화재탐지설비의 작동과 연동하여 작동할 수 있는 것으로 할 것

63 정답 ①

단독경보형감지기는 다음의 기준에 따라 설치해야 한다(제5조).

1. 각 실(이웃하는 실내의 바닥면적이 각각 30m² 미만이고 벽체 상부의 전부 또는 일부가 개방되어 이웃하는 실내와 공기가 상호유통되는 경우에는 이를 1개의 실로 본다)마다 설치하되, 바닥면적이 150m²를 초과하는 경우에는 150m²마다 1개 이상 설치할 것

2. 최상층의 계단실의 천장(외기가 상통하는 계단실의 경우를 제외한다)에 설치할 것

3. 건전지를 주전원으로 사용하는 단독경보형감지기는 정상적인 작동상태를 유지할 수 있도록 주기적으로 건전지를 교환할 것

4. 상용전원을 주전원으로 사용하는 단독경보형감지기의 2차전지는 제품검사에 합격한 것을 사용할 것

64 정답 ③

호환성형 수신부는 신호입력회로에 공칭작동전류치에 대응하는 변류기의 설계출력전압의 52%인 전압을 가하는 경우 30초 이내에 작동하지 아니하여야 하며, 공칭작동전류치에 대응하는 변류기의 설계출력전압의 75%인 전압을 가하는 경우 1초(차단기구가 있는 것은 0.2초) 이내에 작동하여야 한다.

65 정답 ①

주위온도시험 : 경종은 다음에 정하는 주위온도의 조건에서 전원을 인가하지 않은 상태로 24시간 방치하는 경우 적합하여야 한다. 다만, 다음의 온도범위보다 강화된 온도범위를 사용하고자 하는 경우 온도범위는 5℃ 단위로 제조자가 설정할 수 있다(제5조).

1. **옥내형** : $-(10\pm2)$℃에서 (50 ± 2)℃까지

2. **옥외형** : $-(40\pm2)$℃에서 (70 ± 2)℃까지

66 정답 ①

광전식분리형감지기는 다음의 기준에 따라 설치할 것

1. 감지기의 수광면은 햇빛을 직접 받지 않도록 설치할 것

2. 광축(송광면과 수광면의 중심을 연결한 선)은 나란한 벽으로부터 0.6m 이상 이격하여 설치할 것

3. 감지기의 송광부와 수광부는 설치된 뒷벽으로부터 1m 이내의 위치에 설치할 것

4. 광축의 높이는 천장 등(천장의 실내에 면한 부분 또는 상층의 바닥하부면을 말한다) 높이의 80% 이상일 것

5. 감지기의 광축의 길이는 공칭감시거리 범위 이내일 것

6. 그 밖의 설치기준은 형식승인 내용에 따르며 형식승인 사항이 아닌 것은 제조사의 시방서에 따라 설치할 것

67 정답 ④

④ **세류충전방식** : 축전지의 자기방전을 보충하기 위해 부하를 제거한 상태로 항상 미소전류로 충전하는 방식

① **급속충전방식** : 단시간에 충전전류의 2~3배로 충전하는 방식이다.

② **보통충전방식** : 필요할 때 표준기간율로 소정의 충전전류를 충전하는 방식이다.

③ **전자동충전방식** : 정전압 충전의 결점을 보완하여 일정전류로 자동 전류 제한하는 장치를 부착한 충전방식이다.

68 정답 ②

⊕	핵심 포인트	⊕
부착 높이에 따른 연기감지기의 종류		

부착높이	감지기의 종류(단위 : m²)	
	1종 및 2종	3종
4m 미만	150	50
4m 이상 20m 미만	75	–

69 정답 ④

음향장치는 다음의 기준에 따른 구조 및 성능의 것으로 해야 한다.

1. 정격전압의 80% 전압에서 음향을 발할 수 있는 것으로 할 것

2. 자동화재탐지설비의 작동과 연동하여 작동할 수 있는 것으로 할 것

70 정답 ②

인입선 및 인입구 배선의 시설

1. 인입선은 특정소방대상물에 화재가 발생할 경우에도 화재로 인한 손상을 받지 않도록 설치해야 한다.
2. 인입구 배선은 「옥내소화전설비의 화재안전기술기준(NFTC 102)」의 표(1)에 따른 내화배선으로 해야 한다.

71 정답 ②

충격전압시험 : 속보기는 전류를 통한 상태에서 다음의 시험을 15초간 실시하는 경우 잘못 작동하거나 기능에 이상이 생기지 않아야 한다(제12조).

1. 내부저항 50옴인 전원에서 500볼트의 전압을 펄스폭 1마이크로초, 반복주기 100헤르츠로 가하는 시험
2. 내부저항 50옴인 전원에서 500볼트의 전압을 펄스폭 0.1마이크로초, 반복주기 100헤르츠로 가하는 시험

72 정답 ③

기동장치에 따른 화재신호를 수신한 후 필요한 음량으로 화재발생상황 및 피난에 유효한 방송이 자동으로 개시될 때까지의 소요시간은 10초 이내로 할 것

73 정답 ②

단독경보형감지기는 다음의 기준에 따라 설치해야 한다.

1. 각 실(이웃하는 실내의 바닥면적이 각각 30m² 미만이고 벽체의 상부의 전부 또는 일부가 개방되어 이웃하는 실내와 공기가 상호 유통되는 경우에는 이를 1개의 실로 본다)마다 설치하되, 바닥면적이 150m²를 초과하는 경우에는 150m²마다 1개 이상 설치할 것
2. 계단실은 최상층의 계단실 천장(외기가 상통하는 계단실의 경우를 제외한다)에 설치할 것
3. 건전지를 주전원으로 사용하는 단독경보형감지기는 정상적인 작동상태를 유지할 수 있도록 주기적으로 건전지를 교환할 것
4. 상용전원을 주전원으로 사용하는 단독경보형감지기의 2

차전지는 제품검사에 합격한 것을 사용할 것

74 정답 ③

속보기는 다음의 회로방식을 사용하지 않아야 한다(제3조 제11호).

1. 접지전극에 직류전류를 통하는 회로방식
2. 수신기에 접속되는 외부배선과 다른 설비(화재신호의 전달에 영향을 미치지 않는 것은 제외한다)의 외부배선을 공용으로 하는 회로방식

75 정답 ②

표시등의 구조 및 기능은 다음과 같아야 한다.

1. 전구는 사용전압의 130%인 교류전압을 20시간 연속하여 가하는 경우 단선, 현저한 광속변화, 흑화, 전류의 저하등이 발생하지 아니하여야 한다.
2. 소켓은 접속이 확실하여야 하며 쉽게 전구를 교체할 수 있도록 부착하여야 한다.
3. 전구에는 적당한 보호커버를 설치하여야 한다. 다만, 발광다이오드의 경우에는 그러하지 아니하다.
4. 적색으로 표시되어야 하며 주위의 밝기가 300lx 이상인 장소에서 측정하여 앞면으로부터 3m 떨어진 곳에서 켜진 등이 확실히 식별되어야 한다.

76 정답 ④

⊕ 핵심 포인트 ⊕

발신기의 작동기능

1. 발신기의 조작부는 작동스위치의 동작 방향으로 가하는 힘이 2kg을 초과하고 8kg 이하인 범위에서 확실하게 동작되어야 하며, 2kg의 힘을 가하는 경우 동작되지 아니하여야 한다. 이 경우 누름판이 있는 구조로서 손끝으로 눌러 작동하는 방식의 작동스위치는 누름판을 포함한다.
2. 발신기는 조작부의 작동스위치가 작동되는 경우 화재신호를 전송하여야 하며, 발신기는 발신기의 확인장치에 화재신호가 전송되었음을 표기하여야 한다.
3. 발신기는 수신기와 통화가 가능한 장치를 설치할 수 있다. 이 경우 화재신호의 전송에 지장을 주지 아니하여야 한다.

77 정답 ②

연기감지기(제3조 제2호) : 이온화식포스트형, 광전식포스트형, 광전식분리형, 공기흡입형

78 정답 ④

예비전원 : 소방용품에 사용되는 알칼리계 2차 축전지, 리튬계 2차 축전지 및 무보수 밀폐형 연축전지를 말한다(제2조).

79 정답 ③

발신기는 다음의 기준에 따라 설치해야 한다.

1. 조작이 쉬운 장소에 설치하고, 조작스위치는 바닥으로부터 0.8m 이상 1.5m 이하의 높이에 설치할 것
2. 특정소방대상물의 층마다 설치하되, 해당 층의 각 부분으로부터 하나의 발신기까지의 수평거리가 25m 이하가 되도록 할 것(다만, 복도 또는 별도로 구획된 실로서 보행거리가 40m 이상일 경우에는 추가로 설치해야 한다.)
3. 발신기의 위치표시등은 함의 상부에 설치하되, 그 불빛은 부착 면으로부터 15° 이상의 범위 안에서 부착지점으로부터 10m 이내의 어느 곳에서도 쉽게 식별할 수 있는 적색등으로 할 것

80 정답 ①

증폭기 및 무선중계기를 설치하는 경우에는 다음의 기준에 따라 설치해야 한다.

1. 상용전원은 전기가 정상적으로 공급되는 축전지설비, 전기저장장치(외부 전기에너지를 저장해 두었다가 필요한 때 전기를 공급하는 장치) 또는 교류전압의 옥내 간선으로 하고, 전원까지의 배선은 전용으로 할 것
2. 증폭기의 전면에는 주 회로 전원의 정상 여부를 표시할 수 있는 표시등 및 전압계를 설치할 것
3. 증폭기에는 비상전원이 부착된 것으로 하고 해당 비상전원 용량은 무선통신보조설비를 유효하게 30분 이상 작동시킬 수 있는 것으로 할 것
4. 증폭기 및 무선중계기를 설치하는 경우에는 적합성 평가를 받은 제품으로 설치하고 임의로 변경하지 않도록 할 것
5. 디지털 방식의 무전기를 사용하는데 지장이 없도록 설치할 것

제4회 빈출 모의고사

1과목 소방원론

01 ④	02 ②	03 ④	04 ①	05 ②
06 ④	07 ③	08 ④	09 ③	10 ②
11 ④	12 ④	13 ①	14 ④	15 ③
16 ①	17 ③	18 ②	19 ④	20 ①

01 정답 ④

수용성 용매는 물과 잘 섞이는 용매이고 포소화약제는 물에 의한 소화능력을 향상시키기 위하여 거품을 방사할 수 있는 약제를 첨가하는 것이다. 알코올형 포소화약제는 아세톤과 같이 수용성인 위험물의 화재에 사용하기 위해 만든 것이다.

02 정답 ②

복사열은 절대온도의 4제곱에 비례하므로 300℃에서의 열량을 Q_1, 360℃에서의 열량을 Q_2라 하면

$$\frac{Q_2}{Q_1} = \frac{(273+360)^4}{(273+300)^4} = 1.49(배)$$

03 정답 ④

내화구조 벽의 경우에는 다음의 어느 하나에 해당하는 것(건축물의 피난방화구조 등의 기준에 관한 규칙 제3조 제1호)

1. 철근콘크리트조 또는 철골철근콘크리트조로서 두께가 10cm 이상인 것
2. 골구를 철골조로 하고 그 양면을 두께 4cm 이상의 철망모르타르(그 바름바탕을 불연재료로 한 것으로 한정한다.) 또는 두께 5cm 이상의 콘크리트블록 · 벽돌 또는 석재로 덮은 것
3. 철재로 보강된 콘크리트블록조 · 벽돌조 또는 석조로서 철재에 덮은 콘크리트블록 등의 두께가 5cm 이상인 것
4. 벽돌조로서 두께가 19cm 이상인 것
5. 고온 · 고압의 증기로 양생된 경량기포 콘크리트패널 또는 경량기포 콘크리트블록조로서 두께가 10cm 이상인 것

04 정답 ①

① HFC 계열의 FM200은 할론 대체재로 개발된 친환경적 소화약제로 오존층에 미치는 영향이 전혀 없으며 할론과 유사한 소화효과가 있다.
② HCFC 계열 : CFC에서 개선된 냉매로 R123, R22, R141B 등이 해당된다.

05 정답 ②

② 유입방폭구조 : 유체 상부 또는 용기 외부에 존재할 수 있는 폭발성 분위기가 발화할 수 없도록 전기설비 또는 전기설비의 부품을 보호액에 함침시키는 방폭구조(방호장치 안전인증고시 제20조)
① 내압방폭구조 : 점화원에 의해 용기 내부에서 폭발이 발생할 경우에 용기가 폭발압력에 견딜 수 있고, 화염이 용기 외부의 폭발성 분위기로 전파되지 않도록 한 방폭구조(방호장치 안전인증고시 제14조)
③ 안전증방폭구조 : 전기기기의 과도한 온도 상승, 아크 또는 불꽃 발생의 위험을 방지하기 위하여 추가적인 안전조치를 통한 안전도를 증가시킨 방폭구조(방호장치 안전인증고시 제18조)
④ 몰드방폭구조 : 전기기기의 불꽃 또는 열로 인해 폭발성 위험분위기에 점화되지 않도록 컴파운드를 충전해서 보호한 방폭구조(방호장치 안전인증고시 제26조)

06 정답 ④

자연발화성 물질 및 금수성 물질(위험물안전관리법 시행령 별표 1) : 칼륨, 나트륨, 알킬알루미늄, 황린, 알칼리금속 및 알칼리토금속, 유기금속화합물, 금속의 수소화물, 칼슘 또는 알루미늄의 탄화물 등

07 정답 ③

③ 황린은 공기 중에서는 산화되어 발화하므로 수중에 저장한다.
① 나트륨은 진공이나 아르곤 대기 하에서 보관해야만 한다.
② 탄화칼슘은 불활성기체(N_2)에 봉입하여 저장한다.
④ 칼륨을 저장할 경우 물과의 접촉에 따른 수소 폭발 방지를 위하여 물이나 수증기 배관 또는 자동 스프링클러 설비가 없어야 한다.

08 정답 ④

$$CaC_2 + 2H_2O \rightarrow Ca(OH)^2 + C^2H^2 \uparrow$$

탄화칼슘은 불과 반응하면 수산화칼슘과 아세틸렌 가스가 발생한다.

09 정답 ③

산소는 조연성 가스로 공급하면 화재가 더 커진다.

핵심 포인트

소화방법

1. 가연물을 제거한다(제거소화법).
2. 산소를 차단한다(질식소화법).
3. 산화반응의 진행을 차단한다(억제소화법).
4. 화점의 온도를 낮춘다(냉각소화법).
5. 기름 등 화재 시 유면을 에멀전 시킨다(유화소화법).
6. 가연물의 농도를 희석시킨다(희석소화법).

10 정답 ②

핵심 포인트

Fourier법칙(전도)

1. 이동열량은 전열체의 단면적에 비례한다.
2. 이동열량은 전열체의 두께에 반비례한다.
3. 이동열량은 전열체의 열전도도에 비례한다.
4. 이동열량은 전열체 내·외부의 온도차에 비례한다.

11 정답 ④

인화점 : 이황화탄소 $-30℃$, 아세톤 $-18.5℃$, 에틸알코올 $13℃$

PART 3
정답 및 해설

363

12 정답 ②

13 정답 ①

제거소화는 가연물, 이연물 등을 제거해서 소화하는 방법이다. 산불이나 가스 누설에 의한 화재에 주로 사용된다. 방안에서 화재가 발생할 때 이불이나 담요로 덮는 것은 질식소화이다.

14 정답 ②

② 주성분은 알칼리성의 제1인산암모늄($NH_4H_2PO_4$, 중탄산칼륨과 중탄산나트륨은 산성염)이며 약제는 담홍색으로 착색되어 있다.
① A급, B급, C급의 어떤 화재에도 사용할 수 있기 때문에 일명 ABC 분말 소화약제라고도 부른다.
③ 반응과정에서 생성된 메타인산(HPO_3)에 의한 방진효과가 있다.
④ 분말운무에 의한 열방사를 차단하는 효과가 있다.

15 정답 ③

비열(cal/g · k) : 물 1, 알코올 0.58, 금 0.0309, 알루미늄 0.215

16 정답 ①

무선통신보조설비는 소화활동성비에 해당한다.
피난구조설비 : 구조대, 완강기, 간이완강기, 피난사다리, 미끄럼대, 다수인 피난장비, 공기안전매트, 피난용 트랩, 피난교 등

17 정답 ③

불활성 가스는 다른 물질과 화학반응을 일으키기 어려운 가스로 헬륨, 네온, 크립톤, 제논, 라돈, 아르곤가스 등이 있다.

18 정답 ②

증기비중은 액체나 고체에서 발생된 증기가 일정한 체적에서 차지하는 증기의 질량을 말한다. 공기의 평균분자량이 29이므로 증기비중은 $\dfrac{분자량}{29}$이다.

19 정답 ④

물과 마그네슘이 반응하면
$$Mg + 2H_2O \rightarrow Mg(OH)^2 + H^2 \uparrow$$

20 정답 ①

① **압력방폭구조** : 전기설비 용기 내부에 공기, 질소, 탄산가스 등의 보호가스를 대기압 이상으로 봉입하여 당해 용기 내부에 가연성 가스 또는 증기가 침입하지 못하도록 한 구조(방호장치 안전인증고시 제16조)
② **유입방폭구조** : 유체 상부 또는 용기 외부에 존재할 수 있는 폭발성 분위기가 발화할 수 없도록 전기설비 또는 전기설비의 부품을 보호액에 함침시키는 방폭구조(방호장치 안전인증고시 제20조)
③ **안전증방폭구조** : 전기기기의 과도한 온도 상승, 아크 또는 불꽃 발생의 위험을 방지하기 위하여 추가적인 안전조치를 통한 안전도를 증가시킨 방폭구조(방호장치 안전인증고시 제18조)
④ **본질안전 방폭구조** : 정상시 및 사고시에 발생하는 전기 불꽃 또는 과열에 의하여 갱내 가스에 점화되지 않는 것이 점화시험이나 그 밖의 상식으로 확인된 구조(방호장치 안전인증고시 제22조)

제4회 빈출 모의고사

2과목 소방전기일반

21 ④	22 ①	23 ②	24 ①	25 ②
26 ④	27 ②	28 ④	29 ②	30 ④
31 ④	32 ②	33 ①	34 ①	35 ④
36 ③	37 ③	38 ④	39 ③	40 ①

21 정답 ④

④ **조작량** : 제어를 하기 위해 제어 대상에 가하는 양
① **동작신호** : 기준입력에서 주피드백 신호를 뺀 것으로서 제어편차를 나타내는 신호
② **제어량** : 제어 대상에 속하는 양으로 그것을 제어하는 것이 목적으로 되어 있는 양
③ **기준입력** : 제어계를 동작시키는 기준으로서 직접 그폐(閉) 루프에 가해지는 입력신호

22 정답 ①

⊕ 핵심 포인트 ⊕

교류전압의 합성

1. $e_1(t) = 10\sqrt{2}\sin\left(wt + \dfrac{\pi}{3}\right)V$

2. $e_2(t) = 20\sqrt{2}\cos\left(wt - \dfrac{\pi}{6}\right)V = 20\sqrt{2}\sin\left(wt + \dfrac{\pi}{3}\right)V$

3. $e_1(t) + e_2(t) = 30\sqrt{2}\sin\left(wt + \dfrac{\pi}{3}\right)V$

23 정답 ②

⊕ 핵심 포인트 ⊕

전압계산

1. 회로에 흐르는 전류를 구하면

㉠ 20Ω에 흐르는 전류 $I_1 = \dfrac{V_1}{R_1} = \dfrac{100}{20} = 5A$

㉡ 전체 전류 $I_0 = I_1 + I_2 = 10 + 5 = 15A$

2. 회로에 흐르는 저항을 구하면

㉠ 병렬회로의 합성저항을 구하면

$R = \dfrac{R_1 \times R_2}{R_1 + R_2} = \dfrac{20 \times 10}{20 + 10} = 6.67\Omega$

㉡ 직렬회로의 합성저항을 구하면

$R = R_1 + R_2 + R_3 = 0.2 + 6.67 + 0.2 = 7.07$

3. a−b 간에 인가한 전압을 구하면

$V_{ab} = I_0 R = 15 \times 7.07 = 106.05V$

24 정답 ①

• 병렬회로의 전압을 구하면

$$V_{th} = \frac{\Sigma_I}{\Sigma_Y} = \frac{\dfrac{V_1}{Z_1} + \dfrac{V_2}{Z_2} + \dfrac{V_3}{Z_3}}{\dfrac{1}{Z_1} + \dfrac{1}{Z_2} + \dfrac{1}{Z_3}} = \frac{\dfrac{2}{1} + \dfrac{4}{2} + \dfrac{6}{3}}{\dfrac{1}{1} + \dfrac{1}{2} + \dfrac{1}{3}} = \frac{36}{11}A$$

• 병렬회로의 합성 임피던스를 구하면

$$Z = \frac{1}{\dfrac{1}{Z_1} + \dfrac{1}{Z_2} + \dfrac{1}{Z_3}} = \frac{1}{\dfrac{1}{1} + \dfrac{1}{2} + \dfrac{1}{3}} = \frac{6}{11}\Omega$$

• 전류를 구하면 $I = \dfrac{V_{th}}{Z} = \dfrac{\dfrac{36}{11}}{\dfrac{6}{11} + 3} = 0.923A$

25 정답 ②

다이오드 4개를 브리지 형태로 연결하고 $v_2 t = 20\sqrt{2}\sin wt$의 교류 전압을 가하면 부하저항에는 최대값인 $20\sqrt{2}V$의 전압이 걸린다.

26 정답 ④

④ **비율제어** : 목표치가 다른 것과 일정 관계를 갖고 변화하는 경우의 제어
① **추종제어** : 목표값이 시간의 경과에 따라 임의로 변할 때의 자동 제어
② **정치제어** : 목표값이 시간적으로 일정한 자동 제어
③ **프로그램제어** : 제어 목표값을 미리 정해진 규칙에 따라 변화시키는 자동제어

PART **3**

정답 및 해설

27 정답 ②

직류전압 $E_d = \dfrac{\sqrt{2}}{\pi}$, 교류전압 $V = \dfrac{\pi}{\sqrt{2}}E_d = \dfrac{\pi}{\sqrt{2}} \times 26$

$= \dfrac{26\pi}{\sqrt{2}}$

역방향 최대전압 $\varPi V = \sqrt{2}V = \sqrt{2} \times \dfrac{26\pi}{\sqrt{2}} = 81.7V$

28 정답 ④

⊕ 핵심 포인트 ⊕

연속제어

1. **비례제어** : 잔류편차가 있는 제어로 구조가 간단한다.
2. **적분제어** : 잔류편차를 없애는 제어로 정정시간이 길다.
3. **미분제어** : 속응효과가 있으며 외란에 대한 변화를 보정하고 오버슈트가 커진다.
4. **비례적분제어** : 정정시간이 짧고 간헐현상이 있으며 정상편차가 해소된다
5. **비례미분제어** : 목표값이 급격한 변화를 보이며 속응효과가 있다.
6. **비례미분적분제어** : 잔류편차를 해소하고 속응성 제어를 한다.

29 정답 ②

• 임피던스 $Z = \sqrt{R^2 + (X_C - X_L)} = \sqrt{(8)^2 + (10-4)^2}$
$= 10\Omega$

• 회로에 흐르는 전류 $I = \dfrac{V}{Z} = \dfrac{100}{10} = 10A$

• 콘덴서에 걸리는 전압 $V_C = IX_C = 10 \times 10 = 100V$

30 정답 ④

무한장 솔레노이드에서 자계의 세기 $H = nI(A/m)(n$: 단위 길이당 코일의 권수, I : 전류)
자계의 세기는 전류의 세기와 코일의 권수에 비례한다. 솔레노이드 내부에서 자계의 세기는 위치에 관계없이 일정한 평등 자계이고 외부에서의 자계의 세기는 0이다.

31 정답 ④

⊕ 핵심 포인트 ⊕

선간전압과 상전압의 관계 $V_l = V_p$

• 선전류와 상전류와 관계 $I_l = \sqrt{3}I_p$

• 상전류 $I_p = \dfrac{V_p}{Z} = \dfrac{V_l}{Z} = \dfrac{200}{\sqrt{20^2 + 10^2}} = 8.94A$

• 역률 $\cos\theta = \dfrac{R}{Z} = \dfrac{R}{\sqrt{R^2 + X^2}} = \dfrac{20}{\sqrt{20^2 + 10^2}} = 0.89$

• 유효전력 $P_\Delta = 3I_p V_p \cos\theta = 3 \times 8.94 \times 200 \times 0.89$
$= 4.774kW$

32 정답 ②

② **SCR** : 전력 시스템에서 전류 및 전압의 제어에 사용되는 전력반도체 소자
① **서미스터** : 온도에 따라 물질의 저항이 변화하는 성질을 이용한 전기적 장치
③ **제너다이오드** : 전류가 변화되어도 전압이 일정하다는 특징을 이용하여 정전압 회로에 사용되거나, 서지 전류 및 정전기로부터 IC 등을 보호하는 보호 소자로서 사용
④ **UJT** : 반도체의 n형 막대 한 쪽에 p합금 영역을 가진 구조의 트랜지스터

33 정답 ①

자계의 세기 $H = \dfrac{\ni}{l}$ (N : 코일의 권수, I : 전류, l : 코일의 길이)

$H = \dfrac{50 \times (500 \times 10^{-3})}{0.01} = 2,500AT/m$

34 정답 ①

자계의 세기 $H = \dfrac{I}{2r}$, 360°의 라디안 값은 2π이고 원주상 θ 만큼만 전류가 흐르고 있을 때 자계의 세기는

$H_0 = H \times \dfrac{\theta}{2\pi} = \dfrac{I}{2r} \times \dfrac{\theta}{2\pi} = \dfrac{I\theta}{4\pi r}A/m$

35 정답 ④

전자력 $F=\dfrac{2I_1I_2}{r}\times10^{-7}$. 두 도선 간의 전자력 $F_1\propto\dfrac{1}{r_1}$.

거리가 $r_2=2r_1$이므로 전자력은 $F_2=\dfrac{1}{2r_1}$.

$$\frac{F_2}{F_1}=\frac{\dfrac{1}{2r_1}}{\dfrac{1}{r_1}}=\frac{\dfrac{1}{2r_1}\times r_1}{\dfrac{1}{r_1}\times r_1}=\frac{1}{2}F_1\text{이다.}$$

36 정답 ③

③ 서미스터(Thermistor) : 부(−)의 온도특성을 가진 저항기의 일종으로 주로 온도 보정용으로 쓰인다.

① 터널다이오드 : 불순물 반도체에서 부성(負性) 저항 특성이 나타나는 현상을 응용한 p−n 접합 다이오드이다.

② 바리스터(varistor) : 양 끝에 가해지는 전압에 의해서 저항값이 변하는 비선형 반도체 저항소자이다.

④ 제너다이오드 : 일정한 전압을 얻을 목적으로 사용되는 소자이다.

37 정답 ③

③ TRIAC : 양방향성의 전류 제어가 행하여지는 반도체 제어 부품으로, 규소의 5층 pn접합으로 구성된다.

① SCR : 실리콘 제어정류소자

② IGBT : 게이트 절연 트랜지스터, 전압제어 전력용 트랜지스터

④ DIODE : 범용 다이오드, 고속회복다이오드

38 정답 ④

④ $(\overline{A}+B)+CD=\overline{\overline{A}+B}+(\overline{C\cdot D})=A\overline{B}(\overline{C}+\overline{D})$

① $(\overline{A}+B)\cdot(A+B)=\overline{A}A+\overline{A}B+AB+BB$

   $=0+\overline{A}B+AB+B=\overline{A}B+AB+B$

   $=(\overline{A}+A)B+B=1\cdot B+B=B$

② $(A+B)\cdot\overline{B}=A\overline{B}+B\overline{B}=A\overline{B}+0=A\overline{B}$

③ $\overline{AB+AC}+\overline{A}=\overline{A(B+C)}+\overline{A}=\overline{A}\cdot\overline{B}+\overline{C}+\overline{A}$

   $=\overline{A}+\overline{BC}$

39 정답 ③

<table>
<tr><td colspan="2" align="center">⊕   핵심 포인트   ⊕</td></tr>
<tr><td colspan="2" align="center">계측기와 측정요도</td></tr>
</table>

계측기	용도
메거	절연저항 측정
전류계, 전압계, 전력계	역률 측정
어스테스터	접지저항 측정
CRC	전압의 파형 측정
회로시험기	전류, 전압, 저항 측정
훅온미터	교류전류 측정
오실로스코프	전압의 파형 측정

40 정답 ①

교류전류 $P=\sqrt{3}IV\cos\theta\eta\,W$

전류 $I=\dfrac{P}{\sqrt{3}V\cos\theta\eta}=\dfrac{25\times746}{\sqrt{3}\times220\times0.85\times0.85}≒68\text{A}$

제4회 빈출 모의고사

3과목 소방관계법규

41 ③	42 ①	43 ④	44 ②	45 ④
46 ①	47 ④	48 ①	49 ④	50 ③
51 ①	52 ④	53 ①	54 ④	55 ②
56 ④	57 ③	58 ②	59 ③	60 ③

PART 3

정답 및 해설

41 정답 ③

소방용수시설의 설치기준(규칙 별표 3)

1. 주거지역 · 상업지역 및 공업지역에 설치하는 경우 : 소방대상물과의 수평거리를 100m 이하가 되도록 할 것

2. 1. 외의 지역에 설치하는 경우 : 소방대상물과의 수평거리

를 140m 이하가 되도록 할 것

42　정답 ①

핵심 포인트

특수가연물의 저장·취급 기준(영 별표 3)

구분	살수설비를 설치하거나 방사능력 범위에 해당 특수가연물이 포함되도록 대형 수동식소화기를 설치하는 경우	그 밖의 경우
높이	15m 이하	10m 이하
쌓는 부분의 바닥면적	200m²(석탄·목탄류의 경우에는 300m²) 이하	50m²(석탄·목탄류의 경우에는 200m²) 이하

43　정답 ④

제조 또는 가공 공정에서 방염처리를 한 물품 중 방염대상물품(영 제31조 제1항)

1. 창문에 설치하는 커튼류(블라인드를 포함한다)
2. 카펫
3. 벽지류(두께가 2mm 미만인 종이벽지는 제외한다)
4. 전시용 합판·목재 또는 섬유판, 무대용 합판·목재 또는 섬유판(합판·목재류의 경우 불가피하게 설치 현장에서 방염처리한 것을 포함한다)
5. 암막·무대막(영화상영관에 설치하는 스크린과 가상체험 체육시설업에 설치하는 스크린을 포함한다)
6. 섬유류 또는 합성수지류 등을 원료로 하여 제작된 소파·의자(단란주점영업, 유흥주점영업 및 노래연습장업의 영업장에 설치하는 것으로 한정한다)

44　정답 ②

시·도지사, 소방본부장 또는 소방서장은 소방시설업의 감독을 위하여 필요할 때에는 소방시설업자나 관계인에게 필요한 보고나 자료 제출을 명할 수 있고, 관계 공무원으로 하여금 소방시설업체나 특정소방대상물에 출입하여 관계 서류와 시설 등을 검사하거나 소방시설업자 및 관계인에게 질문하게 할 수 있다(법 제31조 제1항).

45　정답 ④

수용인원의 산정 방법(영 별표 7)

1. **침대가 있는 숙박시설** : 해당 특정소방대상물의 종사자 수에 침대 수(2인용 침대는 2개로 산정한다)를 합한 수
2. **침대가 없는 숙박시설** : 해당 특정소방대상물의 종사자 수에 숙박시설 바닥면적의 합계를 3m²로 나누어 얻은 수를 합한 수
3. **강의실·교무실·상담실·실습실·휴게실 용도로 쓰는 특정소방대상물** : 해당 용도로 사용하는 바닥면적의 합계를 1.9m²로 나누어 얻은 수
4. **강당, 문화 및 집회시설, 운동시설, 종교시설** : 해당 용도로 사용하는 바닥면적의 합계를 4.6m²로 나누어 얻은 수(관람석이 있는 경우 고정식 의자를 설치한 부분은 그 부분의 의자 수로 하고, 긴 의자의 경우에는 의자의 정면너비를 0.45m로 나누어 얻은 수로 한다)
5. **그 밖의 특정소방대상물** : 해당 용도로 사용하는 바닥면적의 합계를 3m²로 나누어 얻은 수

46　정답 ①

상호응원협정에 포함되어야 할 사항(규칙 제8조)

1. 다음의 소방활동에 관한 사항
   ㉠ 화재의 경계·진압활동
   ㉡ 구조·구급업무의 지원
   ㉢ 화재조사활동
2. 응원출동 대상지역 및 규모
3. 다음의 소요경비의 부담에 관한 사항
   ㉠ 출동대원의 수당·식사 및 의복의 수선
   ㉡ 소방장비 및 기구의 정비와 연료의 보급
   ㉢ 그 밖의 경비
4. 응원출동의 요청방법
5. 응원출동 훈련 및 평가

47　정답 ④

자체소방대 기준(법 제19조의 제2항, 영 제18조 제1항, 제2항)

1. 대통령령이 정하는 제조소 등
   ㉠ 제4류 위험물을 취급하는 제조소 또는 일반취급소(다만, 보일러로 위험물을 소비하는 일반취급소 등 행정안전부령으로 정하는 일반취급소는 제외한다.)
   ㉡ 제4류 위험물을 저장하는 옥외탱크저장소

2. 대통령령이 정하는 수량 이상

　㉠에 해당하는 경우 : 제조소 또는 일반취급소에서 취급하는 제4류 위험물의 최대수량의 합이 지정수량의 3천배 이상

　㉡에 해당하는 경우 : 옥외탱크저장소에 저장하는 제4류 위험물의 최대수량이 지정수량의 50만배 이상

48　정답 ①

제2석유류는 등유, 경유 그 밖에 1기압에서 인화점이 섭씨 21도 이상 70도 미만인 것을 말한다. 다만, 도료류 그 밖의 물품에 있어서 가연성 액체량이 40중량퍼센트 이하이면서 인화점이 섭씨 40도 이상인 동시에 연소점이 섭씨 60도 이상인 것은 제외한다. 경유는 제4위험물 중 제2석유류로 지정수량은 1,000리터이다.

49　정답 ④

내용연수 설정대상 소방용품(영 제19조)

1. 내용연수를 설정해야 하는 소방용품은 분말형태의 소화약제를 사용하는 소화기로 한다.
2. 소방용품의 내용연수는 10년으로 한다.

50　정답 ③

핵심 포인트

특수가연물 수량(영 별표 2)

품명		수량
면화류		200킬로그램 이상
나무껍질 및 대팻밥		400킬로그램 이상
넝마 및 종이부스러기		1,000킬로그램 이상
사류(絲類)		1,000킬로그램 이상
볏짚류		1,000킬로그램 이상
가연성 고체류		3,000킬로그램 이상
석탄·목탄류		10,000킬로그램 이상
가연성 액체류		2세제곱미터 이상
목재가공품 및 나무부스러기		10세제곱미터 이상
고무류·플라스틱류	발포시킨 것	20세제곱미터 이상
	그 밖의 것	3,000킬로그램 이상

51　정답 ①

핵심 포인트

자체소방대에 두는 화학소방자동차 및 인원(영 별표 8)

사업소의 구분	화학소방자동차	자체소방대원의 수
1. 제조소 또는 일반취급소에서 취급하는 제4류 위험물의 최대수량의 합이 지정수량의 3천배 이상 12만배 미만인 사업소	1대	5인
2. 제조소 또는 일반취급소에서 취급하는 제4류 위험물의 최대수량의 합이 지정수량의 12만배 이상 24만배 미만인 사업소	2대	10인
3. 제조소 또는 일반취급소에서 취급하는 제4류 위험물의 최대수량의 합이 지정수량의 24만배 이상 48만배 미만인 사업소	3대	15인
4. 제조소 또는 일반취급소에서 취급하는 제4류 위험물의 최대수량의 합이 지정수량의 48만배 이상인 사업소	4대	20인
5. 옥외탱크저장소에 저장하는 제4류 위험물의 최대수량이 지정수량의 50만배 이상인 사업소	2대	10인

52　정답 ④

보유공지 : 위험물을 취급하는 건축물 그 밖의 시설(위험물을 이송하기 위한 배관 그 밖에 이와 유사한 시설을 제외한다)의 주위에는 그 취급하는 위험물의 최대수량에 따라 다음 표에 의한 너비의 공지를 보유하여야 한다(규칙 별표 4).

취급하는 위험물의 최대수량	공지의 너비
지정수량의 10배 이하	3m 이상
지정수량의 10배 초과	5m 이상

53　정답 ①

다음의 어느 하나에 해당하는 특정소방대상물 가운데 대통령령으로 정하는 소방시설을 설치하지 아니할 수 있다(법 제13

PART **3**

조 제4항).

1. 화재 위험도가 낮은 특정소방대상물
2. 화재안전기준을 적용하기 어려운 특정소방대상물
3. 화재안전기준을 다르게 적용하여야 하는 특수한 용도 또는 구조를 가진 특정소방대상물
4. 자체소방대가 설치된 특정소방대상물

54 　　　　　　　　　정답 ④

소방본부장이나 소방서장은 대통령령 또는 화재안전기준이 변경되어 그 기준이 강화되는 경우 기존의 특정소방대상물(건축물의 신축·개축·재축·이전 및 대수선 중인 특정소방대상물을 포함한다)의 소방시설에 대하여는 변경 전의 대통령령 또는 화재안전기준을 적용한다. 다만, 다음의 어느 하나에 해당하는 소방시설의 경우에는 대통령령 또는 화재안전기준의 변경으로 강화된 기준을 적용할 수 있다(법 제13조 제1항 제1호).

1. 소화기구
2. 비상경보설비
3. 자동화재탐지설비
4. 자동화재속보설비
5. 피난구조설비

55 　　　　　　　　　정답 ②

다음의 어느 하나에 해당하는 제조소 등의 경우에는 허가를 받지 아니하고 당해 제조소 등을 설치하거나 그 위치·구조 또는 설비를 변경할 수 있으며, 신고를 하지 아니하고 위험물의 품명·수량 또는 지정수량의 배수를 변경할 수 있다(법 제6조 제3항).

1. 주택의 난방시설(공동주택의 중앙난방시설을 제외한다)을 위한 저장소 또는 취급소
2. 농예용·축산용 또는 수산용으로 필요한 난방시설 또는 건조시설을 위한 지정수량 20배 이하의 저장소

56 　　　　　　　　　정답 ④

공사감리자 지정대상 특정소방대상물의 범위(영 제10조 제2항)

1. 옥내소화전설비를 신설·개설 또는 증설할 때
2. 스프링클러설비 등(캐비닛형 간이스프링클러설비는 제외한다)을 신설·개설하거나 방호·방수 구역을 증설할 때

3. 물분무등소화설비(호스릴 방식의 소화설비는 제외한다)를 신설·개설하거나 방호·방수 구역을 증설할 때
4. 옥외소화전설비를 신설·개설 또는 증설할 때
5. 자동화재탐지설비를 신설 또는 개설할 때
6. 비상방송설비를 신설 또는 개설할 때
7. 통합감시시설을 신설 또는 개설할 때
8. 소화용수설비를 신설 또는 개설할 때
9. 다음에 따른 소화활동설비에 대하여 시공을 할 때
   ㉠ 제연설비를 신설·개설하거나 제연구역을 증설할 때
   ㉡ 연결송수관설비를 신설 또는 개설할 때
   ㉢ 연결살수설비를 신설·개설하거나 송수구역을 증설할 때
   ㉣ 비상콘센트설비를 신설·개설하거나 전용회로를 증설할 때
   ㉤ 무선통신보조설비를 신설 또는 개설할 때
   ㉥ 연소방지설비를 신설·개설하거나 살수구역을 증설할 때

57 　　　　　　　　　정답 ③

⊕　　　　핵심 포인트　　　　⊕

석유류

1. **제1석유류** : 아세톤, 휘발유 그 밖에 1기압에서 인화점이 섭씨 21도 미만인 것을 말한다.
2. **제2석유류** : 등유, 경유 그 밖에 1기압에서 인화점이 섭씨 21도 이상 70도 미만인 것을 말한다.
3. **제3석유류** : 중유, 크레오소트유, 그 밖에 1기압에서 인화점이 섭씨 70도 이상 섭씨 200도 미만인 것을 말한다.

58 　　　　　　　　　정답 ②

화재예방강화지구 : 특별시장·광역시장·특별자치시장·도지사 또는 특별자치도지사(시·도지사)가 화재발생 우려가 크거나 화재가 발생할 경우 피해가 클 것으로 예상되는 지역에 대하여 화재의 예방 및 안전관리를 강화하기 위해 지정·관리하는 지역을 말한다(법 제2조 제1항 제4호).

59 　　　　　　　　　정답 ③

숙박시설이 있는 특정소방대상물(영 별표 7)

1. **침대가 있는 숙박시설** : 해당 특정소방대상물의 종사자 수에 침대 수(2인용 침대는 2개로 산정한다)를 합한 수
2. **침대가 없는 숙박시설** : 해당 특정소방대상물의 종사자 수에 숙박시설 바닥면적의 합계를 $3m^2$로 나누어 얻은 수를 합한 수

> 수용인원＝종업원수 5명＋ (침대수 20×2인용)＝45명

60　　　　　　　　정답 ③

1년 이하의 징역 또는 1천만원 이하의 벌금(법 제36조)
1. 영업정지처분을 받고 그 영업정지 기간에 영업을 한 자
2. 설계나 시공을 위반하여 설계나 시공을 한 자
3. 감리를 위반하여 감리를 하거나 거짓으로 감리한 자
4. 공사감리자를 지정하지 아니한 자
5. 보고를 거짓으로 한 자
6. 공사감리 결과의 통보 또는 공사감리 결과보고서의 제출을 거짓으로 한 자
7. 해당 소방시설업자가 아닌 자에게 소방시설공사 등을 도급한 자
8. 도급받은 소방시설의 설계, 시공, 감리를 하도급한 자
9. 하도급받은 소방시설공사를 다시 하도급한 자
10. 소방기술자가 법 또는 명령을 따르지 아니하고 업무를 수행한 자

제4회 빈출 모의고사

4과목 소방전기시설의 구조 및 원리

61 ②	62 ③	63 ④	64 ②	65 ③
66 ④	67 ③	68 ①	69 ②	70 ⑤
71 ④	72 ①	73 ①	74 ③	75 ④
76 ③	77 ④	78 ①	79 ②	80 ③

61　　　　　　　　정답 ②

무선통신보조설비의 누설동축케이블 등은 다음의 기준에 따라 설치해야 한다.

1. 소방전용주파수대에서 전파의 전송 또는 복사에 적합한 것으로서 소방전용의 것으로 할 것(다만, 소방대 상호간의 무선 연락에 지장이 없는 경우에는 다른 용도와 겸용할 수 있다.)
2. 누설동축케이블과 이에 접속하는 안테나 또는 동축케이블과 이에 접속하는 안테나로 구성할 것
3. 누설동축케이블 및 동축케이블은 불연 또는 난연성의 것으로서 습기 등의 환경조건에 따라 전기의 특성이 변질되지 않는 것으로 하고, 노출하여 설치한 경우에는 피난 및 통행에 장애가 없도록 할 것
4. 누설동축케이블 및 동축케이블은 화재에 따라 해당 케이블의 피복이 소실된 경우에 케이블 본체가 떨어지지 않도록 4m 이내마다 금속제 또는 자기제 등의 지지금구로 벽·천장·기둥 등에 견고하게 고정할 것(다만, 불연재료로 구획된 반자 안에 설치하는 경우에는 그렇지 않다.)
5. 누설동축케이블 및 안테나는 금속판 등에 따라 전파의 복사 또는 특성이 현저하게 저하되지 않는 위치에 설치할 것
6. 누설동축케이블 및 안테나는 고압의 전로로부터 1.5m 이상 떨어진 위치에 설치할 것(다만, 해당 전로에 정전기 차폐장치를 유효하게 설치한 경우에는 그렇지 않다.)
7. 누설동축케이블의 끝부분에는 무반사 종단저항을 견고하게 설치할 것

62　　　　　　　　정답 ③

피난구유도등은 다음의 장소에 설치하여야 한다(제5조 제1항).
1. 옥내로부터 직접 지상으로 통하는 출입구 및 그 부속실의 출입구
2. 직통계단·직통계단의 계단실 및 그 부속실의 출입구
3. 출입구에 이르는 복도 또는 통로로 통하는 출입구
4. 안전구획된 거실로 통하는 출입구

63　　　　　　　　정답 ④

음향장치는 다음의 기준에 따른 구조 및 성능의 것으로 해야 한다.
1. 정격전압의 80% 전압에서 음향을 발할 수 있는 것으로 할 것
2. 자동화재탐지설비의 작동과 연동하여 작동할 수 있는 것으로 할 것

PART 3

정답 및 해설

64 정답 ②

연기감지기는 다음의 기준에 따라 설치할 것

1. 연기감지기의 부착 높이에 따라 바닥면적마다 1개 이상으로 할 것
2. 감지기는 복도 및 통로에 있어서는 보행거리 30m(3종에 있어서는 20m)마다, 계단 및 경사로에 있어서는 수직거리 15m(3종에 있어서는 10m)마다 1개 이상으로 할 것
3. 천장 또는 반자가 낮은 실내 또는 좁은 실내에 있어서는 출입구의 가까운 부분에 설치할 것
4. 천장 또는 반자 부근에 배기구가 있는 경우에는 그 부근에 설치할 것
5. 감지기는 벽 또는 보로부터 0.6m 이상 떨어진 곳에 설치할 것

65 정답 ③

휴대용 비상조명등은 다음의 기준에 적합해야 한다.

1. 숙박시설 또는 다중이용업소에는 객실 또는 영업장 안의 구획된 실마다 잘 보이는 곳(외부에 설치 시 출입문 손잡이로부터 1 m 이내 부분)에 1개 이상 설치
2. 대규모점포(지하상가 및 지하역사는 제외한다)와 영화상영관에는 보행거리 50m 이내마다 3개 이상 설치
3. 지하상가 및 지하역사에는 보행거리 25m 이내마다 3개 이상 설치
4. 설치높이는 바닥으로부터 0.8m 이상 1.5m 이하의 높이에 설치할 것
5. 어둠속에서 위치를 확인할 수 있도록 할 것
6. 사용 시 자동으로 점등되는 구조일 것
7. 외함은 난연성능이 있을 것
8. 건전지를 사용하는 경우에는 방전 방지조치를 해야 하고, 충전식 배터리의 경우에는 상시 충전되도록 할 것
9. 건전지 및 충전식 배터리의 용량은 20분 이상 유효하게 사용할 수 있는 것으로 할 것

66 정답 ④

객석유도등의 구조 : 바닥, 벽 또는 의자에 견고하게 부착할 수 있어야 한다. 또는 의자 등에 견고하게 부착할 수 있어야 하며 또한 바닥면을 비출 수 있어야 한다(제12조).

67 정답 ③

단독경보형감지기에는 스위치 조작에 의하여 화재경보를 정지시킬 수 있는 기능을 설치할 수 있다. 이 경우 화재경보 정지기능은 다음에 적합하여야 한다(제5조의2 제7호).

1. 화재경보 정지 후 15분 이내에 화재경보 정지기능이 자동적으로 해제되어 단독경보형감지기가 정상상태로 복귀되어야 한다.
2. 화재경보 정지 표시등에 의하여 화재경보가 정지 상태임을 경고 할 수 있어야 하며, 화재경보 정지기능이 해제된 경우에는 표시등의 경고도 함께 해제되어야 한다.
3. 표시등을 작동표시등과 겸용하고자 하는 경우에는 작동표시와 화재경보음 정지표시가 표시등 색상에 의하여 구분될 수 있도록 하고 표시등 부근에 작동표시와 화재경보음 정지표시를 구분할 수 있는 안내표시를 하여야 한다.
4. 화재경보 정지 스위치는 전용으로 하거나 작동시험 스위치와 겸용하여 사용할 수 있다. 이 경우 스위치 부근에 스위치의 용도를 표시하여야 한다.

68 정답 ①

비상방송설비는 다음의 기준에 따라 설치해야 한다. 이 경우 엘리베이터 내부에는 별도의 음향장치를 설치할 수 있다.

1. 확성기의 음성입력은 3W(실내에 설치하는 것에 있어서는 1 W) 이상일 것
2. 확성기는 각 층마다 설치하되, 그 층의 각 부분으로부터 하나의 확성기까지의 수평거리가 25m 이하가 되도록 하고, 해당 층의 각 부분에 유효하게 경보를 발할 수 있도록 설치할 것
3. 음량조정기를 설치하는 경우 음량조정기의 배선은 3선식으로 할 것
4. 조작부의 조작스위치는 바닥으로부터 0.8m 이상 1.5m 이하의 높이에 설치할 것
5. 조작부는 기동장치의 작동과 연동하여 해당 기동장치가 작동한 층 또는 구역을 표시할 수 있는 것으로 할 것
6. 증폭기 및 조작부는 수위실 등 상시 사람이 근무하는 장소로서 점검이 편리하고 방화상 유효한 곳에 설치할 것
7. 층수가 11층(공동주택의 경우에는 16층) 이상의 특정소방대상물은 다음의 기준에 따라 경보를 발할 수 있도록 해야 한다.
   ⊙ 2층 이상의 층에서 발화한 때에는 발화층 및 그 직상 4개층에 경보를 발할 것
   ⓒ 1층에서 발화한 때에는 발화층·그 직상 4개층 및 지하층에 경보를 발할 것

ⓒ 지하층에서 발화한 때에는 발화층·그 직상층 및 기타의 지하층에 경보를 발할 것

8. 다른 방송설비와 공용하는 것에 있어서는 화재 시 비상경보 외의 방송을 차단할 수 있는 구조로 할 것

9. 다른 전기회로에 따라 유도장애가 생기지 않도록 할 것

10. 하나의 특정소방대상물에 2 이상의 조작부가 설치되어 있는 때에는 각각의 조작부가 있는 장소 상호 간에 동시 통화가 가능한 설비를 설치하고, 어느 조작부에서도 해당 특정소방대상물의 전 구역에 방송을 할 수 있도록 할 것

11. 기동장치에 따른 화재신호를 수신한 후 필요한 음량으로 화재발생상황 및 피난에 유효한 방송이 자동으로 개시될 때까지의 소요시간은 10초 이내로 할 것

12. 음향장치는 다음의 기준에 따른 구조 및 성능의 것으로 해야 한다.
ⓐ 정격전압의 80% 전압에서 음향을 발할 수 있는 것을 할 것
ⓑ 자동화재탐지설비의 작동과 연동하여 작동할 수 있는 것으로 할 것

69 　　　　정답 ②

② 분파기 : 서로 다른 주파수의 합성된 신호를 분리하기 위해서 사용하는 장치를 말한다.
① 혼합기 : 2 이상의 입력신호를 원하는 비율로 조합한 출력이 발생하도록 하는 장치를 말한다.
③ 증폭기 : 전압·전류의 진폭을 늘려 감도 등을 개선하는 장치를 말한다.
④ 옥외안테나 : 감시제어반 등에 설치된 무선중계기의 입력과 출력포트에 연결되어 송수신 신호를 원활하게 방사·수신하기 위해 옥외에 설치하는 장치를 말한다.

70 　　　　정답 ③

유도표지는 다음의 기준에 따라 설치해야 한다.
1. 계단에 설치하는 것을 제외하고는 각 층마다 복도 및 통로의 각 부분으로부터 하나의 유도표지까지의 보행거리가 15m 이하가 되는 곳과 구부러진 모퉁이의 벽에 설치할 것
2. 피난구유도표지는 출입구 상단에 설치하고, 통로유도표지는 바닥으로부터 높이 1m 이하의 위치에 설치할 것
3. 주위에는 이와 유사한 등화·광고물·게시물 등을 설치하지 않을 것
4. 유도표지는 부착판 등을 사용하여 쉽게 떨어지지 않도록 설치할 것

5. 축광방식의 유도표지는 외광 또는 조명장치에 의하여 상시 조명이 제공되거나 비상조명등에 의한 조명이 제공되도록 설치할 것

71 　　　　정답 ④

핵심 포인트
객석유도등 설치기준
1. 객석유도등은 객석의 통로, 바닥 또는 벽에 설치해야 한다.
2. 객석 내의 통로가 경사로 또는 수평로로 되어 있는 부분은 식에 따라 산출한 개수(소수점 이하의 수는 1로 본다)의 유도등을 설치해야 한다.

$$설치개수 = \frac{객석통로의\ 직선부분\ 길이(m)}{4} - 1$$

3. 객석 내의 통로가 옥외 또는 이와 유사한 부분에 있는 경우에는 해당 통로 전체에 미칠 수 있는 개수의 유도등을 설치해야 한다.

72 　　　　정답 ①

핵심 포인트
시험조건(제9조)
1. 누전경보기의 시험은 특별히 규정된 경우를 제외하고는 실온이 5℃ 이상 35℃ 이하, 상대습도가 45% 이상 85% 이하의 상태에서 실시한다.
2. 변류기의 기능 및 전로개폐시험에서 경계전로의 전압 및 주파수는 당해 변류기의 정격전압 또는 정격주파수를 사용하고 경계전로에 접속하는 부하는 순저항부하를 사용한다.
3. 단락전류강도시험 및 과누전시험에서 시험선로는 경계전로 또는 1개의 전선을 사용하고, 변류기에 부착한 회로의 주파수는 경계전로의 정격주파수를 사용하여야 한다.

73 　　　　정답 ①

누설동축케이블 및 안테나
1. 누설동축케이블 및 안테나는 금속판 등에 따라 전파의 복사 또는 특성이 현저하게 저하되지 않는 위치에 설치할 것
2. 누설동축케이블 및 안테나는 고압의 전로로부터 1.5m 이

상 떨어진 위치에 설치할 것(다만, 해당 전로에 정전기 차폐장치를 유효하게 설치한 경우에는 그렇지 않다.)

74 정답 ③

접점수고시험 기준치 이상 및 기준치 이하

1. **기준치 이상** : 지연작동
2. **기준치 이하** : 오작동

75 정답 ④

건전지를 주전원으로 하는 감지기는 건전지의 성능이 저하되어 건전지의 교체가 필요한 경우에는 음성안내를 포함한 음향 및 표시등에 의하여 72시간 이상 경보할 수 있어야 한다. 이 경우 음향경보는 1m 떨어진 거리에서 70dB(음성안내는 60dB) 이상이어야 한다(제5조의2 제5호).

76 정답 ③

객석유도등은 바닥면 또는 디딤 바닥면에서 높이 0.5m의 위치에 설치하고 그 유도등의 바로 밑에서 0.3m 떨어진 위치에서의 수평조도가 0.2lx 이상이어야 한다(제23조 제3호).

77 정답 ④

비상콘센트설비의 전원회로(비상콘센트에 전력을 공급하는 회로를 말한다)는 다음의 기준에 따라 설치해야 한다.

1. 비상콘센트설비의 전원회로는 단상교류 220V인 것으로서, 그 공급용량은 1.5kVA 이상인 것으로 할 것
2. 전원회로는 각 층에 2 이상이 되도록 설치할 것(다만, 설치해야 할 층의 비상콘센트가 1개인 때에는 하나의 회로로 할 수 있다.)
3. 전원회로는 주배전반에서 전용회로로 할 것(다만, 다른 설비회로의 사고에 따른 영향을 받지 않도록 되어 있는 것은 그렇지 않다.)
4. 전원으로부터 각 층의 비상콘센트에 분기되는 경우에는 분기배선용 차단기를 보호함 안에 설치할 것
5. 콘센트마다 배선용 차단기(KS C 8321)를 설치해야 하며, 충전부가 노출되지 않도록 할 것
6. 개폐기에는 "비상콘센트"라고 표시한 표지를 할 것
7. 비상콘센트용의 풀박스 등은 방청도장을 한 것으로서, 두께 1.6mm 이상의 철판으로 할 것
8. 하나의 전용회로에 설치하는 비상콘센트는 10개 이하로 할 것(이 경우 전선의 용량은 각 비상콘센트(비상콘센트가 3개 이상인 경우에는 3개)의 공급용량을 합한 용량 이상의 것으로 해야 한다.)

78 정답 ①

⊕ 핵심 포인트 ⊕

표시등(제4조 제2호)

1. 전구는 사용전압의 130%인 교류전압을 20시간 연속하여 가하는 경우 단선, 현저한 광속변화, 흑화, 전류의 저하 등이 발생하지 아니하여야 한다.
2. 소켓은 접촉이 확실하여야 하며 쉽게 전구를 교체할 수 있도록 부착하여야 한다.
3. 전구는 2개 이상을 병렬로 접속하여야 한다. 다만, 방전등 또는 발광다이오드의 경우에는 그러하지 아니하다.
4. 전구에는 적당한 보호커버를 설치하여야 한다. 다만, 발광다이오드의 경우에는 그러하지 아니하다.
5. 누전화재의 발생을 표시하는 표시등이 설치된 것은 등이 켜질 때 적색으로 표시되어야 하며, 누전화재가 발생한 경계전로의 위치를 표시하는 표시등과 기타의 표시등은 다음과 같아야 한다.
   ㉠ 지구등은 적색으로 표시되어야 한다. 이 경우 누전등이 설치된 수신부의 지구등은 적색외의 색으로도 표시할 수 있다.
   ㉡ 기타의 표시등은 적색외의 색으로 표시되어야 한다. 다만, 누전등 및 지구등과 쉽게 구별할 수 있도록 부착된 기타의 표시등은 적색으로도 표시할 수 있다.
6. 주위의 밝기가 300lx인 장소에서 측정하여 앞면으로부터 3m 떨어진 곳에서 켜진 등이 확실히 식별되어야 한다.

79 정답 ②

누전경보기에 차단기구를 설치하는 경우에는 다음에 적합하여야 한다(제4조 제9호).

1. 개폐부는 원활하고 확실하게 작동하여야 하며 정지점이 명확하여야 한다.
2. 개폐부는 수동으로 개폐되어야 하며 자동적으로 복귀하지 아니하여야 한다.

3. 개폐부는 KS C 4613(누전차단기)에 적합한 것이어야 한다.

80   정답 ③

⊕ 핵심 포인트 ⊕

외함의 두께(제4조 제1호)

1. 강판 외함 : 1.2mm 이상
2. 합성수지 외함 : 3mm 이상

제5회 빈출 모의고사

1과목 소방원론

01 ①	02 ③	03 ①	04 ③	05 ①
06 ②	07 ③	08 ②	09 ①	10 ④
11 ①	12 ④	13 ①	14 ④	15 ②
16 ③	17 ②	18 ③	19 ①	20 ②

01   정답 ①

포소화설비는 물만으로는 소화가 불가능하거나 소화효과가 적거나 또는 오히려 화재를 확대시킬 우려가 있는 인화성액체 물질에서 발생하는 화재를 효과적으로 진압하기 위한 소화설비로 냉각작용과 질식작용을 한다.

02   정답 ③

⊕ 핵심 포인트 ⊕

소화방법

1. **물리적 소화방법** : 제거소화, 질식소화, 냉각소화
2. **화학적 소화방법** : 연쇄반응 억제소화

03   정답 ①

⊕ 핵심 포인트 ⊕

가연물의 구비조건

1. 지연성 또는 조연성 가스의 산소 등과 친화력이 있을 것
2. 열전도도가 낮고 활성화 에너지가 적을 것
3. 연쇄반응이 일어날 수 있는 물질일 것
4. 표면적이 크고 산화되기 위한 물질로서 열반응이 커야 할 것

PART **3**

정답 및 해설

04 정답 ③

제3종 분말소화약제는 A급, B급, C급의 어떤 화재에도 사용할 수 있기 때문에 일명 ABC 분말 소화약제이다. 제1종 분말소화약제는 주방에서의 식용유 화재에 적합하다.

05 정답 ①

할로겐원소의 소화효과 : $I > Br > Cl > F$
전기음성도 : $F > Cl > Br > I$

06 정답 ②

황린은 공기 중에서는 산화되어 발화하므로 수중에 저장한다.
자연발화성 물질 및 금수성 물질(위험물안전관리법 시행령 별표 1) : 칼륨, 나트륨, 알킬알루미늄, 황린, 알칼리금속 및 알칼리토금속, 유기금속화합물, 금속의 수소화물, 칼슘 또는 알루미늄의 탄화물 등

07 정답 ③

⊕ **핵심 포인트** ⊕

열적 특성

1. **열가소성 수지** : 폴리에틸렌 수지, 폴리염화비닐 수지, 폴리스타이렌 수지
2. **열경화성 수지** : 페놀수지, 요소수지, 멜라닌 수지

08 정답 ②

건축물의 바깥쪽에 설치하는 피난계단의 구조(건축물의 피난·방화구조 등의 기준에 관한 규칙 제9조 제2항 제2호)

1. 계단은 그 계단으로 통하는 출입구 외의 창문 등(망이 들어 있는 유리의 붙박이창으로서 그 면적이 각각 1m² 이하인 것을 제외한다)으로부터 2m 이상의 거리를 두고 설치할 것
2. 건축물의 내부에서 계단으로 통하는 출입구에는 60＋방화문 또는 60분방화문을 설치할 것
3. 계단의 유효너비는 0.9m 이상으로 할 것
4. 계단은 내화구조로 하고 지상까지 직접 연결되도록 할 것

09 정답 ①

⊕ **핵심 포인트** ⊕

수성막포 소화약제

1. 장점
   ㉠ 유동성이 좋아 초기 소화속도가 빠르다.
   ㉡ 기름에 오염되지 않아 SSI 방출방식에 사용이 가능하다.
   ㉢ 내약품성으로 불화단백포 소화약제 및 분말소화약제와 twin agent system이 가능하다.
   ㉣ 경년기간이 길다.
2. 단점
   ㉠ 내열성이 약하다.
   ㉡ ring fire 현상이 발생한다.
   ㉢ 가격이 높다.

10 정답 ④

위험도(H)＝$\dfrac{U-L}{L}$＝$\dfrac{폭발상한값-폭발하한값}{폭발하한값}$

연소범위 : 수소 $4.0 \sim 75\%$, 아세틸렌 $2.5 \sim 81\%$, 에틸렌 $2.7 \sim 36\%$, 이황화탄소 $1.0 \sim 50\%$

④ 이황화탄소 $H = \dfrac{50-1.0}{1.0} = 49.0$

① 수소 $H = \dfrac{75-4.0}{4.0} = 17.75$

② 에틸렌 $H = \dfrac{36-2.7}{2.7} = 12.33$

③ 아세틸렌 $H = \dfrac{81-2.5}{2.5} = 31.4$

11 정답 ①

A급, B급, C급의 어떤 화재에도 사용할 수 있기 때문에 일명 ABC 분말 소화약제라고도 부른다. 주성분은 알칼리성의 제1인산암모늄($NH_4H_2PO_4$, 중탄산칼륨과 중탄산나트륨은 산성염)이며 약제는 담홍색으로 착색되어 있다.

12 정답 ④

산림화재 시 소화효과를 증대시키기 위해 물에 첨가하는 유기계 증점제는 Sodium Carboxy Methyl Cellulose와 Gelgard 등이 있다.

13 정답 ①

인화아연 $Zn_3P_2+2H_2O \rightarrow 3Zn(OH)^2+2PH_3\uparrow$ (포스핀)

14 정답 ④

핵심 포인트

소화방법

1. 가연물을 제거한다(제거소화법).
2. 산소를 차단한다(질식소화법).
3. 산화반응의 진행을 차단한다(억제소화법).
4. 화점의 온도를 낮춘다(냉각소화법).
5. 기름 등 화재 시 유면을 에멀전시킨다(유화소화법).
6. 가연물의 농도를 희석시킨다(희석소화법).

15 정답 ②

TLV(Threshold Limit Value)는 허용한계농도(ppm)로 일산화탄소 30, 이산화탄소 5,000, 포스겐 0.1, 불화수소 0.5이다(화학물질 및 물리적 인자의 노출기준 별표 1).

16 정답 ③

폭연에서 폭굉으로 전이되기 위한 조건은 정상연소속도가 큰 가스일수록, 압력이 클수록, 가는 관경에 돌출물이 있을수록, 배관의 관경이 가늘수록 폭굉으로 전환되기 쉬운 특성이 있다.

17 정답 ②

임계온도는 어느 온도에서부터는 아무리 큰 압력을 가하여도 더 이상 액화되지 않는 온도로 이산화탄소의 경우는 31.25℃이다.

18 정답 ③

핵심 포인트

화재의 분류

구분	종류	표시색
A급 화재	일반화재	백색
B급 화재	유류화재	황색
C급 화재	전기화재	청색
D급 화재	금속화재	무색
K급 화재	주방화재	은색

19 정답 ①

점화원에는 고온의 표면, 화기, 기계적 불꽃, 마찰열 등이 있다. 융해열은 일정량의 고체가 같은 온도의 액체로 되는 데 필요한 열량을 말한다.

20 정답 ②

화재하중은 화재실 또는 건물 안에 포함된 모든 가연성 물질의 완전연소에 따른 전체 발열량이다.

제5회 빈출 모의고사

2과목 소방전기일반

21 ②	22 ③	23 ①	24 ①	25 ②
26 ①	27 ④	28 ①	29 ①	30 ②
31 ④	32 ①	33 ④	34 ①	35 ③
36 ④	37 ①	38 ③	39 ②	40 ②

PART 3

정답 및 해설

21 정답 ②

• 소비전력 $P=IV=\dfrac{V^2}{R}$에서 저항을 구하면

$R=\dfrac{V^2}{P}=\dfrac{30^2}{300}=3$이다.

- 교류전력 $I=IV=I^2R$에서 전류를 구하면

$I=\sqrt{\dfrac{P}{R}}=\sqrt{\dfrac{1,200}{3}}=20$이다.

- 전류 $I=\dfrac{V}{Z}$에서 임피던스를 구하면

$Z=\dfrac{V}{I}=\dfrac{100}{20}=5$이다.

- 임피던스 $Z=\sqrt{R^2+X_L^2}$에서 코일의 리액턴스를 구하면

$X_L=\sqrt{Z^2-R^2}=\sqrt{5^2-3^2}=4$이다.

22 　　정답 ③

3상 반파 정류회로의 리플(맥동) 주파수(Hz) $f_{맥동}=3f$이므로 $f_{맥동}=3\times60=180Hz$이다.

23 　　정답 ①

① 플레밍의 오른손 법칙 : 자기장 속에서 도선이 움직일 때 자기장의 방향과 도선이 움직이는 방향으로 유도 기전력 또는 유도 전류의 방향을 결정하는 규칙

② 플레밍의 왼손 법칙 : 도선에 대하여 자기장이 미치는 힘의 작용 방향을 정하는 법칙

③ 암페어의 오른나사 법칙 : 전류에 의해서 생기는 자계의 방향을 찾아내기 위한 법칙

④ 패러데이의 전자유도 법칙 : 유도기전력의 크기는 코일을 관통하는 자속(자기력선속)의 시간적 변화율과 코일의 감은 횟수에 비례한다는 전자기유도법칙

24 　　정답 ①

절연저항 시험은 전기기 및 전선로의 절연물의 절연성에 관한 신뢰도가 충분한지의 여부를 판정하기 위하여 측정하는 것이다. 누설전류 $I=\dfrac{V}{R}=\dfrac{500}{1\times10^6}=5\times10^{-4}=0.5mA$이다.

25 　　정답 ②

전류원을 개방하면 직렬회로이므로 20Ω에 흐르는 전원 $I_1=\dfrac{V}{R}=\dfrac{20}{5+20}=0.8$A이다.

$IR=I_2R_2,\ I\dfrac{R_1R_2}{R_1+R_2}=I_2R_2$에서 20Ω에 흐르는 전류는

$I_2=\dfrac{R_1}{R_1+R_2}I=\dfrac{5}{5+20}\times1=0.2A$이다. 따라서 20Ω에 흐르는 전류는 $I=I_1+I_2=0.8+0.2=1A$이다.

26 　　정답 ①

① 부동충전 : 제어전원인 축전지를 부하와 병렬로 접속하고, 충전기에 의하여 부하에 전력을 공급함과 동시에 축전지를 충전하는 것

② 급속충전 : 전자기기의 배터리를 기존보다 빠르게 충전하는 기술

③ 균등충전 : 직렬로 접속된 축전지를 부동 상태로 사용하면 개개의 축전지에 비중이나 전압의 분리가 발생하는데, 이것을 균일화하기 위해 사용하는 충전방법

④ 세류충전 : 축전지의 방전을 보충하기 위해 부하를 off한 상태에서 미소 전류로 항상 충전하는 방식

27 　　정답 ④

논리식 $C=A+\overline{B}\cdot C$

시킨스 회로와 논리기호

1. **AND** 회로 : $X=A\cdot B$
2. **OR** 회로 : $X=A+B$
3. **NOT** 회로 : $X=\overline{A}$

28 　　정답 ③

전류원을 개방하면 직렬회로이므로 20Ω에 흐르는 전류는

$I_1=\dfrac{V}{R}=\dfrac{20}{5+20}=0.8$A

전압원을 단락하면 병렬회로이므로 각 저항에 걸리는 전압은 일정하다.

$IR=I_2R_2,\ I\dfrac{R_1R_2}{R_1+R_2}=I_2R_2$에서 20Ω에 흐르는 전류는

$I_2=\dfrac{R_1}{R_1+R_2}I=\dfrac{5}{5+20}\times5=1A$

따라서 20Ω에 흐르는 전류는 $I=I_1+I_2=0.8+1=1.8A$

29 　　정답 ①

열전형 계기 : 열선에 측정 전류를 흘려보내면 열전대의 온도 상승을 기전력으로 환산하여 가동 코일형 계기로 측정한다.

30 정답 ②

논리식을 간소화하면

$$Y=\overline{(\overline{A}+B)\cdot\overline{B}}=(\overline{\overline{A}+B})\cdot\overline{\overline{B}}=(A\cdot\overline{B})+B$$
$$=(A+B)\cdot(\overline{B}+B)=(A+B)\cdot1=A+B$$

31 정답 ④

$$전압이득=\frac{V_2}{V_2-V_1}=\frac{3,300}{3,300-3,000}=\frac{3,300}{300}$$

부하전력 $P=$ 전압이득 $\times$ 자기용량 $\times$ 역률

$$=\frac{3,300}{300}\times10\times0.8=88\text{kW}$$

32 정답 ①

$$2\frac{d^2c(t)}{dt^2}+2\frac{dc(t)}{dt}+c(t)=3\frac{dr(t)}{dt}+r(t)$$에서 양변을

라플라스 변환하면

$$2s^2C(s)+3sC(s)+C(s)=3sR(s)+R(s)$$
$$(2s^2+3s+1)C(s)=(3s+1)R(s)$$

따라서 전달함수는 $G(s)=\dfrac{C(s)}{R(s)}=\dfrac{3s+1}{2s^2+3s+1}$

33 정답 ②

전류계는 회로 소자와 직렬로 연결되어 있어야 하고, 내부의 저항이 0이어야 한다. 전압계는 회로 소자와 병렬로 연결되어 있어야 하고, 내부의 저항이 ∞여야 한다.

34 정답 ①

Y결선은 3상 평형부하이므로 △결선의 각 상의 저항은

$$R_{ab}=\overline{R_{bc}}=R_{ca},\ R_{ab}=\frac{R_aR_b+R_bR_c+R_cR_a}{Rc}$$

$$=\frac{(3\times3)+(3\times3)+(3\times3)}{3}=9\Omega$$

병렬회로의 합성저항은

$$R_{ab}=\frac{9\times9}{9+9}=4.5\Omega\ (R_{ab}=R_{bc}=R_{ca}=4.5\Omega)$$

a−b 간의 합성저항은 $R=\dfrac{R_{ab}\times(R_{bc}+R_{ca})}{R_{ab}+(R_{bc}+R_{ca})}$

$$=\frac{4.5\times(4.5+4.5)}{4.5+(4.5+4.5)}=3\Omega$$

35 정답 ③

- 피상전력 $P_a=IV,\ P_a=30\times200=6,000W$
- 무효전력 $P_r=\sqrt{P_a^2-P^2}=\sqrt{6,000^2-4,800^2}=3,600Var$
- 리엑턴스 $X=\dfrac{P_r}{I^2}=\dfrac{3,600}{30^2}=4\Omega$

36 정답 ④

⊕ **핵심 포인트** ⊕

변환요소

1. **변위를 압력으로 변환하는 장치** : 유압분사관, 노즐 플래퍼, 스프링
2. **변위를 전압으로 변환하는 장치** : 포텐셔미터, 차동변압기, 전위차계
3. **변위를 임피던스로 변환하는 장치** : 가변저항기, 용량형 변환기
4. **전압을 변위로 변환하는 장치** : 전자석
5. **빛을 전압으로 변환하는 장치** : 광전지
6. **온도를 전압으로 변환하는 장치** : 열전대
7. **온도를 임피던스로 변환하는 장치** : 측온저항

37 정답 ①

시퀀스(계전기 접점) 회로 논리식 : 직렬로 연결하면 AND회로이고, 병렬로 연결하면 OR회로이다.

논리식은 $XY+\ \ X\overline{Y}+\overline{X}Y=X(Y+\overline{Y})+\overline{X}Y=X\cdot1$
$+\overline{X}Y=X+\overline{X}Y=(X+\overline{X})\cdot(X+Y)=1\cdot(X+Y)=$
$X+Y$

38 정답 ③

- 실효값 전압 $E_m=\sqrt{2}E,\ E=\dfrac{E_m}{\sqrt{2}}V$
- R−C 직렬회로의 실효값 전류

$$I=\frac{E}{\sqrt{R^2+X_c}}=\frac{\dfrac{E_m}{\sqrt{2}}}{\sqrt{R^2+\left(\dfrac{1}{\omega C}\right)}}A$$

- 제3고조파 전류의 실효값

$$I=\frac{\dfrac{E_m}{\sqrt{2}}}{\sqrt{R^2+\left(\dfrac{1}{\omega C}\right)}}=\frac{\dfrac{120\sqrt{2}}{\sqrt{2}}}{\sqrt{4^2+\left(\dfrac{1}{3}\times9\right)^2}}=24A$$

PART **3**

정답 및 해설

39 정답 ②

역률이 $\cos\theta=0.8$이므로 무효율을 구하면
$\cos^2\theta+\sin^2\theta=1$에서 $\sin\theta=\sqrt{1-\cos^2\theta}=\sqrt{1-0.8^2}=0.6$
3상 무효전력 $P_r=\sqrt{3}IV\sin\theta=\sqrt{3}\times10\times28.87\times0.6=300.03Var$

40 정답 ②

핵심 포인트

분류기의 측정전류

- 전압 $I_s\dfrac{R\cdot R_s}{R+R_2}=IR,\ I_s=\dfrac{R+R_s}{R_2}I$
- $I_s=\dfrac{0.8+8\times10^{-3}}{8\times10^{-3}}\times200\times10^{-3}=20.2A$

제5회 빈출 모의고사

3과목 소방관계법규

41 ④	42 ①	43 ②	44 ③	45 ②
46 ④	47 ③	48 ②	49 ①	50 ④
51 ②	52 ①	53 ②	54 ①	55 ③
56 ②	57 ④	58 ①	59 ④	60 ②

41 정답 ④

핵심 포인트

소방시설설계업의 등록기준 및 영업범위(영 별표 1)

업종별 \ 항목		기술인력	영업범위
전문 소방시설 설계업		가. 주된 기술인력: 소방기술사 1명 이상 나. 보조 기술인력: 1명 이상	모든 특정소방대상물에 설치되는 소방시설의 설계
일반 소방시설 설계업	기계분야	가. 주된 기술인력 : 소방기술사 또는 기계분야 소방설비기사 1명 이상 나. 보조기술인력 : 1명 이상	가. 아파트에 설치되는 기계분야 소방시설(제연설비는 제외한다)의 설계 나. 연면적 3만제곱미터(공장의 경우에는 1만제곱미터) 미만의 특정소방대상물(제연설비가 설치되는 특정소방대상물은 제외한다)에 설치되는 기계분야 소방시설의 설계 다. 위험물제조소 등에 설치되는 기계분야 소방시설의 설계
	전기분야	가. 주된 기술인력 : 소방기술사 또는 전기분야 소방설비기사 1명 이상 나. 보조기술인력 : 1명 이상	가. 아파트에 설치되는 전기분야 소방시설의 설계 나. 연면적 3만제곱미터(공장의 경우에는 1만제곱미터) 미만의 특정소방대상물에 설치되는 전기분야 소방시설의 설계 다. 위험물제조소 등에 설치되는 전기분야 소방시설의 설계

42 　　　　　　　　　　　정답 ①

핵심 포인트

위험물별 표시색상

1. 제1류 위험물 중 알칼리금속의 과산화물, 제3류 위험물 중 금수성물질 : 물기엄금(청색 바탕에 백색 문자)
2. 제2류 위허물(인화성 고체 제외) : 화기주의(적색 바탕에 백색 문자)
3. 제2류 위허물 중 인화성 고체, 제3류 위험물 중 자연발화성물질, 제4류 위험물, 제5류 위험물 : 화기엄금(적색 바탕에 백색 문자)

43 　　　　　　　　　　　정답 ②

무창층으로 판정하기 위한 개구부가 갖추어야 할 요건(영 제2조 제1호)

1. 크기는 지름 50cm 이상의 원이 통과할 수 있을 것
2. 해당 층의 바닥면으로부터 개구부 밑부분까지의 높이가 1.2m 이내일 것
3. 도로 또는 차량이 진입할 수 있는 빈터를 향할 것
4. 화재 시 건축물로부터 쉽게 피난할 수 있도록 창살이나 그 밖의 장애물이 설치되지 않을 것
5. 내부 또는 외부에서 쉽게 부수거나 열 수 있을 것

44 　　　　　　　　　　　정답 ③

화재예방강화지구 : 특별시장·광역시장·특별자치시장·도지사 또는 특별자치도지사(시·도지사)가 화재발생 우려가 크거나 화재가 발생할 경우 피해가 클 것으로 예상되는 지역에 대하여 화재의 예방 및 안전관리를 강화하기 위해 지정·관리하는 지역을 말한다.

45 　　　　　　　　　　　정답 ②

다음의 어느 하나에 해당하는 경우에는 제조소 등이 아닌 장소에서 지정수량 이상의 위험물을 취급할 수 있다. 이 경우 임시로 저장 또는 취급하는 장소에서의 저장 또는 취급의 기준과 임시로 저장 또는 취급하는 장소의 위치·구조 및 설비의 기준은 시·도의 조례로 정한다(법 제5조 제2항).

1. 시·도의 조례가 정하는 바에 따라 관할소방서장의 승인을 받아 지정수량 이상의 위험물을 90일 이내의 기간동안 임시로 저장 또는 취급하는 경우
2. 군부대가 지정수량 이상의 위험물을 군사목적으로 임시로 저장 또는 취급하는 경우

46 　　　　　　　　　　　정답 ④

핵심 포인트

피난설비(규칙 별표 17)

1. 주유취급소 중 건축물의 2층 이상의 부분을 점포·휴게음식점 또는 전시장의 용도로 사용하는 것에 있어서는 당해 건축물의 2층 이상으로부터 주유취급소의 부지 밖으로 통하는 출입구와 당해 출입구로 통하는 통로·계단 및 출입구에 유도등을 설치하여야 한다.
2. 옥내주유취급소에 있어서는 당해 사무소 등의 출입구 및 피난구와 당해 피난구로 통하는 통로·계단 및 출입구에 유도등을 설치하여야 한다.
3. 유도등에는 비상전원을 설치하여야 한다.

47 　　　　　　　　　　　정답 ③

자동화재탐지설비의 설치기준(규칙 별표 17)

1. 자동화재탐지설비의 경계구역은 건축물 그 밖의 공작물의 2 이상의 층에 걸치지 아니하도록 할 것(다만, 하나의 경계구역의 면적이 500m² 이하이면서 당해 경계구역이 두개의 층에 걸치는 경우이거나 계단·경사로·승강기의 승강로 그 밖에 이와 유사한 장소에 연기감지기를 설치하는 경우에는 그러하지 아니하다.)
2. 하나의 경계구역의 면적은 600m² 이하로 하고 그 한 변의 길이는 50m(광전식분리형 감지기를 설치할 경우에는 100m) 이하로 할 것(다만, 당해 건축물 그 밖의 공작물의 주요한 출입구에서 그 내부의 전체를 볼 수 있는 경우에 있어서는 그 면적을 1,000m² 이하로 할 수 있다.)
3. 자동화재탐지설비의 감지기 또는 벽의 옥내에 면한 부분(천장이 있는 경우에는 천장 또는 벽의 옥내에 면한 부분 및 천장의 뒷 부분)에 유효하게 화재의 발생을 감지할 수 있도록 설치할 것
4. 옥외탱크저장소에 설치하는 자동화재탐지설비의 감지기 설치기준
   ㉠ 불꽃감지기를 설치할 것(다만, 불꽃을 감지하는 기능이 있는 지능형 폐쇄회로텔레비전을 설치한 경우 불꽃감지기를 설치한 것으로 본다.)
   ㉡ 옥외저장탱크 외측과 보유공지 내에서 발생하는 화재

PART 3

정답 및 해설

381

를 유효하게 감지할 수 있는 위치에 설치할 것

ⓒ 지지대를 설치하고 그 곳에 감지기를 설치하는 경우 지지대는 벼락에 영향을 받지 않도록 설치할 것

5. 자동화재탐지설비에는 비상전원을 설치할 것

6. 옥외탱크저장소가 다음의 어느 하나에 해당하는 경우에는 자동화재탐지설비를 설치하지 않을 수 있다.

ⓐ 옥외탱크저장소의 방유제와 옥외저장탱크 사이의 지표면을 불연성 및 불침윤성(수분에 젖지 않는 성질)이 있는 철근콘크리트 구조 등으로 한 경우

ⓒ 화학물질안전원장이 정하는 고시에 따라 가스감지기를 설치한 경우

48 정답 ②

1급 소방안전관리대상물에 선임해야 하는 소방안전관리자의 자격(영 별표 4) : 다음의 어느 하나에 해당하는 사람으로서 1급 소방안전관리자 자격증을 발급받은 사람 또는 특급 소방안전관리대상물의 소방안전관리자 자격증을 발급받은 사람

1. 소방설비기사 또는 소방설비산업기사의 자격이 있는 사람
2. 소방공무원으로 7년 이상 근무한 경력이 있는 사람
3. 소방청장이 실시하는 1급 소방안전관리대상물의 소방안전관리에 관한 시험에 합격한 사람

49 정답 ①

200만원 이하의 과태료(법 제40조 제1항)

1. 신고를 하지 아니하거나 거짓으로 신고한 자
2. 관계인에게 지위승계, 행정처분 또는 휴업·폐업의 사실을 거짓으로 알린 자
3. 관계 서류를 보관하지 아니한 자
4. 소방기술자를 공사 현장에 배치하지 아니한 자
5. 완공검사를 받지 아니한 자
6. 3일 이내에 하자를 보수하지 아니하거나 하자보수계획을 관계인에게 거짓으로 알린 자
7. 감리 관계 서류를 인수·인계하지 아니한 자
8. 배치통보 및 변경통보를 하지 아니하거나 거짓으로 통보한 자
9. 방염성능기준 미만으로 방염을 한 자
10. 방염처리능력 평가에 관한 서류를 거짓으로 제출한 자
11. 도급계약 체결 시 의무를 이행하지 아니한 자(하도급 계약의 경우에는 하도급 받은 소방시설업자는 제외한다)
12. 하도급 등의 통지를 하지 아니한 자
13. 공사대금의 지급보증, 담보의 제공 또는 보험료 등의 지

급을 정당한 사유 없이 이행하지 아니한 자

14. 시공능력 평가에 관한 서류를 거짓으로 제출한 자
15. 사업수행능력 평가에 관한 서류를 위조하거나 변조하는 등 거짓이나 그 밖의 부정한 방법으로 입찰에 참여한 자
16. 명령을 위반하여 보고 또는 자료 제출을 하지 아니하거나 거짓으로 보고 또는 자료 제출을 한 자

50 정답 ④

소방관서장은 화재안전조사를 실시하려는 경우 사전에 조사대상, 조사기간 및 조사사유 등 조사계획을 소방청, 소방본부 또는 소방서의 인터넷 홈페이지나 전산시스템을 통해 7일 이상 공개해야 한다(영 제8조 제2항).

51 정답 ②

소방시설을 설치하지 않을 수 있는 특정소방대상물 및 소방시설의 범위(영 별표 6)

구분	특정소방대상물	설치하지 않을 수 있는 소방시설
화재 위험도가 낮은 특정소방대상물	석재, 불연성금속, 불연성 건축재료 등의 가공공장·기계조립공장 또는 불연성 물품을 저장하는 창고	옥외소화전 및 연결살수설비

52 정답 ①

화재안전조사위원회의 위원은 다음의 어느 하나에 해당하는 사람 중에서 소방관서장이 임명하거나 위촉한다(영 제11조 제3항).

1. 과장급 직위 이상의 소방공무원
2. 소방기술사
3. 소방시설관리사
4. 소방 관련 분야의 석사 이상 학위를 취득한 사람
5. 소방 관련 법인 또는 단체에서 소방 관련 업무에 5년 이상 종사한 사람
6. 소방공무원 교육훈련기관, 「고등교육법」의 학교 또는 연구소에서 소방과 관련한 교육 또는 연구에 5년 이상 종사한 사람

53 정답 ②

종합점검은 다음의 어느 하나에 해당하는 특정소방대상물을 대상으로 한다.

1. 해당 특정소방대상물의 소방시설 등이 신설된 경우에 해당하는 특정소방대상물
2. 스프링클러설비가 설치된 특정소방대상물
3. 물분무등소화설비[호스릴(hose reel) 방식의 물분무등소화설비만을 설치한 경우는 제외한다]가 설치된 연면적 5,000m² 이상인 특정소방대상물(제조소 등은 제외한다)
4. 다중이용업의 영업장이 설치된 특정소방대상물로서 연면적이 2,000m² 이상인 것
5. 제연설비가 설치된 터널
6. 공공기관 중 연면적(터널 · 지하구의 경우 그 길이와 평균 폭을 곱하여 계산된 값을 말한다)이 1,000m² 이상인 것으로서 옥내소화전설비 또는 자동화재탐지설비가 설치된 것(다만, 소방대가 근무하는 공공기관은 제외한다.)

54 정답 ①

55 정답 ③

주택용소방시설 : 소화기 및 단독경보형 감지기를 말한다(영 제10조).

56 정답 ②

자동화재탐지설비를 설치해야 하는 특정소방대상물은 다음의 어느 하나에 해당하는 것으로 한다(영 별표 4).

1. 공동주택 중 아파트등 · 기숙사 및 숙박시설의 경우에는 모든 층
2. 층수가 6층 이상인 건축물의 경우에는 모든 층
3. 근린생활시설(목욕장은 제외한다), 의료시설(정신의료기관 및 요양병원은 제외한다), 위락시설, 장례시설 및 복합건축물로서 연면적 600m² 이상인 경우에는 모든 층
4. 근린생활시설 중 목욕장, 문화 및 집회시설, 종교시설, 판매시설, 운수시설, 운동시설, 업무시설, 공장, 창고시설, 위험물 저장 및 처리 시설, 항공기 및 자동차 관련 시설, 교정 및 군사시설 중 국방 · 군사시설, 방송통신시설, 발전시설, 관광 휴게시설, 지하가(터널은 제외한다)로서 연면적 1천m² 이상인 경우에는 모든 층
5. 교육연구시설(교육시설 내에 있는 기숙사 및 합숙소를 포함한다), 수련시설(수련시설 내에 있는 기숙사 및 합숙소를 포함하며, 숙박시설이 있는 수련시설은 제외한다), 동물 및 식물 관련 시설(기둥과 지붕만으로 구성되어 외부와 기류가 통하는 장소는 제외한다), 자원순환 관련 시설, 교정 및 군사시설(국방 · 군사시설은 제외한다) 또는 묘지 관련 시설로서 연면적 2천m² 이상인 경우에는 모든 층
6. 노유자 생활시설의 경우에는 모든 층
7. 6.에 해당하지 않는 노유자 시설로서 연면적 400m² 이상인 노유자 시설 및 숙박시설이 있는 수련시설로서 수용인원 100명 이상인 경우에는 모든 층
8. 의료시설 중 정신의료기관 또는 요양병원으로서 다음의 어느 하나에 해당하는 시설
   ㉠ 요양병원(의료재활시설은 제외한다)
   ㉡ 정신의료기관 또는 의료재활시설로 사용되는 바닥면적의 합계가 300m² 이상인 시설
   ㉢ 정신의료기관 또는 의료재활시설로 사용되는 바닥면적의 합계가 300m² 미만이고, 창살(철재 · 플라스틱 또는 목재 등으로 사람의 탈출 등을 막기 위하여 설치한 것을 말하며, 화재 시 자동으로 열리는 구조로 되어 있는 창살은 제외한다)이 설치된 시설
9. 판매시설 중 전통시장
10. 지하가 중 터널로서 길이가 1천m 이상인 것
11. 지하구
12. 3.에 해당하지 않는 근린생활시설 중 조산원 및 산후조리원
13. 4.에 해당하지 않는 공장 및 창고시설로서 수량의 500배 이상의 특수가연물을 저장 · 취급하는 것
14. 4.에 해당하지 않는 발전시설 중 전기저장시설

57 정답 ④

종합점검은 다음의 어느 하나에 해당하는 특정소방대상물을 대상으로 한다(규칙 별표 3).

1. 소방시설 등이 신설된 경우에 해당하는 특정소방대상물
2. 스프링클러설비가 설치된 특정소방대상물
3. 물분무등소화설비[호스릴(hose reel) 방식의 물분무등 소화설비만을 설치한 경우는 제외한다]가 설치된 연면적 5,000m² 이상인 특정소방대상물(제조소등은 제외한다)
4. 다중이용업의 영업장이 설치된 특정소방대상물로서 연면적이 2,000m² 이상인 것
5. 제연설비가 설치된 터널
6. 공공기관 중 연면적(터널·지하구의 경우 그 길이와 평균 폭을 곱하여 계산된 값을 말한다)이 1,000m² 이상인 것으로서 옥내소화전설비 또는 자동화재탐지설비가 설치된 것 (다만, 소방대가 근무하는 공공기관은 제외한다.)

58 정답 ①

예방규정(영 제15조 제1항)
1. 지정수량의 10배 이상의 위험물을 취급하는 제조소
2. 지정수량의 100배 이상의 위험물을 저장하는 옥외저장소
3. 지정수량의 150배 이상의 위험물을 저장하는 옥내저장소
4. 지정수량의 200배 이상의 위험물을 저장하는 옥외탱크저장소
5. 암반탱크저장소
6. 이송취급소
7. 지정수량의 10배 이상의 위험물을 취급하는 일반취급소. 다만, 제4류 위험물(특수인화물을 제외한다)만을 지정수량의 50배 이하로 취급하는 일반취급소(제1석유류·알코올류의 취급량이 지정수량의 10배 이하인 경우에 한한다)로서 다음의 어느 하나에 해당하는 것을 제외한다.
  ㉠ 보일러·버너 또는 이와 비슷한 것으로서 위험물을 소비하는 장치로 이루어진 일반취급소
  ㉡ 위험물을 용기에 옮겨 담거나 차량에 고정된 탱크에 주입하는 일반취급소

59 정답 ④

벌칙(법 제56조)
1. 특정소방대상물의 관계인이 소방시설의 폐쇄·차단 등의 행위를 한 자는 5년 이하의 징역 또는 5천만원 이하의 벌금에 처한다.
2. 1.의 죄를 범하여 사람을 상해에 이르게 한 때에는 7년 이하의 징역 또는 7천만원 이하의 벌금에 처하며, 사망에 이르게 한 때에는 10년 이하의 징역 또는 1억원 이하의 벌금에 처한다.

60 정답 ②

소방청장 또는 시·도지사는 다음 의 어느 하나에 해당하는 처분을 하려면 청문을 하여야 한다(법 제49조).
1. 소방시설관리사 자격의 취소 및 정지
2. 소방시설관리업의 등록취소 및 영업정지
3. 소방용품의 형식승인 취소 및 제품검사 중지
4. 성능인증의 취소
5. 우수품질인증의 취소
6. 전문기관의 지정취소 및 업무정지

제5회 빈출 모의고사

4과목 소방전기시설의 구조 및 원리

61 ④	62 ①	63 ②	64 ③	65 ②
66 ③	67 ②	68 ①	69 ③	70 ②
71 ③	72 ①	73 ③	74 ①	75 ②
76 ①	77 ②	78 ④	79 ③	80 ②

61 정답 ④

비상콘센트설비의 전원회로(비상콘센트에 전력을 공급하는 회로를 말한다)는 다음의 기준에 따라 설치해야 한다.
1. 비상콘센트설비의 전원회로는 단상교류 220V인 것으로서, 그 공급용량은 1.5kVA 이상인 것으로 할 것
2. 전원회로는 각 층에 2 이상이 되도록 설치할 것(다만, 설치해야 할 층의 비상콘센트가 1개인 때에는 하나의 회로로 할 수 있다.)
3. 전원회로는 주배전반에서 전용회로로 할 것(다만, 다른 설비회로의 사고에 따른 영향을 받지 않도록 되어 있는 것은 그렇지 않다.)
4. 전원으로부터 각 층의 비상콘센트에 분기되는 경우에는 분기배선용 차단기를 보호함 안에 설치할 것
5. 콘센트마다 배선용 차단기(KS C 8321)를 설치해야 하며, 충전부가 노출되지 않도록 할 것
6. 개폐기에는 "비상콘센트"라고 표시한 표지를 할 것
7. 비상콘센트용의 풀박스 등은 방청도장을 한 것으로서, 두

께 1.6 mm 이상의 철판으로 할 것
8. 하나의 전용회로에 설치하는 비상콘센트는 10개 이하로 할 것(이 경우 전선의 용량은 각 비상콘센트(비상콘센트가 3개 이상인 경우에는 3개)의 공급용량을 합한 용량 이상의 것으로 해야 한다.)

62 정답 ①

축광보조표지 : 피난로 등의 바닥 · 계단 · 벽면 등에 설치함으로서 피난방향 또는 소방용품 등의 위치를 추가적으로 알려주는 보조역할을 하는 표지를 말한다(제2조 제6호).

63 정답 ②

일반전기사업자로부터 특별고압 또는 고압으로 수전하는 비상전원 수전설비는 방화구획형, 옥외개방형 또는 큐비클(Cubicle)형으로서 다음의 기준에 적합하게 설치해야 한다.
1. 전용의 방화구획 내에 설치할 것
2. 소방회로배선은 일반회로배선과 불연성의 격벽으로 구획할 것(다만, 소방회로배선과 일반회로배선을 15cm 이상 떨어져 설치한 경우는 그렇지 않다.)
3. 일반회로에서 과부하, 지락사고 또는 단락사고가 발생한 경우에도 이에 영향을 받지 아니하고 계속하여 소방회로에 전원을 공급시켜 줄 수 있어야 할 것
4. 소방회로용 개폐기 및 과전류차단기에는 "소방시설용"이라 표시할 것

64 정답 ③

③ **변류기** : 경계전로의 누설전류를 자동적으로 검출하여 이를 누전경보기의 수신부에 송신하는 것을 말한다.
① **분전반** : 배전반으로부터 전력을 공급받아 부하에 전력을 공급해주는 것을 말한다.
② **인입선** : 배전선로에서 갈라져서 직접 수용장소의 인입구에 이르는 부분의 전선을 말한다.
④ **경계전로** : 누전경보기가 누설전류를 검출하는 대상 전선로를 말한다.

65 정답 ②

전화기기실, 통신기기실, 전산실, 기계제어실에 적응성이 있는 감지기 : 광전식스포트형 , 광전아날로그식분리형, 광전아날로그식스포트형, 광전식분리형

66 정답 ③

외함의 두께(제4조)
1. **강판 외함** : 1.2mm 이상
2. **합성수지 외함** : 3mm 이상

67 정답 ②

비상콘센트설비의 전원회로(비상콘센트에 전력을 공급하는 회로를 말한다)는 다음의 기준에 따라 설치해야 한다.
1. 비상콘센트설비의 전원회로는 단상교류 220V인 것으로서, 그 공급용량은 1.5kVA 이상인 것으로 할 것
2. 전원회로는 각 층에 2 이상이 되도록 설치할 것(다만, 설치해야 할 층의 비상콘센트가 1개인 때에는 하나의 회로로 할 수 있다.)
3. 전원회로는 주배전반에서 전용회로로 할 것(다만, 다른 설비회로의 사고에 따른 영향을 받지 않도록 되어 있는 것은 그렇지 않다.)
4. 전원으로부터 각 층의 비상콘센트에 분기되는 경우에는 분기배선용 차단기를 보호함 안에 설치할 것
5. 콘센트마다 배선용 차단기(KS C 8321)를 설치해야 하며, 충전부가 노출되지 않도록 할 것
6. 개폐기에는 "비상콘센트"라고 표시한 표지를 할 것
7. 비상콘센트용의 풀박스 등은 방청도장을 한 것으로서, 두께 1.6mm 이상의 철판으로 할 것
8. 하나의 전용회로에 설치하는 비상콘센트는 10개 이하로 할 것(이 경우 전선의 용량은 각 비상콘센트(비상콘센트가 3개 이상인 경우에는 3개)의 공급용량을 합한 용량 이상의 것으로 해야 한다.)

68 정답 ①

방수형 : 그 구조가 방수구조로 되어 있는 것을 말한다(제2조 제12호).

69   정답 ③

누설동축케이블 및 안테나는 고압의 전로로부터 1.5m 이상 떨어진 위치에 설치할 것(다만, 해당 전로에 정전기 차폐장치를 유효하게 설치한 경우에는 그렇지 않다.)

70   정답 ②

일반전기사업자로부터 특별고압 또는 고압으로 수전하는 비상전원 수전설비는 방화구획형, 옥외개방형 또는 큐비클(Cubicle)형으로서 기준에 적합하게 설치해야 한다.

71   정답 ③

외함은 불연성 또는 난연성 재질로 만들어져야 하며 다음과 같아야 한다(제3조 제4호).
1. 외함은 다음에 기재된 두께 이상이어야 한다.
   ㉠ 누전경보기의 외함은 1.0mm 이상
   ㉡ 직접 벽면에 접하여 벽속에 매립되는 외함의 부분은 1.6mm 이상
2. 외함(누전화재표시창, 지구창, 조작부수납용뚜껑, 스위치의 손잡이, 발광다이오드, 지시전기계기, 각종 표시명판 등은 제외한다)에 합성수지를 사용하는 경우에는 (80±2)℃의 온도에서 열로 인한 변형이 생기지 아니하여야 하며 자기소화성이 있는 재료이어야 한다.

72   정답 ①

배선은 「전기설비기술기준」에서 정한 것 외에 다음의 기준에 따라 설치해야 한다.
1. 전원회로의 배선은 내화배선에 따르고, 그 밖의 배선(감지기 상호 간 또는 감지기로부터 수신기에 이르는 감지기회로의 배선을 제외한다)은 내화배선 또는 내열배선에 따를 것
2. 감지기 상호 간 또는 감지기로부터 수신기에 이르는 감지기회로의 배선은 다음의 기준에 따라 설치할 것
   ㉠ 아날로그식, 다신호식 감지기나 R형수신기용으로 사용되는 것은 전자파 방해를 받지 않는 실드선 등을 사용해야 하며, 광케이블의 경우에는 전자파 방해를 받지 아니하고 내열성능이 있는 경우 사용할 것(다만, 전자파 방해를 받지 않는 방식의 경우에는 그렇지 않다.)
   ㉡ ㉠ 외의 일반배선을 사용할 때는 내화배선 또는 내열배

선으로 사용할 것
3. 감지기회로의 도통시험을 위한 종단저항은 다음의 기준에 따를 것
   ㉠ 점검 및 관리가 쉬운 장소에 설치할 것
   ㉡ 전용함을 설치하는 경우 그 설치 높이는 바닥으로부터 1.5m 이내로 할 것
   ㉢ 감지기 회로의 끝부분에 설치하며, 종단감지기에 설치할 경우에는 구별이 쉽도록 해당 감지기의 기판 및 감지기 외부 등에 별도의 표시를 할 것
4. 감지기 사이의 회로의 배선은 송배선식으로 할 것
5. 전원회로의 전로와 대지 사이 및 배선 상호 간의 절연저항은 「전기설비기술기준」이 정하는 바에 의하고, 감지기회로 및 부속회로의 전로와 대지 사이 및 배선 상호 간의 절연저항은 1경계구역마다 직류 250V의 절연저항측정기를 사용하여 측정한 절연저항이 0.1MΩ 이상이 되도록 할 것
6. 자동화재탐지설비의 배선은 다른 전선과 별도의 관·덕트·몰드 또는 풀박스 등에 설치할 것(다만, 60V 미만의 약 전류회로에 사용하는 전선으로서 각각의 전압이 같을 때에는 그렇지 않다.)
7. P형 수신기 및 G.P형 수신기의 감지기 회로의 배선에 있어서 하나의 공통선에 접속할 수 있는 경계구역은 7개 이하로 할 것
8. 자동화재탐지설비의 감지기회로의 전로저항은 50 Ω 이하가 되도록 해야 하며, 수신기의 각 회로별 종단에 설치되는 감지기에 접속되는 배선의 전압은 감지기 정격전압의 80% 이상이어야 할 것

73   정답 ③

유도표지는 다음의 기준에 따라 설치해야 한다.
1. 계단에 설치하는 것을 제외하고는 각 층마다 복도 및 통로의 각 부분으로부터 하나의 유도표지까지의 보행거리가 15m 이하가 되는 곳과 구부러진 모퉁이의 벽에 설치할 것
2. 피난구유도표지는 출입구 상단에 설치하고, 통로유도표지는 바닥으로부터 높이 1m 이하의 위치에 설치할 것
3. 주위에는 이와 유사한 등화·광고물·게시물 등을 설치하지 않을 것
4. 유도표지는 부착판 등을 사용하여 쉽게 떨어지지 않도록 설치할 것
5. 축광방식의 유도표지는 외광 또는 조명장치에 의하여 상시 조명이 제공되거나 비상조명등에 의한 조명이 제공되도록 설치할 것

74 정답 ①

경종은 전원전압이 정격전압의 ±20% 범위에서 변동하는 경우 기능에 이상이 생기지 아니하여야 한다. 다만, 경종에 내장된 건전지를 전원으로 하는 경종은 건전지의 전압이 건전지 교체전압 범위(제조사 설계값)의 하한값으로 낮아진 경우에도 기능에 이상이 없어야 한다(제4조).

75 정답 ②

자동화재탐지설비의 음향장치는 다음의 기준에 따라 설치해야 한다.

1. 주음향장치는 수신기의 내부 또는 그 직근에 설치할 것
2. 층수가 11층(공동주택의 경우에는 16층) 이상의 특정소방대상물은 다음의 기준에 따라 경보를 발할 수 있도록 할 것
   ㉠ 2층 이상의 층에서 발화한 때에는 발화층 및 그 직상 4개 층에 경보를 발할 것
   ㉡ 1층에서 발화한 때에는 발화층 · 그 직상 4개 층 및 지하층에 경보를 발할 것
   ㉢ 지하층에서 발화한 때에는 발화층 · 그 직상층 및 기타의 지하층에 경보를 발할 것
3. 지구음향장치는 특정소방대상물의 층마다 설치하되, 해당 층의 각 부분으로부터 하나의 음향장치까지의 수평거리가 25m 이하가 되도록 하고, 해당 층의 각 부분에 유효하게 경보를 발할 수 있도록 설치할 것(다만, 「비상방송설비의 화재안전기술기준(NFTC 202)」에 적합한 방송설비를 자동화재탐지설비의 감지기와 연동하여 작동하도록 설치한 경우에는 지구음향장치를 설치하지 않을 수 있다.)
4. 음향장치는 다음의 기준에 따른 구조 및 성능의 것으로 할 것
   ㉠ 정격전압의 80% 전압에서 음향을 발할 수 있는 것으로 할 것(다만, 건전지를 주전원으로 사용하는 음향장치는 그렇지 않다.)
   ㉡ 음향의 크기는 부착된 음향장치의 중심으로부터 1m 떨어진 위치에서 90dB 이상이 되는 것으로 할 것
   ㉢ 감지기 및 발신기의 작동과 연동하여 작동할 수 있는 것으로 할 것
5. 기준을 초과하는 경우로서 기둥 또는 벽이 설치되지 아니한 대형공간의 경우 지구음향장치는 설치대상 장소의 가장 가까운 장소의 벽 또는 기둥 등에 설치할 것

76 정답 ①

무선통신보조설비 : 누설동축케이블, 옥외안테나, 분배기, 증폭기

77 정답 ②

비상방송설비에는 그 설비에 대한 감시상태를 60분간 지속한 후 유효하게 10분 이상 경보할 수 있는 비상전원으로서 축전지설비(수신기에 내장하는 경우를 포함한다) 또는 전기저장장치(외부 전기에너지를 저장해 두었다가 필요한 때 전기를 공급하는 장치)를 설치해야 한다.

78 정답 ④

비상콘센트는 다음의 기준에 따라 설치해야 한다.

1. 바닥으로부터 높이 0.8m 이상 1.5m 이하의 위치에 설치할 것
2. 비상콘센트의 배치는 바닥면적이 1,000m² 미만인 층은 계단의 출입구(계단의 부속실을 포함하며 계단이 2 이상 있는 경우에는 그 중 1개의 계단을 말한다)로부터 5m 이내에, 바닥면적 1,000m² 이상인 층은 각 계단의 출입구 또는 계단부속실의 출입구(계단의 부속실을 포함하며 계단이 3 이상 있는 층의 경우에는 그 중 2개의 계단을 말한다)로부터 5m 이내에 설치하되, 그 비상콘센트로부터 그 층의 각 부분까지의 거리가 다음의 기준을 초과하는 경우에는 그 기준 이하가 되도록 비상콘센트를 추가하여 설치할 것
   ㉠ 지하상가 또는 지하층의 바닥면적의 합계가 3,000m² 이상인 것은 수평거리 25m
   ㉡ ㉠에 해당하지 아니하는 것은 수평거리 50m

79 정답 ③

단독경보형감지기의 일반기능(제5조의2)

1. 자동복귀형 스위치(자동적으로 정위치에 복귀할 수 있는 스위치를 말한다)에 의하여 수동으로 작동시험을 할 수 있는 기능이 있어야 한다.
2. 작동되는 경우 작동표시등에 의하여 화재의 발생을 표시하고, 내장된 음향장치에 의하여 화재경보음을 발할 수 있는 기능이 있어야 한다.
3. 주기적으로 섬광하는 전원표시등에 의하여 전원의 정상

여부를 감시할 수 있는 기능이 있어야 하며, 전원의 정상 상태를 표시하는 전원표시등의 섬광 주기는 1초 이내의 점등과 30초에서 60초 이내의 소등으로 이루어져야 한다.

4. 화재경보음은 감지기로부터 1m 떨어진 위치에서 85dB 이상으로 10분 이상 계속하여 경보할 수 있어야 하며 화재경보음이 단속음인 경우에는 단속주기가 적합하여야 한다. 이 경우 화재경보음에 음성안내를 포함할 수 있다.

5. 건전지를 주전원으로 하는 감지기는 건전지의 성능이 저하되어 건전지의 교체가 필요한 경우에는 음성안내를 포함한 음향 및 표시등에 의하여 72시간 이상 경보할 수 있어야 한다. 이 경우 음향경보는 1m 떨어진 거리에서 70dB(음성안내는 60dB) 이상이어야 한다.

6. 건전지를 주전원으로 하는 감지기의 경우에는 건전지가 리튬전지 또는 이와 동등 이상의 지속적인 사용이 가능한 성능인 것이어야 하며, 건전지의 용량 산정 시에는 다음의 사항이 고려되어야 한다.

   ㉠ 감시상태의 소비전류

   ㉡ 점검 등에 따른 소비전류

   ㉢ 건전지의 자연방전전류

   ㉣ 건전지 교체 경보에 따른 소비전류

   ㉤ 부가장치가 설치된 경우에는 부가장치의 작동에 따른 소비전류

   ㉥ 기타 전류를 소모하는 기능에 대한 소비전류

   ㉦ 안전 여유율

7. 단독경보형감지기에는 스위치 조작에 의하여 화재경보를 정지시킬 수 있는 기능을 설치할 수 있다. 이 경우 화재경보 정지기능은 다음에 적합하여야 한다.

   가. 화재경보 정지 후 15분 이내에 화재경보 정지기능이 자동적으로 해제되어 단독경보형감지기가 정상상태로 복귀되어야 한다.

   나. 화재경보 정지 표시등에 의하여 화재경보가 정지 상태임을 경고 할 수 있어야 하며, 화재경보 정지기능이 해제된 경우에는 표시등의 경고도 함께 해제되어야 한다.

   다. 나목에 따른 표시등을 제2호에 따른 작동표시등과 겸용하고자 하는 경우에는 작동표시와 화재경보음 정지표시가 표시등 색상에 의하여 구분될 수 있도록 하고 표시등 부근에 작동표시와 화재경보음 정지표시를 구분할 수 있는 안내표시를 하여야 한다.

   라. 화재경보 정지 스위치는 전용으로 하거나 제1호에 따른 작동시험 스위치와 겸용하여 사용할 수 있다. 이 경우 스위치 부근에 스위치의 용도를 표시하여야 한다.

80 정답 ②

누설동축케이블 및 동축케이블은 화재에 따라 해당 케이블의 피복이 소실된 경우에 케이블 본체가 떨어지지 않도록 4m 이내마다 금속제 또는 자기제 등의 지지금구로 벽·천장·기둥 등에 견고하게 고정할 것(다만, 불연재료로 구획된 반자 안에 설치하는 경우에는 그렇지 않다.)